卓越工程师培养计划规划教材

嵌入式实时操作系统的设计与开发

廖 勇 著

電子工業出版社
Publishing House of Electronics Industry
北京 • BEIJING

内 容 简 介

本书以电子科技大学自主设计的开源操作系统 aCoral 在 ARM9 Mini2440 嵌入式平台上的设计过程为思路，逐步介绍 aCoral 的实现，再延伸到它对多核嵌入式处理器的支持，在此过程中，介绍嵌入式实时操作系统的其他相关技术和理论，比如：实时调度机制与策略、多核计算等，让学生对其有更全面的认识。此外，全书综合应用了计算机组成原理、计算机操作系统、汇编语言、C 程序设计、数据结构、嵌入式系统概论、ARM 处理器及其应用等课程的知识点，力求理论与实践紧密结合，帮助读者融会贯通上述课程的相关知识。本书中的相关代码请读者登录华信教育资源网（www.hxedu.com.cn）免费注册后下载使用。

本书可作为计算机专业及相关专业嵌入式系统方向三/四年级本科生的必/选修课教材，同时也可作为对操作系统有浓厚兴趣的一般读者的参考资料。

图书在版编目（CIP）数据

嵌入式实时操作系统的设计与开发 / 廖勇著. —北京：电子工业出版社，2015.3

ISBN 978-7-121-25523-6

Ⅰ. ①嵌… Ⅱ. ①廖… Ⅲ. ①实时操作系统－程序设计－高等学校－教材 Ⅳ. ①TP316.2

中国版本图书馆 CIP 数据核字（2015）第 028674 号

策划编辑：章海涛
责任编辑：郝黎明
印　　刷：北京盛通印刷股份有限公司
装　　订：北京盛通印刷股份有限公司
出版发行：电子工业出版社
　　　　　北京市海淀区万寿路 173 信箱　邮编　100036
开　　本：787×1 092　1/16　印张：18.25　字数：467.2 千字
版　　次：2015 年 3 月第 1 版
印　　次：2024 年 8 月第 3 次印刷
定　　价：42.00 元

凡所购买电子工业出版社图书有缺损问题，请向购买书店调换。若书店售缺，请与本社发行部联系，联系及邮购电话：（010）88254888。

质量投诉请发邮件至 zlts@phei.com.cn，盗版侵权举报请发邮件至 dbqq@phei.com.cn。

服务热线：（010）88258888。

前　言

在后 PC 时代的今天，嵌入式操作系统琳琅满目，在各行各业已有广泛应用，嵌入式 Linux、VxWorks、INTEGRITY、Nuclear、DeltaOS、pSOS+、VRTX、QNX、RTEMS、Cisco-IOS、ERISON-EPOC、uC/OS、uC/OSII、uC/OSIII、TinyOS、T-kernel、Windows CE、Windows mobile、Symbian、Android、Apple-IOS……在一些大学，本科生编写一个简易的操作系统内核也不是什么难事。此外，市面上也已出版了一些关于嵌入式操作系统（或者操作系统）设计和代码实现的书籍，比如，1999 年出版的《MicroC/OS-II：The Real-Time Kernel》，2005 年出版的《自己动手写操作系统完全版》，2011 年出版《一步步写嵌入式操作系统：ARM 编程的方法与实践》等。为什么还要撰写一本关于嵌入式操作系统设计的书呢？其目是从本科教学特点出发，顺应国内高校“工程教育”的发展趋势（比如：“卓越工程师计划”的实施），根据计算机专业及相关专业嵌入式方向系列教材建设的需要，将课程知识体系与操作系统设计实现过程有机结合，让学生更好地理解课程知识点，通过操作系统在具体嵌入式平台 ARM9 Mini2440 的设计与实现，融会贯通相关核心知识点，进而激发读者自己设计操作系统的热情（写操作系统不是最终目的），其最终目的是通过写的过程来锻炼学生的系统设计能力、工程实现能力、分析与解决问题能力，充分体现教育家约翰.杜威先生“To learn by doing”的教学理念。

本书以 aCoral 的设计过程为线索，首先从 ARM9 Mini2440 的裸板串口驱动开始，介绍如何用汇编语言实现一个轮询结构的简单嵌入式系统。然后，引入中断机制，介绍如何实现一个前后台系统，以满足用户更为复杂的应用要求。在前两步的基础上，一步一步叙述 aCoral 实现细节，比如：从任务定义开始，逐步启发读者思考如何用 C 语言描述一个任务、创建任务，如何将任务挂载到就绪队列上、从就绪队列中找到最高优先级任务、在 ARM9 Mini2440 上实现任务切换、触发任务调度、协调任务执行、响应用户的外部请求、通过时钟推动操作系统运行、启动内核、移植内核、搭建 aCoral 的交叉开发环境、编译与运行 aCoral、支持多核（以 ARM 公司 ARM11MPCORE 的四核心嵌入式处理器为例）等等。全书将原理与代码紧密结合；从工程实践中发现问题，在理论上对其进行详细分析并最终指导操作系统设计与实现；此外，本书还对嵌入式实时操作系统编写过程中设计的相关知识进行了整合。

贯穿本书的嵌入式实时操作系统源代码来自电子科技大学嵌入式实时计算实验室设计的 aCoral，参考了三星公司 ARM9 S3C2440A、S3C2410A 芯片手册、ARM11MPCORE 芯片手册、Linux 开源社区、实时系统及实时调度学术论文等资料。此外，还借鉴了邵贝贝教授翻译 Jean J. Labrosse 先生的《MicroC/OS-II：The Real-Time Kernel》、C.M.Krishna 和 KANG G. Shin 的《Real-Time Computing》、罗蕾教授的《嵌入式实时操作系统及应用开发（第 4 版）》、桑楠教授的《嵌入式系统原理及应用开发技术（第 2 版）》、李无言老师的《一步步写嵌入式操作系统：ARM 编程的方法与实践》，于渊老师写的《自己动手写操作系统完全版》等书籍。

本书在撰写过程中得到了电子工业出版社“卓越工程师计划”系列教材建设项目的支持和电子科技大学教务处特色教材建设项目的支持，作者对此深表感谢。此外，本书的撰写得到了电子科技大学计算机学院熊光泽教授、罗克露教授、罗蕾教授，信息与软件学院桑楠教授、雷航教授、蔡竞业教授、江维副教授、陈丽蓉副教授、李允副教授、徐旭如老师，厦门大学于杰老师，电子工业出版章海涛老师、裴杰老师的帮助，他们为本书的撰写提供了许多宝贵的意见和建议。

感谢电子科技大学实时计算实验室的研究生杨茂林、蒋世勇、李恒瑞、刘黎民、张晋川、陈泽玮、罗超、Furkan Hassan Saleh Rabee 以及宾夕法尼亚大学研究生廖聪、南加州大学研究生李龙杰、国防科技大学研究生龚俊如、上海交通大学读研的罗赟、复旦大学研究生胡伟松、人民大学研究生范旭、清华大学研究生陆文详、核九院研究生张朝，电子科技大学实时计算实验室学习的本科生兰宇航、陈维伟、胡斌，华为成都研究所软件工程师徐新、华为深圳研究所软件工程师陈朱旭、百度软件研发工程师李天华、三星公司南京研究所软件研发工程席臣、微软苏州研究院林添、美团网研发工程师许斌、美国云控公司成都研发中心谢鑫、美国豪威公司上海研发中心周强等，他们在作者的引导下，从本科二年级开始学习嵌入式实时系统，并在本科期间围绕（ARM9 Mini2440 + μC/OS-II + LWIP + μGUI + aCoral + Linux）平台上做过系列实验、课程设计、毕业设计，还在此平台上实现了智能家居及安防系统、智慧交通流量信息采集与显示系统、学习型遥控器、网络收音机、智能小车防撞系统、四轴飞行器等本科创新/实践项目（其中智能家居及安防系统获得了 2010 年电子科技大学“银杏黄”项目最佳奖，四轴飞行器获得全国一等奖），他们为 aCoral 代码分析及验证做了许多细节工作。

感谢在上海自主创业的申建晶先生，他与作者一起于 2009 年创建了开源嵌入式实时多核操作系统项目 aCoral（www.aCoral.org），并为该项目做出了巨大贡献，同时为本科教育和研究生教育中付出了许多宝贵的时间。感谢在成都自主创业的刘坚、朱葛、郑亚斌，感谢完美世界的高攀、兰王靖辉、建设银行四川分行闫志强、美国美满电子（Marvell）上海研究所的陈勇明及成都研究所的魏守峰、程潜、任艳伟、淘宝杭州研发中心的张林江等曾在电子科技大学实时计算实验室学习过的同志们，他们在校期间陆续加入项目组，与作者共同探讨嵌入式操作系统相关的技术、教学改革、本科生学习及就业等问题，这为本书结构的拟定、撰写方法等提供了思路和素材。

特别感谢我的父母、妻子和儿子，他们在本书撰写过程中给予了极大鼓励和支持。

由于作者知识和水平有限，书中不足之处在所难免，恳求各位专家及读者赐正。

作　者

本书中相关工程的源代码请读者扫描二维码查看，或登录华信教育资源网（www.hxedu.com.cn）免费注册后下载使用。

目　　录

第 1 章　概论

20 世纪 60 年代，以晶体管、磁芯存储为基础的计算机系统已开始应用于航空、航天、工业控制等领域，这些系统可看成嵌入式系统的雏形。第一台机载专用数字计算机是奥托内蒂克斯公司为美国海军舰载轰炸机研制的多功能数字分析仪，由几个体积庞大的黑匣子组成，能够进行中央集中处理，开始拥有数据总线雏形。

随后，嵌入式系统处理能力和功能则快速提升。例如，第一款微处理器 Intel 4004 于 1971 年诞生，被广泛应用于计算器和其他小型系统，此时的嵌入式系统已有外存和其他芯片的支持。到 20 世纪 80 年代中期，大多数外部系统芯片集成到一块芯片上作为处理器，称为微控制器（Microcontroller，MCU），也称为单片机，使得嵌入式的应用更为灵活。最早的单片机 Intel 4084 出现在 1976 年。20 世纪 80 年代初，Intel 公司开发出了著名的 8051 单片机，并一直沿用至今。同一时期，Motorola 公司推出了 68HC05，Zilog 公司专门生产 Z80 单片机。这些处理器迅速渗透到家用电器、医疗仪器、仪器仪表、交通运输等领域，带动了嵌入式系统的快速发展。

为了实时处理数字信号，1982 年诞生了首枚数字信号处理芯片（Data Signal Processor，DSP）。现今，已经发展成一类十分重要的多媒体处理芯片。1997 年，来自美国嵌入式系统大会（Embedded System Conference）的报告指出，未来 5 年（从 1997 年算起）仅基于嵌入式计算机系统的全数字电视产品，就将在美国产生一个每年 1500 亿美元的新市场。美国汽车大王福特公司的高级经理也曾宣称，“福特出售的‘计算能力’已超过了 IBM”，由此可以想见嵌入式计算机工业的规模和广度。1998 年在芝加哥举办的嵌入式系统会议上，与会专家一致认为，21 世纪嵌入式系统将无所不在，它将为人类生产带来革命性的发展，实现“PCs Everywhere”的生活梦想。

美国嵌入式系统专业杂志 RTC 报道，21 世纪最初的十年中，全球嵌入式系统市场需求量具有比 PC 市场需求量大 10～100 倍的商机。纵观嵌入式技术的发展过程，其出现至今已经有 40 多年的历史，大致经历以下五个阶段。

第一阶段大致在 20 世纪 70 年代之前，可看成嵌入式系统的萌芽阶段，是以单芯片为核心的可编程控制器形式的系统，具有与监测、伺服、指示设备相配合的功能。这类系统大部分应用于一些专业性强的工业控制系统中，一般没有操作系统的支持，通过汇编语言编程对系统进行直接控制。这一阶段系统的主要特点是：系统结构和功能相对单一，处理效率较低，存储容量较小，只有很少的用户接口。由于这种嵌入式系统使用简单、价格低，以前在国内外工业领域应用非常普遍。即使到现在，在简单、低成本的嵌入式应用领域依然大量使用，但已经远不能适应高效的、需要大容量存储的现代工业控制和新兴信息家电等领域的需求。

之后的十多年属于第二阶段，是以嵌入式处理器为基础、以简单操作系统为核心的嵌入式系统。在此阶段，大多数嵌入式系统使用 8 位处理器，不需要嵌入式操作系统支持，其主要特点是：处理器种类繁多，通用性比较弱；系统开销小，效率高；高端应用所需操作系统已达到一定的实时性、兼容性和扩展性；应用软件较专业化，用户界面不够友好。

第三阶段的时段大致是 20 世纪 80 年代末到 90 年代后期，是以嵌入式操作系统为标志的嵌入式系统，也是嵌入式应用开始普及的阶段。主要特点是：嵌入式操作系统内核小、效率高，具有高度的模块化和扩展性；能运行于各种不同类型的微处理器上，兼容性好；具备文件和目录管理、多任务、网络支持、图形窗口以及用户界面等功能；提供大量的应用程序接口 API 和集成开发环境，简化了应用程序开发；嵌入式应用软件丰富。在此阶段，嵌入式系统的软硬件技术加速发展，应用领域不断扩大。例如，日常生活中使用的手机、数码相机，网络设备中的路由器、交换机等，都是嵌入式系统；一辆豪华汽车中有数十个嵌入式处理器，分别控制发动机、传动装置、安全装置等；一个飞行器上可以有数百个乃至上千个微处理器；一个家庭中也有了几十个嵌入式系统。

第四个阶段从 20 世纪 90 年代末开始，是以网络化和 Internet 为标志的嵌入式系统。随着 Internet 的发展以及 Internet 技术与信息家电、工业控制、航空航天等技术结合日益密切，嵌入式设备与 Internet 的结合将代表嵌入式系统的未来。1998 年 11 月在美国加州圣·何塞举行的嵌入式系统大会上，基于嵌入式实时操作系统的 Embedded Internet 成为一个新的技术热点。

最后一个阶段是 21 世纪初到现在，是以物联网、云计算和智能化为标志的嵌入式系统，也是多核芯片技术、无线技术、互联网发展与信息家电、工业控制、航空航天等技术结合的必然结果。从应用角度而言，移动互联网设备是嵌入式产品的热点，目前，具备网络互联功能的智能终端出货量将达到 4 亿部，比同时期笔记本电脑和台式计算机出货量的总和还多。无处不在的嵌入式系统（智能手机、无线传感器网络、RFID 电子标签等）遍布在人们周围，为人们提供方便快捷的服务。

综上所述，嵌入式系统技术正在日益完善，高性能多核处理器已开始在该系统中占主导地位，嵌入式操作系统已从简单走向智能化，与互联网、云计算结合日益密切。因此，嵌入式系统应用日益广泛。

1.1 轮询系统（Polling Systems）

嵌入式系统发展初期，嵌入式软件的开发是基于汇编语言和 C 语言直接编程，不需要操作系统的支持，这样的系统也称为裸板嵌入式系统。

用过 8051 单片机的人都知道，8051 单片机的程序从开始到结束基本上都是顺序的，最后必定有一个类似于 while 的死循环。这种方式必须不停地去轮询条件来查询要做什么事，因此这样的嵌入式系统被称为轮询系统，该方式虽然实现了宏观上执行多个事物的功能，但有以下几个明显的缺点。

（1）轮询系统是一种顺序执行的系统，事物执行的顺序必须最开始就确定，缺乏动态性，减少了系统的灵活性，也增加系统设计的复杂度。

（2）系统运行过程中无法接收和响应外部请求，无法处理紧急事情。

（3）事物之间的耦合性太大，这主要是因为事物不可剥夺的原因，正因为不可剥夺，导致一个事物的任何错误都会使其他的任务的长久等待或错误。

1.2 前后台系统（Foreground Background Systems）

针对轮询系统的不足，工程师们提出了前后台系统：后台系统与轮询系统一样也是顺序执行的，只有一个 main 程序，程序功能的实现是依靠死循环来实现；但前台引入了中断机制，能处理外来请求。对于实时性要求比较高的事物，可以交给中断服务程序（ISR）进行处理，因为中断处理速度快，而对于非实时性的事物，可以交给后台顺序执行。

虽然前后台系统能对实时事物做出快速响应，增加了系统的动态性和灵活性，但存在如下不足：

（1）事物不可剥夺，比如说某个事物在执行的过程中，其他事物不可能执行，也就是说事物没有优先级，这与实际的情况有很大出入，实际系统中事物是有优先级的，有些任务来了很紧急，必须先执行。

（2）事物不可阻塞，也就是说事物没有暂停这一功能来阻塞自己，因为这种方式暂停当前的事物就意味着整个系统都暂停了，同时事物必须返回，因为只有这样其他的事物才能有机会执行。

1.3　嵌入式操作系统

由于前后台系统并不能很好地解决多任务并发执行的问题，尤其当系统要处理的事务和要响应的外部中断比较多时，系统的维护性就很差。更关键的是，随着嵌入式系统复杂性的增加，系统中需要管理的资源越来越多，如存储器、外设、网络协议栈、多任务、多处理器等。这时，仅用轮询系统或前后台系统实现的嵌入式系统已经很难满足用户对功能和性能的要求。因此，工程师们设计了嵌入式操作系统，以解决事务的不可剥夺、不可阻塞性，实现多任务的并发执行。由于嵌入式操作系统及其应用软件往往被嵌入到特定的控制设备或者仪器中，用于实时地响应并处理外部事件，所以嵌入式操作系统有时又称为实时操作系统（Real-time Operation System，RTOS）；另一方面，由于 RTOS 也往往存在于嵌入式系统中。因此，本书约定：为了描述方便，下文提到的 RTOS 代表的就是实时操作系统或嵌入式操作系统，以下嵌入式实时操作系统。

1.3.1　简单内核

RTOS 可简单认为是功能强大的主控程序，系统复位后首先执行；它负责在硬件基础上为应用软件建立一个功能强大的运行环境，用户的应用程序都建立在 RTOS 之上。在这个意义上，RTOS 的作用是为用户提供一台等价的扩展计算机，它比底层硬件更容易编程。一个简单的 RTOS 需要至少实现如下功能：

（1）任务调度。有了操作系统，多个任务就能并发执行，但是系统中的 CPU 资源是有限的（如单核环境下只有一个 CPU 核），于是，需要特定的调度策略来决定哪个任务先执行？哪个任务后执行？哪个任务执行多长时间等？而要实现特定的调度策略、支持多任务并发执行，还必须有任务切换机制的支持。当前各种操作系统的任务切换本质上是为了解决任务的不可剥夺和不可抢占性，任务切换可分为以下两种。

① 被动切换：也就是被剥夺（对应上面的第一条），这主要是因为优先级高的任务来了，或者当前任务的执行时间完了。

② 主动切换：也就是当前任务调用相关函数主动放弃 CPU，这对应上面的第二点，阻塞自己，让别人去使用 CPU。

（2）任务协调机制。要实现特定调度策略，除了任务切换机制外，还需任务协调机制的支持，即任务的互斥、同步、通信机制等。这个就是大家通常说的互斥量、信号量、邮箱等。互斥量分为普通互斥量、优先级继承的互斥量（解决了优先级反转）、天花板协议的互斥量（解决了死锁问题）。

（3）内存管理机制。系统中多个任务并发执行，所有任务的执行代码和所需数据都是存储在内存中的，那各个任务及相关数据如何被分配到内存中的？这就需要 RTOS 提供内存管理机制。当然对于不同的应用需求，内存管理机制会不一样，对于 PC 等桌面应用，内存管理着重考虑的是如何有效利用内存空间，实时性不是特别重要；而对于嵌入式实时应用，内存管理的重点是内存分配和释放时间的确定性，因此 RTOS 中，内存管理的动态性就少许多。

RTOS 的出现是随着嵌入式系统的发展的必然结果，RTOS 的出现极大地推动了嵌入式系统的发展及应用，而嵌入式系统的发展，又促进了 RTOS 的不断完善和演化。据统计，到目前为止，世界各国数十家公司已成功推出 200 多种 RTOS，其中包括 WindRiver System 公司的 VxWorks、pSOS+，Mentor Graphics 公司的 VRTX，Microsoft 公司支持 Win32 API 编程接口的 Windows 8，Symbian 公司的 Symbian OS，苹果公司的 IOS，Enea 公司的 OSE，Microware 公司的 OS-9，3COM 公司的 Palm OS，国产的 DeltaOS，以及多种多样的嵌入式 Linux 等。

1.3.2 RTOS 结构

现有 RTOS 所采用的体系结构主要包括整体结构、层次结构、微内核结构和构件化结构等。

1. 整体结构

这是最早出现并一直使用至今的 RTOS 体系结构。这种 RTOS 是一个整块，内部分为若干模块，模块之间直接相互调用，不分层次，形成网状调用模式。其工作模式分为系统模式和用户模式两类：用户模式下系统空间受到保护，并且有些操作受限制；而系统模式下可访问任何空间，可执行任何操作。

从某种角度上讲，当一个拥有强大功能的 RTOS 内核被完整地应用在嵌入式环境下，就会给嵌入式软件的开发提供非常完整的平台，最常见的应用是嵌入式 Linux 和 Windows CE。对于简单的小系统而言，整体结构有几乎最高的系统效率和实时性保障。

但是，若将这种结构用于较复杂的嵌入式系统，需要大量昂贵的硬件资源；而由于内核的复杂性，使得系统的运行变得不可预测和不可靠。此外，随着嵌入式软件规模的扩大，由于模块间依赖严重，整体结构的 RTOS 在可剪裁性、可扩展性、可移植性、可重用性、可维护性等方面的缺陷越来越明显，严重制约了其应用。

2. 层次结构

层次结构也是许多流行 RTOS 选择的体系结构。这种结构中，每一层对其上层而言好像是一个虚拟计算机（Virtual Machine），下层为上层提供服务，上层使用下层提供的服务。层与层之间定义良好的接口，上下层之间通过接口进行交互与通信，每层划分为一个或多个模块（又称为组件）。在实际应用中可根据需要配置个性化的 RTOS。

内核位于 RTOS 的最底层，在某些简单的实时系统中，内核是唯一的层。内核最基本的工作是任务切换，此外，还提供了任务管理、定时器管理、中断管理、资源管理、消息管理、队列管理、信号管理等功能。RTOS 的其他组件包括内存管理、I/O 设备管理、嵌入式文件系统、嵌入式网络协议栈、嵌入式 GUI 等。

流行 RTOS 中，VxWorks、DeltaOS 等在整体上都是这种模型的范例。

3. 微内核结构

微内核结构也可称为客户机/服务器（Client/Server，C/S）结构，是目前的主流结构之一，最具有代表性的范例是 QNX。

按最初的定义，微内核中只提供几种基本服务：任务调度、任务间通信、底层的网络通信和中断处理接口，以及实时时钟。整个内核非常小（可能只有几十 KB），内核任务在独立的地址空间运行，速度极快。

传统操作系统提供的其他服务，如存储管理、文件管理、中断处理、网络通信等，都以内核上的协作任务的形式出现。每个协作任务可以看成是一个功能服务器。用户应用任务（客户任务）执行中若需要得到某种服务，则透过内核向服务器任务发出申请，由服务器任务完成相应的处理并将结果返还给客户任务（称为应答）。

随着时间的推移，微内核结构的定义已经有了显著变化。只要保持 C/S 结构，微内核中基本服务的个数不再受限，如加入基本存储管理。当然，微内核的大小尺度也有一定的放宽。在这种体系结构下，任务执行需要增加一定的开销（服务器与客户之间），与整体系统相比有一定的性能下降。但是，这种改变的好处也是十分明显的。

除基本内核外，C/S 结构的其他服务模块可以根据应用需求随意剪裁，十分符合 RTOS 的发展要求；C/S 结构可以更方便地扩展功能，可以更容易做到上层应用与下层系统的分离，便于系统移植，可以大大加强 C/S 结构服务模块的可重用性。

随着硬件性能的不断提高，内核处理速度在整个系统性能中的所占比例会越来越小，RTOS 的可剪裁性、可扩展性、可移植性、可重用性越来越重要，再加上微内核结构本身的改进，其应用面将会越来越广。

4. 构件化结构

随着构件化技术的广泛使用，如何将构件技术成功地应用到嵌入式操作系统中，受到人们越来越多的重视，这成为研究的热点之一。构件化 RTOS 内核由一组独立的构件和一个构件运行管理器构成，后者可以维护内核构件之间的协作关系。RTOS 传统的各类服务，包括任务管理、调度算法、中断管理、时钟管理、存储管理等，可以是一个构件，也可由这些相互协作的构件构成，同时为上层应用软件开发提供统一的编程接口，支持应用软件的有效开发、运行和管理。

所有的 RTOS 抽象都由可加载的构件实现，配置灵活，裁减方便，能够很好地适应各种应用领域的不同需求。作为动态构件的任务，可以自动加载运行，不需要由用户去逐一启动。构件之间具有统一标准的交互式界面，既便于用户掌握，又方便应用程序开发。

一个典型的构件化 RTOS 是 TinyOS，为无线传感器网络（Wireless Sensor Network，WSN）开发的构件化嵌入式操作系统，适用于内存资源和处理能力十分有限、电池供电的嵌入式系统。

1.3.3 多核 RTOS

随着嵌入式系统复杂度的提高，传统单核处理器及 RTOS 不能满足应用的需求。与此同时，近几年在 MIT 举行的 High Performance Embedded Computing Workshop （HPEC）以及各处理器设计/制造商纷纷推出的多核处理器，标志了多核时代的到来。可以预料，在未来较长的一段时期内，多核计算将是计算机技术、嵌入式实时技术的一个重要发展方向。如何从传统的单核计算向多核计算过渡，成为了目前计算机及相关领域研究的热点。

操作系统作为运行在处理器上的最重要的基础软件，更成为了多核计算技术中受到普遍关注的焦点。尽管目前主流的操作系统已提供了对于桌面计算机多核处理器的支持，但是这种支持只是很浅薄的（如仅仅提供了简单的、以负载均衡为目的资源管理策略），与嵌入式实时系统对多核支持的要求相差甚远。此外，尽管一些商用嵌入式实时操作系统（如 Vxworks、QNX 等）提供了多核支持，但这种支持也是很浅薄的，并不能很好发挥多核处理器的优势和性能。因此，要让多核技术在嵌入式实时计算领域能有效应用，还有很长的路要走，这也成为当前学术界和工业界的研究热点。

1.4 从裸板开始

大家可能会认为上述介绍没什么意义，因为像这样的内容互联网上一大堆。是的，上述文字确实有些空洞，这里只是为了和大家一起梳理一下嵌入式系统软件开发及 RTOS 的演化。接下来，本书将以一款流行、易学的嵌入式开发平台 ARM（Advanced Risk Machine）Mini2440（CPU 是三星 ARM 9 系列的 ARM S3C2440）[1-2][37]为例，通过具体代码实现，介绍如何从裸板入手设计简单的轮询系统、前后台系统，以及如何一步一步在 ARM Mini2440 上编写 RTOS 内核，到如何让 RTOS 内核支持多核嵌入式处理器。本书要求读者已掌握 ARM 9 处理器的基础知识，并且对 ARM 汇编、ADS 编译器、Linux 交叉开发环境的使用有足够了解（这部分内容不属于本书的范围，但却是本书的重要基础）。

到地，该引入本书的主角 aCoral 了[1][3][4]，aCoral 是一个开源 RTOS，本书将以它为例，介绍其设计与实现。具体而言，本书将以 aCoral 的设计为主线，详细剖析：ARM Mini2440 是如何开始工作的？上电后运行的第一行代码是什么？各个外部设备如何驱动？aCoral 是如何启动 Mini2440？如何管理 Mini2440 的硬件设备？什么时候开始创建第一个任务？多个任务如何并发执行？如何切换并发执行的任务？调度算法如何在 aCoral 中实现等？

1.5 aCoral

aCoral 是一款由电子科技大学实时计算实验室于 2009 年创建的开源的、支持多核（Symmetry Multiple Process，SMP）的 RTOS[1][3][4][42-45]。aCoral（A small Coral），珊瑚的特性是 aCoral 追求的目标。aCoral 具有高可配，高扩展性，可以在 www.aCoral.org 下载其源代码、文档及基于 aCoral 的应用开发实例，如 JEPG 的并行压缩、基于 aCoral 的网络收音机等。目前的 aCoral 包括五大模块：

（1）内核：由电子科技大学实时计算实验室编写。

（2）文件系统：在周立功文件系统上进行了优化而来。

（3）轻型 TCP/IP（LWIP）：由 LWIP 移植而来。

（4）GUI（TLGUI）：来自开源嵌入式 Linux 图形系统 LGUI。

（5）简单应用（网页服务器、Telent 服务、文件操作、GUI 图形、测试等）。

aCoral 支持多任务模式，其最小配置时，生成的代码为 7KB 左右，而配置文件系统，轻型 TCP/IP，GUI 后生成的代码仅有 300KB 左右。目前，aCoral 支持各种 ARM 系列处理器：

Cortex-m3、ARM7、ARM9、ARM11，以及 ARM11 MPCore 四核平台[1][6-7]。同时，为了方便没有开发板的用户体验 aCoral，其模拟版本可以在运行 Linux 的 PC 中作为应用程序运行，这种模式可以在 PC 上体验 aCoral 的所有功能，包括内核、文件系统、GUI，该模式支持单核和多核。

实时计算实验室在多年的本科生教学[《嵌入式实时操作系统（ERTOS: Real-Time Operating System)》]、研究生教学（《嵌入式系统开发》、《实时计算》、《可信计算》)、留学生教学[《嵌入式操作系统及应用（Real-Time Operating System and application)》]、海外学生教学《Embedded System and Real-Time》）中发现，学生们在学习 RTOS 时，常常会有许多疑惑，并且很难有自己动手写 RTOS 的机会，这让大家难以融会贯通《计算机组成原理》、《C 语言》、《汇编语言》、《操作系统》、《数据结构》、《嵌入式系统开发》的知识点，从而对计算机系统结构缺乏系统的、深入的理解。创建 aCoral 开源项目的目的是：希望能激发同学们自己编写操作系统的热情（写出操作系统不是目的，目的是让大家在写的过程中能真正思考和深度理解操作系统及相关知识点（编译、链接、加载等）的原理，从而提高分析问题、解决问题的能力，使计算机系统能力、工程能力上一个新台阶)。希望 aCoral 为对嵌入式实时操作系统有兴趣的同学或朋友们提供了一个较好的学习蓝本，aCoral 将应用在未来的本科教学和研究生教学中。

电子科技大学实时计算实验室在 RTOS 方面有着长期持续的研究，这里孕育了中国航空工业集团下属的科银京成技术有限公司。因此，aCoral 的另一发展思路是：多核 + 强实时，为对性能有苛刻要求（Performance-critical）的嵌入式实时系统[如计算机密集型的嵌入式实时应用（高端控制系统、超声波无损检测与处理系统、精确导航与防撞系统)、航空电子系统等]提供一体化解决方案，充分发挥多核潜能，力求系统总体性能最佳。

对于多核，aCoral 已支持同构多核（如 ARM11 MPCore 四核平台）[39-41]，对于异构多核的支持，项目组已在 AMR+DSP 构架下，实现了基本的异构通信、同步、共享内存等机制，对更高级别的支持（异构多核调度、对 GPU 的支持等）正在研究中[33-35][46]。对于强实时而言，嵌入式操作系统一般都是实时的，但是如何做到强实时是一个很棘手的问题，为强实时计算密集型应用[17]（航空电子、舰载电子等）提供可靠运行支持是 aCoral 开发的强力主线。目前 aCoral 提供了强实时内核机制（优先级位图法、优先级天花板协议、差分时间链、最短关中断时间等)。与此同时，aCoral 还提供了强实时调度策略：单核和多核的 RM 调度算法，由于多核情况下的 RM 算法的复杂性，目前只支持简单环境下多核 RM 调度， RM 调度算法在多核情况下的其他问题正在研究和解决中。此外，其他多核强实时确保策略也正在研究中。

aCoral 会像珊瑚一样成长……

1.6　本书结构

本书将介绍嵌入式系统的发展，早期嵌入式软件轮询系统的基本原理和缺陷，前后台系统的出现及不足，RTOS 的诞生及发展。本书基于三星公司 ARM9 Mini2440 开发板逐步介绍轮询系统、前后台系统到 RTOS 是如何设计和实现的。

第 1 章：主要介绍 RTOS 的发展、主流结构及 aCoral 基本情况。

第 2 章：主要介绍轮询系统的基本原理，以及一个基于 ARM9 Mini2440 开发板的简单轮询系统的设计和实现。

第 3 章：在轮询系统基础上引入中断机制，介绍前后台系统的基本原理，然后重点描述裸板环境下中断发生、响应、处理的流程；在此基础上，详细介绍一个基于 ARM Mini2440 开发板的简单前后台系统的设计和实现。

第 4 章：介绍 RTOS 相关的基本概念，为 aCoral 在 ARM Mini2440 上的设计和实现做一个理论上的铺垫。

第 5 章：介绍 aCoral 的交叉开发环境，以及如何在 Ubuntu 下搭建其交叉开发工具链。

第 6 章：从用 C 语言描述一个线程开始，一步一步阐述 aCoral 内核的设计与实现，主要内容包括创建线程、调度线程、aCoral 事务处理机制（中断与时钟管理）、内存管理机制、线程间的交互机制（通信、同步、互斥等）。

第 7 章：介绍 aCoral 是在 ARM9 Mini2440 上如何启动并开始执行的。

第 8 章：介绍 aCoral 硬件抽象层（HAL）相关代码，通过对这些代码的分析，大家可知道如何将 aCoral 从一个嵌入式平台移植到另一个嵌入式平台上，例如，从 ARM9 s3c2440 处理器移植到 ARM s3c2410 处理器。

第 9 章：基于 aCoral 工程文件，介绍如何在宿主机上编译 aCoral，如何在 ARM Mini2440 上运行 aCoral。

第 10 章：简单介绍 RTOS 的实时调度策略，实时系统运行过程中遇到的经典问题以及相应的解决办法。

第 11 章：以四核嵌入式处理器 ARM11 MPCore 为例，从操作系统引导和线程调度等方面介绍 aCoral 是如何支持多核处理器的。

习题

1．简述嵌入式系统的发展历程。

2．轮询系统的特点是什么？适用于哪些嵌入式应用？

3．前后台系统有什么优缺点？

4．嵌入式操作系统包括哪些结构？对比各种结构的特点。

5．嵌入式操作系统内核的协调机制有哪些？

第 2 章　轮询系统

第 1 章提到了嵌入式开发板 ARM9 Mini2440，本章就首先介绍 ARM Mini2440 是如何一步一步启动的，然后介绍其裸板环境下一个最简单嵌入式软件系统：轮询系统的设计与实现。在此以前，先了解一下轮询系统的基础知识。

2.1　轮询系统概述

轮询系统也称为简单循环控制系统，是一种最简单的嵌入式实时软件体系结构模型。在单个微处理器情况下，系统功能由多个函数（子程序）完成，每个函数负责该系统的一部分功能；这些函数被循环调用执行，即它们按照一个执行顺序构成一个单向的有序环（称为轮询环），依次占用 CPU，如图 2.1 所示。每个函数访问完成之后，才将 CPU 移交给下一个函数使用。对于某个函数而言，当它提出执行请求后，必须等到它被 CPU 接管后才能执行。

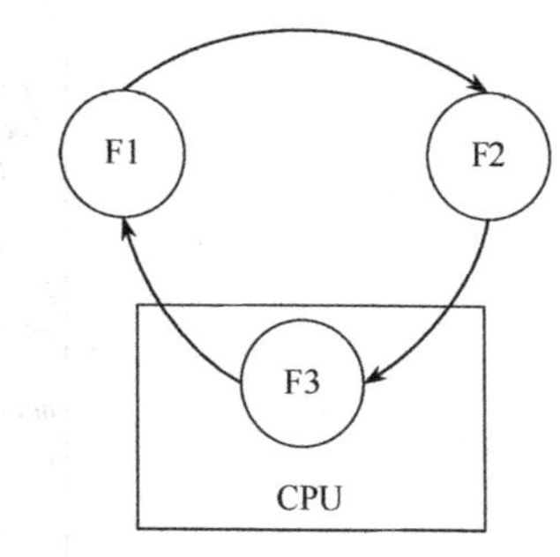

注：F*i* 代表函数名 Function（*i*=1，2，…）

图 2.1　轮询过程

2.1.1　程序框架

```
initialize ();
while (TRUE){
  if (condition1) {F1();}
  if (condition2) {F2();}
  if (condition3) {F3();}
  ... ...
}
```

图 2.2　轮询程序框架

从程序实现上，基本轮询系统的结构如图 2.2 所示。在系统工作以前，首先进行系统初始化，然后系统进入无限循环状态；主程序依次对轮询环中的函数进行判断，若该函数要求占用 CPU，则让其执行，否则就跳过该函数去执行提出请求的下一个函数，这种判定某个函数是否满足执行条件的过程，称为轮询。

2.1.2　调度

根据程序结构特点，基本轮询系统具有以下工作特点：系统完成一个轮询的时间取决于轮询环中需要执行的函数个数（即满足执行条件的函数个数）。此外，轮询的次序是静态固定的，在运行时是不能进行动态调整的。

这种特点决定了轮询系统在诸如多路采样系统、实时监控系统等嵌入式应用中可以得到广泛使用，是最常用的软件结构之一。但同样也存在无法忽略的弱点：所有函数必须顺序执行，不区分函数的重要程度，系统也无法根据应用的实际需要灵活地调整对函数的使用粒度。

1. 优先权调度

```
initialize ();
while (TRUE){
  if (condition1) {F1();}
  if (condition2) {F2();}
  if (condition3) {F3();}
  if (condition2) {F2();}
  ... ...
}
```

图 2.3　重要重复的轮询

克服以上缺陷的最简单办法就是允许优先级高的函数被多次重复调度，即在轮询环中增加重要函数（如图 2.3 所示的 F2）的访问 CPU 的次数。这样，在每一次轮询中，相对重要的函数获得 CPU

的概率就比其他的函数大。

上述机制还可以通过一个指针表的形式加以改进，使得函数的优先级可以在允许时动态改变，如图 2.4 所示。

```
F_1()
{
    if (condition1) {F1();}
}
F_2()
{
    if (condition2) {F2();}
}

#define N_ACTION 3
(*actions[N_ACTION])()={
    F_1();
    F_2();
    F_1();
};
int action_ptr;

main()
{
    other_initialization();
    action_ptr=0;
    while (TRUE){
        (*actions[action_ptr])();
        if (++action_ptr==N_ACTION) action_ptr=0;
        ……
    }
}
```

图 2.4　优先级可变的轮询

值得注意的是，这种基于优先权的轮询系统与不可抢占的多任务系统有明显的区别：后者是通过中断触发引起内核调度器进行多任务调度，而前者是通过对一张指针表查询实现的。

2. 子轮询

当某些函数的执行时间相对较长时，可以将其分解成若干子函数，这些子函数也构成一个轮询，称为子轮询。例如，一个函数需要打印消息到一个慢速输出设备中，可以将其分解成为两部分：第一部分是打印消息处理（F2_1），另一部分为慢速设备忙时的等待处理（F2_2）。两部分的转换如图 2.5 所示。

显然，函数的两部分可以分别构成一个子轮询。更进一步，若 F2_2 中加入对更高优先权函数的执行条件的判断操作（图 2.6），则在等待时间内有机会执行更高优先权的函数。

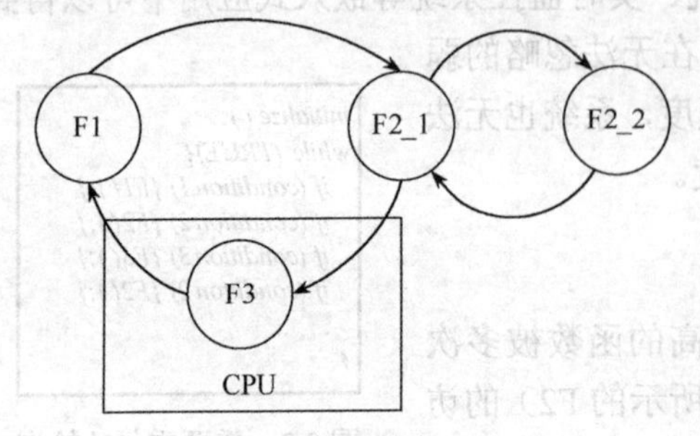

图 2.5　子轮询结构

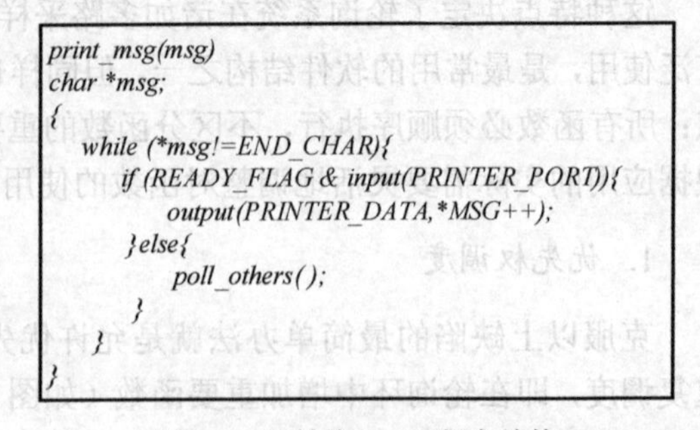

```
print_msg(msg)
char *msg;
{
    while (*msg!=END_CHAR){
        if (READY_FLAG & input(PRINTER_PORT)){
            output(PRINTER_DATA,*MSG++);
        }else{
            poll_others();
        }
    }
}
```

图 2.6　子轮询 F2_2 程序结构

这种处理方式因为具有多任务系统的一些特征，也被称为伪多任务系统（Disguised Multitasking）。

2.1.3　典型系统

许多工业现场网络中，由于需要控制的设备较多、相互距离又较远，且现场有较强的工业干扰，因此采用体积小、抗干扰能力强的单片机作为上位机与现场控制器一起组成分布式数据采集与控制系统，是一种较好的选择。

如图 2.7 所示，在一个多机通信系统中，只有一台单机（8051）作为主机，各台从机间不能相互通信，必须通过主机转发来交换信息。单片机间通过 RS-485 总线通信，主机通过点名方式向各从机发送命令，实现对系统的控制。同时，主机对从机不断地轮询，监视从机的状况，接收从机的请求或信息。

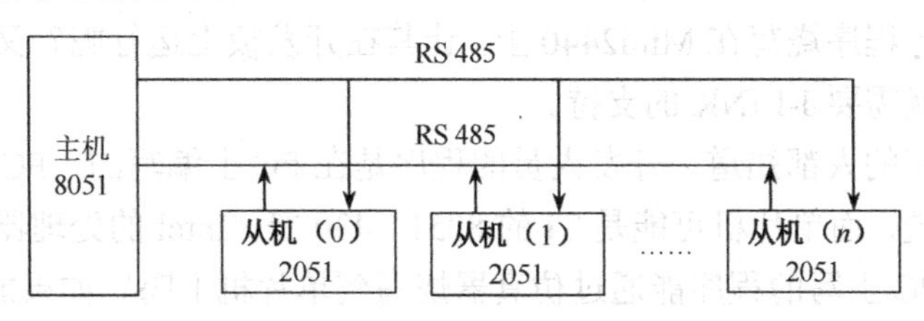

图 2.7　基于轮询结构的单片机通信网络

2.2　搭建开发环境

了解轮询系统基本概念后，如何付诸实践去实现一个具有轮询结构的嵌入式软件系统呢？毕竟“To learn by doing”①是最好的学习方法。在动手编码以前，需先了解一下开发环境。

第 1 章提到，本书以 ARM9 Mini2440 为例介绍轮询系统、前后台系统及 RTOS 的设计和实现②。ARM9 Mini2440 是一款基于 ARM 920T 核心的开发板（图 2.8），以下简称 Mini2440，是一款容易入门、复杂程度适中的学习板，它采用三星 SAMSUNG S3C2440 为微处理器。电子科技大学计算机科学与工程学院、信息与软件工程学院的学生常基于该平台做《嵌入式系统及应用》、《嵌入式操作系统》的课程实验、课程设计，也基于该平台参加一些竞赛项目。

图 2.8　ARM9 Mini2440 核心板

Mini2440 的基本构成如下。

（1）CPU：　SAMSUNG S3C2440A，主频 400MHz。

（2）SDRAM：64MB，32 位数据总线，时钟频率可达 100MHz。

（3）Flash：64M Nand Flash；2M Nor Flash（安装了启动代码 FriendlyARM BIOS 2.0 或者

① “To learn by doing”是美国教育学家约翰·杜威提出的教学理念，具体而言，就是“做中学”，或者通过实践学习相关知识。

② 由于 Mini2440 是单核嵌入式处理器，因此在介绍 RTOS 对多核支持时，本书选择的是一款四核的嵌入式平台 ARM11MPCORE，该平台将在第 11 章中介绍。

Supervivi）。

（4）相关接口：电源接口（5V），3 个串行口，1 个 10 针 JTAG 接口，4 个 LED 灯，6 个按键，1 个 USB 主端接口和 1 个 USB 从端接口，1 个 100M 以太网 RJ-45 接口，1 个 SD 卡存储接口，1 路音频输出接口，1 路麦克风接口，1 个 PWM 控制蜂鸣器，1 个 I^2C 总线 AT24C08 芯片，1 个摄像头接口，系统时钟源 12MHz 无源晶振，1 个 34 pin 的 GPIO 接口，1 个 40 pin 的系统总线接口等。

有了上述接口，大家可以自由发挥，将 Mini2440 设计成一个网络收音机、简单视频监控系统等，只要其计算能力和接口范围满足你的设计需求。

除了 Mini2440 外，还需一个仿真器 J-LINK，J-LINK 是为支持仿真 ARM 内核芯片推出的 JTAG 仿真器，能配合 IAR EWARM、ADS、KEIL、WINARM、RealView 等集成开发环境对所有 ARM7/ARM9 内核芯片进行仿真。如果大家已经编写好了代码，并且成功编译，那如何将编译好的可执行程序烧写在 Mini2440 上，让其在开发板上运行呢？又如何对下载执行程序进行调试呢？这就需要 J-LINK 的支持。

写过单片机程序的人都知道，开发人员的程序是在 PC 上编写的，PC 是 Intel 的处理器、Windows 的操作系统，而单片机可能是 TI 的 8051、430 等。Intel 的处理器和单片机采用的是不同指令集，那在 PC 上写的程序能通过仿真器烧写到单片机上吗？如果能烧写，又是否能在单片机上运行呢？要回答这些问题，就必须先了解交叉开发（Cross Developing）[10][11][17]。

交叉开发是嵌入式软件系统开发的特殊方法，开发系统是建立在软硬件资源均比较丰富的 PC 或工作站上，一般称为宿主机或 Host，嵌入式软件的编辑、编译、链接等过程都是在宿主机上完成。嵌入式软件的最终运行平台却是和宿主机有很大差别的嵌入式设备，一般称为目标机或 Target，这里的目标机就是 ARM9 Mini2440。宿主机与目标机通过串口、并口、网口或其他通信端口相连，嵌入式软件的调试和测试是由宿主机和目标机之间协作完成，如图 2.9 所示。

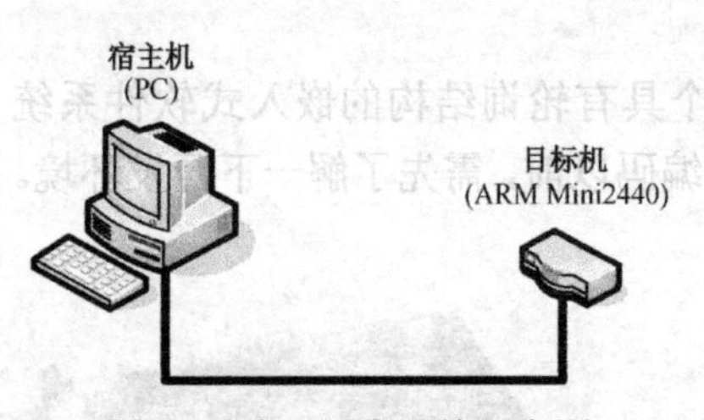

图 2.9　交叉开发环境示意图

宿主机与目标机的差别主要在于：

（1）硬件的差别：最主要是两者的处理器不同。宿主机的 CPU 多数是 Intel 系列或与其兼容的其他处理器，而目标机的 CPU 则是 ARM、MIPS、8051、TI 430 等品种繁多的嵌入式处理器。因此，两者支持的指令集、地址空间都不同。其他的差别，如内存容量、外围设备等。

（2）软件环境的差异：在宿主机上都有通用操作系统等系统软件提供软件开发支持，而目标机除了调试代理外几乎没有其他用于嵌入式软件开发的软件资源。现有的嵌入式操作系统仅可作为嵌入式软件运行时的支撑环境。

本章裸板轮询系统的交叉开发环境如图 2.10 所示。其中，ADS（ARM Development Suite）是 Metrowerks 公司开发的针对 ARM 处理器的集成开发环境，包含了代码编辑器、编译器（for ARM）、连接器、调试器。图中的宿主机与目标机的连接是通过 J-LINK、串口连接的，其中，J-LINK 主要是为了烧写和调试被调试程序（将要开发的轮询系统），而串口主要是为了回显调试信息。需要注意的是：为了让 J-LINK 能正常工作，需要在 PC 上安装驱动 J-flashARM；此外，如果宿主机是没有串口的笔记本电脑，还需在笔记本的 USB 上外接一个 USB 转串口

的工具，并安装相应驱动程序。这样，便可在 PC 上编写代码；然后用 ADS 将其编译、连接成具有 ARM 指令集的可执行程序，即被调试程序；再通过 J-LINK 将被调试程序烧写在 Mini2440 的 NORFlash 上（NORFlash 的起始地址是 0x00000000，开发板上电后 PC 将指向这里，从该地址存放的指令开始运行）；最后，重新启动 Mini2440，被调试程序便可在目标机上运行，并且通过串口回显运行信息。

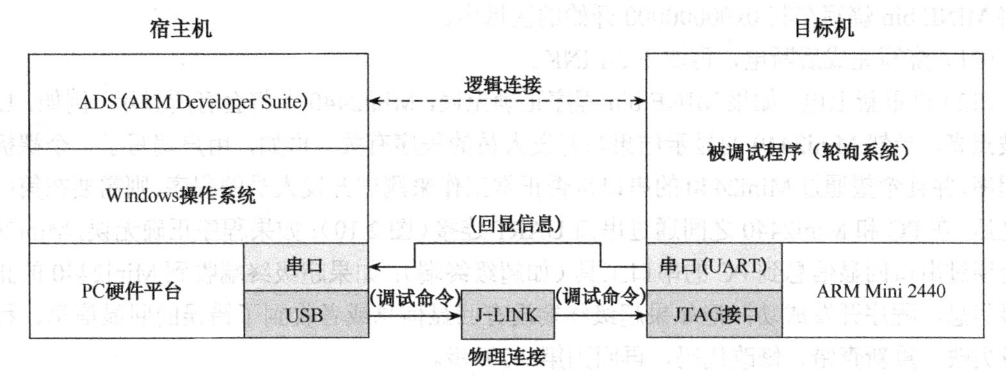

图 2.10　交叉开发环境示意图

将 PC、Mini2440 和 J-LINK 连接好后，就可以在 ADS 下创建工程了，具体步骤如下。

（1）新建一个 ADS 工程，并为其命名（这里将工程命名为“MINE”，也是本章的示例工程），然后新建 file 文件 my_2440_init.s （“.s”表示该文件是由汇编语言编写，因为此时开发板尚未初始化，只支持汇编语言），在创建好后，就将该文件添加到刚建立的 MINE 工程中，并在 debug、release 和 debugrel 三个选项上打“√”，需要注意的是工程不能是中文名，路径不能包含中文。

（2）设置“my_2440_init.s”文件编译连接后生成的可执行文件的格式。将 ADS 菜单“Edit”→“DebugRel Settings”→“Linker”→“ARM formELF”中的“output format”输出形式设定为“Plain binary”文件类型，后缀为“.bin”（而不是其他类型，此时的裸板程序还只能支持简单的二进制可执行文件，还不能支持像 ELF 这样的高级文件格式）。

（3）在 my_2440_init.s 文件中输入将要编写的轮询系统汇编代码。如果代码编写完毕，并且编译成功，可以在 MINE 工程文件的 MINE_data →DebugRel 文件夹中发现一个生成了的 MINE.bin 的可执行文件，该文件类型为“Plain binary”。

（4）生成 bin 文件后，就可通过 J-LINK 将该文件“MINE.bin”烧写到 Mini2440 的开发板中。此时，开发板跳线设置为“NORFlash”启动（NORFlash 的起始地址为 0x00000000），接上 J-LINK 后，插在底板的 JTAG 插座上，J-LINK 另一头接 PC 的 USB 接口，如图 2.10 所示。

（5）开发板上电。

（6）打开之前在 PC 上安装的 J-flashARM 工具，打开步骤：“开始”→“所有程序”→“SEGGER”→“JLINK ARM V4.08”→“JLINK ARM”，该界面能将开发板上从地址 0x00000000 开始的内存数据显示出来，这里的地址 0x00000000 是第（4）步设置的 NORFlash 起始地址。

（7）单击“File”→“open Project”，打开 s3c2440a_embedclub.jflash，再在 ADS 的

“Options”→“Project settings”→“Flash”下单击“Select flash device”，选中 Mini2440 开发板对应的 NORFlash 芯片型号“S29AL016Dxxxxxxx2”。

（8）单击“Target”→“connect”，连接宿主机和目标机。

（9）单击“File”→“open”，打开将要烧写的映像文件 MINE.bin。

（10）单击“Target”→“program”，烧写确认对话框，直接确认，J-LINK 会先擦除 NORFlash，再将 MINE.bin 烧写在其 0x00000000 开始的区域中。

（11）烧写完成后断电，再取下 J-LINK。

（12）再重新上电，如果 MINE.bin 程序正确无误，Mini2440 上将会有所显示，例如，LED 灯被点亮，当然 Mini2440 的显示结果与开发人员的程序有关。再如，用户编写了一个裸板串口程序，并且希望通过 Mini2440 的串口是否正常工作来测试开发人员的程序，则需要在第（11）步之后，在 PC 和 Mini2440 之间通过串口 UART 连接（图 2.10）；如果程序正确无误，Mini2440 将会通过串口回显信息到 PC 的串口工具（如超级终端）；如果超级终端收到 Mini2440 的正确回显信息，程序开发成功；但如果超级终端没有回显信息或者收到了错误的回显信息，程序开发失败，重新查错、修改代码，再回到第（3）步。

2.3 启动 Mini2440

交叉开发环境搭建好后，便可动手编码了，编码的首要工作是什么呢？答案是：用 ARM 汇编语言启动处理器 S3C2440A。

2.3.1 为什么需要启动

无论一个计算机系统由多少硬件设备组合而成，该系统能够运行的基础至少需要一个 CPU 与运行指令与数据的载体，该载体被称为主存。当系统上电后，CPU 会在可以挂为主存的储存器上开始命令的执行，一般的 CPU 通常是从地址 0x0 处开始取指执行，Mini2440 的 S3C2440A 芯片也是如此。当开发板上电后，CPU 的 PC 寄存器的值通过硬件机制被初始化为 0x0。

根据计算机组成原理的知识，一切指令与程序都只能在主存上运行。而主存价格较昂贵，并且开发人员的程序通常比较大，因此，开发人员的程序通常存储在外存中，而外存通常无法作为应用程序运行的载体。这样，当系统上电后，怎样通过一些机制将应用程序从其他存储设备复制到主存上是十分重要的。此外，不同的系统硬件设备不同，开机后所需要的硬件设备的配置也不同。所以，系统上电后，对各硬件控制器的设置也是十分重要的。这些设置其实就是“告诉”处理器 CPU 现在启动系统运行的基本硬件设备是怎样的，从而能正确地使用各种设备，这些都是启动代码的责任。

启动代码的作用可以随着需求的增加而进行扩充，上述描述只是确保系统能够基本运行启动代码的功能，其实，启动代码还可以包括实际开发板上各板级硬件和接口的驱动程序，这时的启动代码其实就具有了能够使应用程序使用开发板各资源的接口功能了，BootLoader（如 FriendlyARM BIOS 2.0 或者 Supervivi）就是这样一类启动代码的很好诠释。

2.3.2　启动流程

启动代码是与硬件设备密切相关的，其流程是与具体的硬件设备密不可分的。这一节将以 Mini2440 的 S3C2440A 处理器为例来讲述启动代码的流程，如图 2.11 所示，这里的启动代码只是一个能使 CPU 正常工作的一个最小系统，更为全面复杂的启动代码流程与所需要注意的细节会在后面章节加以描述。

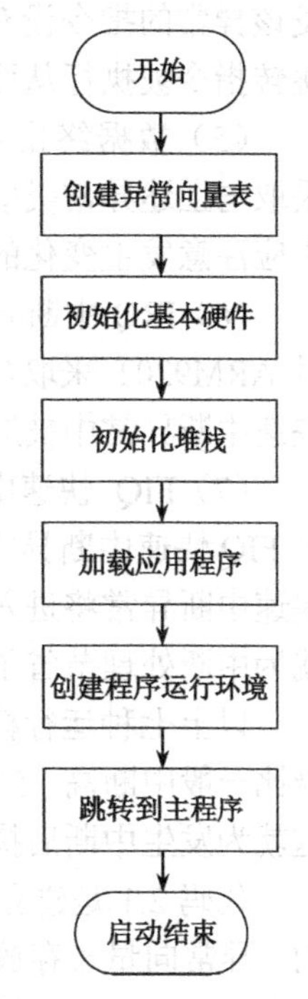

图 2.11　启动程序流程

Mini2440 开发板有两种启动模式，一种是从 NOR Flash 启动，另一种是从 NAND Flash 启动，本节以从 NAND Flash 启动为例介绍。当 Mini2440 从 NAND Flash 启动时，因为 NAND Flash 无法作为程序运行的载体，所以 S3C2440A 芯片通过硬件机制将 NAND Flash 的开头 4KB 的内容自动复制到了 S3C2440A 芯片内部的 4KB 大小的 SRAM 上面，并且 S3C2440A 芯片会自动将这 4KB 大小的 SRAM 映射为自身内存的 BANK0，将这 4KB 大小的内容映射到从 0x00000000 开始的地址上，然后处理器从 0x00000000 地址开始执行。

1. 创建异常向量表

当程序在 S3C2440A 芯片上运行发生异常时，程序指针 PC 会自动跳转到主存最开始的地址（0x00000000），这里就是异常向量表的起始地址，然后会通过专门的硬件机制定位到相应的异常向量。ARM 处理器内核一共定义了七种异常：复位异常、未定义指令异常、软中断异常、预取指终止异常、数据终止异常、IRQ 中断异常、IRQ 快速中断异常，具体描述如下。

（1）复位异常。当开发板复位时，S3C2440A 的 ARM920T 核将当前正在运行程序的 CPSR 与 PC 存入管理模式下的 SPSR 与 LR（R14）中。然后，强制将 CPSR 的 M[4:0]位写为 10011（管理模式），并将 CPSR 的 I 位与 F 位置 1（屏蔽 IRQ 与 FIQ），将 CPSR 的 T 位清 0（进入 ARM 指令模式）。之后，强制将 PC 的值设为 0x0，让 CPU 从 0x0 开始取指执行命令，这时 CPU 运行在 ARM 状态。

（2）未定义指令异常。当 ARM920T 遇到一个无法处理的指令时，未定义指令异常发生。未定义异常发生后，当前运行程序的下一条指令的地址会被保存到相应模式下的 LR（R14）中，CPSR 被保存到相应的 SPSR 中，然后 CPSR 的 M[4:0]被设置为相应的模式值，并且 PC 是被强制赋值为 0x4（因为 ARM 9 是 32 位的指令集，每条指令占用 4B 的空间）。这时，CPSR 的中断位可能会被置 1，这里“可能”的意思是与异常的类型有关（如复位异常是一定要置 1 的），不同的异常将使 S3C2440A 芯片会采取不同的行为。如果在这些异常处理中允许中断嵌套，可以手动将 I 位清零，不可以的话就置 1，以下各个异常均类似。

（3）软中断异常。当软中断指令 SWI 被执行时，软中断异常发生。当软中断异常发生时，ARM920T 采取与未定义指令异常类似的措施，只是相应的设置值变为软中断异常所需要的值，PC 取值为 0x8。软中断是用户模式切换到特权模式的唯一途径，软中断会将程序带到管理模式下，这样，程序就可以对更多的寄存器，特别是 CPSR 有了修改的权利。软中断通常用来实现特权模式下的系统调用功能。

（4）预取指终止异常。当在一条指令的预取指片段执行失败（通常为内存读取错误）时，预取指终止异常发生，ARM920T 对各寄存器的设置与上述异常类似，但 PC 取值为 0xC。预取指终止异常只有当该指令进入了流水线时（也就是该指令被预取指时）发生，但是如果引发该异常的指令没有被执行的话，程序是不会终止去处理异常的，这是因为有可能在之前有跳转指令被执行从而跳过了该指令。

（5）数据终止异常。当在读出数据时发生内存错误时，数据终止异常发生。ARM920T 采取与上述异常类似的措施，但 PC 取值为 0x10。当发生数据终止异常时，在异常处理函数中应注意发生变化的寄存器值，具体请参考 S3C2440A 的芯片手册[37]。

（6）IRQ 中断异常。当 CPU 接受到外部设备发出的中断请求时，IRQ 中断异常发生。这时 ARM920T 采取与上述异常处理类似的操作，但 PC 取值为 0x18。IRQ 中断异常会在 FIQ 快速中断异常中被屏蔽。在 IRQ 中断异常处理函数中，建议手动指明该中断是否能嵌套。

（7）FIQ 快速中断异常。FIQ 快速中断异常是为数据传输与处理提供的快速中断通道。当 FIQ 快速中断异常发生时，ARM920T 采取与上述类似的操作，但是 PC 取值为 0x1C。FIQ 快速中断异常将进入 FIQ 快速中断模式，在此模式下，ARM 提供了更多的专用寄存器，这样，就为中断处理节省了寄存器保护入栈的时间。

以上七种运行模式中，有两个模式对应于中断：中断模式，快中断模式。快中断的优先级比一般中断高。当发生中断和快中断时，程序计数器（PC）将会跳到指定的地址开始执行，这就为发生中断后执行相应的中断服务提供了可能。

代码 2.1 是建立异常向量表的过程，其中第一个指令通常都是存放在主存的零地址（0x0）的。异常向量表存放的全是汇编跳转指令，这些指令从主存的零地址（0x0）开始连续存储在内存中（每条指令长度为 4B），如图 2.12 所示。当发生对应的异常时，PC 将通过硬件机制跳到相应异常向量对应的地址开始执行，因为是由硬件机制实现的，所以当产生异常时，所有跳转的地址都是在 CPU 芯片生产时就确定且无法更改的（也有一些芯片生产商提供可编程的异常向量表，可通过代码，即软件的方式，改变异常向量表的初始地址），并且这些跳转指令都是单条指令连续在一起的，所以无法在原地实现中断服务程序（中断服务程序需一系列指令来完成），这也是异常向量表中的代码全是跳转指令的原因。这样，当产生异常时，通过硬件跳转到一个确定的地址，再通过跳转指令跳转到一个异常处理程序的起始地址。

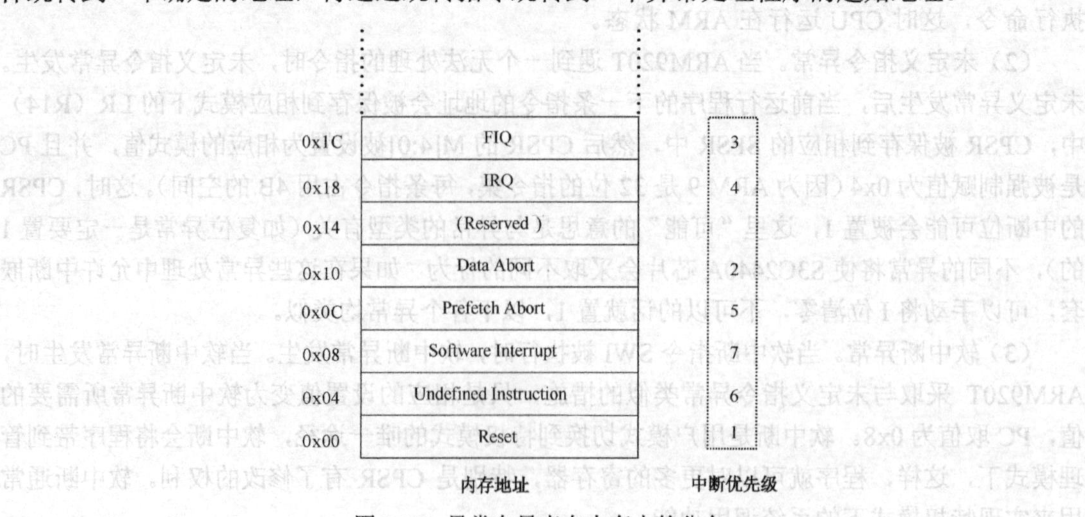

图 2.12　异常向量表在内存中的分布

代码 2.1　内核层中断初始化（ ..\中断\key_interruption\src\ my_2440_init.s）

```
    B  Reset            ;                                          (1)
    b  Undef            ;                                          (2)
    b  SWI                  ;                                      (3)
    b  PreAbort             ;                                      (4)
    b  DataAbort        ;                                          (5)
    b.                  ; 保留                                     (6)
    b  IRQ              ; 中断模式的入口地址，当产生中断后，PC会自动通过硬  (7)
                        ; 件机制跳到该地址，然后执行该地址开始的代码
    b  FIQ              ; 快中断模式入口地址，当产生中断后，PC会自动通过硬  (8)
                        ; 件机制跳到该地址，然后执行该地址开始的代码
```

代码 2.1 中的标志符 Rest、Undef、SWI、PreAbort、DataAbort、IRQ 和 FIQ 都代表了一个地址，该地址就是跳转指令需要跳转的地址，指向各异常服务程序的起始地址。这些标志符的定义和使用在不同的汇编编译器下是不同的，在本章中，这些标识符是 ADS1.2 编译器规定的语法格式。

2. *初始化基本硬件*

硬件的初始化是千变万化的，因为不同嵌入式处理器集成的硬件设备不一样。在 Mini2440 开发板上，如果设置从 NAND Flash 启动，则最开始的启动代码不能超过 4KB 的大小 （原因见 2.3.2 节的开始部分），所以在这个阶段的硬件初始化最好只对 CPU 和主存进行初始化（根据开发板上使用的外存，也有可能需要对外存也进行必要初始化），使 CPU 能运行，将更为完整的硬件初始化代码从外存复制到主存中执行。在硬件初始化阶段，是不希望有中断的打扰，此外，硬件都还没有设置完毕，中断的处理又怎能正常进行呢？因此，硬件初始化流程如图 2.13 所示。

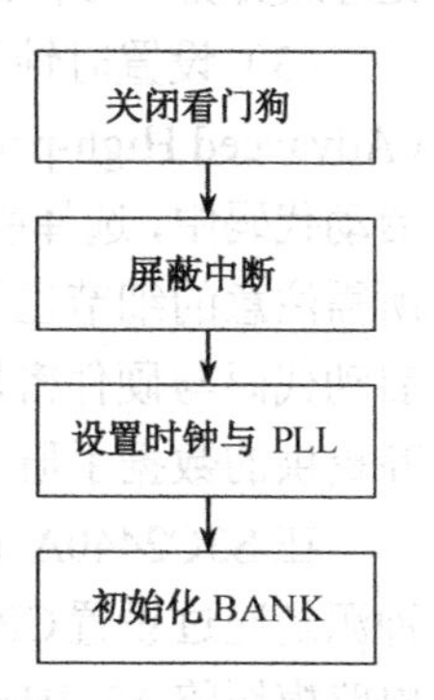

图 2.13　硬件初始化流程

（1）关闭看门狗。看门狗 WDT（Watch Dog Timer）是 S3C2440A 提供的一个计数器。看门狗是一个防止程序跑飞的一种监测机制。它需要在一个设定的时间（脉冲）内向其发送一个“喂狗”的脉冲信号，如果超出了该设定值，看门狗就会发出一个复位信号，让程序复位。如果不关闭看门狗的话，启动程序在一定的时间内就需要去“喂狗”，这样不仅增加代码量，还浪费了系统的宝贵资源，因为在启动代码中是不会涉及大量数据运算和长时间循环的，所以，看门狗的机制在启动代码中没有帮助，应该关闭（CPU S3C2440A 芯片的看门狗上电时默认为激活状态），关看门狗的操作很简单，如代码 2.2，关于看门狗寄存器的详细设置，请参考 S3C2440A 芯片手册。

代码 2.2 关闭看门狗（.. \中断\key_interruption\src\ my_2440_init.s）

```
WTCON EQU 0x53000000

LDR R0, =WTCON
MOV R1, 0x00000000
STR R1, [R0]
```

（2）屏蔽中断。在启动代码的开始阶段，中断屏蔽是显而易见的，因为 CPU 等硬件初始化是一切服务的基础，在没有初始化完成以前，中断是没有意义的。其实，在复位异常发生后，ARM920T 其实已经通过硬件机制将 CPSR 中的 I 位与 F 位置 1，屏蔽了中断。在这里，为了代码更具通用性、严整性与逻辑性，采用了通过设置中断控制器相关寄存器来屏蔽中断的方式，屏蔽中断如代码 2.3 所示。

代码 2.3 屏蔽中断（.. \中断\key_interruption\src\ my_2440_init.s）

```
INTMSK    EQU 0x4A000008
INTSUBMSK EQU 0x4A00001C

ldr  r0,=INTMSK
     ldr r1,=0xffffffff
     str r1,[r0]

     ldr r0,=INTSUBMSK
     ldr r1,=0x7fff
     str r1,[r0]
```

值得注意的是：在启动代码屏蔽中断后，如果在启动完了所加载的应用程序，并需要使用中断处理或实现一些中断服务程序时，一定要重新开启中断，否则用户的中断将不会得到响应。

（3）设置时钟与 PLL。S3C2440A 芯片为用户提供了多个 CPU 频率与多个相应的 AHB（Advanced High-performance Bus）总线频率和 APB（Advanced Peripheral Bus）总线频率。在启动代码中，选择所需的频率来配置 CPU 是必要的。不同的芯片时钟设置的方法是不一样的，所需注意的细节也不一样，因而所编写出的代码也就不一样。这也是在本节开始时所提到的：启动代码与硬件密切相关，代码随着硬件的不同而不同，具体的代码编写应严格参照硬件厂商提供的数据手册。

在 S3C2440A 芯片中，所有时钟的时钟源均来自一个 12MHz 的外部晶体振荡器（这一时钟源是通过设置 CPU 引脚跳线来确定）。CPU 的高频率是通过锁相环 PLL（Phase Locked Loop）电路模块将 12MHz 频率提升后得到的，AHB 与 APB 的时钟频率是通过设置与 CPU 时钟的比值而得到的。S3C2440A 芯片提供了两个 PLL：MPLL 和 UPLL。

MPLL 是用于 CPU 及其他外围器件的，UPLL 是用于 USB 的，MPLL 产生三种频率：FCLK、HCLK、PCLK，其用途分别为：

① FCLK 为 CPU 提供时钟信号，S3C2440 最大支持 400MHz 的主频，可以通过设定 MPLL 与 UPLL 寄存器来设定 CPU 的工作频率。

② HCLK 为 AHB 总线提供时钟信号，主要用于高速外设，如内存控制器、中断控制器、LCD 控制器、DMA 等。

③ PCLK 为 APB 总线提供的时钟信号，主要用于低速外设，如看门狗、UART 控制器、I^2S、I^2C、SDI/MMC、GPIO、RTC and SPI 等。

UPLL 专门用于驱动 USB host/Device，并且驱动 USB host/Device 的频率必须为 48MHz。在设置 MPLL 和 UPLL 时，必须先设定 UPLL，然后才能设定 MPLL，而且中间需要若干空指令（NOP）的间隔。

设定设置时钟与 PLL 时，需要用到的寄存器主要有锁定时间计数寄存器 LOCKTIME、MPLL 配置寄存器 MPLLCON、UPLL 配置寄存器 UPLLCON、时钟分频器控制寄存器 CLKDIVN。

① LOCKTIME 寄存器。LOCKTIME 寄存器使用与设置的原因是与 PLL 的硬件特征有关

的。因为当 PLL 启动后需要一定的时间才能够稳定的工作。所以在向 CPU 与 USB 外部总线提供时钟频率之前，需要锁定一段时间以等待 PLL 能正常工作，LOCKTIME 寄存器的描述如表 2.1 和表 2.2 所示。根据 S3C2440A 的数据手册，MPLL 与 UPLL 所需的等待时间应该大于 300μs，将其设置为默认值 0xFFFF 即可。

表 2.1　锁定时间计数寄存器（1）

寄存器	地址	读写	描述	复位值
LOCKTIME PLL	0x4C000000	R/W	锁定时间计数寄存器	0xFFFFFFFF

表 2.2　锁定时间计数寄存器（2）

LOCKTIME	位	描述	初始值
U_LTIME	[31:16]	UPLL 对于 UCLK 的锁定时间计数值	0xFFFF
M_LTIME	[15:0]	MPLL 对于 FCLK、HCLK、PCLK 的锁定时间计数值	0xFFFF

② MPLLCON 与 UPLLCON 寄存器。这两个寄存器是用来设置 CPU 频率与 USB 频率相对外部晶体振荡器频率的倍数参数的，即设置相应频率大小的，MPLL、UPLL 配置寄存器的相关信息如表 2.3 所示。具体参数的设置详见 S3C2440A 芯片手册、代码 2.4 及后面的相关解释。值得注意的是：虽然两个 PLL 默认是启动的，但是两个 PLL 在 MPLLCON 与 UPLLCON 寄存器值没有重新写入之前是不会工作的。所以，即使两个 PLL 默认是启动的，也需要在启动代码中给这两个寄存器赋予默认值以便 PLL 的工作。另外，S3C2440A 芯片规定，在需要设置 MPLLCON 与 UPLLCON 寄存器时，应该先设置 UPLLCON，再设置 MPLLCON，并且在设置这两个寄存器的代码之间应该需要 7 个 NOP 指令，如代码 2.4。

表 2.3　MPLL 与 UPLL 配置寄存器

寄存器	地址	读写	描述	复位值
MPLLCOM	0x4c000004	R/W	MPLL 配置寄存器	0x00096030
UPLLCOM	0x4c000008	R/W	UPLL 配置寄存器	0x0004d030

③ CLKDIVN 寄存器。该寄存器设置 CPU、AHB 和 APB 频率的比值，相关信息如表 2.4 与表 2.5 所示，具体值的设置详见 S3C2440A 芯片手册代码 2.4。这里需要注意的是，当 AHB 与 CPU 的频率比不为（1∶1）的时候，CPU 的总线模式应该从快速总线模式切换到异步总线模式。如果不切换，CPU 将以 AHB 的频率运行。

表 2.4　时钟分频器控制寄存器（1）

寄存器	地址	读写	描述	复位值
CLKDIVN	0x4C000014	R/W	时钟分频器控制寄存器	0x00000000

表 2.5　时钟分频器控制寄存器（2）

CLKDIVN	位	描述	初始值
DIVN_UPLL	[3]	UCLK 选择寄存器（UCLK 必须对 USB 提供 48MHz） 0:UCLK=UPLL clock　UPLL 时钟被设置为 48MHz 1:UCLK=UPLL clock/2　UPLL 时钟被设置为 96MHz	0

续表

CLKDIVN	位	描述	初始值
HDIVN	[2：1]	00：UCLK=FCLK/1 01：UCLK=FCLK/2 10：UCLK=FCLK/4，当 CAMDIVN[9]=0 UCLK=FCLK/8，当 CAMDIVN[9]=1 11：UCLK=FCLK/3，当 CAMDIVN[8]=0 UCLK=FCLK/6，当 CAMDIVN[8]=1	00
PDIVN	[0]	0：PCLK 是和 HCLK/1 相同的时钟 1：PCLK 是和 HCLK/2 相同的时钟	0

根据前面的描述，便可设置时钟与 PLL，如代码 2.4。

代码 2.4 设置时钟与 PLL（ ..\中断\key_interruption\src\ my_2440_init.s）

```
INTMSK    EQU 0x4A000008
INTSUBMSK EQU 0x4A00001C

      ldr r0,=INTMSK
      ldr r1,=0xffffffff
      str r1,[r0]

      ldr r0,=INTSUBMSK
      ldr r1,=0x7fff
      str r1,[r0]
      ;there is a simpler way to disable all interrupt instead of method
      ;above, but doing such would make your startup routine tricky for
        enabling
      ;interrupts in user and system mode

;set CPU clock, ;referring to the manual of s3c2440 to look up the desired
 clock
;setting values for your needs
U_MDIV   equ 56
U_PDIV   equ 2
U_SDIV   equ 2          ;Fin=12MHz, UPLL = 48MHz，将UPLL设置成48Hz
M_MDIV   equ 68
M_PDIV   equ 1
M_SDIV   equ 1           ;Fin=12MHz, MPLL = 304MHz，将MPLL设置成304Hz
CLKDIVN_VAL equu 7       ;分频比设为1:3:6
                         ;FCLK:HCLK:PCLK 0=1:1 :1, 1=1:1 :2, 2=1:2 :2,
                         3=1:2:4,4=1:4 :4,;5=1:4:8, 6=1:3 :3, 7=1:3 :6.

                          ;set lock time
      ldr r0, =LOCKTIME
      ldr r1, =0xffffffff                                          (1)
      str r1, [r0]
```

```
                              ;set UPLL clock
        ldr r0,=UPLLCON
                              ;set the value of UPLLCON acorrding to the following
                              formula
        ldr r1,=((U_MDIV<<12)+(U_PDIV<<4)+U_SDIV)                              (2)
        str r1,[r0]
        nop                                                                    (3)
        nop
        nop
        nop
        nop
        nop
        nop
             ;7 nop instructions needs to be performed between setting UPLL
and setting MPLL,
             ; and UPLL has to be set before setting MPLL when you need to confirm
        both
             ; UPLL and;MPLL, acorrding to the S3C2440A manual
                                  ;set MPLL clock
        ldr r0,=MPLLCON
        ldr r1,=((M_MDIV<<12)+(M_PDIV<<4)+M_SDIV)                              (4)
        str r1,[r0]

        ;set the (fclk:hclk:pclk) division
        ldr r0,=CLKDIVN
        ldr r1,=CLKDIVN_VAL                                                    (5)
        str r1,[r0]

        [ CLKDIVN_VAL>1                  ; means (Fclk:Hclk) is not (1:1) .
        mrc p15,0,r0,c1,c0,0
        orr r0,r0,#0xc0000000
        mcr p15,0,r0,c1,c0,0            ;set asynchronouse bus
    |
        mrc p15,0,r0,c1,c0,0
        bic r0,r0,#0xc0000000
        mcr p15,0,r0,c1,c0,0              ;set synchronouse bus
    ]
```

代码 2.4 L(1)设置锁定时间计数寄存器 LOCKTIME 的值，LOCKTIME 分别设定了 UPLL 对于 UCLK 的锁定时间计数值和 MPLL 对于 FCLK、HCLK、PCLK 的锁定时间计数值，这里我们在设定 UCLK 与 MPLL 的相关值之前，先将锁定时间计数寄存器进行一个初始化：复位。

代码 2.4 L（2）设置 UPLL 配置寄存器，根据如下公式：

$$UCLK = UPLL \tag{2.1}$$

$$UPLL = (m * Fin) / (p * 2s) \tag{2.2}$$

$$m = (MDIV + 8),\ p = (PDIV + 2),\ s = SDIV \tag{2.3}$$

Fin 为 12MHz 的外部晶振频率，由于 UPLL 为 USB 时钟，且须设置为 48MHz，所以通过查芯片手册，可知 M_MDIV= 56（0x38）（UPLLCON 的[19...12]位）、M_PDIV=2（UPLLCON 的[11...4]位）、M_SDIV=2 （UPLLCON 的[3...0]位），这样可通过 R1=（(M_MDIV<<12）+（M_PDIV<<4）+M_SDIV）得出配置值，并将该值写入 UPLLCON。

代码 2.4 L（3）使用了 7 个空指令，在之前提到过，在设置 MPLL 和 UPLL 时，必须先设定 UPLL，然后才能设定 MPLL，而且中间需要若干空指令（NOP）的间隔，这里选择 7 个空指令。

代码 2.4L（4）设置 MPLL 配置寄存器的值，根据芯片手册中的公式：

$$FCLK=MPLL \quad (2.4)$$

$$MPLL = (2 * m * Fin) / (p * 2s) \quad (2.5)$$

$$m = (MDIV + 8), p = (PDIV + 2), s = SDIV \quad (2.6)$$

同样，这里的 Fin 为 12MHz 的外部晶振频率。由于这里欲将 MPLL 的频率设置为 304Hz，所以通过查芯片手册，可知 U_MDIV= 68、U_PDIV=1、U_SDIV=1。这样，便可通过 R1=（(U_MDIV<<12）+（U_PDIV<<4）+U_SDIV）得到 MPLL 配置寄存器的值。这样设置与开发人员的需求有关，例如，如果开发人员欲设计一个裸板串口（UART）驱动程序，并希望 UART 的波特率为 115200bps（因为串口发送时会有一定的错误率，只要在容错率范围内），则至少需要一个超过 50MHz 的时钟频率（PCLK）（ 波特率与 PCLK 之间的转换关系请参考芯片手册），根据代码 2.4L（5）设置的分频比：PCLK=FCLK/6，所以 PCLK 最少得有 300MHz 以上。这样通过公式（(M_MDIV<<12）+（M_PDIV<<4）+M_SDIV）及其参数设置，可设置 FCLK 为 304MHz，从而符合 UART 波特率为 115200bps，进而达到传输容错率要求。

代码 2.4 L（5）设置分频比，即 FCLK∶HCLK∶PCLK=1∶3∶6，根据表 2.5，时钟分频器控制寄存器 CLKDIVN 的 0-2 位应该设置为“111”，即是 CLKDIVN_VAL 的值 7。

（4）初始化 BANK。S3C2440A 芯片配置了 8 个 BANK，每一个 BANK 大小最大为 128MB，如表 2.6 所示，每一个 BANK 的访问宽度都是可调整的（8 位/16 位/32 位）。BANK0 到 BANK5 可以挂载 ROM 与 SRAM，BANK6 和 BANK7 还可以都挂载 SDRAM，也就是人们常说的内存。BANK0 到 BANK6 的起始地址是固定的，BANK7 的起始地址可变，即紧随着 BANK6 实际所挂载的内存大小之后。如果 BANK7 挂载了内存，BANK6 与 BANK7 实际所挂载的内存大小必须一样。BANK6 的起始地址为 0x30000000，Mini2440 开发板的内存挂载在 BANK6，所以 Mini2440 的内存起始地址为 0x30000000，这也是 CPU 启动后需要将应用程序加载到的地方。在应用程序能被加载到内存并运行前，必须对 BANK 进行初始化，确定 8 个 BANK 的内存分布，完成内存刷新频率等设置。

表 2.6　S3C2440 内存分配表

寄存器	地址	描述
BANKCON0	0x48000004	BANK0 控制寄存器
BANKCON1	0x48000008	BANK1 控制寄存器
BANKCON2	0x4800000C	BANK2 控制寄存器
BANKCON3	0x480000010	BANK3 控制寄存器
BANKCON4	0x480000014	BANK4 控制寄存器
BANKCON5	0x480000018	BANK5 控制寄存器

续表

寄 存 器	地　址	描　述
BANKCON6	0x48000001C	BANK6 控制寄存器
BANKCON7	0x480000020	BANK7 控制寄存器

对 BANK 的初始化依赖于系统所使用的内存，Mini2440 开发板使用的内存型号为 HY57V561620（L）T。在 BANK 寄存器的设置可参考 HY57V561620（L）T 的数据手册，所需要设置的寄存器可参考 S3C2440A 芯片手册。这里重点提及一下总线宽度、等待状态控制寄存器，相关信息如表 2.7 所示，另外 BANK 控制寄存器相关信息如表 2.8 所示。

表 2.7　总线宽度、等待状态控制寄存器

寄 存 器	地　址	描　述	复 位 值
BWSCON	0x48000000	总线宽度、等待状态控制寄存器	0X00000000

表 2.8　BANK 控制寄存器

寄 存 器	地　址	复 位 值	寄 存 器	地　址	复 位 值
BANKCON0	0x48000004	0x0700	BANKCON4	0x48000010	0x0700
BANKCON1	0x48000008	0x0700	BANKCON5	0x48000014	0x0700
BANKCON2	0x4800000C	0x0700	BANKCON6	0x4800001C	0x18008

代码 2.5 是对 BANK 进行设置，参数存放在一段连续的内存空间中，其起始地址为 SMRDATA，大小为 52 个字节（一共包括了 13 条记录，每条 4 个字节，分别是“**DCD**……”）。设置 BANK 时，逐一从 SMRDATA 地址开始，读出每一条记录，将其中的参数写入 BANK 的寄存器 BWSCON，从而完成 BANK 的设置。

代码 2.5 初始化 BANK（..\中断\key_interruption\src\ my_2440_init.s）

```
    ;set up the memory configuration
    ;GCS0->SST39VF1601          (norflash)
    ;GCS1->16c550               (Registers of UART)
    ;GCS2->IDE                  (Registers of IDE interface)
    ;GCS3->CS8900               (Registers of Network card )
    ;GCS4->DM9000               (Registers of Network card )
    ;GCS5->CF Card              (Registers of CF Card )
    ;GCS6->SDRAM
    ;GCS7->unused

        adrl    r0, SMRDATA
        ldr r1,=BWSCON      ;BWSCON Address
        add r2, r0, #52    ;End address of SMRDATA
    0
        ldr r3, [r0], #4
        str r3, [r1], #4
        cmp r2, r0
        bne %B0

    SMRDATA
```

```
    ; Memory configuration should be optimized for best performance
    ; The following parameter is not optimized.
    ; Memory access cycle parameter strategy
    ; 1) The memory settings is safe parameters even at HCLK=75MHz.
    ; 2) SDRAM refresh period is for HCLK<=75MHz.

    DCD
 (0+ (B1_BWSCON<<4) + (B2_BWSCON<<8) + (B3_BWSCON<<12) + (B4_BWSCON<<16) +
 (B5_BWSCON<<20)+(B6_BWSCON<<24)+(B7_BWSCON<<28))                        (1)
    DCD
 ((B0_Tacs<<13) + (B0_Tcos<<11) + (B0_Tacc<<8) + (B0_Tcoh<<6) + (B0_Tah<<4)
+(B0_Tacp<<2)+(B0_PMC))                                        ;GCS0     (2)
    DCD
 ((B1_Tacs<<13) + (B1_Tcos<<11) + (B1_Tacc<<8) + (B1_Tcoh<<6) + (B1_Tah<<4)
+ (B1_Tacp<<2) + (B1_PMC))                                     ;GCS1
    DCD
 ((B2_Tacs<<13) + (B2_Tcos<<11) + (B2_Tacc<<8) + (B2_Tcoh<<6) + (B2_Tah<<4)
+ (B2_Tacp<<2) +
 (B2_PMC))                                                      ;GCS2
    DCD
 ((B3_Tacs<<13) + (B3_Tcos<<11) + (B3_Tacc<<8) + (B3_Tcoh<<6) + (B3_Tah<<4)
+ (B3_Tacp<<2) + (B3_PMC))                                      ;GCS3
    DCD
 ((B4_Tacs<<13) + (B4_Tcos<<11) + (B4_Tacc<<8) + (B4_Tcoh<<6) + (B4_Tah<<4)
+ (B4_Tacp<<2) + (B4_PMC))                                      ;GCS4
    DCD
 ((B5_Tacs<<13) + (B5_Tcos<<11) + (B5_Tacc<<8) + (B5_Tcoh<<6) + (B5_Tah<<4)
+ (B5_Tacp<<2) + (B5_PMC))                                      ;GCS5
DCD  ((B6_MT<<15) + (B6_Trcd<<2) + (B6_SCAN))                   ;GCS6
DCD  ((B7_MT<<15) + (B7_Trcd<<2) + (B7_SCAN))                   ;GCS7
DCD ((REFEN<<23)+(TREFMD<<22)+(Trp<<20)+(Tsrc<<18)+(Tchr<<16)+REFCNT)
                                                                         (3)
DCD 0x32           ;SCLK power saving mode, BANKSIZE 128M/128M           (4)
DCD 0x30           ;MRSR6 CL=3clk                                        (5)
DCD 0x30           ;MRSR7 CL=3clk                                        (6)
```

代码 2.5 L（1） 设置 BWSCON 的值为 0x22000000，对 BANK6 与 BANK7 使用 UB/LB。代码 2.5 L（2）将 BANKCON0~7 控制寄存器复位。代码 2.5 L（3）对应写入 REFRESH 位，使刷新使能有效，并通过其[10:0]位确定 SDRAM 刷新计数值。代码 2.5 L（4）设置 S3C2440A 内核突发操作使能有效、SDRAM power down 模式使能有效，BANK6/7 存储分布为 128MB/128MB。代码 2.5 L（5）设置 MRSRB6 模式寄存器。代码 2.5 L（6）设置 MRSRB7 模式寄存器。

3. *初始化堆栈*

因为 ARM 有七种不同的运行模式，而各模式都共同享有公用的通用寄存器，所以在模式切换后，有必要将前一种模式的通用寄存器上的数据保存以便模式切换回后能正常运行。这时，不同模式下的堆栈就发挥了保护现场的作用了。因为 ARM 在不同模式下都有专用的堆栈指针，所以每个模式的堆栈初始化只需将堆栈指针赋值为预先确定好的一个固定的、与各模式相对应的地址（该地址可由用户指定）。值得注意的是，在 Mini2440 开发板复位和上电时，ARM920T 处在的工作模式都是管理模式（Supervisor Mode），又因为在进行各模式的系统堆栈初始化时，需要分别进入各个工作模式分别初始化，所以，将管理模式的系统堆栈初始化放在最后，这样做是为了保证前后模式运行的一致。堆栈初始化的过程如代码 2.6。

代码 2.6 初始化堆栈（..\中断\key_interruption\src\ my_2440_init.s）

```
    USERMODE      equ     0x10
    FIQMODE       equ     0x11
    IRQMODE       equ     0x12
    SVCMODE       equ     0x13
    ABORTMODE    equ     0x17
    UNDEFMODE    equ     0x1b
    MODEMASK     equ     0x1f

    ;initialize stacks for each operating mode
        ;set undefstack
        mrs r0, cpsr
        bic r0, r0, #MODEMASK
        orr r0, r0, #UNDEFMODE
        msr cpsr_c, r0
        ldr sp, =UndefStack

        ;set abortstack
        mrs r0, cpsr
        bic r0, r0, #MODEMASK
        orr r0, r0, #ABORTMODE
        msr cpsr_c, r0
        ldr sp, =AbortStack

        ;set irqstack
        mrs r0, cpsr
        bic r0, r0, #MODEMASK
        orr r0, r0, #IRQMODE
        msr cpsr_c, r0
        ldr sp, =IRQStack

        ;set fiqstack
        mrs r0, cpsr
        bic r0, r0, #MODEMASK
        orr r0, r0, #FIQMODE
        msr cpsr_c, r0
        ldr sp, =FIQStack
```

```
;set svcstack
mrs r0, cpsr
bic r0, r0, #MODEMASK
orr r0, r0, #SVCMODE
msr cpsr_c, r0
ldr sp, =SVCStack

;set user and system stack ;this mode is not used
;mrs r0, cpsr
;bic r0, r0, #MODEMASK
;orr r0, r0, #USERMODE
;msr cpsr_c, r0
;ldr sp, =UserStack
```

其中 CPSR_c 表明所做的操作只影响 CPSR 的控制位，即 CPSR[7:0]。StackUnd、StackAbt、StackIrq、StackFiq、StachSys、StackSvc 是各个运行模式相对的堆栈指针的初始地址的宏定义，即各个模式的堆栈基址。值得注意的是这里并没有定义用户模式的堆栈，那是因为在 ARM 中，用户模式与系统模式使用的是相同的寄存器，系统模式与用户模式公用堆栈。

4. *加载应用程序与创建程序运行环境*

这一小节的内容其实已不属于严格意义的启动代码的范围了，可以说这一部分的实现已归属应用程序级别的内容了。但是，将应用程序从 Flash（如 NAND Flash）加载（若应用程序是纯二进制可执行代码，加载过程仅仅是简单的复制；若是 ELF 格式的可执行代码，则加载就要复杂很多，但这种加载已不属板级初始化阶段的工作了）到 RAM 的实现代码是一定在启动代码中的。本节在此包含了这部分内容意在对一个可运行程序的启动、加载、运行的全过程简单呈现给大家。

应用程序的加载与运行环境的创建密不可分，在开始讲解如何实现这个步骤之前，一些基本的脉络是有必要交代清楚的，否则，这一节的内容就只是单纯的应用程序加载、运行环境创建的操作步骤说明书了，那就没有达到学习和贯通相关知识的目的。

大家知道，计算机系统的运行其实是 CPU 到相应的内存地址去取回指令，然后译码并执行指令，再依次从下一个地址取指、执行，而程序就是指令与数据的集合。程序的运行就是 CPU 从程序中取出指令、执行指令，当需要时，再从程序中取得需要的数据。这一个过程看似简单，但是在确保能按照上述过程正常执行之前，是有一些准备工作需要做的，这些准备工作就是应用程序加载与运行环境的创建。

在 PC 环境下，用户使用的 PC 都是安装了操作系统的，应用程序的执行无非就是打开一个应用程序的快捷方式，然后程序就自动地运行，并且正常无误。但是，对于没有任何操作系统或裸板上的应用程序，应用程序的执行就会涉及许多步骤，这就是裸板启动代码在启动一个应用程序时所要完成的任务。为了完成这一个任务，编写启动代码的人员需要了解：在给定的 CPU 体系下，裸板应用程序的镜像文件的组成方式，这里镜像文件就是可执行文件。

由 ADS 编译链接器生成的 ARM 镜像文件，当都由一个或多个域组成，域有两种：加载域与运行域。加载域是指程序被加载到内存的地方，而运行域则是程序在内存中具体运行时所占有的地方。一个域由一个或多个输出段组成，而一个输出段由一个或多个输入段组成。

输入段的属性有三种：RO（只读）、RW（可读写）和 ZI（可读写但是未被初始化且需初始化为 0）。RO 代表的是一个源文件中指令代码与常量，这些是在程序中不能改变的，因此为 RO 属性。RW 代表一个源文件中已经被初始化的变量（全局变量），这些变量是可以修改与读取的，并且已经被初始化为一个确定的值。ZI 代表未被初始化且初始化为 0 的变量（其实 ZI 段在镜像文件中并不占空间，因为这些变量的初始值都应该是零，无须在镜像文件中记录这些变量的初始值，只需要在后面应用程序运行环境的创建中将这一段的值全部清零即可）。输出段是由一个和多个属性相同的输入段组成的。一个简单裸板 ARM 镜像文件在外部储存器中的大致结构如图 2.14 所示。

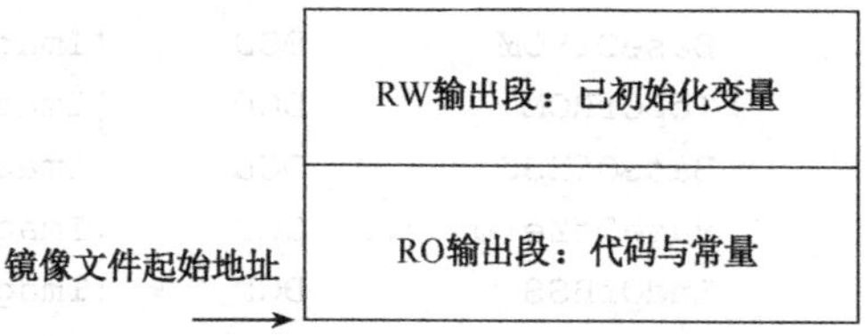

RW输出段：已初始化变量
RO输出段：代码与常量
镜像文件起始地址

图 2.14　简单裸板 ARM 镜像文件加载域视图

在该镜像文件结构中，ZI 段没有占应有的数据空间，只有一些必要的信息。RW 输出段通常是紧跟在 RO 输出段之后的，加载域的 RO 起始位置与运行域时的起始位置相同（更为复杂的情况是允许的，但是，在复杂的镜像文件中，各个输出段之间的联系是通过一个独立的文件 Scatter 定义的，本节只讨论简单情况）。但是当 ARM 镜像文件在执行时，RW 段可以不与 RO 段连续，ZI 段是与 RW 段连续的。这样设计的原因在于让应用程序能够充分使用系统有限的内存。因此，在用 ADS 编译裸板 ARM 启动程序的时候，会遇到表 2.9 的参数设置。

表 2.9　镜像文件的参数

|Image$$RO$$Base|	RO 输出段运行时的起始地址
|Image$$RO&&Limit|	RO 输出段运行时的结束地址加 1
|Image$$RW$$Base|	RW 输出段运行时的起始地址
|Image$$RW$$Limit|	RW 输出段运行时的结束地址加 1
|Image$$ZI$$Base|	ZI 输出段运行时的起始地址
|Image$$ZI$$Limit|	ZI 输出段运行时的结束地址加 1

这些参数是由 ADS 编译器申明的，可在代码中通过 IMPORT 引入使用。通过对这些参数的注解可以看出，这些参数定义了程序在运行时在内存的哪一个部分，也就是所说的运行域。这些参数可以在 ADS 的连接器中通过设置相应的选项（ro_base, rw_base）进行配置。在启动程序中，需要做的就是将在加载域的 ARM 镜像文件中对应的输出段“搬运”（复制）到表 2.9 的参数所设定的地址，并将 ZI 段内的内容清零。“搬运”工作就是应用程序的加载，相应数据的清零就是运行环境的创建。RW 段的“搬运”与 ZI 的清零如代码 2.7。

代码 2.7 ZI 段清零（..\中断\key_interruption\src\ my_2440_init.s）

```
    IMPORT   |Image$$RO$$Base|    ; Base of ROM code
    IMPORT   |Image$$RO$$Limit|   ; End of ROM code  (=start of ROM data)
    IMPORT   |Image$$RW$$Base|   ; Base of RAM to initialize
    IMPORT   |Image$$ZI$$Base|    ; Base and limit of area
    IMPORT   |Image$$ZI$$Limit|    ; to zero initialize

    ;Clear application ram data
    movr0,#0
    ldr   r2,  BaseOfZero             ; Base of ZI
```

```
ldr   r3  ,EndOfBSS              ; End of ZI
0
Cmp  r2, r3
strcc  r0, [r2], #4              ; Clear ZI
bcc  %B0

BaseOfROM        DCD     |Image$$RO$$Base|
TopOfROM         DCD     |Image$$RO$$Limit|
BaseOfBSS        DCD     |Image$$RW$$Base|
BaseOfZero       DCD     |Image$$ZI$$Base|
EndOfBSS         DCD     |Image$$ZI$$Limit|
```

进行完应用程序运行域的生成后，程序就可以开始运行了。这里，有个问题：为什么一定要进行运行域的生成呢？难道将程序镜像直接复制到 RAM 后就开始运行不行吗？|Image$$ZI$$Base|等参数设置来做什么呢？在一般的基于操作系统的应用程序编程上面，这些问题是根本不存在的，我们不必关心此类问题。

首先是|Image$$ZI$$Base|等参数设置的理由。这些参数的设置是将应用程序不同属性的输出段放在 RAM 的相应位置，这样镜像不必要连续存放，能更充分利用有限的存储资源。这一点突出体现在裸板启动程序上，这时尚未启动任何硬件与软件支持，如 MMU（Memory Management Unit），RAM 是没有在虚拟内存模式下工作的，也没有分页或分段等高级内存管理机制的支持，所以在这样的条件下调用应用程序的加载就要涉及刚才提及的问题。另一个原因是：裸板环境下，用户的镜像文件是由裸板汇编编译连接的，连接后生成的代码与数据地址都需要绝对物理地址，而这些确切的地址就要依靠|Image$$ZI$$Base|等参数来生成的。所以，为了使应用程序代码与数据访问能正常进行，运行域的生成是必不可少的。当然，在有虚拟内存、分页管理或操作系统支持的环境下，应用程序编写是另一回事了，因为涉及的具体运行域的生成规则会因不同的机制而不同，特别是在有操作系统的环境下，应用程序是运行建立在操作系统之上，因此，所有的加载与运行过程都由操作系统完成；此外，不同操作系统要求的应用程序的格式会不一样，这也是为什么同是二进制的可执行代码，而 Windows 的应用程序却无法在 Linux 下运行的原因。

本节内容还包括：将应用程序从 Flash 复制到 RAM 的代码，这个代码可自己用汇编语言编写，在这里就不做赘述。此外，前面的堆栈初始化中提到，初始化的最后步骤是将 CPU 从管理模式下退出，所以在跳转到主程序之前，如有必要，可以将运行模式切换到系统所需模式或用户模式。另外，在跳转到主程序之前，中断默认是屏蔽的，如有需要，可在跳转主程序之前或者在主程序中适当部分开启中断。

5. 跳转到主程序

跳转到主程序可通过一条 bl 指令完成，如代码 2.8 所示，my_MainLoop 就是下一节将讨论的轮询系统的主循环入口。

代码 2.8 跳转到主程序（ ..\中断\key_interruption\src\ my_2440_init.s）

```
bl  my_MainLoop                    ;    jump to c code
```

不同的编译器提供了跳转到主程序的不同方法，本实例使用的是 ADS 编译器，具体内容

可参看 ADS 开发手册。

2.4　轮询的实现

在轮询系统的应用程序中，为了响应某一外部事件，CPU 通过循环访问某一外设，以便得知某一事件的发生并作相应处理。虽然这样的方式也能实现对外部事件的响应，但是，与中断不同是：CPU 需要循环地访问外设以便得知事件的发生，这样，即使在没有事件发生时，CPU 也无法作其他工作，这也是在没有中断机制的情况下实现外部事件响应的方法。

本节描述一个具有轮询结构的应用程序的实现。2.1 节提到，轮询是一个非常简单的过程，CPU 一直处在一个循环中，不断判断某一事件是否发生。如果条件满足，则执行相应的代码，如果不满足，则继续循环判断。

代码 2.9 是一个 Mini2440 上的轮询系统的例子，Mini2440 配置了 4 个 LED 和 6 个按键，主程序是一个无限循环，其主要工作是依次检测 6 个按钮（从按键 1 到按键 6）中的每一个是否被按下，如果某一按钮被按下，将通过点亮不同的 LED 灯进行标示。

代码 2.9　简单轮询系统（.. \中断\key_interruption\src\ MINE_2440key.c）

```
void my_MainLoop (void) {
        rGPBCON &= ~(0xff<<10);
        rGPBCON |= (0x55<<10);                          //将LED作为输出设备
        rGPBDAT |= (0x0f<<5);
        rGPBDAT ^= (0x00<<5);                           //清LED
        rGPBCON &= ~((0x3<<0) | (0x03<<6) | (0x03<<10) | (0x03<<12) |
(0x03<<14) | (0x03<<22));                               //将按键1~6设为输入设备
        while (1) {
            if (!(rGPGDAT & (0x01<<0))) {               //判断按键1是否按下
                rGPBDAT |= (0x0f<<5);
                rGPBDAT ^= (0x01<<5);
            }
        if (!(rGPGDAT & (0x01<<3))) {                   //判断按键2是否按下
            rGPBDAT |= (0x0f<<5);
            rGPBDAT ^= (0x02<<5);
        }
        if (!(rGPGDAT & (0x01<<5))) {                   //判断按键3是否按下
            rGPBDAT |= (0x0f<<5);
            rGPBDAT ^= (0x03<<5);
        }
        if (!(rGPGDAT & (0x01<<6))) {                   //判断按键4是否按下
            rGPBDAT |= (0x0f<<5);
            rGPBDAT ^= (0x04<<5);
        }
        if (!(rGPGDAT & (0x01<<7))) {                   //判断按键5是否按下
            rGPBDAT |= (0x0f<<5);
            rGPBDAT ^= (0x05<<5);
        }
        if (!(rGPGDAT & (0x01<<11))) {                  //判断按键6是否按下
```

```
                rGPBDAT |= (0x0f<<5);
                rGPBDAT ^= (0x06<<5);
            }
    }
}
```

rGPBCON 为 LED 灯的控制寄存器，rGPBDAT 为 LED 灯的数据寄存器，rGPGCON 为按键的控制寄存器。有关 rGPBCON、rGPBDAT 和 rGPGCON 的详细设置和使用，请参考 Mini2440 数据手册。

习题

1．为什么嵌入式软件要交叉开发？比较宿主机和目标机的差异。

2．如果在 ARM9 Mini2440 下开发裸板轮询系统，如何搭建其交叉开发环境？

3．ARM9 Mini2440 启动步骤包括哪些？分别对各步骤进行简单说明。

4．如果要让 ARM9 S3C2440A 工作于 50MHz 的时钟频率，如何设置相关寄存器？请给出从外部晶振频率到 50MHz 的时钟频率的计算过程。

5．ARM9 S3C2440A 的启动过程中，为什么要进行堆栈初始化？请给出系统模式下堆栈初始化的代码，并进行详细分析。

第 3 章 前后台系统

轮询系统是结构最简单的嵌入式软件系统，代码量比较小。但随着应用变得更加复杂，轮询系统就显得力不从心了，例如，轮询系统运行过程中，如果用户有紧急请求，它是没法及时响应的，因为程序的运行流程是事先设计好的一个循环，只有当程序轮询到某个用户，而且该用户确实提出了请求，才能去处理；此外，对于轮询系统，用户很难与系统进行交互。那怎么解决上述问题呢？一个简单的做法是，在轮询程序结构的基础之上，引入中断机制，构成一个前后台系统。本章将介绍前后台系统在 Mini2440 上的设计和实现，同样，在开始之前，先介绍一下相关基本知识。

3.1 前后台结构

前后台系统也称为中断驱动系统，其软件结构的显著特点是运行的程序有前台和后台之分。在后台，一组程序按照轮询方式访问 CPU；在前台，当用户的实时请求到达时，首先向 CPU 触发中断，然后将该请求转交给后台（被插入到轮询环中的某个位置），按照后台的运行模式工作。因此，前台处理的是中断级别的事务，而后台处理的是非实时程序。

这种系统的一个极端情况是，后台是一个简单的循环不做任何事情，所有其他工作都是由中断服务程序（ISRs）完成的，这是多任务系统的一种简单形式。但前后台系统与多任务系统存在本质差别：前者的中断事务是外部事件触发，通过中断服务程序实现的，而后者的多任务是通过内核的某种任务调度策略与机制来调度执行，并不直接由事件触发调度。

在前后台系统中，前台中断的产生与后台程序的运行在宏观上是并行的；中断由外部事件随机产生，而且绝大部分是不可预知的。此外，开发人员还必须解决前台中断与后台程序资源共享问题。由于系统对外部事务的响应是由中断触发的，因此外部事务的响应时间比轮询方式更短。

3.1.1 前后台系统的应用

除了较为复杂的实时应用之外，前后台系统能够满足几乎所有的应用要求。例如，绝大多数的单用户计算机系统都是采用前后台系统，应用程序在该工作模式下通过中断方式得到 CPU 的服务。

当前台没有中断请求时，后台按照轮询方式工作，当由新任务[①]到达时，新任务能通过中断形式向系统提出请求，从而得到及时的响应，这样不会因系统响应不及时造成额外的损失。而大多数情况是中断只处理那些需要快速响应的事件，并且把 I/O 设备的数据放到存储的缓冲区，再向后台发出信号，其他的工作由后台来完成，如对数据进行处理、存储、显示、打

① 这里的任务是指用户的请求执行的程序（Routine），与 RTOS 内核的任务（Task）是不一样的，与 Task 相关的内容将在第 4 章做详细介绍。

印。因此，在计算机与单用户交互、实时 I/O 设备控制的应用的场合下（可编程的定时器与控制器、精巧设备与终端等），前后台系统是首选的工作模式。但是，前后台系统不适合以下场合。

（1）高速信号处理：在该应用中，对中断的处理所花费的开销往往是多余的，此时，若采用轮询方式，系统的效率会更高。

（2）多个设备或多个用户请求 CPU 服务，此时应采用多任务系统。

3.1.2 运行方式

当外部事件触发一个中断时，前后台系统能快速做出响应，系统的运行方式如图 3.1 所示。

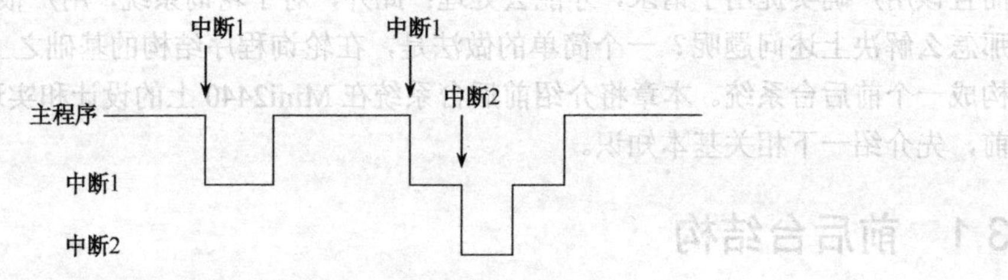

图 3.1　前后台系统运行方式

可以看出，中断不同于一般的过程调用：中断不能进行参数传递；中断与后台任务的数据通信完全通过共享存储的方式，这样必然导致多个任务竞争同一存储区的情况。因此，前后台系统需要重点考虑的是中断的现场保护和恢复、中断嵌套、中断处理过程与主程序的协调（共享资源）等问题。

3.1.3 系统性能

衡量前后台系统性能的重要指标是响应时间。由于中断直接体现了系统对外部事件的响应速度，因此一般依据中断的执行情况来衡量系统性能。

中断的执行过程主要由中断延迟时间（Interrupt Latency Time）、响应时间（Response Time）和恢复时间（Recovery Time）来刻画，如图 3.2 所示。

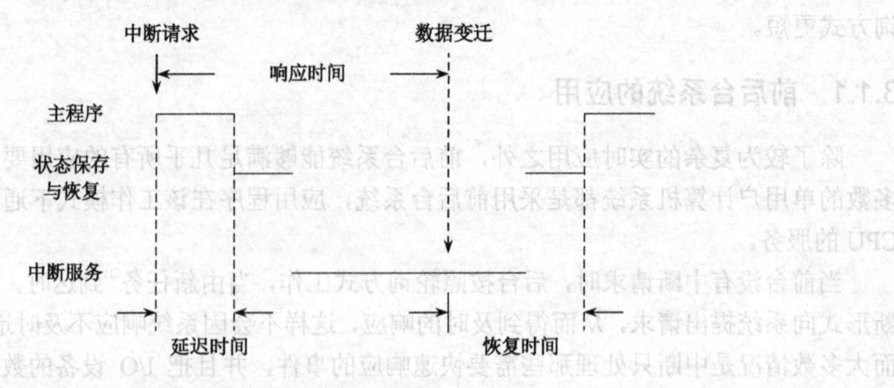

图 3.2　中断执行图

其中，响应时间是指从中断发生到中断处理完成所需时间；恢复时间则指从中断处理完成到后台重新开始执行所需时间；而延迟时间则是指中断请求的到达到正式开始处理中断服务程序的等待时间。

1. 中断延迟时间

当中断发生时，中断服务程序并不一定能立即执行（中断响应），这将引起中断的延迟，也可称为响应延迟（Interrupt Latency）。诱发中断延迟的主要原因包括以下几个方面。

（1）被中断的任务有指令正在执行，不能被中断。

（2）后台任务正在访问某一临界资源，此时中断被禁止。

（3）有更高优先级的中断正在执行。

（4）如果某一时刻，多个任务同时提出相同的中断请求，系统需要额外的开销决定中断的响应次序。

因此，某些情况下，响应延迟会占用响应时间相当大的比例。中断延迟时间（Interrupt Latency Time）专门反映中断响应延迟的程度。它特指从中断发生到系统获知中断、并且开始执行中断服务程序所需要的最大滞后时间。

2. 吞吐量

这里的吞吐量（Throughput）是指前台中断级别事务的吞吐量，即给定时间内系统处理中断级别事务的总数。其大小依赖于中断响应时间和中断完成后的现场恢复时间。

由于中断时需要付出额外的开销（现场保护和恢复），因此在有较高吞吐量要求的场合，中断的事务处理是不合适的。此时，往往采用特殊的硬件（如 DMA）进行处理，或采用轮询方式。

3.1.4 前后台交换

在前后台系统中，某些情况下前台的中断级事务与后台的任务需要进行信息或数据的交互，简称前后台交互（Interaction Between Levels）。一般来讲，主要有两种方式可供选择：同步信号和数据交互。

1. 同步信号

同步信号（Synchronization Semaphore）要求前台中断发送单比特的同步信号[①]给后台任务，具体实现是：当时钟信号到达时，前台中断改变后台任务相应寄存器的标志位，这样，后台在轮询之下，根据标志位对后台任务进行处理。当后台任务处理完成之后，自己又将其标志位置反，以等待新的同步信号的到达。

某些时候，前台同时提出多个中断请求，要求某一后台任务进行处理，此时需要设置一个计数器，而不仅仅是个标志位。前台中断使计数器的值增加，后台任务使计数器的值减少，这样的计数器就变成一个整形信号量（Integer Semaphore）。

2. 数据交互

前后台系统的数据交互（Data Interaction）是通过共享存储方式来实现的。当前台的 ISRs

[①] 这里的同步信号在原理上与 RTOS 中任务之间同步信号是一样的，有关 RTOS 任务之间同步的实现将在第 6 章详细讨论。

与后台任务共享某一存储区时，必须采取互斥机制来确保共享存储区数据的一致性。当中断发生时，如果后台任务正在访问某一共享存储区，则前台的中断必须等待后台任务释放后才能得以响应，否则将会存在死锁的可能。

3.1.5 典型系统

数据采集是工业控制过程中最重要的环节之一，这些数据有多种形式，最常见的有电流电压的模拟量、以二进制形式输入的开关量以及以脉冲形式输入的脉冲信号。许多不同型号的 8 位微处理器和 16 位 DSP 都可用于数据采集系统的硬件子系统。但对软件子系统而言，其基本结构几乎完全一样，即一个典型的前后台系统。

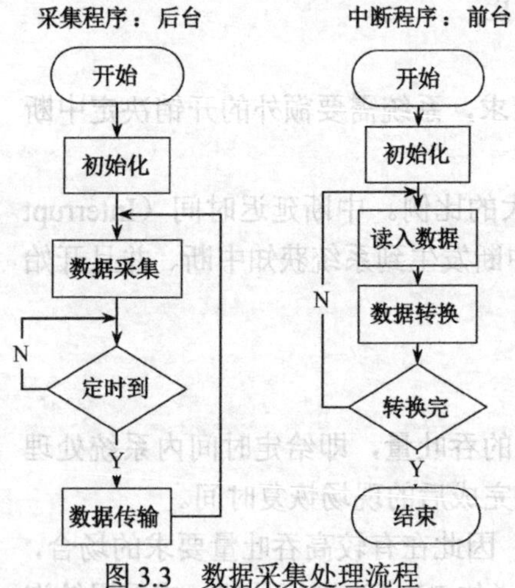

图 3.3　数据采集处理流程

图 3.3 给出了这类系统的一种处理流程。该软件主要完成四项任务：系统初始化、数据采集、数据处理、数据发送。在许多系统中，与硬件直接交互的数据采集部分用汇编语言编写，对实时性要求较高，属于前台程序；而大量的浮点运算处理用 C 语言实现，属于后台程序，也许还有一些界面编程，它们的实时约束较少。总体上讲，这类软件系统一般都是混合编程的。

3.2 中断和中断服务

由于前后台系统是中断驱动系统，本节首先从软件角度出发讨论中断的发生、响应及中断服务的注册。本章所讨论的是裸板程序（即无操作系统环境下的开发板程序），中断服务的注册可在编写 C 代码时通过简单的赋值操作完成。在有操作系统的环境下，中断响应、处理措施各有不同（比如在保存现场时所要保存的寄存器和对应的中断号），但是流程却是大体相同的。由于本章尚未涉及操作系统的概念，对中断服务程序与被中断程序之间的状态保存没有严格定义，并将保存工作交给 ADS 编译器处理完成。这里也不会详细描述 CPU 中断机制的实现，因为这是硬件方面的知识，超出了本书范围。但是，本书将简单介绍 S3C2440 芯片的中断机制的流程、多中断的注册、中断响应的实现，并提供一段完整的前后台示例代码供大家参考：该前后台代码通过中断服务程序注册的方式实现后台运行一个跑马灯、前台响应按键中断的程序，当按下相应按键时有 LED 用二进制方式显示出按键的号码。

3.2.1 中断

首先，中断是一种硬件机制，它是由硬件实现的，所以不是任何芯片都可以使用中断的，只有那些实现了中断机制的芯片，才能使用中断。对于软件人员来说，其工作主要在中断硬件机制基础上实现对中断的响应，也就是通常所说的中断服务，再进一步，就是设计出中断响应服务的抽象层，并通过一定的封装，将中断与中断服务通过中断号的概念结合起来，使中断服务的注册、执行、返回变得易于理解，易于使用高级语言实现和易于管理。本章的例子因没有涉及操作系统运行环境，故没有做中断响应抽象层的设计，但是简单的中断注册、

响应、执行和返回是可独立实现的。

3.2.2　中断服务

中断服务为一段代码或一段程序，该程序的功能就是在对应中断发生时，告诉 CPU 应该做什么。该程序的注意力应集中在中断所要完成事情本身，其代码的内容应不需涉及与中断相关的操作，比如现场保护、现场恢复以及中断管理等，这也是一个好的中断响应抽象层应为上层编程人员提供的服务。

3.3　ARM 的中断机制

第 2 章提到，ARM 体系结构的处理器有七种运行模式，其中，有两种模式与中断相关：中断（IRQ）模式，快中断（FIQ）模式。快中断的优先级比一般中断高，当发生中断和快中断时，程序计数器（PC）将会跳到指定的地址开始执行，这就为发生中断后，执行相应的中断服务提供了可能。

在与 ARM 处理器相关的代码中，大家总会看到如代码 2.1 所示的代码，代码 2.1 是 ARM 处理器异常向量表，其中，第一个指令通常是从内存的零地址（0x00000000）开始。异常向量表全是汇编跳转指令，这些指令从内存的零地址开始连续存储在内存中。当发生某种异常时，PC 将通过硬件机制跳到相应异常位置，并在该地址开始执行（即执行该处的跳转指令，跳转到真正的服务程序再执行）。因为该过程是通过硬件机制实现的，所以当产生异常时，所有跳转的地址都是在 CPU 芯片生产时就确定的，且无法更改，这也是异常向量表中的代码全是跳转指令的原因。

代码 2.1 中的标志符 Rest、Undef、SWI、PreAbort、DataAbort、IRQ 和 FIQ 都代表了一个地址，该地址就是跳转指令需要跳转的地址。这些标志符的定义和使用在不同的汇编编译器中有所不同，在本章和第 2 章的例子中，使用的是 ADS1.2 编译器所规定的语法格式来定义的。

3.4　一个简单的 S3C2440 中断服务

在前两章中提到，当发生异常时，PC 会自动跳转到相应的地址，并执行对应的跳转指令。当产生中断 IRQ 时，PC 会跳转至代码 2.1 中 L（7）的代码处并执行“B IRQ”指令，这条指令存放的内存地址是 0x18（图 2.12）。

代码 3.1 中实现了一个简单的加法中断处理程序，代码 3.1 L（1）为这段程序的标签 IRQ 标示了这段代码的入口，其他代码也可以通过该标签得到这段代码的入口地址。代码 3.1 L（2）～L（4）实现了一个简单的加法运算。代码 3.1 L（5）处为一个原地循环。当有中断发生时，处理器就会响应并执行 IRQ 开始的代码，最后在代码 3.1 L（5）处循环。

代码 3.1　简单的中断处理程序

```
IRQ                                                        (1)
        mov      r0, #4                                    (2)
        mov      r1, #5                                    (3)
        add      r0, r0, r1                                (4)
```

```
            ；清中断处理，在这里略去
      b          .                                              (5)
```

在代码 3.1 中，有一段被注释掉了："清中断处理，在这里略去"。这段被略去的代码所执行的功能是在中断处理执行完后，将引发这个中断的中断源清零，以免在中断处理退出后，CPU 以为又有对应的中断发生，而不断地执行同一段中断服务程序。具体的操作本章不作介绍，不同的芯片有不同的方法，可参考相应芯片手册。本章在很多方面无法向大家俱细阐述，如有不理解的读者，建议参阅更为基础的材料，如计算机组成原理、ARM 处理结构、ARM 汇编语言等相关知识。

到这里，我们已经对整个中断的流程有了大致了解，但是，在随后的章节里，也许大家会发现：这个已经实现的中断处理过程尚有一些值得思考的地方，例如：

Q1. 中断返回：代码 3.1 的中断服务程序执行完加法后就一直在原地循环，没有返回被中断程序的任何具体操作。那中断服务程序执行完毕，如何返回到被中断前的位置继续执行呢？

Q2. 中断注册：代码 3.1 并没有区分中断，对于所有的中断，其中断服务都是一个简单的加法。那如何区分不同中断源？如何让不同中断源触发其对应的中断服务程序呢？

Q3. 状态保存和现场恢复：代码 3.1 并没有涉及以前大家学习中断时提到的状态保存和现场恢复。那中断发生后是如何保存现场和恢复现场呢？

针对以上三个问题，本节将逐一剖析。

3.4.1 中断返回

ARM 公司为各芯片厂商提供 CPU 芯片的体系结构，具体的实现和扩充由各大芯片生产商自己完成，彼此之间在具体细节上有各自的不同。在中断处理上，当发生中断时，S3C2440 的实现细节如下。

（1）将被中断指令的下一个未执行指令的地址存入相应连接寄存器 LR。LR 的值是（当前执行指令地址+4）。这里的 PC 是当中断发生时，没有得到执行的指令。

（2）将程序当前状态寄存器（CPSR）的值存入相应模式的 SPSR。

（3）将 CPSR 中对应于模式的位设为相应的中断模式，并禁用相应模式的中断，如果是快中断模式，则禁用所有中断。

（4）将 PC 值设为异常向量表中相应的中断对应的指令地址。

针对问题 Q1，解决的关键是找到正确的返回地址。从上面所描述的第一个步骤中可看出，在中断产生后，被唯一保存了的地址是 LR 里所保存的值，该值是（当前执行指令地址+4），那么，显而易见，我们返回的值也是这个当前执行指令的地址，该值大小是（LR−4）。至于为什么 LR 保存的是（当前执行指令地址+4）而不是当前执行指令的地址？这与 ARM 体系的流水线机制有关，由于篇幅有限，这里不做详细介绍，大家也可略过这部分，不影响本章连续性。这样，解决了问题 Q1 后的代码变成了代码 3.2。

代码 3.2 解决问题 Q1 后的中断服务程序

```
IRQ
      mov      r0, #4                                           (1)
      mov      r1, #5                                           (2)
      add      r0, r0, r1                                       (3)
```

```
                ；清中断处理，在这里略去
        sub     pc, lr, #4                                          (4)
```

代码 3.2 L（1）～L（3）与代码 3.1 中相对应的是一致的，只有代码 3.2 L（4）处的指令从原来的循环变为了一个跳转指令。这个跳转指令的实现是通过一个减法，将 LR 的值减 4 后赋值给 PC 而实现的。在这段代码中，只是简单地实现了返回被打断的程序，对被打断的现场没有做任何恢复，这就足够了，因为目前我们只专注于解决问题 Q1。

3.4.2 中断注册

ARM 的数据手册中，没有中断管理实现的任何说明，ARM 体系结构只为芯片厂商提供了扩展片上外设的接口。三星公司在生产 S3C2440 时，扩展了一个中断管理单元，该单元功能可以进行中断的管理，中断优先级的仲裁和设置等丰富的功能。该单元也为我们解决第二个问题 Q2 提供了方法。在该单元中有一个寄存器，取名为 rINTOFFSET，该寄存器的内存地址可在 S3C2440 的数据手册中找到，对其的读写操作与其他内存地址一致。当发生中断时，该寄存器会为产生中断的源分配一个整数，这个整数唯一地对应于一个中断源。这样，就可以在中断发生时读取该寄存器的值，通过不同整数值来分辨不同的中断源，执行不同的中断服务程序，该值与在操作系统中所说的中断向量号有关。根据该原理，解决问题 Q2 后的代码变成了代码 3.3。

代码 3.3 解决问题 Q2 后的中断服务程序

```
    IRQ
        ldr     r0, =INTOFFSET                                      (1)
        ldr     r0, [r0]                                            (2)
        ldr     r1, =HandleEINT0                                    (3)
        ldr     pc, [r1, r0  lsl  #2]                               (4)
```

首先看看代码 3.3 中的第 L（3）处，这里引入了一个新的标志符 HandleEINT0，这个标志符的定义和声明如代码 3.4 L（1）。

代码 3.4 中断服务入口表

```
    ALIGN
    ISR_ENTRIES_STARTADDRESS equ 0x33ffff00
    AREA ISR_ENTRIES, DATA, READWRITE
    MAP ISR_ENTRIES_STARTADDRESS

    HandleReset             #4
    HandleUndef             #4
    HandleSWI               #4
    HandlePabort            #4
    HandleDabort            #4
    HandleReserved          #4
    HandleIRQ               #4
    HandleFIQ               #4

    ;irq routine address 0x33ffff20
    HandlerEINT0            #4                                      (1)
```

```
HandlerEINT1                #4                                (2)
HandlerEINT2                #4                                (3)
HandlerEINT3                #4                                (4)
HandlerEINT4_7              #4                                (5)
HandlerEINT8_23             #4                                (6)
HandlerINT_CAM              #4                                (7)
HandlernBATT_FLT            #4                                (8)
HandlerINT_TICK             #4                                (9)
HandlerINT_WDT_AC97         #4                                (10)
HandlerINT_TIMER0           #4                                (11)
HandlerINT_TIMER1           #4                                (12)
HandlerINT_TIMER2           #4                                (13)
HandlerINT_TIMER3           #4                                (14)
HandlerINT_TIMER4           #4                                (15)
HandlerINT_UART2            #4                                (16)
HandlerINT_LCD              #4                                (17)
HandlerINT_DMA0             #4                                (18)
HandlerINT_DMA1             #4                                (19)
HandlerINT_DMA2             #4                                (20)
HandlerINT_DMA3             #4                                (21)
HandlerINT_SDI              #4                                (22)
HandlerINT_SPI0             #4                                (23)
HandlerINT_UART1            #4                                (24)
HandlerINT_NFCON            #4                                (25)
HandlerINT_USBD             #4                                (26)
HandlerINT_USBH             #4                                (27)
HandlerINT_IIC              #4                                (28)
HandlerINT_UART0            #4                                (29)
HandlerINT_SPI1             #4                                (30)
HandlerINT_RTC              #4                                (31)
HandlerINT_ADC              #4                                (32)
```

标志符 HandleEINT0 代表一个内存地址，大小为 4 个字节，其内容为对应中断的中断服务函数入口。代码 3.4 代表了一连串从 0x33FF_FF00+20 开始的内存地址（第 2 章提到，0x30000000 是内存 SDRAM 的起始地址，即 BANK6 的起始地址），存放了 32 个 4 字节长的数据代码 3.4 L（1）~L（32），每个 4 字节长的数据存放一个 32 位的内存地址，该地址就是对应中断的中断服务函数入口的地址。

代码 3.3 中的 L（1）~L（3）将 INTOFFSET 寄存器的值放入 r0 中，该值对应于一个中断源有一个唯一的整数值。代码 3.3 L（3）是将代码 3.4 L（1）的起始地址读入 r1 中，代码 3.3 L（4）是将 r1 增加 4*INTOFFSET 个地址后，再将增加后 r1 地址上的值赋给 PC。在编写代码 3.4 对应的内存段时，是将对应的中断源的中断服务入口放入相应偏移量的内存上的，例如，当一个中断源对应的 INTOFFSET 整数值为 0 时，就将该中断源对应的中断服务入口地址放入 L（1）所对应的内存地址，以此类推。因为我们知道代码 3.4 所对应的内存段的起始地址，而各个中断源所对应的 INTOFFSET 的整数值又是确定的，所以就能通过软件的方式，将我们所实现的中断服务入口地址放入对应的内存地址，这样，就实现了中断服务程序的注册功能。

在代码 3.3 中，并没有使用代码 3.2 所示的返回被打断程序的指令。原因在于代码 3.3 中的 L（4）指令将会跳到 C 语言编写的中断函数，我们将中断函数返回部分所需要的寄存器保存工作交给了 ADS 编译器处理（通过__irq 关键字），因此，在这里无须人为返回。代码 3.5 示例了一个 ADS 中通过__irq 关键字处理的中断服务函数，这里的“void __irq ISR（void”就是代码 3.3 中的 L（4）中 PC 指向的中断服务程序的起始地址。在有操作系统的环境下，这些编译器的工作是需要操作系统完成的，也就是说，不需要人为地编写代码完成相应工作。

代码 3.5 一个编译器处理的中断服务函数

```
void _irq ISR (void)
{
    int i,j;
    i = 4;
    j = 5;
    i += j;
        //清中断，在这里略去
}
```

3.4.3　状态保存和现场恢复

前面的讨论尽量避开了第三个问题 Q3，试图将中断执行的大体流程呈现给大家。但是，问题 Q3 中的现场保护和现场恢复是所有与中断相关的事务都无法逃避的。在 ARM 系统结构下，当保存现场时，保存对应模式下公用寄存器（r0～r12、LR、CPSR），然后在恢复的时候还原这些寄存器就行了。代码 3.6 展示了现场保护、恢复以及中断返回的汇编代码，这里，仍然采用代码 3.4 的中断服务的注册方式，而中断服务的具体实现交给了高级编程语言（C 语言）完成。

代码 3.6 解决问题 Q3 后的代码（..\中断\key_interruption\src\my_2440_init.s）

```
ISR
    sub      lr,lr,#4         ; calculate the return address from IRQ
                                  mode                                (1)
    stmfd    sp!,{r0-r12,lr}  ; preserve regesters and pc             (2)
    mrs      r0,spsr                                                  (3)
    stmfd    sp!,{r0}         ; preserve for cpsr                     (4)
    ldr      r0,=INTOFFSET                                            (5)
    ldr      r0,[r0]                                                  (6)
    ldr      r1,=HandlerEINT0                                         (7)
    add      r1,r1,r0,lsl #2                                          (8)
    ldr      r1,[r1]                                                  (9)
    mov  lr,pc      ; after the ISR, the PC should be returned to the L
                        (12)                                          (10)
    mov      pc,r1         ;jump to the ISR                           (11)
    ldmfd    sp!,{r0}            ; restore rigesters                  (12)
    msr  spsr_cxsf,r0                                                 (13)
    ldmfd    sp!,{r0-r12,lr}                                          (14)
    movs     pc,lr                                                    (15)
```

在代码 3.6 中，L（1）～L（4）进行了现场保护，保存了 r0～r12、被中断程序的返回地址（LR）和被中断程序的当前状态寄存器（被保存在 SPSR 中）。这里需要注意的是代码 3.6 L（1），它用来计算从中断服务程序返回到被中断程序时的地址，而对 LR 减 4 的原因见 3.4.1 节的描述。这个例子中，处理器一直处于 IRQ 模式（中断产生时是处理器从用户模式切换到 IRQ 模式），因为这里只专注于回答问题 Q3，所有把处理流程简单化了，完善的处理流程将在 6.4.1 节中详细描述。L（5）～L（11）判断相应的中断源后跳到相应的中断服务地址。L（12）～L（15）恢复被中断程序的寄存器，然后返回被中断的程序。

3.5 前后台的实现

前后台系统实际上是在轮询系统基础上引入了中断机制，在理解了第 2 章的轮询系统及 ARM 处理器中断机制后，本节介绍一个简单前后台系统的实现：后台为一个让 Mini2440 四个 LED 灯轮流点亮的主循环程序；前台用于处理 Mini2440 的按键中断，对按键中断进行响应并处理中断服务程序。

3.5.1 启动 Mini2440

在让该前后台系统运行前，仍然需要启动开发板，该过程可以与轮询系统中的启动过程一样，详细步骤及代码分析请参考第 2 章。

开发板 Mini2440 启动完毕后，一条 bl 指令可完成启动代码到主程序的跳转（如代码 3.7），这里 my_MainInterrupt 就是前后台系统的主循环程序入口。

代码 3.7 跳转到主程序（ ..\中断\key_interruption\src\ my_2440_init.s）

```
    bl my_MainInterrupt                                    ;jump to c code
```

3.5.2 后台主循环

接下来，程序指针 PC 便跳转到了 my_MainInterrupt() （代码 3.8），首先是两个初始化，其中，MMU_Init()是对 MMU 初始化（这部分读者可先忽略，因为 MMU 的开启和使用比较复杂，本章跳过这部分，大家可以认为 MMU 是关闭状态）；my_KeyInit()是键盘初始化。接下来是设置 LED 灯，然后进入一个循环，该循环是让 4 个 LED 灯分别点亮：先是第 1 个，然后是第 2 个，第 3 个，第 4 个，第 1 个和第 2 个……，最后是所有的灯都点亮，然后不断循环，该循环构成了前后台系统的后台服务程序，而前台用于中断的响应和处理，当系统有中断到达时，后台循环将会被中断，进入相应的中断服务程序，当中断处理完毕之后，继续回到后台程序的循环。

代码 3.8 后台运行代码（..\中断\key_interruption\src\MINE_2440key.c）

```
void my_MainInterrupt (void)
{
    int i,j;
    MMU_Init();
    my_KeyInit();
    rGPBCON &= ~ (0xff<<10) ;
    rGPBCON |= (0x55<<10) ;                    //set LED as output
```

```
        rGPBDAT |= (0x0f<<5);
        rGPBDAT ^= (0x00<<5);                  //set all LED
        j=0;
        while(1){
            for(i=0;i<100000000;i++);
            rGPBDAT |= (0x0f<<5);   // clear LED
            rGPBDAT ^= (j<<5);      // set all LED
            j = (j+1)%16;
        }
    }
```

刚才提到了键盘初始化 my_KeyInit()，该函数的具体工作如代码 3.9。首先，代码 3.9L（1）将按键 1～6 设置为输入设备，并且通过按键可以触发中断产生。在 Mini2440 中，这 6 个按键对应的寄存器和引脚如表 3.1 所示。接下来需要对按键引脚进行设置，将引脚 8、11、13、14、15、19 设置为下降沿触发中断方式。代码 3.9L（2）对刚才设置的引脚复位，代码 3.9L（3）使能引脚，代码 3.9L（4）是对中断服务程序的注册，将引脚 8～23 所触发的中断与对应的中断服务程序 my_key_isr()进行绑定，以便这些引脚产生中断时，能跳转到刚注册的中断服务程序地址，进行相应的中断处理。更详细的按键初始化、对应寄存器的使用和其他高级用法请参考 S3C2440 及 Mini2440 数据手册。

代码 3.9 键盘初始化（..\中断\key_interruption\src\MINE_2440key.c）

```
    void my_KeyInit(void){
        rGPGCON&=~((0x3<<0)|(0x03<<6)|(0x03<<10)|(0x03<<12)|(0x03<<14)
|(0x03<<22));
        rGPGCON|=(0x2<<0)|(0x02<<6)|(0x02<<10)|(0x02<<12)|(0x02<<14)
|(0x02<<22);
                        //将按键1-6设置为输入设备，以便用按键触发中断产生          (1)
        rEXTINT1 &= ~(7|(7<<0));
        rEXTINT1 |= (0|(0<<0));  //set eint8 falling edge int

        rEXTINT1 &= ~(7<<12);
        rEXTINT1 |= (0<<12);  //set eint11 falling edge int

        rEXTINT1 &= ~(7<<20);
        rEXTINT1 |= (0<<20);  //set eint13 falling edge int

        rEXTINT1 &= ~(7<<24);
        rEXTINT1 |= (0<<24);  //set eint14 falling edge int

        rEXTINT1 &= ~(7<<28);
        rEXTINT1 |= (0<<28);  //set eint15 falling edge int

        rEXTINT2 &= ~(0xf<<12);
        rEXTINT2 |= (0<<12);     //set eint19 falling edge int
```

```
    rEINTPEND |= (1<<8)|(1<<11)|(1<<13)|(1<<14)|(1<<15)|(1<<19);
                                    //clear eint                  (2)
    rEINTMASK &= ~((1<<8)|(1<<11)|(1<<13)|(1<<14)|(1<<15)|(1<<19));
                                    //enable eint                 (3)
    rSRCPND |= 1<<5;                //clear EINT8_23
    rINTPND |= 1<<5;
    rINTMOD = 0x0;                  //set all IRQ interrupt mode
    rINTMSK &= ~(1<<5);             //enable EINT8_23
    pISR_EINT8_23 = (unsigned int)my_key_isr;    //register the key
                                        interrupt isr             (4)
    ENABLE_INT();
}
```

表 3.1 2440 按键寄存器与中断引脚

按 键 号	对应的 I/O 寄存器	对应的中断引脚
K 1	GPG 0	EINT 8
K 2	GPG 3	EINT 11
K 3	GPG 5	EINT 13
K 4	GPG 6	EINT 14
K 5	GPG 7	EINT 15
K 6	GPG 11	EINT 19

my_KeyInit()的最后一项工作是打开 2440 的中断系统：ENABLE_INT()，具体的实现如代码 3.10。至此，开发板就可以响应用户通过按键触发的中断，并对相应 ISR 进行处理。

代码 3.10 打开中断 （..\中断\key_interruption\src\my_2440slib.s）

```
    AREA my_2440slib,CODE,READONLY
        ;enable interrupt
    EXPORT ENABLE_INT
  ENABLE_INT
    mrs r0, cpsr
    and r0, r0, #0x1f
    msr cpsr_c, r0
    mov pc, lr
```

这里顺便提及一下与打开 2440 中断相对应的关中断 DISABLE_INT()，其实现代码如代码 3.11 所示。

代码 3.11 打开中断（..\中断\key_interruption\src\my_2440slib.s）

```
    EXPORT DISABLE_INT
    DISABLE_INT
    mrs r0,cpsr
    orr r0,r0, #0xc0
    msr cpsr_c,r0
    mov pc,lr
```

3.5.3　前台中断处理

前面已提到，ARM 的七种运行模式中，有两个模式对应于中断：中断（IRQ）模式；快中断（FIQ）模式。Mini2440 的按键中断属于 IRQ，因此用户通过按键触发中断时，ARM 程序计数器（PC）将会跳到异常向量表（代码 2.1）的 0x18 地址开始执行（图 2.12），该地址存放了一条跳转指令：B IRQ。IRQ 为 2440 所有中断的公共入口，在这里先进行状态保存，然后通过代码 3.6 的 L（7）和 L（8）跳转到从 0x33FF_FF00+20 开始的一连串的内存地址（这里存放了 32 个 4 字节长的数据，每个 4 字节长的数据存放一个 32 位的内存地址，该地址就是对应中断的中断服务函数入口的地址）。实际上，这一连串内存地址是真正意义上的中断向量表，Mini2440 不同的中断服务程序就是在这里注册并区分的。Mini2440 中断的公共入口 IRQ 的处理流程请参考代码 3.6。此外，大家已经知道，代码 3.2 中的 L（1）~L（2）将 INTOFFSET 寄存器的值放入 r0 中，该值对应于一个中断源，一个中断源有唯一的整数值。Mini2440 按键中断的中断源为 HandlerEINT8_23（代码 3.4 L（6）），INTOFFSET 的值对应整数 5，而在代码 3.9 键盘初始化中（代码 3.9 L（4）），HandlerEINT8_23 又是指向 my_key_isr() 的，my_key_isr() 就是按键中断的中断服务程序入口。整个中断的响应与处理流程如图 3.4 所示。

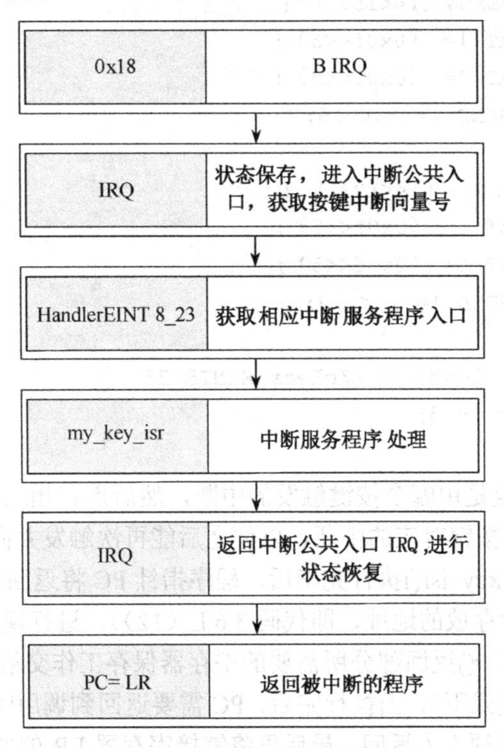

图 3.4　中断响应与处理流程

代码 3.12 按键的中断服务程序　(..\中断\key_interruption\src\MINE_2440key.c)

```
static void my_key_isr (void) {
    if (rEINTPEND& (1<<8) ) {
        rGPBDAT |=  (0x0f<<5) ;
        rGPBDAT ^=  (0x01<<5) ;
        rEINTPEND |= 1<< 8;
```

```
        }
    if (rEINTPEND& (1<<11) ) {
            rGPBDAT |= (0x0f<<5) ;
            rGPBDAT ^= (0x02<<5) ;
            rEINTPEND |= 1<< 11;
        }
        if (rEINTPEND& (1<<13) ) {
            rGPBDAT |= (0x0f<<5) ;
            rGPBDAT ^= (0x03<<5) ;
            rEINTPEND |= 1<< 13;
        }
        if (rEINTPEND& (1<<14) ) {
            rGPBDAT |= (0x0f<<5) ;
            rGPBDAT ^= (0x04<<5) ;
            rEINTPEND |= 1<< 14;
        }
        if (rEINTPEND& (1<<15) ) {
            rGPBDAT |= (0x0f<<5) ;
            rGPBDAT ^= (0x05<<5) ;
            rEINTPEND |= 1<< 15;
        }
        if (rEINTPEND& (1<<19) ) {
            rGPBDAT |= (0x0f<<5) ;
            rGPBDAT ^= (0x06<<5) ;
            rEINTPEND |= 1<< 19;
        }
        rSRCPND |= 1<<5;    //clear EINT8_23
        rINTPND |= 1<<5;
    }
```

my_key_isr()先是判定是由哪个按键触发的中断，然后点亮相应 LED 灯以标示不同的按键号，处理完后，复位该按键对应的中断，以便之后能再次触发并向应中断。

当中断服务程序 my_key_isr()执行完毕后，程序指针 PC 将返回中断的公共入口 IRQ（如代码 3.6 L（10）中 LR 所存放的地址，即代码 3.6 L（12）），进行现场恢复，再次说明一下，这里的中断函数 my_key_isr()返回部分所需要的寄存器保存工作交给了 ADS 编译器完成（中断服务程序运行在 IRQ 模式下），当执行完后，PC 需要返回到调用[中断服务程序的地方，即代码 3.6 L（12）]，因此无须人为返回。最后再将链接寄存器 LR 的值赋给指针 PC[如代码 3.6 L（15）]，此时，中断的响应和处理结束，PC 重新回到后台被中断的程序地址，继续后台程序的循环。

习题

1. 前后台系统在轮询系统的基础上做了什么改变？其运行方式是什么？它适用于什么嵌

入式应用？

2．简述 ARM9 S3C2440A 的中断处理流程。

3．ARM9 S3C2440A 中断返回时，程序指针 PC 如何才能正确返回到被中断程序的下一条指令？怎么确定链接寄存器 LR 的值？

4．ARM9 S3C2440A 的 IRQ 中断发生后，程序指针 PC 将指向哪里？处理器如何进一步区分是哪个中断源触发的 IRQ 中断？如何跳转到该中断源对应的中断服务程序 ISR。

5. 结合代码分析：IRQ 中断发生后，ARM9 S3C2440 如何保护现场？需要保存哪些信息？

第4章　内核基础

在嵌入式系统发展初期，嵌入式软件的开发是基于处理器直接编程，无须 RTOS 的支持。这个时期，嵌入式软件形式通常就是一个轮询系统，有的甚至更简单，稍微复杂一些的是引入中断机制的前后台系统。到了 20 世纪 80 年代，这两种软件形式都在嵌入式系统中广泛应用，基本能满足当时开发人员的需求。直到现在，大量家用电器、数控机床的控制系统仍然采用这两种方式。

随着嵌入式系统复杂性的增加，系统要管理的资源越来越多，如存储器、外设、网络协议栈、多任务、多处理器等。这时，仅用轮询系统或前后台系统来设计和实现嵌入式系统难以满足用户的需求，迫切需要一个功能强大的系统资源管理平台：RTOS。RTOS 可以简单认为是功能强大的主控程序，它嵌入在目标机代码中，系统复位后首先执行；它负责在硬件基础上为应用软件建立一个功能强大的运行环境，用户的应用程序都运行于 RTOS 之上。在这个意义上，RTOS 的作用是为用户提供一台等价的扩展计算机，它比底层硬件更容易编程和设计[14][15][21][22]。

RTOS 内含一个实时内核，将 CPU、定时器、中断、I/O 等资源集中管理起来，为用户提供一套标准 API；并可根据各个任务的优先级合理安排任务在 CPU 上执行。从这个意义上讲，RTOS 的作用可看成是系统资源管理器。

对嵌入式系统而言，RTOS 的引入会带来很多好处。首先，每个 RTOS 都提供一套较完整的应用编程接口 API，可以大大简化应用编程，提高系统的开发效率和可靠性。其次，RTOS 的引入，客观上导致应用软件与下层硬件环境无关，便于嵌入式软件系统的移植。最后，基于 RTOS，可以直接使用许多应用编程中间件，既增强了嵌入式软件的复用能力，又可降低开发成本，缩短开发周期。

4.1　基本术语

在深入了解 RTOS　aCoral 的设计思路和实现方法之前，需要先了解一些 RTOS 的重要概念，有些概念和通用操作系统[16][18]是一样的。

（1）任务（Task）：嵌入式软件设计时通常将应用划分成独立的或者相互协同作用的程序集合，每个程序执行时就称为任务。因此，对于 RTOS 而言，任务是一个程序运行的实体，是调度的基本单位。

（2）线程（Thread）：线程是相对于通用操作系统的进程（Process）而言的，进程是操作系统调度和资源拥有的基本单位。组成进程的代码可进一步划分成若干个可并发执行的程序段，每个程序段称为一个线程。线程是操作系统进行调度的基本单元，任务中的所有线程共享任务所拥有的系统资源，从而减少任务调度的资源开销。关于任务、线程和进程的区别及细节还将在第 6 章详细讨论。

（3）上下文切换（Context Switching）：在多任务系统中，上下文切换是指当处理器的控制权由运行任务（或线程）转交到另一个就绪任务（或线程）时所发生的事件序列。它包括保存当前任务的状态，恢复将要运行的那个任务的状态。这种切换主要发生在当前运行的任务转为就绪、挂起、睡眠或阻塞状态时，而另一个被选定的就绪任务将成为当前任务。

（4）抢占（Preemptive）：抢占是指当系统处于核心态运行时，允许任务的重新调度。换句话说就是指一个正在执行的任务可以被打断而让另一个就绪任务运行，这就提高了应对重要外部事件的响应。一般来讲，抢占发生在高优先级任务到达并就绪时，调度程序强制低优先级任务放弃对处理器的占有，退回就绪队列；空出的处理器转交给就绪的高优先级任务使用。

（5）不可抢占（Non-preemptive）：一旦某个任务占用了 CPU，就一直运行下去，直到任务自身放弃 CPU 时才进行调度，让另一任务运行，不考虑每个任务的优先级，则称该任务不可被抢占。该任务的运行过程可以被中断，但不论中断处理程序在运行过程中唤醒了哪种任务，中断服务请求（ISR）完成后都必须返回到被中断的任务。

（6）互斥（Mutual Exclusion）：互斥是控制多任务对共享数据进行串行访问的机制。在多任务应用中，当两个或多个任务同时访问共享数据时，可能造成数据的破坏，互斥使它们串行地访问数据，从而达到保护数据的目的。

（7）优先级驱动（Priority Driven）：在一个实时多任务系统中，任务都是有不同优先级的，任务的优先级是根据任务的紧急程度和重要性来确定的。系统运行过程中，正在运行的任务总是最高优先级的任务；在任何给定的时间，总是把处理器分配给最高优先级的就绪任务。RTOS 会提供优先级驱动的调度策略来安排任务的执行，从而确保高优先级任务响应性，同时确保其他任务的可调度性。

（8）可调度性（Schedulability）：系统运行过程中，如果一个任务的完成时间是小于等于其截止时间（Deadline）的，则任务是可调度的；否则，该任务是不可调度的。如果系统过程中，所有任务的完成时间都是小于等于其各自的截止时间的，则该任务集是可调度的；否则，该任务集是不可调度的。

（9）优先级反转（Priority Inversion）：当一个任务等待比它优先级低的任务释放资源而被阻塞时，产生优先级反转：优先级低的任务阻塞了优先级高的任务。这是实时系统中发生死锁的原因之一。

（10）优先级继承（Priority Inheritance）：优先级继承是用来解决优先级反转的技术。当优先级反转发生时，较低优先级的任务的优先级被暂时提高，以匹配较高优先级任务的优先级，这样就可以使较低优先级任务尽快执行并释放较高优先级任务所需要的资源，在一定程度上也可避免死锁的产生。优先级反转、优先级继承的产生原因和解决办法将在第 10 章详细介绍。

这里只是为了让大家对 RTOS 的一些重要概念有个初步认识，后续的章节将通过代码和实例来注释这些概念，让大家有更深的理解。

4.2 RTOS 的特点

到目前为止，世界各国数十家公司已成功推出 200 多种 RTOS，通过对多种 RTOS 的比较，可以发现它们具有以下共同特点。

1. 及时性

及时性（Timeliness）是嵌入式实时系统最基本的特点，也是RTOS必须保证的特性。对于RTOS，主要任务是对外部事件作出实时响应。虽然事件可能在无法预知的时刻到达，但是软件上必须在事件发生时能够在严格的时限内做出响应（系统响应时间Response Time）；即使在峰值负载下，也应如此。系统时间响应超时就可能意味着致命的失败，如导弹拦截失效。

由于不同的嵌入式系统对实时性的要求有所不同，实时性可以分为以下三类。

（1）硬实时（Hard Real-Time）：系统对外界事物的响应略有延迟就会造成灾难性的后果，也就是说，系统响应时间必须严格小于等于规定的时间限制，即截止时间（Deadline）。

（2）软实时（Soft Real-Time）：对外部事件响应超时可能会导致系统产生一些错误，但不会造成致命的灾难，且大多数情况下不会影响系统的正常工作。

（3）严格实时（Firm Real-Time）：这是近年来对实时性划分的一种新提法，它对时间的限制界于上述两种方法之间，主要针对多媒体和高速网络这类同时需要硬实时时间约束和软实时所特有的操作系统服务的应用。

对于RTOS而言，实时性的保证主要由实时多任务内核中的任务调度机制和调度策略提供。不同的RTOS所提供的策略可以不同，有些保证硬实时性，有些只支持软实时性，但主流RTOS需要支持多种实时性。

2. 可确定性

RTOS的一个重要特点是具有可确定性（Predictability）：系统在运行过程中，系统调用的时间可以预测。虽然系统调用的执行时间不是一个固定值，但是其最坏情况执行时间（Worst Case Execution Time，WCET）必须确定，从而能对系统运行的最好情况和最坏情况做出精确的估计。

衡量操作系统确定性的一个重要指标是截止时间，它规定系统对外部事件的响应必须在给定时刻内完成。截止时间的大小随应用的不同而不同，可以从纳秒级（ns）、微秒级（μs）、直到分级（minutes）和小时级、天级。

在实时系统中，外部事件随机到达。但在规定的时序范围内，有多少外部事件可以到达却必须是可预测的（可控）。这是RTOS可确定性的第二个体现。

可确定性的第三种体现是对系统资源占用的确定化。对大多数嵌入式系统，特别是硬实时系统，在系统开始运行前，每个任务需要哪些资源、哪种情况下（何时）占用资源都是可预测的。在极端情况下，资源占用可能必须用静态资源分配表一一列出。

3. 并发性

并发性（Concurrence）有时也称为同时性（Simultaneousness）。在复杂的实时系统中，外部事件的到达是随机的，因此某一时刻可能有多个外部事件到达，RTOS需要同时激活多个任务处理对应的外部请求，这样任务就呈现出并发性。

通常，实时系统采用多任务调度机制或者多处理机结构来解决并发性问题，而RTOS则用于相应的管理。

4. 高可信性

不管外部条件如何恶劣，实时系统都必须能够在任意时刻、任意地方、任意环境下对外部事件做出准确响应。这就要求 RTOS 比通用操作系统更具可靠性（Reliability）[23]、鲁棒性（Robustness）[15]和防危性（Safety）[19][20]。这些特性统称为高可信性（High Dependability）

可靠性是指在一组特定条件下，系统在一定时期内不发生故障的概率。它强调的是系统连续工作的能力，是一个“好”系统的必要指标。

鲁棒性特别强调容错处理和出错自动恢复，确保系统不会因为软件错误而崩溃甚至导致灾难出现。即使在最坏情况下，RTOS 也能够让系统性能平稳降级，最好能自动恢复正常运行状态。

防危性研究系统是否会导致灾难发生，关心的是引起危险的软件故障。在实际应用中，它主要针对系统对外部设备的操作，确保不出现异常，这一点在安全关键系统（如核电控制系统、航空航天系统）中尤为突出。

5. 安全性

信息安全（Security）是目前 Internet 上最热门的话题之一，其中很大一部分归结于基础网络设备（路由器、交换机等）的安全管理机制，其核心是保密。RTOS 自然需要从系统软件级就为嵌入式设备提供安全保障措施，关注外部环境对系统的恶意攻击，减少应用开发者的重复劳动。

6. 可嵌入性

RTOS 和其应用软件基本上需要嵌入到具体的设备或者仪器中，因此，RTOS 必须具有足够小的体积，并且具有很好的可剪裁性和灵活性。这就是可嵌入性（Embeddedability）的含义。由于大多数嵌入式设备的资源有限，不大可能像 PC 一样预装操作系统、设备驱动程序等。因此，最常见的 RTOS 应用法则是：将 RTOS 与上层应用软件捆绑成一个完整的可执行程序，下载到目标系统中；当目标系统启动时，首先引导 RTOS 执行，再控制管理其他应用软件模块，即 RTOS“嵌入”到应用中。

7. 可剪裁性

嵌入式系统对资源有严格限制，RTOS 就不可能如桌面 OS（Windows 之类）一样装载大量的功能模块，必须对应用有极强的针对性。因此 RTOS 必须具有可剪裁性（Tailorability），即组成 RTOS 的各模块（组件）能根据不同应用的要求合理剪裁，做到够用即可。

8. 可扩展性

嵌入式应用的发展异常迅速，新型嵌入式设备的功能多种多样，这就对 RTOS 提出了可扩展性（Extensibility）的要求：除提供基本的内核支持外，还需提供越来越多的可扩展功能模块（含用户扩展），如动态功耗管理、动态加载、嵌入式网络协议栈、嵌入式文件系统、嵌入式 GUI 系统、嵌入式数据库系统等。

习题

1．RTOS 的出现给嵌入式系统软件开发带来了什么好处？

2．RTOS 调度的基本单位是什么？请对其进行简单描述。

3．抢占调度和不可抢占调度的区别是什么？RTOS 通常采用上述方式的哪一种？其原因是什么？

4．什么是并发性？它与并行性的区别是什么？什么是 Safety？它与 Security 的区别是什么？

5．与通用操作系统相比，RTOS 具有哪些特点？请重点对其中的一点进行详细叙述。

第 5 章　搭建 aCoral 交叉开发环境

通过对轮询系统、前后台系统的剖析，大家已对 ARM S3C2440A 处理器、Mini2440 开发板、ARM 汇编语言及底层软件开发有了一定了解；另一方面，第 4 章简单介绍了 RTOS 的相关概念、特性，加之大家已学习的操作系统知识，似乎可以着手编写 aCoral 内核了。

在付诸实施之前，还面临一个问题：aCoral 采用什么开发环境？使用什么编译调试工具调试？在前面章节中，为了让大家把学习关注点集中在软件设计上而非开发环境搭建上，因此，轮询系统和前后台系统的开发环境均采用的是方便快捷的集成开发环境 ADS（集成了代码编辑器、交叉编译器、连接器、调试器）。而在设计更为复杂的 RTOS 时，为了使内核开发更加灵活、摆脱 ADS 的一些限制、提高设计过程的可控性，aCoral 的编写选择了开放性、灵活性更好的开发环境 Ubuntu。这样，aCoral 的交叉开发环境如图 5.1 所示，宿主机的操作系统是 Ubuntu10.04，编译工具为 gcc，调试工具是 gdb，编码工具为 vim；目标机 ARM Mini2440 上是要编写的 aCoral；宿主机和目标机通过调试器 J-LINK 相连。

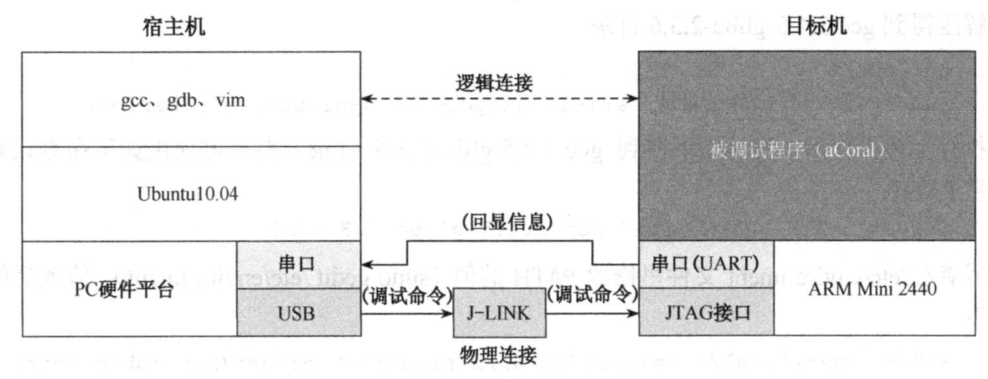

图 5.1　aCoral 交叉开发环境

5.1　安装 Ubuntu

根据图 5.1，搭建 aCoral 交叉开发环境的第一步是在宿主机上安装 Ubuntu。大家都知道，Ubuntu 安装的方式主要有三种：虚拟机安装、wubi 安装、实际安装（光盘安装和硬盘安装）。不管有没有 Ubuntu 的安装光盘，都可以采用上述三种安装方式。如果对 Linux 还没有什么信心或者是觉得自己水平还不是太高，可以试试前两种安装方式，如果你的硬盘空间足够大，可以使用实际安装。

虚拟机安装是最简单的，配置的时候把光盘改成物理光盘或者你下载的 ISO 文件，然后启动，即可进入安装画面。wubi 安装的话，需要这样操作：如果有光盘，打开光驱，双击 wubi.exe 文件，进行一些简单的配置，重启之后也可以进入安装画面；如果是 ISO 镜像，则用虚拟光驱打开 ISO 文件，然后双击 wubi.exe 即可。实际安装则分为光盘安装和硬盘安装（ISO 文件安装），光盘安装只需要在 BIOS 里面设置为光盘启动，把光盘放入光驱重启即可。

无论是哪种安装方式，都要有 3GB 以上的磁盘空间（建议值是 10GB 以上）。虚拟机安装和 wubi 安装都在安装之前设置好了磁盘的大小。光盘安装则需要用分区魔术师等分区软件预先划出一块磁盘分区用于安装 Ubuntu，或者是直接把某分区删除。由于 Ubuntu 的安装、使用、开发不是本书的重点，这里就不详细叙述，大家可以在互联网上获得丰富的资料。

宿主机与目标机可通过串口进行通信（如回显信息），对于没有串口的宿主机，就需要 USB 到串口的转接器。对于安装了双系统的宿主机，Ubuntu 自动安装了 USB 转串口的驱动，可以在终端下查看（查看时需插入 USB 转串口线）；对于运行虚拟机方式的宿主机，需要自己手动安装 USB 转串口的驱动。

5.2 安装交叉开发工具链

如果已经在 PC 上安装了 Ubuntu，接下来就是安装交叉开发工具链 gcc、gdb、vim 等工具。

5.2.1 使用制作好的工具链

可以从网上下载制作好的工具链，也可自己制作工具链，如 arm-linux-gcc-3.4.5-glibc-2.3.6.tar.bz2。为了节约篇幅，以下以“网上下载制作好的工具链”为例叙述。首先使用以下命令解压得到 gcc-3.4.5-glibc-2.3.6 目录。

```
cd /opt/
sudo tar xjf  $你的目录/ arm-linux-gcc-3.4.5-glibc-2.3.6.tar.bz2
```

执行上述操作后，在/opt/下得到 gcc-3.4.5-glibc-2.3.6 目录，然后可使用如下命令设置环境变量 PATH：

```
$export PATH=$PATH:/opt/ gcc-3.4.5-glibc-2.3.6/bin
```

或者在/etc/environment 文件里修改 PATH 的值（sudo gedit /etc/environment），修改后的内容如下：

```
PATH=“/usr/local/sbin:/usr/local/bin:/usr/sbin:/usr/bin:/sbin:/bin:
      /usr/games:/opt/opt/ gcc-3.4.5-glibc-2.3.6/bin”
```

接下来安装 ncurses，ncurses 是一个能提供功能键定义、屏幕绘制，以及基于文本终端的图形互动功能的动态库，如果没有它，执行 make menuconfig 会出错，在 Ubuntu 下安装比较简单：

```
sudo apt-get install ncurses
```

5.2.2 自己制作工具链

除了使用制作好的工具链以外，大家也可以自己制作工具链。如果要使用基于 gcc 和 glibc 来制作工具链，可以使用 crosstool 来进行编译。从网上下载 crosstool-0.43.tar.gz 工具来编译工具链，它运行时，会自动从网上下载源码，然后编译，也可以先自己下载源码，再运行 crosstool，这些源码清单包括：binutils-2.15.tar.bz2、gcc-3.4.5.tar.bz2、glibc-2.3.6.tar.bz2、glibc-linuxthreads-2.3.6.tar.bz2、linux-2.6.8.tar.bz2、linux-libc-headers-2.6.12.0.tar.bz2。

可将这些源码放到目录/opt/src_gcc_glibc/下，然后开始配置环境。

1. 修改 crosstool 脚本

执行如下解压命令：

```
Sudo tar xzf  crosstool-0.43.tar.gz
```

Crosstool 源码清单中的 glibc-2.3.6-version-info.h_err.patch 是一个补丁文件，它修改了 glibc-2.3.6/csu/Makefile 里面有一个小错误。将补丁文件复制到 crosstool 的补丁目录下：

```
Sudo cp  glibc-2.3.6-version-info.h_err.patch
crosstool-0.43/patchs/glibc-2.3.6/
```

需要修改 demo-arm-softfloat.sh，arm-softfloat.dat，all.sh。

（1）修改 demo-arm-softfloat.sh。

```
TARBALLS_DIR=/opt/src_gcc_glibc    //源码存放的目录
RESULT_TOP=/opt/gcc-glibc          //编译结果存放的目录
```

（2）修改 arm-softfloat.dat。

将“TARGET=arm-softfloat-linux-gcc”改为：“TARGET=arm-linux”

（3）修改 all.sh。

将“PREFIX=${PREFIX-RESULT_TOP/$TOOLCOMBO/$TARGET}”改为“PREFIX=${PREFIX-RESULT_TOP/$TOOLCOMBO}”，存放的结果目录将由“/opt/gcc-glibc/arm-linux/”变为“/opt/gcc-glibc/”。

2. 编译、安装工具链

执行以下命令：

```
cd crosstool-0.43/
sudo ./ demo-arm-softfloat.sh
```

编译后，将在/opt/gcc-glibc/目录下生成 gcc-3.4.5-glibc-2.3.6 子目录，然后设置环境变量 PATH 即可，可以使用 arm-linux-gcc –v 命令测试是否安装正确。

5.3 构建 aCoral 项目文件

因为操作系统内核开发的复杂程度比轮询系统和前后台系统复杂得多，因此，需要为它构造一个结构合理的工程项目，以便提高代码的可维护性和功能的可扩展性。由于 aCoral 是在 Ubuntu 下开发的，因此项目文件的组织是通过 makefile 来完成的，makefile 定义一系列编译规则，如 aCoral 项目文件中哪些文件先编译，哪些文件后编译，哪些文件重新编译，makefile 就像一个 Shell 脚本一样。因此，在 aCoral 工程项目的各目录下均能找到 makefile 文件，这些 makefile 决定了如何将 aCoral 工程项目中的各源代码文件有序地编译、链接成一个完整的镜像文件。

为了让 aCoral 具有更好的可配置性，项目组构建了如下的项目文件结构，主要分为以下几大块，分别对应相应文件夹：

（1）kernel（内核）文件夹：aCoral 内核相关的文件，如中断、时钟、线程、同步等模块相关的文件，该文件夹下有两个文件夹。

① include: 内核模块的头文件目录。

② src：内核模块的源码目录。

（2）HAL（Hardware Abstract Layer，移植抽象层）文件夹：该文件夹分为两个部分内容相关。

① 开发板相关：包括 aCoral 目前支持的各种开发板的硬件相关代码（包括 C 语言程序（后缀名为".C"）、汇编语言程序（后缀名为".S"）和头文件".h"）。嵌入式芯片和开发板都是针对具体应用而设计的，不同嵌入式系统使用的芯片往往不一样，所以这部分代码与用户选择的芯片和开发板相关，当需要让 aCoral 支持不同芯片时（该过程被称为移植），需要根据具体芯片修改这些代码。目前，aCoral 支持多种 ARM 系列处理器：Cortex-m3、ARM7、ARM9、ARM11，以及 ARM11 MPCore 四核平台，因此，存在一个 ARM 的文件夹，里面包含了与对应处理器相关的 HAL 代码。此外，还存在一个 x86 的文件夹，该文件夹的文件是为了让 aCoral 能在 x86 上运行。

② 开发项目工程相关：HAL 文件夹中还包含了与 aCoral 工程相关的文件，如 makefile 文件、链接文件等。

（3）driver（驱动）文件夹：存放系统的驱动程序，包括：

① src：这里存放平台无关驱动模型实现，如驱动模型，SD 卡驱动模型。

② include：这里存放平台无关驱动模型的头文件，如 SD 卡、screen 设备的信息结构，触摸屏设备的信息结构。

③ 开发板相关驱动文件夹：如 s3c2440，s3c2410，每个文件夹下又各自包含 include、src 文件夹。

（4）plugin（项目扩展插件）文件夹：如文件系统、图形系统、TCP/IP 协议栈等。

① src：扩展插件的公共源码。

② include：扩展插件的公共头文件。

③ 具体的扩展插件文件夹：包括 fs、gui、net 等。

（5）lib（库目录）文件夹：该文件夹下有两个文件夹。

① src：源码目录。

② include：头文件。

（6）user（用户程序）文件夹：该文件夹下有两个文件夹。

① src：源码目录。其中 user.c 中的 user_main 是用户程序的入口函数，大家可以在这个函数里添加自己的应用程序。

② include：头文件。

（7）test（测试）文件夹：主要用于内部测试，包括如下两个文件夹。

① src：源码目录。

② include：头文件。

（8）include 文件夹：主要包括 aCoral 的配置相关文件，如分配给实时任务的优先级数目，在 autocfg.h 中定义，如"#define CFG_HARD_RT_PRIO_NUM （20）"等。

（9）tools（工具）文件夹：aCoral 编译器配置工具。

以上为 aCoral 的文件结构，各文件夹中的文件可用 Ubuntu 下的代码编辑器进行编辑，如 VI、VIM 等，推荐大家使用 VIM。

习题

1．一个 RTOS 的开发选择什么开发工具更合适？为什么？

2．在 Ubuntu 环境下，如何自己制作交叉开发工具链？自己尝试在 PC 上制作交叉开发工具链。

3．自己尝试在 Ubuntu 环境下构造一个由 3～5 个文件构成的项目文件，并通过自己制作的交叉开发工具链编译、运行。

4．根据第 3 题搭建的项目文件，自己编写一个简易的 makefile。

5．简述 aCoral 的项目文件由哪些内容构成？

第 6 章　编写内核

万事俱备，可以开始编写内核了。第 1 章提到，内核主要完成 RTOS 最基本的却又必不可少的功能，如多任务调度、多任务协同（通信、同步、互斥、异步信号等）、中断、时钟、I/O 等资源的管理，为用户提供一套标准编程接口；并可根据各个任务的优先级，合理调度不同任务在 CPU 上并发执行。调度是内核的核心功能，用来确定多任务环境下任务执行的顺序和在获得 CPU 资源后执行时间的长度，为确保调度过程的正确实施，RTOS 需提供如下机制：基本调度机制、事件处理机制、内存管理机制、任务交互机制。

其中，基本调度机制包括创建任务、删除任务、挂起任务、恢复任务、改变任务优先级、任务堆栈检查、获取任务信息等基本操作，这些操作负责实时调度策略的具体实施和执行。事务处理机制包括事件触发（Event-triggered）机制和时间触发（Time-triggered）机制，分别对应中断和时间管理，中断用以接收和处理系统外部/内部事件，时间管理用以维护系统时钟，记录多任务时间参数（周期、截止时间等），推动系统不断运行。上述调度机制为调度过程的正确实施和执行提供了基本保障。内存管理机制则为任务及其数据分配内存空间，确保内存空间的有效使用。而任务协调机制包括任务间通信、同步、互斥访问共享资源等操作，负责处理多任务之间的协同并发运行。

根据第 4 章的基本概念，任务是 RTOS 调度的基本单位，具体到 aCoral 而言，其调度的基本单位是任务吗？如果是，它又如何用 C 语言描述？如果不是任务，那又是什么？

6.1　aCoral 线程

aCoral 调度的基本单位是线程，aCoral 的一个线程，也可称为一个任务（**本书约定：下文提到的线程和任务等价**）。说到线程，估计大家会想到进程，进程是操作系统调度和资源分配的基本单位。然后还会想到 Linux，现在 Linux 应用广泛，谷歌的 Android、英特尔的 MeeGo、三星的 Bada 都是基于 Linux 内核的，这些手机操作系统甚至让大家以为嵌入式操作系统就是 Linux。因为 Linux 是多进程操作系统，因此，很多人也就认为嵌入式操作系统也是多进程的。其实不然，真正的 RTOS，基本上没有做到进程，只是停留在多线程，因为多进程要解决很多问题，且需要硬件支持，这样就使得系统复杂了，从而就可能影响系统实时性。

那么线程和进程究竟有什么区别？简单来说，线程之间是共享地址的，也就是说当前线程的地址对于其他线程的地址是可见的，如果修改了地址的内容，其他线程是可以知道，并且能访问的，如代码 6.1。

代码 6.1　线程与进程

```
int  i=1;
test(){
    sleep（10s）;等待main线程执行完i++
printf（“%d”,i）;
}
```

```
int main(){
create_task (test,.................................. ) ;
i++;
}
```

如果 create_task 对应的是创建线程的接口，则 test 输出 2，如果对应的是创建进程的接口，则 test 输出的是 1。如果是多进程，main 函数所在进程和 test 所在进程是不能相互访问彼此之间的变量的。明明地址一样，为什么访问的值就不一样呢？这种地址的诡计是如何实现的呢？有以下两种方式。

（1）地址保护。每个进程有自己的地址空间，如果当前进程跨界访问到了其他进程的区域，则会出错，就访问不了这个地址，这种地址保护需要硬件有存储器保护单元 MPU（Memory Protection Unit）的支持。

（2）虚拟地址。各个进程尽管都是访问同一地址，但是由于虚拟地址机制，它们对应的物理地址是不一样的，所以读取的值就会不一样啊。这种虚拟地址需要硬件有内存管理单元 MMU（Memory Management Unit）的支持。

其实这也说明多进程的好处，那就是进程之间相互独立、隔离，一个进程的崩溃或错误操作不会影响其他进程。当然这也会带来缺点，那就是没法直接访问全局变量，因为全局变量都变成了进程范围内的全局变量了，这样进程之间如何共享，如何通信就变得困难了，正因为这样，RTOS 很少支持多进程，一是 RTOS 从单片机发展来的，硬件不支持，二是进程间通信、互斥的开销太大，导致系统复杂，对注重实时性的应用来说，代价太大。

6.1.1　描述线程

aCoral 也是多线程嵌入式实时操作系统，下面就来说一下 aCoral 的线程相关内容。首先来探讨一下什么是线程？线程就是一段代码的执行体，如代码 6.2。

代码 6.2 线程与线程函数

```
ACORAL_COMM_THREAD test3 (acoral_u32 timer) {
while (1) {
        acoral_delay_self (timer) ;
        }
}
void test_delay_init(){
for (i=0;i<34;i++) {
        acoral_print ("%d\n",i) ;
id=acoral_create_thread (test3,256,500+i*10,"deley",i+1, -1) ;
                }
}
```

test_delay_init()创建了 34 个线程，这些线程都是执行相同的代码，即 test3。相同的执行代码，那为什么是不同线程呢？那是因为它们有不同执行环境，所以线程保护了“执行代码+执行环境”，那什么是执行环境呢？前面已经提到过，就是“堆栈+寄存器”。因此这两部分都须在线程的数据结构中体现。说到此，aCoral 内部数据结构就该显形了。在 aCoral 中，线程控制块 TCB（Task Control Block）是 acoral_thread_t，如代码 6.3。

代码 6.3 线程控制块 TCB（..\1 aCoral\kernel\include\thread.h）

```
typedef struct{
    acoral_res_t res;                          (1)
#ifdef CFG_CMP
    acoral_spinlock_t move_lock;               (2)
#endif
    acoral_u8 state;                           (3)
    acoral_u8 prio;                            (4)
    acoral_8 CPU;                              (5)
    acoral_u32 CPU_mask;                       (6)
    acoral_u8 policy;                          (7)
    acoral_list_t ready;                       (8)
    acoral_list_t timeout;
    acoral_list_t waiting;
    acoral_list_t global_list;
    acoral_evt_t *evt;                         (9)
    acoral_u32 *stack;                         (10)
    acoral_u32 *stack_buttom;                  (11)
    acoral_u32 stack_size;                     (12)
    acoral_32 delay;                           (13)
    acoral_u32 slice;                          (14)
    acoral_char *name;                         (15)
    acoral_id console_id;                      (16)
    void*   private_data;                      (17)
    void*   data;                              (18)
}acoral_thread_t;
```

res [代码 6.3 L（1）]: 在 aCoral 系统中，线程控制块是一种资源，因此拥有一个称为 res 的结构体成员。

move_lock[代码 6.3 L（2）]：用以支持自旋锁，使 aCoral 支持多核 CMP（Chip Multi-Processors）。自旋锁是专为防止多核/处理器并发而引入的一种锁机制，关于它的更多描述和使用见“支持多核”章节。

state［代码 6.3L（3)]：线程状态，目前 aCoral 线程状态只有五种：ACORAL_THREAD_STATE_READY、ACORAL_THREAD_STATE_SUSPEND、ACORAL_THREAD_STATE_EXIT、ACORAL_THREAD_STATE_RELEASE、ACORAL_THREAD_STATE_RUNNING。

可能大家对 ACORAL_THREAD_STATE_RELEASE 这个状态有些陌生，相对而言，大家对 ACORAL_THREAD_STATE_EXIT 比较熟悉，根据字面意思，ACORAL_THREAD_STATE_EXIT 为退出状态，意味着某个线程退出了，也就是说不会再参与调度，但此时该线程的资源，如线程控制块 TCB、堆栈等资源都还未释放，而 ACORAL_THREAD_STATE_RELEASE 状态则意味着可以释放这些资源。这五种状态的转移如图 6.1 所示，图中的 acoral_rdy_thread()、acoral_unrdy_thread()等为 aCoral 的系统调用，是触发 aCoral 状态变化的因素，后续章节会详细介绍。

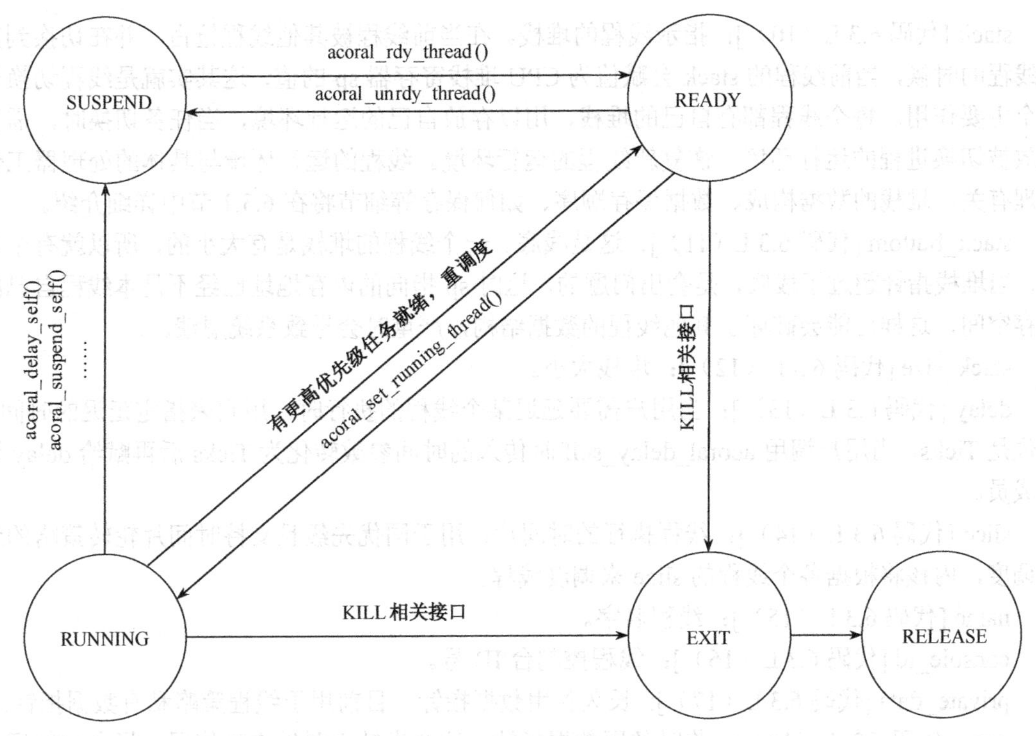

图 6.1　aCoral 线程状态切换图

prio [代码 6.3 L（4）]：优先级。

CPU [代码 6.3 L（5）]： aCoral 是一款支持多核的 RTOS，这个很明显就是指示线程在哪个 CPU 上执行，当前 aCoral 尚不支持线程迁移，也就是说，线程创建时在哪个 CPU 上，以后的整个执行过程也都是在该 CPU 上。

CPU_mask [代码 6.3 L（6）]：指示线程可以在哪些 CPU 上执行，如 0x1 就表示线程只可在 CPU0 上执行，0x3 表示线程可在 CPU0、CPU1 上执行。

policy [代码 6.3 L（7）]: 线程调度策略，如时间片轮转、先来先服务、周期性调度策略，一种策略对应一类线程。

ready、waiting、timeout、global_list [代码 6.3 L（8）]：这 4 个 acoral_list_t 成员主要是用来将线程结构挂到相应链表队列上。

① ready：根据图 6.1，当用户调用了 acoral_rdy_thread 或 acoral_resume_thread 接口时，就会将线程挂到就绪队列 acoral_ready_queue 上，这个就是将就绪队列成员挂到该链表上。

② waiting：当用户调用了 acoral_unrdy_thread 或 acoral_delay_self 接口时，就会将线程挂到延时队列 timer_delay_queue 上，这个就是将延时队列成员挂到该链表上。

③ timeout：当线程因为申请某种资源而被阻塞，且超过了预先设置的时间时，则会通过该节点将线程挂到超时链表队列上。

④ global_list：用来将线程挂到全局线程链表。

evt [代码 6.3 L（9）]: 用来指向线程占用的事件（信号量、互斥量、邮箱等），这个有什么用呢？主要是线程退出时使用。大家可以想象，如果线程退出了，还占用着事件，且没法释放该事件，这样就会导致其他线程永远得不到这个事件，因此在退出时，必须释放该事件，这个 evt 就是用来指向某个事件的。

stack [代码 6.3 L（10）]：指示线程的堆栈。在当前线程被其他线程抢占，并在切换到其他线程的时候，当前线程的 stack 会赋值为 CPU 堆栈寄存器 sp 的值，这其实就是线程切换的一个主要作用。每个线程都有自己的堆栈，用以存放自己的运行环境，当任务切换时，需要存放被切换进程的运行环境，恢复新线程的运行环境。线程的运行环境与具体的处理器工作原理有关，堆栈的数据构成、数据保存顺序、如何保存等细节将在 6.3.1 节中详细介绍。

stack_buttom [代码 6.3 L（11）]：这是栈底。一个线程的堆栈是有大小的，所以就有个栈底，当堆栈指针超过了栈底，是会出问题的，这时 sp 指向的内存地址已经不是本线程自己的内存空间，这样可能会破坏了其他线程的数据结构，严重时会导致系统崩溃。

stack_size [代码 6.3 L（12）]：堆栈大小。

delay [代码 6.3 L（13）]：当用户需要延迟某个线程的执行时，用它来指定延迟的时间，单位是 Ticks，当用户调用 acoral_delay_self 时传入的时间参数转化为 Ticks 后再赋给 delay 这个成员。

slice [代码 6.3 L（14）]：线程执行的时间片，用于同优先级且支持时间片轮转策略的线程调度，内核将根据各个线程的 slice 来调度线程。

name [代码 6.3 L（15）]：线程名字。

console_id [代码 6.3 L（16）]：线程控制台 ID 号。

private_data [代码 6.3 L（17）]：长久备用数据指针，目前用于线程策略私有数据指针。

data [代码 6.3 L（18）]：临时备用数据指针，这个指针主要供临时使用，指向的数据类型可以随意变化，不推荐长时间使用该指针。

到此，我们知道了如何去描述一个线程以及线程 TCB 的构成。大家知道线程是一段代码的执行单位，那这里提一个问题？为什么 TCB 里没有包括任何关于执行代码的信息呢？如果没有这些信息，线程又是如何运行的呢？先给大家一个简单提示：TCB 里的 stack 成员隐含了该线程的执行代码信息，因为当任务切换时，stack 将保存被切换线程的 PC 指针，PC 是指向线程的当前执行代码的。关于 TCB 如何与对应执行代码关联的内容将放在进程创建中（6.3.1 节）详细介绍。

为了让大家对 TCB 有更深入的理解，有必要详细介绍一下 acoral_thread_t 中重要成员的定义和 C 语言描述：

（1）res：res 结构体的定义如代码 6.4。

代码 6.4 res 定义（..\1 acoral\kernel\include\resource.h）

```
typedef union {
   acoral_id id;                  \* unsigned int*\
   acoral_u16 next_id;            \* unsigned short*\
}acoral_res_t;
```

由于线程控制块是一种资源，id 表示线程的资源 ID，当某个资源空闲时，id 的高 16 位表示该资源在资源池的编号，分配后表示该资源的 ID。next_id 表示下一资源的 ID，它是一个空闲链表指针，指向下一个空闲的资源的编号，属于资源 ID 的一部分。大家可能会问：表示某一资源为什么要用两个成员变量呢？next_id 又能起到什么作用呢？其实，acoral_res_t 结构的定义更多是为了方便在多核环境下（多核共享内存的情况下）空闲资源池的管理（详细见“内存资源池储存管理”），如果是在单核环境下，定义一个成员 ID 就行了。总之，res 代表了线程的 ID。资源 ID 由资源类型 Type 和空闲内存池 ID 两部分构成，如图 6.2 所示。

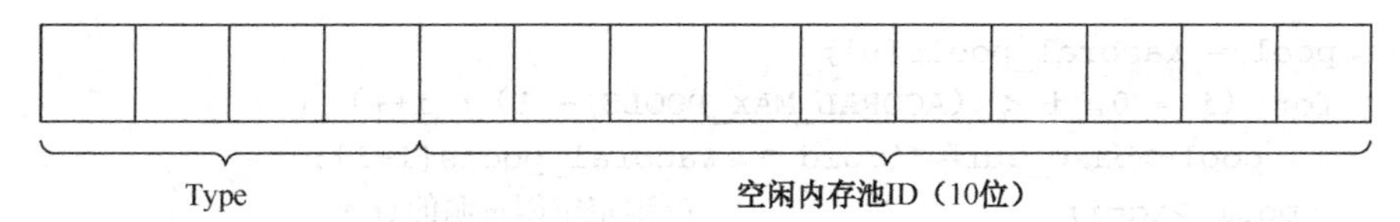

图 6.2　资源 ID 的构成

aCoral 定义了 6 种资源类型：线程型、事件型、时钟型、驱动型、GUI 型、用户使用型，如代码 6.5 所示，如果资源为线程，则其类型 Type 为 1。aCoral 采用了资源池的内存管理方式，而资源池由结构 acoral_pool_t 定义（代码 6.6）。图 6.2 中的空闲内存池 ID 由 aCoral 内存管理模块在初始化分配内存时，根据当前内存块数而定[如代码 6.7 L（1）]。aCoral 启动完成后，若用户要创建某一新线程，将调用函数 acoral_get_free_pool()[如代码 6.8 L（1）]，从空闲资源池中获取一空闲内存，并获取其 ID 号[如代码 6.8 L（2）]，将申请到的内存空间供该线程使用。关于资源池的详细介绍请参考 6.5 节。

代码 6.5（..\1 aCoral\kernel\include\resource.h）

```
#define ACORAL_RES_THREAD 1
#define ACORAL_RES_EVENT 2
#define ACORAL_RES_TIMER 3
#define ACORAL_RES_DRIVER 4
#define ACORAL_RES_GUI 5
#define ACORAL_RES_USER 6
```

代码 6.6（..\aCoral\kernel\include\resource.h）

```
typedef struct {
  void *base_adr;
  /*这有两个作用，在为空闲的时候,它指向下一个pool，否则为它管理的资源的基地址*/
  void  *res_free;                                  /*指向下一空闲资源*/
  acoral_id  id;
  acoral_u32  size;
  acoral_u32  num;
  acoral_u32  position;
  acoral_u32  free_num;
  acoral_pool_ctrl_t  *ctrl;
  acoral_list_t  ctrl_list;
  acoral_list_t  free_list;
  acoral_spinlock_t  lock;
}acoral_pool_t;
```

代码 6.7（..\1 aCoral\kernel\src\resource.c）

```
/*=================================
 *       resource pool initial
 *          资源池初始化
 *=================================*/
void  acoral_pools_cinit (void)
{
   acoral_pool_t  *pool;
   acoral_u32 i;
```

```
    pool = &acoral_pools[0];
    for (i = 0; i < (ACORAL_MAX_POOLS - 1); i++) {
        pool->base_adr= (void *) &acoral_pools[i+1];
      pool->id=i;                    /*确定空闲资源的id*/            (1)
        pool++;
      acoral_spin_init(&pool->lock);
    }
    pool->base_adr= (void *) 0;
    acoral_free_res_pool = &acoral_pools[0];
}
```

代码 6.8（..\1 aCoral\kernel\src\resource.c）

```
/*===================================
 *   create a kind of resource pool
 *      创建某一资源内存池
 *      pool_ctrl---资源内存池管理块
 *===================================*/
acoral_err acoral_create_pool(acoral_pool_ctrl_t *pool_ctrl){
    acoral_pool_t *pool;
    if(pool_ctrl->num>=pool_ctrl->max_pools)
        return ACORAL_RES_MAX_POOL;
    pool=acoral_get_free_pool();           \*从共享资源池中获取空闲资源*\   (1)
    if(pool==NULL)
        return ACORAL_RES_NO_POOL;
    pool->id=pool_ctrl->type<<ACORAL_RES_TYPE_BIT|pool->id;                (2)
                                              \* ACORAL_RES_TYPE_BIT  10*\
    pool->size=pool_ctrl->size;
    pool->num=pool_ctrl->num_per_pool;
    pool->base_adr=(void *)acoral_malloc(pool->size*pool->num);    \*
空闲内存基地址*\
    if(pool->base_adr==NULL)
        return ACORAL_RES_NO_MEM;
    pool->res_free=pool->base_adr;
    pool->free_num=pool->num;
    pool->ctrl=pool_ctrl;
    acoral_pool_res_init(pool);
        acoral_list_add2_tail(&pool->ctrl_list,pool_ctrl->pools);
    acoral_list_add2_tail(&pool->free_list,pool_ctrl->free_pools);
    pool_ctrl->num++;
    return 0;
}
```

（2）prio：aCoral 的优先级数目及相关信息通过头文件 core.h（代码 6.9）、autocfg.h（代码 6.10）和 thread.h （代码 6.11）定义和配置。

代码 6.9（..\1 aCoral\kernel\include\core.h）

```
#ifdef CFG_THRD_POSIX
    #define ACORAL_MAX_PRIO_NUM ((CFG_MAX_THREAD+CFG_POSIX_STAIR_NUM+1)
```

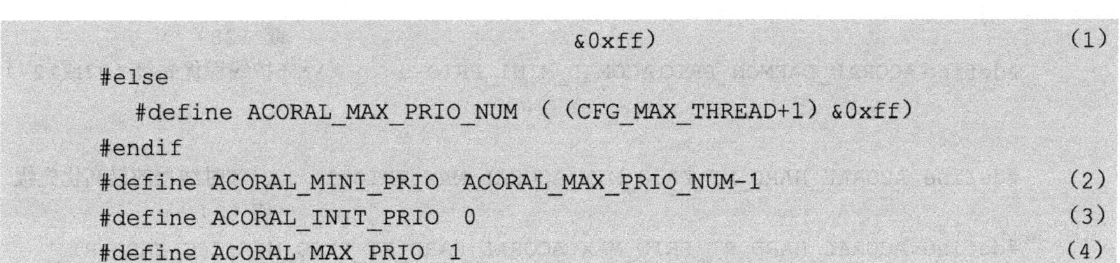

```
                                              &0xff)                (1)
#else
   #define ACORAL_MAX_PRIO_NUM  ((CFG_MAX_THREAD+1) &0xff)
#endif
#define ACORAL_MINI_PRIO  ACORAL_MAX_PRIO_NUM-1                      (2)
#define ACORAL_INIT_PRIO  0                                          (3)
#define ACORAL_MAX_PRIO  1                                           (4)
```

aCoral 的优先级与数字大小成反比，即：数字越大，优先级越低。代码 6.9 定义 aCoral 的初始优先级为 0（代码 6.9 L（3）），最高优先级是 1（代码 6.9 L（4）），最小优先级是总的优先级数减 1，一般情况下为代码 6.9L（2）：ACORAL_MAX_PRIO_NUM–1＝100；如果为了要支持 POSIX 线程标准，则为代码 6.9 L（1）：((CFG_MAX_THREAD+CFG_POSIX_STAIR_NUM+1）&0xff）＝130。

代码 6.10（..\1 aCoral\include\autocfg.h）

```
#define CFG_MEM_BUDDY 1
#undef  CFG_MEM_SLATE
#define CFG_MEM2 1
#define CFG_MEM2_SIZE  (10240)
#define CFG_THRD_SLICE 1
#define CFG_THRD_PERIOD 1
#define CFG_THRD_RM 1
#define CFG_HARD_RT_PRIO_NUM  (20)              /*实时线程优先级数目*/      (1)
#define CFG_THRD_POSIX 1
#define CFG_POSIX_STAIR_NUM  (30)              /* POSIX线程优先级数目*/     (2)
#define CFG_MAX_THREAD  (100)
#define CFG_MIN_STACK_SIZE  (1024)
#undef  CFG_PM
#define CFG_EVT_MBOX 1
#define CFG_EVT_SEM 1
#define CFG_MSG 1
#define CFG_TickS_ENABLE 1
#define CFG_SOFT_DELAY 1
#define CFG_TickS_PER_SEC  (100)
#undef  CFG_HOOK
```

代码 6.10 设置了实时线程优先级占用 20 个（代码 6.10 L（2）），POSIX 线程占用 30 个（代码 6.10 L（1））。如果系统配置支持 POSIX 线程，则优先级[100～129]为 POSIX 线程的优先级，而优先级[2～21]为实时线程的优先级。

代码 6.11（..\1 aCoral\kernel\include\ thread.）

```
#define ACORAL_BASE_PRIO  1<<1
#define ACORAL_ABSOLUTE_PRIO 1<<2
#define ACORAL_IDLE_PRIO ACORAL_MINI_PRIO          \*IDLE线程优先级（100或
                                                    130）*\
#define ACORAL_TMP_PRIO ACORAL_MINI_PRIO-1         \*临时线程优先级（99或129）
                                                      *\
#define ACORAL_STAT_PRIO ACORAL_MINI_PRIO-2        \*信息统计线程优先级（98
```

```
                                                    或 128) *\
#define ACORAL_DAEMON_PRIO ACORAL_MINI_PRIO-3       \*守护线程优先级（97或127)
                                                    *\

#define ACORAL_HARD_RT_PRIO_MIN ACORAL_MAX_PRIO+1   \*实时线程的最高优先级
                                                    值（2）*\
#define ACORAL_HARD_RT_PRIO_MAX ACORAL_HARD_RT_PRIO_MIN+CFG_HARD_RT_
PRIO_NUM                                \*实时线程最低优先级值（21）*\

#ifdef CFG_THRD_POSIX
#define ACORAL_POSIX_PRIO_MAX ACORAL_TMP_PRIO       \ *POSIX线程最低优先级
                                                    值（129）*\
#define ACORAL_POSIX_PRIO_MIN ACORAL_POSIX_PRIO_MAX-CFG_POSIX_STAIR_NUM
                                                    \*（100）*\
#define ACORAL_BASE_PRIO_MAX ACORAL_POSIX_PRIO_MIN
#else
#define ACORAL_BASE_PRIO_MAX ACORAL_TMP_PRIO                \*优先级起始值*\
#endif
#define ACORAL_BASE_PRIO_MIN ACORAL_HARD_RT_PRIO_MAX        \*优先级最大值*\
```

代码 6.11 定义了 aCoral 的 IDLE 线程、临时线程、信息统计线程、守护线程等特殊线程的优先级。以 IDLE 线程为例，如果系统配置支持 POSIX 线程（优先级[100～129]为 POSIX 线程的优先级），则 IDLE 线程的优先级为 130，否则，IDLE 线程的优先级为 100，其他线程优先级定义见代码 6.11。此外，代码 6.11 还定义了实时线程、POSIX 线程优先级的起始值（最高优先级）和最大值（最低优先级）。

（3）ready、waiting、timeout、global_list:这 4 个 acoral_list_t 成员主要用来将线程结构挂到相应链表队列，acoral_list_t 是一个双向链表[代码 6.12 L（1）]。如果将 aCoral 配置为支持 CMP，acoral_list_t 还定义了自旋锁 acoral_spinlock_t [代码 6.12 L（2）]。

代码 6.12（..\1 aCoral\lib\include\list.h）

```
struct acoral_list {
    struct acoral_list *next, *prev;                                    (1)
#ifdef CFG_CMP
    acoral_spinlock_t lock;         /*spin_lock相关操作在单核模式下是空的*/(2)
#endif
};
```

以就绪队列 ready 为例，当用户调用了 acoral_rdy_thread 或 acoral_resume_thread 接口时，就会将线程挂到就绪队列 acoral_ready_queue 上，这就是将就绪队列 ready 成员挂到这个链表上，如图 6.3 所示。这种通过 TCB 成员定义的结构（acoral_list_t）来挂到相应链表队列上的方式与 Linux 类似，这种方式的优点是：可以用相同的数据处理方式来描述所有双向链表，不用再单独为各个链表编写各种函数。

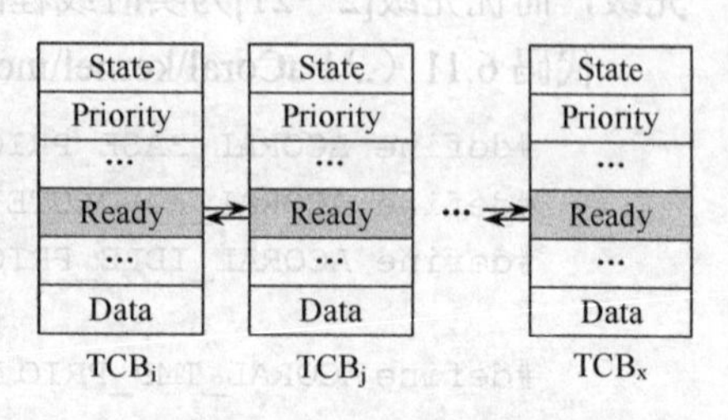

图 6.3 就绪队列链表

waiting、timeout、global_list 的使用与 ready 类似。

6.1.2　线程优先级

aCoral 是一个支持多核的 RTOS，因此，在开发初期就得考虑线程数量的问题。在多核的应用中，除了大数据量运算的应用，多线程的并行执行肯定是多核支持的重点，这样更能体现多核的优势。正因为这样，必须允许更多数量的线程。此外，允许线程具有相同优先级也是实际需要的方案[①]，这样才能在优先级数量有限的情况下，线程数量无限，因此，aCoral 的就绪队列采用的是优先级链表，每个优先级是一个链表，相同优先级的线程都挂在该链表上。aCoral 优先级数目是可以根据用户需要配置的（详细内容参见线程描述的优先级部分），优先级表如图 6.4 所示（这里假设系统定义了 256 个优先级）：

31	...	...	3	2	1	0
63	...	...	35	34	33	32
95	...	...	67	66	65	64
127	...	...	99	98	97	96
159	...	...	131	130	129	128
191	...	...	163	162	161	160
223	...	...	195	194	193	192
255	...	...	227	226	225	224

图 6.4　线程优先级表

我们都知道，操作系统调度的本质是从就绪队列中找出某一线程来执行，而怎么找，找哪个线程来执行是与具体调度策略有关的，如先到先服务、时间片轮转、优先级优先等。对于 RTOS 而言，几乎都是采用了基于优先级的抢占调度策略。为了支持基于优先级的抢占调度，aCoral 优先级通过 acoral_prio_array 来定义（如代码 6.13 所示），这样才便于调度器从就绪队列中找到最高优先级的线程来执行。

代码 6.13（..\1 aCoral\lib\include\queue.h）

```
    #define PRIO_BITMAP_SIZE  ((((ACORAL_MAX_PRIO_NUM+1+7)/8)+sizeof
(acoral_u32)-1)/sizeof(acoral_u32))                                    (1)

    struct acoral_prio_array {
        acoral_u32 num;                              /*就绪任务总数*/   (2)
        acoral_u32 bitmap[PRIO_BITMAP_SIZE];                           (3)
        acoral_queue_t queue[ACORAL_MAX_PRIO_NUM];                     (4)
    };

    typedef struct {
        acoral_list_t head;
        void *data;
    }acoral_queue_t;
```

代码 6.13L（2）定义了就绪任务的总数，代码 6.13L（3）为优先级位图[②]数组 bitmap[PRIO_BITMAP_SIZE]，用来标识某一优先级是否有就绪队列，这样才能确保以 O(1)

---

① 在嵌入式实时操作系统 uC/OS II 中，定义了 64 个优先级，一个优先级只能有一个线程与之对应，一个线程也只能有一个优先级。

② 优先级位图法是 uC/OS II 经典且重要的数据结构，用以提高内核调度的实时性和确定性，aCoral 在其基础上做了改进，以支持“线程具有相同优先级”的情况。

复杂度找出最高优先级的线程（详细请见 6.3.2 节）。PRIO_BITMAP_SIZE 由系统配置的优先级总数而定（代码 6.13 L（1））。优先级位图数组 bitmap[PRIO_BITMAP_SIZE]每个变量的结构如图 6.5 所示（这里的下标 PRIO_BITMAP_SIZE=2），每个变量都是 32 位的；根据图 6.4 线程优先级表的逻辑顺序，每个变量从右到左每一位依次代表一个优先级（bitmap 的每个变量共代表了 32 个优先级：0，1，2，…，32）；而每一位由“0”、“1”两个可能值，“0”表示该位对应的优先级没有任务就行，“1”表示该位对应的优先级有任务就绪，如图 6.5 所示，优先级为 2 和 4 的线程处于就绪状态。这样，整个 bitmap[PRIO_BITMAP_SIZE]的结构如图 6.6 所示。

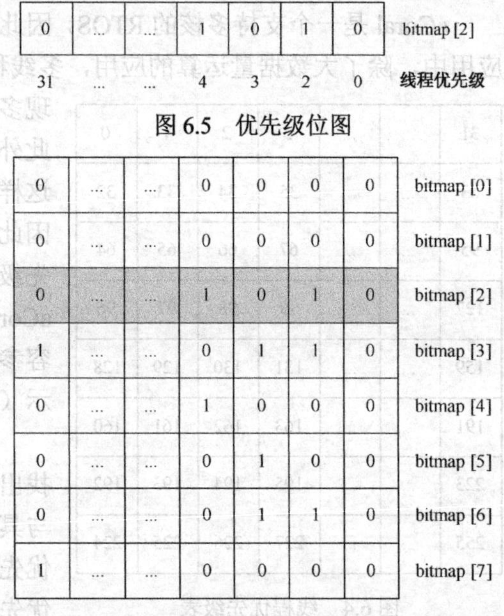

图 6.5 优先级位图

0	...	...	0	0	0	0	bitmap [0]
0	...	...	0	0	0	0	bitmap [1]
0	...	...	1	0	1	0	bitmap [2]
1	...	...	0	1	1	0	bitmap [3]
0	...	...	1	0	0	0	bitmap [4]
0	...	...	0	1	0	0	bitmap [5]
0	...	...	0	1	1	0	bitmap [6]
1	...	...	0	0	0	0	bitmap [7]

图 6.6 优先级位图 bitmap[PRIO_BITMAP_SIZE]

代码 6.13L（4）定义了优先级链表数组，数组的成员是一个链表队列 acoral_queue_t，挂在该优先级的就绪队列。这样，aCoral 的优先级结构 acoral_prio_array 就可用图 6.7 表示。

acoral_queue_t 是一个优先级队列，aCoral 采用的私有就绪队列，也就是每个 CPU 有一个就绪队列，故 aCoral 的就绪队列是一个优先级队列数组，个数为 CPU 的个数，acoral_rdy_queue_t acoral_ready_queues[HAL_MAX_CPU]。

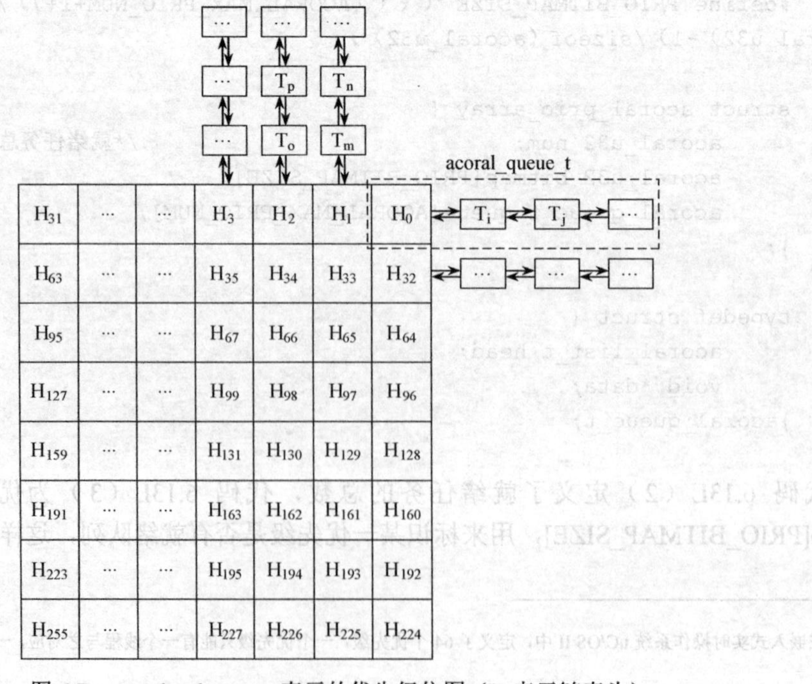

图 6.7 acoral_prio_array 表示的优先级位图（H 表示链表头）

6.2 调度策略

aCoral 把对线程相关的操作统称为线程调度。为了适应实时应用及多核的需要，aCoral 将调度分为两层，上层为策略，下层为机制，并且采用策略与机制分离的设计原则，这样可以灵活方便地扩展调度策略，而不改变底层的调度机制。那何谓调度策略，何谓调度机制？

调度策略就是如何确定线程的 CPU、优先级 prio 等参数，线程是按照 FIFO，还是分时，或者 RM（Rate Monotonic）策略来调度，还有对某些线程要特殊调度处理，然后根据相应操作来初始化线程。一种策略就对应一种线程。

调度机制就是负责调度策略的具体实施，即根据给定调度策略来安排任务的具体执行，比如，如何创建线程？如何从就绪队列上选择线程来执行？如何挂起线程？如何恢复线程？如何延时线程？如何杀死线程？如何实现线程的通信、同步、互斥资源的访问。这里首先讨论 aCoral 调度的分层架构和调度策略，然后在 6.3 节中讨论其调度机制的实现。

6.2.1 线程调度分层结构

aCoral 的调度分层结构如图 6.8 所示，调度策略本质就是调度算法，即确定任务执行顺序的规则，调度策略目前包括通用策略、分时策略、周期策略和 RM 策略，用户还可以自行扩展新的调度策略。当用户创建线程时，需要指定某种调度策略，并找到该调度策略对应的策略控制块，再为 TCB 成员赋值。

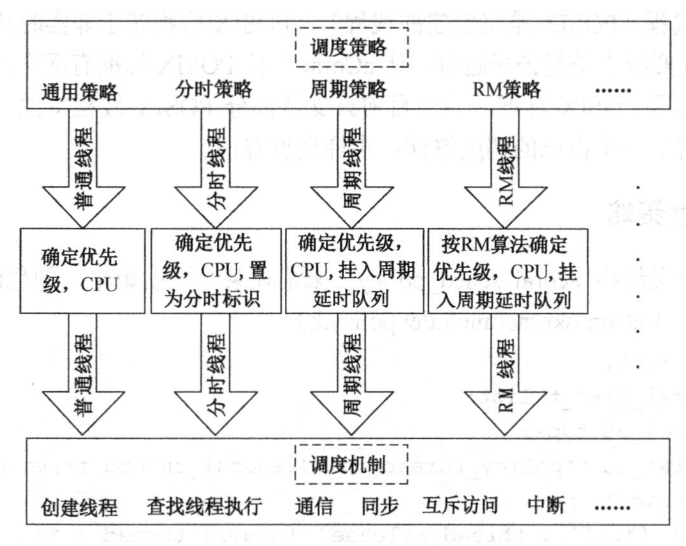

图 6.8 调度分层结构

线程创建的最后一步是将其挂到就绪队列上，之后就是由调度机制来负责具体任务调度。例如，如何从就绪队列中找到最高优先级线程执行？如何维护线程间的交互（通信、同步、互斥）？如何推进线程的执行（如时间片轮转的实施等）。

6.2.2 调度策略分类

前面提到，一种策略对应一种线程，调度策略可以由用户根据系统需要方便地注册。aCoral 目前实现了四种调度策略（图 6.8），分别对应四种线程。

（1）普通线程（通用策略创建的线程）。这种线程，需要人为指定 CPU、优先级信息，通过 acoral_create_thread 创建。

（2）分时线程（分时策略创建的线程）。aCoral 支持相同优先级的线程，对于相同优先级的线程，默认采用 FIFO 的方式调度，因此，当用户需要线程以分时的方式和其他线程共享 CPU 资源时，可以将该线程设置为分时线程。若用分时调度策略创建线程，应有两点值得注意以下两点。

① 只存在相同优先级线程的分时策略，不同优先级线程之间不存在所谓的分时策略，它们是按优先级抢占策略来调度的。

② 必须是两厢情愿的，如 a、b 线程的优先级相同，a 使用分时策略创建，而 b 使用普通策略创建，这样也达不到分时的效果，因为 a 分时后，它执行指定时间片或会将 CPU 交给 b，但由于 b 没有采用分时，它不会主动放弃 CPU。就像单追恋，即使你付出再多，你追求的人也不一定会为你付出一点，她只会一直消耗你的付出，没有尽头。

（3）周期线程（周期策略创建的线程）。这种线程需要每隔一个固定时间就要执行一次，这种需求在嵌入式实时系统中比较常见，如信号采集系统有一个采样周期，每隔一段时间就要采集一路信号。

（4）RM 线程（RM 策略创建的线程）。RM 是一种可以满足任务截止时间的强实时调度算法，aCoral 有限制地实现了此算法，aCoral 称为 RM 线程策略，这种策略需要周期性线程策略支持。用户在配置时必须注意，如果配置成支持 RM 的线程策略，就必须同时配置支持周期性策略。

（5）POSIX 线程（POSIX 策略创建的线程）。POSIX 线程属于非实时线程，也是一个标准，这类线程的主要特点是越公平越好。让 aCoral 支持 POSIX 标准有两个出发点，一是实现最大公平，二是实现 POSIX 标准。当然目前只支持部分 POSIX 线程特性。为了实现最大公平，这种线程又有了一个自己的调度算法：电梯调度算法。

6.2.3 描述调度策略

aCoral 通过定义结构 acoral_sched_policy_t 来描述某一调度策略，如代码 6.14。

代码 6.14 （..\1 aCoral\kernel\include\ policy.h）

```
    ypedef struct{
         acoral_list_t list;                                                          (1)
         acoral_u8 type;                                                              (2)
         acoral_id (*policy_thread_init)(acoral_thread_t*,void (*route)(void
*args) ,void *,void *);                                                               (3)
         void  (*policy_thread_release)  (acoral_thread_t *);
         void  (*delay_deal) ();                                                      (4)
         acoral_char *name;                                                           (5)
    }acoral_sched_policy_t;
```

代码 6.14 L（1）为策略链表结点，用于将策略挂到策略链表上去，如图 6.9 所示。

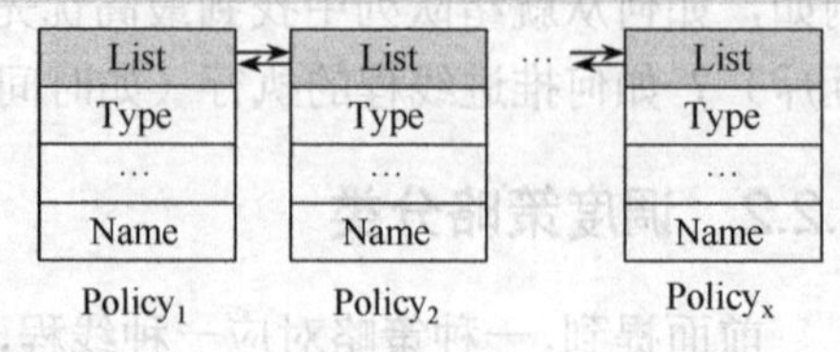

图 6.9 调度策略控制块 acoral_sched_policy_t

代码 6.14 L（2）为策略类型，比如：ACORAL_SCHED_POLICY_COMM 、 ACORAL_SCHED_POLICY_SLICE 、 ACORAL_SCHED_POLICY_

PERIOD、ACORAL_SCHED_POLICY_RM、ACORAL_SCHED_POLICY_POSIX。

代码 6.14 L（3）为策略线程初始化函数，用于确定线程的 CPU、优先级 prio 等参数。CPU、prio 等参数的值通过代码 6.14 L（5）的结构来表示。

代码 6.14 L（4）与延时相关的处理函数，如 period、slice 等策略都要用到类似的延时机制。

代码 6.14 L（5）用于传递某种调度策略所需要的参数。每种策略对应一种数据结构，用来保存线程的参数，不同策略需要的参数不同，用户创建线程时传递的数据结构也不一样，比如普通策略（普通策略对应于普通线程）的参数只有 CPU、prio，如代码 6.15 所示。其他调度策略所对应的结构在目录（..\1 aCoral\kernel\ include）下的各个策略头文件中定义。

代码 6.15 （..\1 aCoral\kernel\include\ comm_thrd.h）

```
typedef struct{
        acoral_8 CPU;
        acoral_u8 prio;
}acoral_comm_policy_data_t;
```

又如，周期性调度策略，其定义如代码 6.16 所示。其中成员 time 就是线程的周期长度。

代码 6.16（..\1 aCoral\kernel\ include \period_thrd.h）

```
typedef struct{
        acoral_8 CPU;
        acoral_u8 prio;
        acoral_8 prio_type;
        acoral_time time;                                              (1)
}acoral_period_policy_data_t;
```

而对于分时策略，其定义如代码 6.17 所示，slice 为时间片长度。

代码 6.17 （..\1 aCoral\kernel\ include \ slice_thrd.h）

```
typedef struct{
        acoral_8 CPU;
        acoral_u8 prio;
        acoral_u8 prio_type;
        acoral_u32 slice;
}acoral_slice_policy_data_t;
```

对于 RM 策略，其定义如代码 6.18 所示。这里的 t 为线程周期、e 为线程执行时间，这两个参数是线程可调度性判断所必须的。

代码 6.18（..\My book..\1 aCoral\kernel\include_thrd.h）

```
typedef struct{
        acoral_u32 t;
        acoral_u32 e;
}acoral_rm_policy_data_t;
```

6.2.4　查找调度策略

当用户想根据某种调度策略创建线程时，须根据 TCB 的 policy 成员值从策略控制块链表（图 6.9）中查找到相应的结点，将信息取出赋值给 TCB 相应的成员。具体查找过程如代码 6.19

所示。

代码 6.19（..\1 aCoral\kernel\src\policy.c）

```
acoral_sched_policy_t *acoral_get_policy_ctrl (acoral_u8 type) {
    acoral_list_t   *tmp,*head;
    acoral_sched_policy_t  *policy_ctrl;
    head=&policy_list.head;
    tmp=head;
    for (tmp=head->next;tmp!=head;tmp=tmp->next) {
        policy_ctrl=list_entry (tmp,acoral_sched_policy_t,list) ;
        if (policy_ctrl->type==type)
            return policy_ctrl;
    }
    return NULL;
}
```

6.2.5 注册调度策略

若要在 aCoral 中扩展新的调度策略并且生效，须进行注册，只有注册后，用户才能通过此策略创建特定类型的线程。下面以通用调度策略（comm_policy）为例，说明用户如何扩展自己的调度策略。调度策略注册的实现如代码 6.20 所示，注册就是将用户自己定义的调度策略挂载到策略控制块上，放在队列尾（用于将策略挂到策略链表上去）。

代码 6.20 （..\1 aCoral\kernel\src\policy.c）

```
void acoral_register_sched_policy (acoral_sched_policy_t *policy) {
    acoral_list_add2_tail (&policy->list,&policy_list.head) ;
}
```

接下来的问题是：通用调度策略（comm_policy）是在什么时候注册呢？答案是在进行通用调度策略初始化 comm_policy_init()时注册（代码 6.21 L（2））。

代码 6.21（..\1 aCoral\kernel\src\comm_thrd.c）

```
void comm_policy_init(){
    comm_policy.type=ACORAL_SCHED_POLICY_COMM;
    comm_policy.policy_thread_init=comm_policy_thread_init; //绑定策略
     初始化函数                                                   (1)
    comm_policy.policy_thread_release=NULL;
    comm_policy.delay_deal=NULL;
    comm_policy.name="comm";
    acoral_register_sched_policy (&comm_policy) ;                (2)
}
```

代码 6.21 L（1）表示如果用户定义了通用线程调度策略，则将 comm 策略控制块的 policy_thread_init= comm_policy_thread_init （代码 6.14 L（3））；如果用户定义了 RM 线程调度策略，则将 RM 策略控制块的 policy_thread_init= rm_policy_thread_init……这样，可以灵活绑定相应策略线程初始化函数（对线程进行初始化）。这里，有关通用线程初始化 comm_policy_thread_init()的实现将放在“创建线程”部分介绍。当绑定完后，再调用 acoral_register_sched_policy()对策略进行注册，挂载到策略控制块链表的尾部。

另一个问题是：通用调度策略初始化（comm_policy_init()）又是在什么时候被调用的呢？是在 aCoral 调度策略初始化（acoral_sched_policy_init()）时被调用的（代码 6.22 L（1））。

代码 6.22（..\1 aCoral\kernel\src\policy.c）

```
void acoral_sched_policy_init(){
    acoral_list_init (&policy_list.head);
    comm_policy_init();                                          (1)
#ifdef CFG_THRD_SLICE
    slice_policy_init();
#endif
#ifdef CFG_THRD_PERIOD
    period_policy_init();
#endif
#ifdef CFG_THRD_RM
    rm_policy_init();
#endif
#ifdef CFG_THRD_POSIX
    posix_policy_init();
#endif
}
```

最后，aCoral 调度策略初始化（acoral_sched_policy_init()）又是在什么时候被启用的呢？是在 aCoral 系统初始化时通过代码 6.23 L（1）启用的。

代码 6.23（..\1 aCoral\kernel\src\policy.c）

```
/*==================================
 * the subsystem init of the kernel
 *     内核各模块初始化
 *==================================*/
void acoral_module_init(){
    /*中断系统初始化*/
    acoral_intr_sys_init();
    /*内存管理系统初始化*/
    acoral_mem_sys_init();
    /*资源管理系统初始化*/
    acoral_res_sys_init();
    /*线程管理系统初始化*/
    acoral_thread_sys_init();                                    (1)
    /*时钟管理系统初始化*/
    acoral_time_sys_init();
    /*事件管理系统初始化,这个必须要，因为内存管理系统用到了*/
    acoral_evt_sys_init();
    /*消息管理系统初始化*/
#ifdef CFG_DRIVER
 acoral_drv_sys_init();
#endif
}
```

总而言之，根据前面的描述，调度策略的初始化及注册的流程如图 6.10 所示。

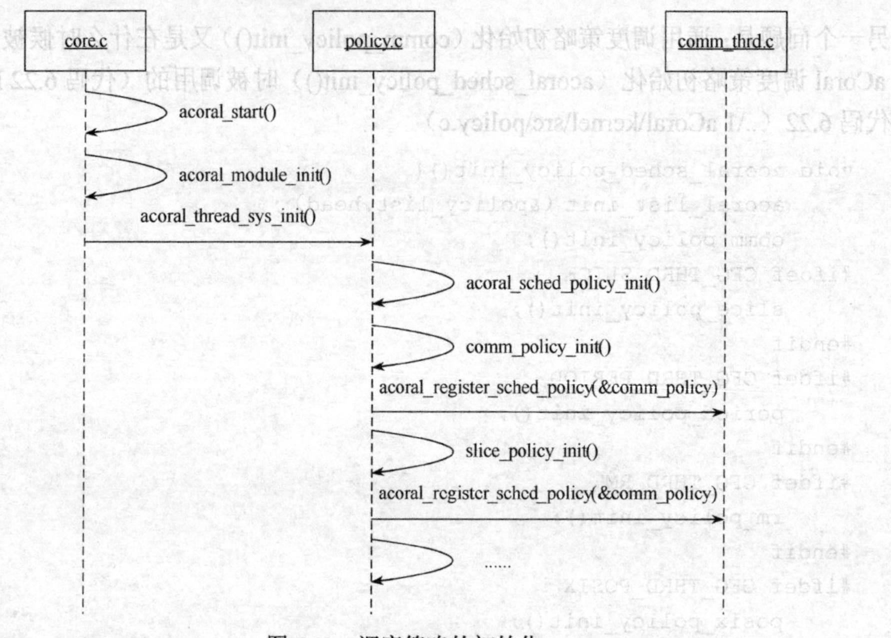

图 6.10　调度策略的初始化

其中，acoral_start()是内核各模块初始化的入口，也是 aCoral 系统初始化的入口，当 CPU 启动完成后，通过代码 6.24 L（1）进入 acoral_start()，开始 aCoral 的启动工作，至此，对 CPU 等硬件资源的管理由裸板程序时代进入到操作系统时代。

代码 6.24（..\1 aCoral\kernel\src\policy.c）

```
......                                          /*启动CPU*/
ldr   pc,=acoral_start                                        (1)
```

6.3　基本调度机制

6.3.1　创建线程

用户在基于 RTOS 开发应用程序前，首先要创建线程。aCoral 中，用户创建一个线程时须指定用户希望采用的调度策略（6.2 节），例如，用户想创建一个周期性执行的线程并希望通过周期来触发多线程的调度，如代码 6.25 所示。

代码 6.25 创建一个周期线程

```
    acoral_period_policy_data_t data;                          (1)
    data.CPU=0;                                                (2)
    data.prio=25;                                              (3)
    data.timer=1000;                                           (4)
    acoral_create_thread_ext
(test,ACORAL_PRINT_STACK_SIZE,0,NULL,NULL,ACORAL_SCHED_POLICY_PERIOD,&data);
                                                               (5)
```

代码 6.25 L（1）为调度策略控制块；代码 6.25 L（2）指定线程运行的 CPU；代码 6.25 L（3）为线程的优先级；代码 6.25 L（4）线程执行周期；代码 6.25 L（5）调用线程创建接口。也许大家会说，这样创建线程多麻烦，而且还要在执行 L（5）时传入 CPU、优先级等这些简单参数，确实如此，但是这样做的目的是为了让aCoral更加灵活，便于应用开发人员扩展新的调度策略。另一方面，为了让一般应用开发人员简化创建流程，aCoral提供了按照默认调度策略创建线程的方法，这个按照默认策略就是通用调度策略，同时aCoral也简化了通用调度策略下的线程创建接口。这样，aCoral将线程创建分为两大类：①普通线程创建；②特殊线程创建，以下分别进行介绍。

1. 普通线程

普通线程是指用户需要用通用调度策略进行调度的线程，例如，用户希望自己创建的线程采用 FIFS 的方式进行调度。如果要创建通用调度策略的线程，就用普通线程创建函数acoral_create_thread()，它是一个宏，指向create_comm_thread()，如代码6.26 L（1）所示。

代码6.26（..\1 aCoral\kernel\include\thread.h）

```
    #define acoral_create_thread (route,stack_size,args,name,prio,CPU)
    create_comm_thread (route,stack_size,args,name,prio,CPU) ;              (1)

    #define             acoral_create_thread_ext
(route,stack_size,args,name,stack,policy,policy_data) create_thread_ext
(route,stack_size,args,name,stack,policy,policy_data) ;                     (2)
```

create_comm_thread()的实现如代码6.27所示。创建普通线程时，需要的参数分别为：执行线程的函数名、线程的堆栈空间、传入线程的参数、创建线程的名字、创建线程的优先级、绑定线程到指定CPU运行。创建线程需要做的第一项工作是为该线程分配内存空间，线程是通过TCB描述的（acoral_thread_t，详见6.1.1节），为该线程分配内存空间就是为TCB分配空间，其返回值是刚分配的TCB的指针。分配过程是通过函数acoral_alloc_thread()实现的，如代码6.27 L（1）所示。为TCB分配空间后，便是对TCB的各成员（详见6.1.1节）和调度策略控制块（详见6.2.2节）赋值，如代码6.27 L（2）所示，部分值是用户传入的参数，另一些值是在create_comm_thread()内部确定的。

代码6.27（..\1 aCoral\kernel\src\comm_thrd.c）

```
    /*================================
     * func: create thread in acoral
     *                      普通线程的创建
     * in:    *route)       执行线程的函数名
     *       stack_size     线程的堆栈空间
     *       args           传进线程的参数
     *       name           创建线程的名字
     *       prio           创建线程的优先级
     *       CPU            绑定进程到指定CPU运行,-1为由系统指定
     *================================*/
    acoral_id create_comm_thread (void  (*route)  (void *args) ,acoral_u32
stack_size,void *args,acoral_char *name,acoral_u8 prio,acoral_8 CPU) {
        acoral_comm_policy_data_t policy_ctrl;
        acoral_thread_t *thread;
         /*分配tcb数据块*/
        thread=acoral_alloc_thread();          //返回刚分配的TCB的指针       (1)
```

```
    if (NULL==thread) {
    acoral_printerr ("Alloc thread:%s fail\n",name) ;
    acoral_printk ("No Mem Space or Beyond the max thread\n") ;
    return -1;
    }
/*为tcb成员赋值*/
    thread->name=name;                                                    (2)
    stack_size=stack_size& (~3) ;
    thread->stack_size=stack_size;
    thread->stack_buttom=NULL;
      /*设置线程要运行的CPU核心*/
    policy_ctrl.CPU=CPU;
      /*设置线程的优先级*/
    policy_ctrl.prio=prio;
    policy_ctrl.prio_type=ACORAL_BASE_PRIO;
    thread->policy=ACORAL_SCHED_POLICY_COMM;
    thread->CPU_mask=-1;
    return comm_policy_thread_init (thread,route,args,&policy_ctrl) ;
                                                                          (3)
}
```

(1) 分配线程空间。线程分配空间函数 acoral_alloc_thread()是通过 acoral_get_res()为资源控制块 acoral_pool_ctrl_t 分配空间，如代码 6.28 所示。acoral_pool_ctrl_t 由代码 6.29 定义，acoral_get_res()的原理和实现请参考“内存资源池储存管理”。

代码 6.28（..\1 aCoral\kernel\src\thread.c）

```
/*====================================
 * func: alloc thread struct data in acoral
 *    TCB
 *====================================*/
acoral_thread_t *acoral_alloc_thread(){
    return (acoral_thread_t *)acoral_get_res(&acoral_thread_pool_ctrl);
                                                                          (1)
}
```

代码 6.29（..\1 aCoral\kernel\include\resource.h）

```
typedef struct {
  acoral_u32      type;                                                   (1)
  acoral_u32      size;                                                   (2)
  acoral_u32   num_per_pool;                                              (3)
  acoral_u32      num;                                                    (4)
  acoral_u32   max_pools;                                                 (5)
  acoral_list_t    *free_pools,*pools,list[2];                            (6)
  acoral_res_api_t  *api;                                                 (7)
#ifdef_CFG_CMP
  acoral_spinlock_t  lock;                                                (8)
#endif
```

```
    acoral_u8        *name;                                    (9)
}acoral_pool_ctrl_t;
```

其中：代码 6.29 L（1）为资源类型。6.1.1 节已指出，aCoral 定义了 6 种资源类型，如线程控制块资源、事件块资源、时间数据块资源、驱动块资源等。

代码 6.29 L（2）为资源大小，一般就是结构体的大小，如线程控制块的大小，用 sizeof（acoral_thread_t）这种形式赋值。

代码 6.29 L（3）为每个资源池对象的个数。这里有个技巧，因为资源池管理的资源内存是从第一级内存系统（伙伴系统）分配的，为了最大限度使用内存，减少内存碎片，对象的个数、最大值、可分配内存等都是通过计算后由用户指定的。例如，伙伴算法设定基本内存块的大小为 1KB，资源的大小为 1KB，用户一个资源池包含 20 个资源，这样计算下来需要分配 1KB×20=20KB 的空间，而由于伙伴系统只能分配 2^i 个基本内存块的大小，故会分配 32KB，32KB 可以包含 32 个资源对象，大于 20 个，故每个资源池的对象的个数更改为 32。由此可看出，资源池真正可分配的对象的个数等于用户指定的资源对象的个数。详细分配原理及过程请参考 6.5 节。

代码 6.29L（4）为已经分配的资源池的个数。

代码 6.29L（5）为最多可以分配多少个资源池。

代码 6.29L（6）为空闲资源池链表。

代码 6.29L（7）为资源操作接口。

代码 6.29L（8）为自旋锁，只用于多核情况下。

代码 6.29L（9）为该类资源名称。

（2）线程初始化。根据代码 6.26 L（3）,创建线程的最后一步是对创建的普通线程进行初始化 comm_policy_thread_init()，该初始化过程与具体的调度策略相关。不同的调度策略，需要不同的初始化函数（图 6.11），即根据其调度策略进行相关初始化，因此，我们说这是在某调度策略下的线程初始化，如通用调度策略下的线程初始化 comm_policy_thread_init()。

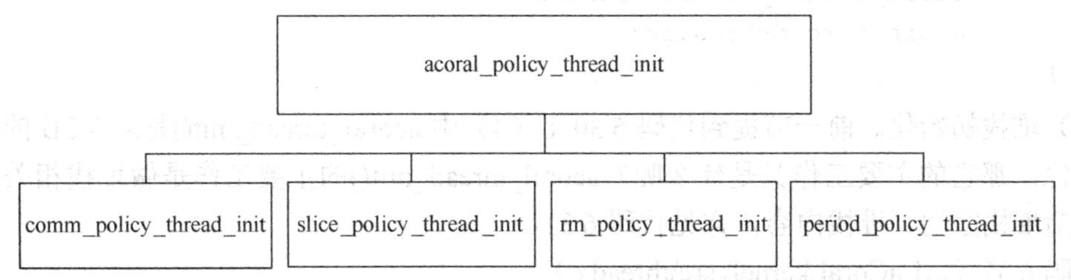

图 6.11　不同调度策略下的初始化函数

各调度策略需要什么线程初始化函数是在系统初始化时绑定的[详见 6.2.5 节（注册调度策略）]。例如，如果是通用调度策略，则指向 comm_policy_init()（即 comm_policy_thread_init）；如果是 RM 策略，则指向 rm_policy_init()。

那对于通用调度策略，comm_policy_thread_init()具体完成什么工作呢？主要是将通用策略控制块中的成员值赋给刚创建的线程的 TCB 的成员，如 CPU、优先级等，然后调用 acoral_thread_init()进行线程初始化（根据用户创建线程时传递的参数给线程 TCB 剩余成员赋值（非策略控制块中的参数，如堆栈大小（stack_size）、栈顶（stack_buttom）等）。代码 6.30

L（1）是将策略数据转化为具体策略的数据块，代码 6.30 L（2）和代码 6.30 L（3）是根据调度策略控制块给TCB的相关成员赋值。接下来是根据用户传入的参数做其他初始化工作（代码 6.30 L（4）：acoral_thread_init()），最后，通过 acoral_resume_thread()将线程挂到就绪队列上，供内核调度，如代码 6.30L（5）。

代码 6.30（..\1 aCoral\kernel\src\comm_thrd）

```
    acoral_id comm_policy_thread_init (acoral_thread_t *thread,void  (*route)
(void *args) ,void *args,void *data) {
        acoral_sr CPU_sr;
        acoral_u32 prio;
        acoral_comm_policy_data_t *policy_data;
        policy_data= (acoral_comm_policy_data_t *) data;                 (1)
        thread->CPU=policy_data->CPU;                                     (2)
        prio=policy_data->prio;                                           (3)
        if (policy_data->prio_type==ACORAL_BASE_PRIO) {
            prio+=ACORAL_BASE_PRIO_MIN;
            if (prio>=ACORAL_BASE_PRIO_MAX)
            prio=ACORAL_BASE_PRIO_MAX-1;
        }
        thread->prio=prio;
        if (acoral_thread_init (thread,route,acoral_thread_exit,args) !=0) {
                                                                          (4)
        acoral_printerr ("No thread stack:%s\n",thread->name) ;
        HAL_ENTER_CRITICAL();
          acoral_release_res ( (acoral_res_t *) thread) ;
        HAL_EXIT_CRITICAL();
        return -1;
    }
          /*将线程就绪，并重新调度*/
        acoral_resume_thread (thread) ;                                   (5)
        return thread->res.id;
    }
```

（3）堆栈初始化。前一节提到代码 6.30 L（4）中 acoral_thread_init()是对 TCB 的其他成员初始化，那它的主要工作又是什么呢？acoral_thread_init()的主要工作是做堆栈相关的初始化，包括堆栈空间、堆栈内容，详见代码 6.31。

代码 6.31（..\1 aCoral\kernel\ src\thread.c）

```
    /*================================
     * func: init thread in acoral
     * in:   (*route)
     * in:   (*exit)   (acoral_thread_exit)
     *     stack_size
     *     args
     *     name
     *================================*/
    acoral_err acoral_thread_init(acoral_thread_t *thread,void (*route)(void
*args) ,void  (*exit)  (void) ,void *args) {
```

```
    if (thread->stack_buttom==NULL) {                                    (1)
        if (stack_size<ACORAL_MIN_STACK_SIZE)
            stack_size=ACORAL_MIN_STACK_SIZE;
        thread->stack_buttom= (acoral_u32 *) acoral_malloc (stack_size) ;
        if (thread->stack_buttom==NULL)
            return ACORAL_ERR_THREAD_NO_STACK;                           (2)
        thread->stack_size=stack_size;
    }
    thread->stack= (acoral_u32 *) ( (acoral_8 *) thread->stack_buttom+stack_
  size-4) ; HAL_STACK_INIT (&thread->stack,route,exit,args) ;            (3)
    if (thread->CPU_mask==-1)                                            (4)
            thread->CPU_mask=0xefffffff;
    if (thread->CPU<0)
         thread->CPU=acoral_get_idle_maskCPU (thread->CPU_mask) ;
    if (thread->CPU>=HAL_MAX_CPU)
        thread->CPU=HAL_MAX_CPU-1;                                       (5)
    thread->data=NULL;
    thread->state=ACORAL_THREAD_STATE_SUSPEND;                           (6)
    /*继承父线程的console_id*/
    thread->console_id=acoral_cur_thread->console_id;
    acoral_init_list(&thread->waiting);  \*TCB的等待队列成员(list)初始化*\ (7)
    acoral_init_list (&thread->ready) ;
    acoral_init_list (&thread->timeout) ;
    acoral_init_list (&thread->global_list) ;
    acoral_spin_init (&thread->timeout.lock) ;
    acoral_spin_init (&thread->waiting.lock) ;
    acoral_spin_init (&thread->ready.lock) ;
    acoral_spin_init (&thread->move_lock) ;
    HAL_ENTER_CRITICAL();
    acoral_spin_lock (&acoral_threads_queue.head.lock) ;
    acoral_list_add2_tail (&thread->global_list,&acoral_threads_queue.
     head) ;                                                             (8)
    acoral_spin_unlock (&acoral_threads_queue.head.lock) ;
    HAL_EXIT_CRITICAL();
  #ifdef CFG_TEST
    acoral_print ("%s thread initial well\n",thread->name) ;
  #endif
    return 0;
  }
```

代码 6.31 L（1）判断堆栈指针是否为 NULL，如果堆栈指针为 NULL，则说明需动态分配。代码 6.31 L（2）分配堆栈，既然是动态分配，就有分配失败的可能，所以如果失败就返回错误。当堆栈分配好之后，需要通过代码 6.31 L（3）模拟线程创建时的堆栈环境。代码 6.31 L（4）和代码 6.31 L（5）为线程确定 CPU。代码 6.31 L（6）将线程的当前状态设置为“ACORAL_THREAD_STATE_SUSPEND”。代码 6.31 L（7）初始化线程的其他成员，如等待队列、就绪队列、延迟队列以及与这些队列相关的自旋锁。代码 6.31 L（8）将刚创建的线程挂到全局队列尾部。

HAL_STACK_INIT()包括四个参数：堆栈指针变量地址、线程执行函数、线程退出函数、线程参数，无返回值。从名字可以看出，HAL_STACK_INIT()是与硬件相关的函数，不同的处理器有不同的寄存器[寄存器个数、寄存器功能分配（程序指针、程序当前状态寄存器、连接寄存器、通用寄存器等）]，这些寄存器体现了当前线程的运行环境，如果当前线程被其他中断或线程所抢占，将发生线程上下文切换。此时，需要通过堆栈来保存被抢占线程的运行环境，那先保存哪个寄存器，再保持哪个寄存器呢？这就需要根据处理器的结构而定，HAL_STACK_INIT()就是用来规定寄存器保存顺序的。

ARM9 S3C2410 的线程环境是通过 R0～R15 及 CPSR 来保存的，即当发生上下位切换时，需要保持这 16 个寄存器的值（除 R13（SP）外）。故在堆栈初始化时就得压入这么多寄存器来模拟线程的环境（以方便在不知道具体针对某一硬件平台的时候，模拟堆栈的压栈），为了方便修改和操作，用一个数据结构（代码 6.32）表示环境。

代码 6.32（..\1 aCoral\hal\arm\S3C2440\include\hal_thread.h）

```
#define HAL_STACK_INIT (stack,route,exit,args)  hal_stack_init (stack,
route,exit,args)                                                    (1)
typedef struct {
    acoral_u32 cpsr;
    acoral_u32 r0;
    acoral_u32 r1;
    acoral_u32 r2;
    acoral_u32 r3;
    acoral_u32 r4;
    acoral_u32 r5;
    acoral_u32 r6;
    acoral_u32 r7;
    acoral_u32 r8;
    acoral_u32 r9;
    acoral_u32 r10;
    acoral_u32 r11;
    acoral_u32 r12;
    acoral_u32 lr;
    acoral_u32 pc;
}hal_ctx_t;
```

由于是用 C 语言来模拟线程创建时的堆栈环境，所以用宏转换定义 hal_stack_init()来实现 HAL_STACK_INIT()（代码 6.32 L（1））。其中，R0～R7 是通用寄存器，R8～R12 是影子寄存器，R14（LR）是链接寄存器，R15（PC）是程序指针。有关 ARM9 S3C2410 寄存器及其使用，请参考芯片手册。

hal_stack_init()是线程相关的接口，包括四个参数：堆栈指针变量地址、线程执行函数、线程退出函数、线程参数，无返回值。其具体实现如代码 6.33 所示。

代码 6.33（..\1 aCoral\hal\arm\S3C2440\src\hal_thread.c）

```
void hal_stack_init(acoral_u32 **stk,void (*route)(),void (*exit)(),void
*args) {
    hal_ctx_t *ctx=*stk;
```

```
        ctx--;                                              (1)
        ctx= (acoral_u32 *) ctx+1;                          (2)
        ctx->cpsr=0x0000001fL;                              (3)
        ctx->r0= (acoral_u32) args;                         (4)
        ctx->r1=1;                                          (5)
        ctx->r2=2;
        ctx->r3=3;
        ctx->r4=4;
        ctx->r5=5;
        ctx->r6=6;
        ctx->r7=7;
        ctx->r8=8;
        ctx->r9=9;
        ctx->r10=10;
        ctx->r11=11;
        ctx->r12=12;
        ctx->lr= (acoral_u32) exit;
        ctx->pc= (acoral_u32) route;                        (6)
        *stk=ctx;
    }
```

代码 6.33 L（1）用来获得堆栈模拟环境的基地址，这里由于堆栈是向下生长的，而 hal_ctx_t 结构体是向上的，所以用“ctx--”，如图 6.12 所示。代码 6.33 L（2）调整了 4 个字节（(acoral_u32 *) ctx+1），传进来的堆栈指针的内存本身就是可以容纳一个数据的。代码 6.33 L（3）压入处理器状态寄存器。代码 6.33 L（4）压入刚创建线程需要传递的参数。从代码 6.33 L（5）开始压入其他寄存器的值，为了调试的时候方便识别出堆栈，将这些寄存器的值按 1～N 赋值。代码 6.33 L（6）压入线程执行函数的入口地址。从代码 6.33 可以看出堆栈生长的方向与当前线程运行环境（16 个寄存器）保存的顺序为：PC、LR、R12、R11、…、R0、CPSR，这 16 个寄存器的值将反序保存在结构 ctx 中（图 6.12（b）），然后将指针传给 Stk，而 Stk 是用户所创建的堆栈指针变量地址（代码 6.30），这样就模拟了当线程切换时，当前线程的运行环境是如何保持到堆栈中的。当系统运行过程中，发生实际任务切换时，需要根据该方式将 16 个寄存器的值依次保存在 Stk 中（图 6.12（a））。

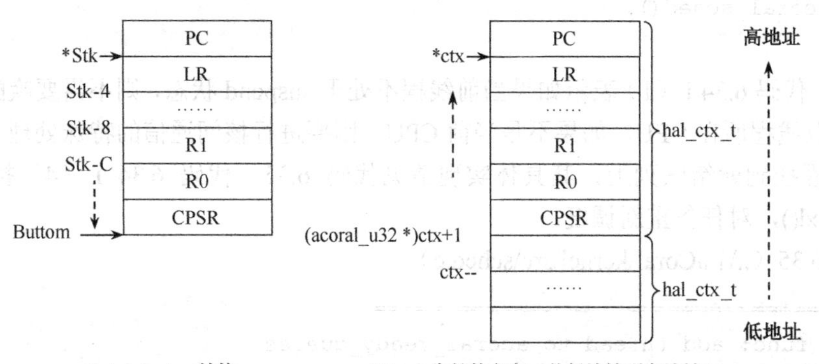

图 6.12　线程创建时的堆栈环境

（4）挂载线程到就绪队列。回顾代码 6.30，comm_policy_thread_init()是对通用调度策略下的线程进行初始化，最后一步是恢复线程（6.30 L（5）），即是将新创建的线程挂载到一个就绪队列上。

线程恢复有两个接口：acoral_resume_thread()和 acoral_rdy_thread()，前者比后者多一个 acoral_sched()调度函数和一个判断；此外，acoral_resume_thread 可由用户调用，而 acoral_rdy_thread 是用户不能直接调用的，只能是内核内部调用；最后，acoral_resume_thread 是可能立刻导致当前线程挂起 suspend 的调用，而 acoral_rdy_thread 不会，必须显示调用 acoral_sched 后才能挂起当前线程。acoral_resume_thread()的实现如代码 6.34 所示。

代码 6.34 （..\1 aCoral\kernel\src\thread.c）

```
/*===================================
 * func: resume thread in acoral
 * thread (TCB)
 *==================================*/
void acoral_resume_thread (acoral_thread_t *thread) {
 acoral_sr CPU_sr;
 acoral_8 CPU;
 if (! (thread->state&ACORAL_THREAD_STATE_SUSPEND) )                    (1)
     return;
#ifdef CFG_CMP
 CPU=thread->CPU;
      /*resumed*/
 if (CPU!=acoral_current_CPU) {              /*给特定CPU发送命令*/      (2)
     acoral_ipi_cmd_send (CPU,ACORAL_IPI_THREAD_RESUME,thread->res.id,
     NULL) ;
     return;
 }
#endif
 HAL_ENTER_CRITICAL();
 /*将线程挂到指定CPU的就绪队列上*/
     acoral_rdyqueue_add (thread) ;                                     (3)
 HAL_EXIT_CRITICAL();
 acoral_sched();                                                        (4)
}
```

其中，代码 6.34 L（1）表示如果当前线程不处于 suspend 状态，则不需要唤醒。代码 6.34 L（2）读取线程所在 CPU，如果不是当前 CPU，则要进行核间通信的特殊处理。代码 6.34 L（3）将线程挂到就绪队列上，其具体实现请见代码 6.35。代码 6.34 L（4）执行调度函数 acoral_sched()，对任务重新调度。

代码 6.35（..\1 aCoral\kernel\src\sched.c）

```
/*===================================
 * func: add thread to acoral_ready_queues
 *     将线程挂到就绪队列上
 *==================================*/
void acoral_rdyqueue_add (acoral_thread_t *thread) {
     acoral_rdy_queue_t *rdy_queue;
```

```
        acoral_u8 CPU;
        CPU=thread->CPU;
        rdy_queue=acoral_ready_queues+CPU;                              (1)
        acoral_prio_queue_add (&rdy_queue->array,thread->prio,&thread->
         ready) ;                                                       (2)
        thread->state&=~ACORAL_THREAD_STATE_SUSPEND;
        thread->state|=ACORAL_THREAD_STATE_READY;
        thread->res.id=thread->res.id|CPU<<ACORAL_RES_CPU_BIT;
        acoral_set_need_sched(true);        /*设置线程调度影响标准为True*/    (3)
    }
```

其中，代码 6.35 L（1）根据线程所在的 CPU 找到 CPU 的就绪队列。代码 6.35 L（2）调用 acoral_prio_queue_add 添加函数将线程挂到优先级队列，其具体实现见代码 6.36。代码 6.35 L（3）因为线程所在 CPU 的就绪队列发生了变化，有可能导致任务切换了，故要置为调度标志，以让调度函数起作用。

代码 6.36（..\1 aCoral\lib\src\queue.c）

```
    void acoral_prio_queue_add (acoral_prio_array_t *array,acoral_u8 prio,
    acoral_list_t *list) {
        acoral_queue_t *queue;
        acoral_list_t *head;
        array->num++;
        queue=array->queue + prio;                                      (1)
        head=&queue->head;
        acoral_list_add2_tail (list,head) ;                             (2)
        acoral_set_bit (prio,array->bitmap) ;                           (3)
    }
```

这里，代码 6.36 L（1）是根据线程优先级找到线程所在的优先级链表。代码 6.36 L（2）将该线程挂到该优先级链表上。代码 6.36 L（3）置位该优先级就绪标志位，从名字可以看出，这里的设置是与优先级位图法相关的，有关优先级位图法的原理和实现请参考 10.4.1 节。

（5）调用 acoral_sched()。一个普通线程创建的最后一步是调用内核调度函数 acoral_sched()，由内核根据调度算法（策略）安排线程执行（代码 6.34 L（4）），即从就绪队列中取出符合调度算法的线程依次运行。

真正意义上的多任务操作系统，都要通过一个调度程序（Scheduler）来实现调度功能（aCoral 调度函数即是 acoral_sched()），该调度程序以函数形式存在，用来实现操作系统的调度策略，可在内核的各个部分进行调用。调用调度程序的具体位置又被称为是一个调度点（Scheduling Point）。由于调度通常是由外部事件的中断来触发的，或者由周期性的时钟信号触发，因此调度点通常处于以下位置。

① 中断服务程序结束的位置。例如，当用户通过按键向系统提出新的请求，系统首先以中断服务程序 ISR 响应用户请求，然后，在中断服务程序结束时创建新的任务，并将新任务挂载到就绪队列尾部。接下来，RTOS 就会进入一个调度点，调用调度程序，执行相应的调度策略。又如，当 I/O 中断发生的时候，如果 I/O 事件是一个或者多个任务正在等待的事件，则在 I/O 中断结束时刻，也将会进入一个调度点，调用调度程序，调度程序将根据调度策略确定是否继续执行当前处于运行状态的任务，或是让高优先级就绪任务抢占该任务。

② 运行任务因缺乏资源而被阻塞的时刻。例如，使用串口UART传输数据，如果UART正在被其他任务使用，这将导致当前任务从就绪状态转换成等待状态，不能继续执行，此时RTOS会进入一个调度点，调用调度程序。

③ 任务周期开始或者结束的时刻。一些嵌入式实时系统往往将任务设计成周期性运行的，如空调控制器、雷达探测系统等，这样，在每个任务的周期开始或者结束时刻，都将进入调度点。

④ 高优先级任务就绪的时刻。当高优先级任务处于就绪状态时，如果采用基于优先级的抢占式调度策略，将导致当前任务暂停运行，使更高优先级任务处于运行状态，此时，也将进入调度点。

（6）普通线程创建流程。到此，一个普通线程创建完毕，简而言之，其创建过程可用图6.13表示。首先是为线程分配空间，然后根据创建线程的调度策略对线程TCB进行相关初始化，然后对线程的堆栈进行初始化，最后是将创建的线程挂载到就绪队列上，供内核进行调度。

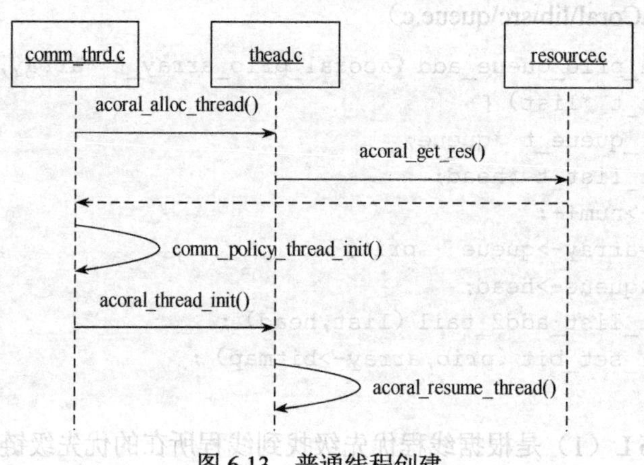

图6.13　普通线程创建

2. 特殊线程

特殊线程是指用户需要用特殊调度策略进行调度的线程，如用户希望自己创建的线程采用RM、EDF等方式进行调度。如果要用特殊调度策略的线程，就得使用扩展策略线程创建函数acoral_create_thread_ext()，它是一个宏，指向create_thread_ext()，如代码6.25 L（2）。

用户调用create_thread_ext()创建线程时，需要的参数分别为线程函数指针、堆栈大小、线程函数的参数、线程名称、堆栈指针、调度策略、调度策略数据，实现过程如代码6.37所示。

代码6.37（..\1 aCoral\kernel\src\policy.c）

```
    acoral_id create_thread_ext (void (*route) (void *args),acoral_u32
stack_size,void *args,acoral_char *name,void *stack,acoral_u32 sched_policy,void
*data) {
        acoral_thread_t *thread;
            /*分配TCB数据块*/
      thread=acoral_alloc_thread();                          //返回刚分配的TCB的指针
      if (NULL==thread) {
        acoral_printerr ("Alloc thread:%s fail\n",name) ;
        acoral_printk ("No Mem Space or Beyond the max thread\n") ;
```

```
        return -1;
    }
    thread->name=name;
    stack_size=stack_size&(~3);
    thread->stack_size=stack_size;
    if(stack!=NULL)
        thread->stack_buttom=(acoral_u32 *)stack;
    else
        thread->stack_buttom=NULL;
    thread->policy=sched_policy;
    return acoral_policy_thread_init(sched_policy,thread,route,args,data);
                                                                    (1)
}
```

可以看出，创建特殊线程的过程与创建普通线程的过程大致相同，主要区别在于线程初始化，即根据用户指定的调度策略[详见 6.2.2 节（描述调度策略）]将线程初始化为某一特定类型的线程[代码 6.37 L（1）]，acoral_policy_thread_init()将从调度策略链表上取出相应的策略控制块，根据其元素，对线程进行初始化，如代码 6.38 所示，所需参数是调度策略、TCB、线程函数、线程函数的参数、线程策略数据。

代码 6.38（..\1 aCoral\kernel\src\policy.c）

```
acoral_id acoral_policy_thread_init(acoral_u32 policy,acoral_thread_t
*thread,void (*route)(void *args),void *args,void *data){
  acoral_sr CPU_sr;
  acoral_sched_policy_t  *policy_ctrl;
  policy_ctrl=acoral_get_policy_ctrl(policy);                      (1)
  if(policy_ctrl==NULL||policy_ctrl->policy_thread_init==NULL){
      HAL_ENTER_CRITICAL();
      acoral_release_res((acoral_res_t *)thread);
      HAL_EXIT_CRITICAL();
      acoral_printerr("No thread policy support:%d\n",thread->policy);
      return -1;
  }
  return policy_ctrl->policy_thread_init(thread,route,args,data);   (2)
}
```

其中，代码 6.38 L（1）根据策略类型，找到调度策略控制块[详见 6.2.2 节（描述调度策略）]。代码 6.38 L（2）根据调度策略控制块初始化各成员，调用对应的线程初始化函数（采用什么线程初始化函数在系统初始化时绑定）。如果用户希望采用时间片轮转调度策略，将调用 slice_policy_thread_init()函数，根据 CPU、优先级、优先级类型、时间片等信息（如代码 6.17）对所创建的线程 TCB 成员进行初始化（代码 6.39）。而普通线程初始化时是不需要时间片信息的，大家可以对比一下代码 6.39 和代码 6.30。

代码 6.39（..\1 aCoral\kernel\src\slice_thrd.c）

```
acoral_id slice_policy_thread_init(acoral_thread_t *thread,void (*route)
  (void *args),void *args,void *data){
  acoral_sr CPU_sr;
```

```
    acoral_u32 prio;
    acoral_slice_policy_data_t *policy_data;
    slice_policy_data_t *private_data;
    if(thread->policy==ACORAL_SCHED_POLICY_SLICE){
        policy_data=(acoral_slice_policy_data_t *)data;                (1)
        thread->CPU=policy_data->CPU;
        prio=policy_data->prio;
        if(policy_data->prio_type==ACORAL_BASE_PRIO){
            prio+=ACORAL_BASE_PRIO_MIN;
            if(prio>=ACORAL_BASE_PRIO_MAX)
                prio=ACORAL_BASE_PRIO_MAX-1;
        }
        thread->prio=prio;
        private_data=(slice_policy_data_t *)acoral_malloc2(sizeof(slice_
        policy_data_t));                                                (2)
        if(private_data==NULL){
            acoral_printerr("No level2 mem space for private_data:%s\n",
            thread->name);
            HAL_ENTER_CRITICAL();
                acoral_release_res((acoral_res_t *)thread);
            HAL_EXIT_CRITICAL();
            return -1;
        }
        private_data->slice_ld=TIME_TO_TickS(policy_data->slice);      (3)
        thread->slice=private_data->slice_ld;                           (4)
        thread->private_data=private_data;
        thread->CPU_mask=-1;
    }
    if(acoral_thread_init(thread,route,acoral_thread_exit,args)!=0){
        acoral_printerr("No thread stack:%s\n",thread->name);
        HAL_ENTER_CRITICAL();
        acoral_release_res((acoral_res_t *)thread);
        HAL_EXIT_CRITICAL();
        return -1;
    }
        /*将线程就绪，并重新调度*/
    acoral_resume_thread(thread);
    return thread->res.id;
}
```

代码 6.39L（1）将传入的调度策略数据 data 转换为时间片调度策略控制块（acoral_slice_policy_data_t）的类型。代码 6.39L（2）为 TCB 的 private_data 成员分配空间。代码 6.39L（3）将时间片大小转换成 Ticks，并赋值给 private_data 的 slice_ld 成员（这里的 slice_ld 的值为该线程的时间片的大小，由用户指定）。代码 6.39L（4）将时间片赋给 TCB 的 slice 成员，供调度时使用，每当系统 Tick 增加 1，slice 就将减 1。特殊线程初始化的剩余过程与普通线程类似，在此不再赘述。

3. 编写线程函数

大家已知道，线程是一段代码执行的载体，这段代码就是线程函数。那创建线程时，其线程函数在哪里添加呢？根据代码 6.27，创建线程所需要的第一个参数就是线程函数：void (*route)(void *args)。因此，用户需要为自己创建的线程编写执行函数，编写的规范是 void thread (void *args)，线程函数返回为空，有一个参数，这个参数可以是任何数据结构，用户知道是什么数据结构，可以进行转换，同时 void 最好换成 ACORAL_COMM_THREAD 或者 ACORAL_RM_THREAD 这些前缀，这些前缀可看出线程所采用的调度策略，也对以后的扩展很有用。代码 6.40 是用户编写线程函数的实例，代码 6.40L（1）采用一般线程创建命令，创建了一个用户线程，其参数分别为：执行线程的函数名 test1、线程的堆栈空间 ACORAL_PRINT_STACK_SIZE、传进线程的参数 NULL、创建线程的名字 test1、创建线程的优先级 22 以及绑定 test1 到 0 号 CPU 上运行。可以看出，该线程对应的执行函数是 test1()，test1()的实现是一个无限循环，每隔 1000 毫秒就打印一次"in test1"（如代码 6.40L（1））。用户可以根据 aCoral 的线程函数编写规范，编写自己的线程执行体：线程函数。

代码 6.40 线程函数编写实例

```
ACORAL_COMM_THREAD test1(){                                          (1)
  acoral_print("in test1,this thread's period is 1s\n");
  while(1){
      acoral_delay_self(1000);
      acoral_print("in test1\n");
  }
}

void test_delay_init()
{
  acoral_create_thread(test1,ACORAL_PRINT_STACK_SIZE,NULL,"test1",22,0)
                                                                     (2)
}
```

6.3.2 调度线程

创建线程的最后步骤是将其挂载到就绪队列（此时，系统已具备多个线程并发执行的环境），然后调用调度函数 acoral_sched()，由它来安排线程的具体执行，这就是线程调度。线程调度的调度分为两种：主动调度、被动调度。

主动调度：就是任务主动调用调度函数，根据调度算法选择需要执行的任务，如果这个任务是当前任务就不切换，否则就切换。

被动调度：往往是事件触发的，如 Ticks 时钟中断来了，任务执行时间加 1，导致任务的执行时间到了，又或者有高优先级的任务的等待时间到了，就需要调用调度函数来切换任务。

对于嵌入式实时操作系统而言，调度策略通常基于优先级的抢占式调度，而调度的本质就是从就绪队列中找到最高优先级的线程来执行，如图 6.14 所示，就绪队列中有 4 个线程，其优先级分别为 4、6、3、9，那 acoral_sched()究竟如何实现线程调度的呢？如何找到最高优先级线程的呢？

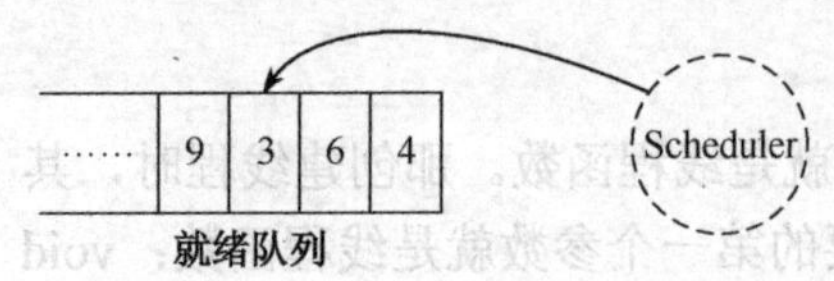

图 6.14　查询最高优先级的线程

1．调度前准备

代码 6.41 是 acoral_sched()的实现，可见，首先是判断是否能调度，如果内核根据系统运行情况通过 acoral_set_need_sched()设置了“不需要调度”状态（!acoral_need_sched）、中断被屏蔽、调度被屏蔽，尚未开始调度将直接返回，否则，将执行 HAL_SCHED_BRIDGE()进行调度，以下因素是线程调度的影响标志。

（1）调度开始标志 acoral_ start_sched。这个是用来标志调度系统初始化完毕，系统可以进行调度了。由于 aCoral 支持多核，下面的标志是每个核上均有的标志。

（2）是否需要调度标志 acoral_need_sched。为什么需要这个标志，主要是为了减少不必要的调度。这主要是因为将线程挂到就绪队列或从就绪队列取下线程的过程与调用调度函数 acoral_sched()有个时间差，而这个时间差中就有可能发生中断，在中断退出时就会执行调度函数，该情况下返回的时候就没有必要再次执行调度函数了，所以用 acoral_need_sched 标志：当进行一些操作导致需要调度的情况（实际上没有调度），只是标志它，表示可以调度了，而什么时候调度则由系统状态决定。当执行一次调度后，标志失效，除非再来一个操作（如挂起、恢复、创建线程等操作），才能重新置位此标志。

（3）是否处于中断函数执行过程中的标志。在中断处理函数执行过程中是不能进行线程切换的，因为中断状态和线程状态根本是不一样的，同时中断处理程序处理完后有很多收尾工作要做，必须要执行完所有中断处理程序才能进行线程切换。

（4）调度锁。这个是用来禁止调度的标识，它是用来实现暂时禁止抢占功能的，以达到类似临界点的作用，大家可能会说，这种情况用关中断就可以了，那为什么还要用禁止调度的机制呢？是的，可以使用关中断，但是关中断会影响到高优先级中断的响应；而如果允许中断，中断后会触发重调度，从而会导致不可重入等问题。均衡之下，采用这种调度锁的机制可以达到兼顾二者的效果，但是这种方式只能用于线程上下文可重入的函数，如果中断和线程上下文不可重入，则不起作用。

只有当设置了“需要调度”状态（acoral_need_sched）、中断没有被屏蔽、调度没有被屏蔽、尚未开始调度才能进行任务调度，其实代码 6.41L（1）、L（2）、L（3）的条件判断顺序是有讲究的，因为第一个判断条件 need_sched 失效的频率是最高的，放在最开始有助于提高性能。

代码 6.41（..\1 aCoral\kernel\src\sched.c）

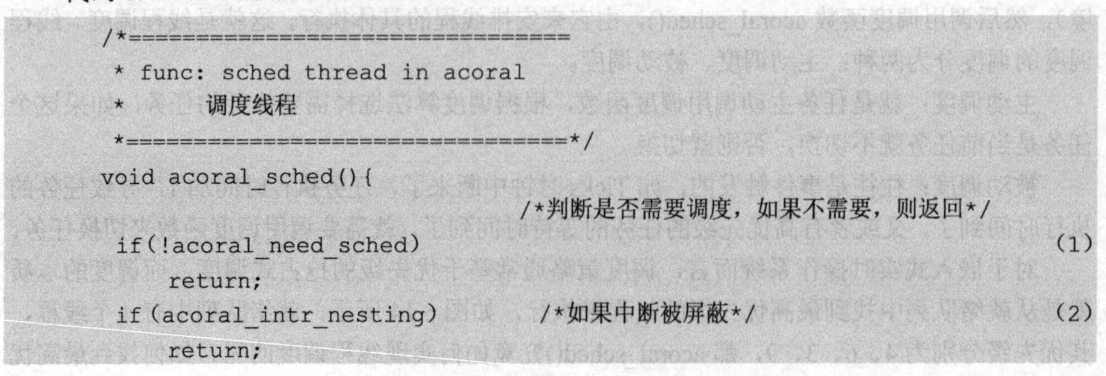

```
/*===================================
 * func: sched thread in acoral
 *      调度线程
 *===================================*/
void acoral_sched(){
                                    /*判断是否需要调度，如果不需要，则返回*/
  if(!acoral_need_sched)                                              (1)
      return;
  if(acoral_intr_nesting)          /*如果中断被屏蔽*/                   (2)
      return;
```

```
    if (acoral_sched_is_lock)           /*如果调度被屏蔽（禁止调度）*/        (3)
        return;
    /*如果还没有开始调度，则返回*/
    if (!acoral_start_sched)
        return;
  /*进行简单处理后会直接或间接调用acoral_real_sched(),或者acoral_real_intr_
     sched()*/
        HAL_SCHED_BRIDGE();                                                (4)
        return;
  }
```

经过多层判断后，终于要调度了，这里怎么出现一个 HAL_SCHED_BRIDGE()[代码 6.41L（4）]呢？下面来揭开它的真面目，HAL_SCHED_BRIDGE()是一个可配置的硬件抽象层的宏，如代码 6.42。

代码 6.42（..\1 aCoral\ \hal\include\ hal_comm.h）

```
  #define HAL_SCHED_BRIDGE()  hal_sched_bridge_comm()
```

hal_sched_bridge_comm()的实现如代码 6.43 所示。大家可能会觉得，这也没做什么事啊！就是差不多直接调用 acoral_real_sched()，那为什么不直接在上面调用 acoral_real_sched()呢？这得从一个特例说起：aCoral 在 ARM stm32 的实现。

代码 6.43（..\1 aCoral\ \hal\src\ hal_comm.c）

```
  static inline void hal_sched_bridge_comm(){
        acoral_sr CPU_sr;
        HAL_ENTER_CRITICAL();
        acoral_real_sched();
        HAL_EXIT_CRITICAL();
  }
```

其实，最开始 acoral_sched()是按照代码 6.44 实现的，结果发现，在 ARM stm32 移植时出现问题了。因为 acoral_real_sched()必须是原子的，调用时必须关中断，而 stm32 的硬件特性决定，HAL_CTX_SWITCH 和 HAL_SWITCH_TO 等函数在 pendsv 中执行最合适，最容易实现线程切换，如代码 6.45 所示，即 acoral_real_sched 中的 HAL_CTX_SWITCH 和 HAL_SWITCH_TO 之前必须开启中断，这样就发生矛盾了。经过项目组讨论，最终决定将 acoral_real_sched 整个放到 pendsv 中，但这样就和原来的设计冲突了，因为没法统一用代码 6.45L（1）这种方式调用 acoral_real_sched()，因此，就新建了一个调度桥 HAL_SCHED_BRIDGE，这个桥在一般的开发板下实现很简单，就是指向 acoral_real_sched()。

代码 6.44 acoral_sched()的最初实现方式

```
  void acoral_sched(){
     ................
     ...............
  HAL_ENTER_CRITICAL();
   acoral_real_sched();                                                    (1)
   HAL_EXIT_CRITICAL()
    return;
  }
```

将 aCoral 移植到 stm32 时，HAL_SCHED_BRIDGE 是会直接跳到汇编代码 6.45 L（1）的 HAL_SCHED_BRIDGE，再执行 PENDSV 中断。就是相当于触发 PENDSV 中断，然后在中断服务程序中调用 acoral_real_intr_sched [代码 6.45 L（2）]。其实上面不论哪种方式，最后调用的都是 acoral_real_sched，acoral_real_intr_sched，这两个差不多，但是 acoral_real_intr_sched 比 acoral_real_sched 多一个 intr_nesting（中断前套数递减及判断操作），并且在后续的任务切换处理会不一样，请参考 6.3.2 节。

由于本书是基于开发板 ARM 2440 为例来描述的，stm32 不是重点，所以这里不做详细叙述。有兴趣的读者可以仔细分析 aCoral 的 stm32 版本。

代码 6.45 （..\1 aCoral\hal\arm\stm3210\src\ hal_thread_s.s）

```
    .equ NVIC_INT_CTRL,   0xE000ED04   /* interrupt control state register */
    .equ NVIC_SYSPRI2,    0xE000ED20   /* system priority register (2) */
    .equ NVIC_PENDSV_PRI, 0x00FF0000   /* PendSV priority value (lowest) */
    .equ NVIC_PENDSVSET,  0x10000000   /* value to trigger PendSV exception*/
    HAL_SCHED_BRIDGE:                                                    (1)
        ldr     r0, =NVIC_INT_CTRL                   @触发pendsv中断切换进程
        ldr     r1, =NVIC_PENDSVSET
        str     r1, [r0]
        bx lr

    PENDSV_CALL:
        mrs r1,primask
        CPSID   I
        push    {r0,lr}
        mrs     r0,psp
        stmfd   r0!,{r1,r4-r11}
        msr     psp,r0
        bl      acoral_real_intr_sched                                   (2)
        pop     {r0,lr}
        mrs     r0,psp
        ldmfd   r0!,{r1,r4-r11}
        msr     psp,r0
        msr  primask,r1
        bx      lr
```

根据前面的叙述，如果大家选择的是其他开发板，如 ARM9 Mini2440，HAL_SCHED_BRIDGE() 将指向 hal_sched_bridge_comm()，调用 acoral_real_sched()。

2. 找到最高优先级线程

调度前的准备工作完成后，便是调用 acoral_real_sched()，acoral_real_sched()的核心工作是从就绪队列中找到最高优先级线程在 CPU 上执行，见代码 6.46 L(1)。那么 acoral_real_sched() 是如何找到最高优先级线程的呢？又是怎么把寻找最高优先级线程所花的时间尽可能减到最小呢？这是本节重点讨论的问题。

代码 6.46（..\1 aCoral\kernel\src\sched.c）

```
    /*===============================
     * func: sched thread in acoral
     *        进程上下文调度实现
```

```
 *          该函数必须是原子操作
 *===================================*/
void acoral_real_sched(){
     acoral_thread_t *prev;
     acoral_thread_t *next;
     acoral_set_need_sched(false);
     prev=acoral_cur_thread;                        /*将当前运行的线程设为：*prev */
     /*选择最高优先级线程*/
     acoral_select_thread();                                                      (1)
     next=acoral_ready_thread;               /*将刚找到的最高优先级线程设为：*next */
     if(prev!=next){
          acoral_set_running_thread(next);
          if(prev->state==ACORAL_THREAD_STATE_EXIT){
               prev->state=ACORAL_THREAD_STATE_RELEASE;
               HAL_SWITCH_TO(&next->stack);                                       (2)
          return;
     }
#ifdef CFG_CMP
          if(prev->state&ACORAL_THREAD_STATE_MOVE){
          /*这个函数开lock后不能使用prev的堆栈*/
          prev->state&=~ACORAL_THREAD_STATE_MOVE;
          HAL_MOVE_SWITCH_TO(&prev->move_lock,0,&next->stack);
          return;
          }
#endif
          /*线程切换*/
          HAL_CONTEXT_SWITCH(&prev->stack,&next->stack);                          (3)
     }
}
```

acoral_select_thread()从就绪队列中找到最高优先级线程后，如果*prev 指向的线程（被抢占或者被中断的前一个线程）已执行完毕，并被置为“ACORAL_THREAD_STATE_EXIT”状态，则通过代码 6.46 L（2）直接从*prev 线程环境下切入到指定线程*next（将要在 CPU 上执行的线程），只有一个参数：要切换的线程的堆栈指针，其接口形式为 HAL_SWITCH_TO（&prev->stack），参数为线程堆栈指针变量的地址，无返回值。相比而言，如果*prev 指向的线程并未执行完毕，只是被暂时中断执行，则通过代码 6.46L（3）进行两个线程的上下文切换，其接口形式为 HAL_CONTEXT_SWITCH（&prev->stack, &next->stack），包括两个参数，即切换的两个线程的堆栈指针变量的地址。

这里需要进一步分析 acoral_select_thread()的实现（如代码 6.47），其工作是从线程所在 CPU 的就绪队列中找到最高优先级的线程。

代码 6.47（..\1 aCoral\kernel\src\sched.c）

```
static acoral_rdy_queue_t acoral_ready_queues[HAL_MAX_CPU];

void acoral_select_thread(){
     acoral_u8 CPU;
     acoral_u32 index;
     acoral_rdy_queue_t *rdy_queue;
```

```
        acoral_prio_array_t *array;
        acoral_list_t *head;
        acoral_thread_t *thread;
        acoral_queue_t *queue;
        CPU=acoral_current_CPU;                                          (1)
        rdy_queue=acoral_ready_queues+CPU;                               (2)
        array=&rdy_queue->array;
        //找出就绪队列中优先级最高的线程的优先级
        index = acoral_get_highprio (array) ;                            (3)
        queue = array->queue + index;
        head=&queue->head;
        thread=list_entry (head->next, acoral_thread_t, ready) ;
    #ifdef CFG_ASSERT
        ACORAL_ASSERT (thread,"Aseert:In select thread") ;
    #endif
        HAL_SET_READY_THREAD (thread) ;
    }
```

其中，代码 6.47 L（1）是获取当前 CPU 的编号。代码 6.47 L（2）根据 CPU 编号获取就绪队列。代码 6.47 L（3）从就绪队列上获取最高优先级线程。根据数据结构的一般知识，从就绪队列中找到最高优先级的线程所花时间是与队列的长度相关的，即队列越长，所花时间越长，对于嵌入式实时系统而言，我们希望做到该查找时间与队列长度没有关系，那 aCoral 是如何设计的呢？

在 6.1.2 节中提到，aCoral 线程优先级是通过 acoral_prio_array 来表述的，并且用优先级位图数组 bitmap[PRIO_BITMAP_SIZE]标识某一优先级是否任务就绪，这样才能满足 $O(1)$复杂度来找出最高优先级的线程。接下来的问题是：acoral_prio_array 结构及优先级位图数组如何保证 $O(1)$复杂度的查找过程呢？

大家都知道 uC/OS II 采用的是优先级位图法[5]，它能够很快从就绪队列中找出最高优先级线程，而且查找所花费的时间与队列长度无关。但是这种方式所构造的映射图表会耗费一些内存。由于优先级位图映射要求“一个优先级只能有一个线程与之对应，一个线程也只能有一个优先级”，而 aCoral 的一个优先级可以有多个线程与之对应。于是，aCoral 采用的是另一种方案，当然，如果在某些具体应用中，也可以采用 uC/OS II 方案来进一步提高性能。aCoral 是通过函数 acoral_get_highprio()来实现查找最高优先级线程的，如代码 6.48 和代码 6.49。

```
代码6.48 (..\1 aCoral\lib\src\queue.c)
acoral_u32 acoral_get_highprio (acoral_prio_array_t *array){
    return acoral_find_first_bit (array->bitmap,PRIO_BITMAP_SIZE) ;
}
```

```
代码6.49 (..\1 aCoral\lib\src\bitops)
acoral_u32 acoral_find_first_bit (const acoral_u32 *b,acoral_u32 length)
{
    acoral_u32 v;
    acoral_u32 off;
for (off = 0; v = b[off], off < length; off++) {
if(v)                                                                   (1)
```

```
            break;
        }
        return acoral_ffs(v)+off*32;                                    (2)
    }

    acoral_u32 acoral_ffs(acoral_u32 word)                              (3)
    {
        acoral_u32 k;
        k = 31;
        if (word & 0x0000ffff) { k -= 16; word <<= 16; }                (4)
        if (word & 0x00ff0000) { k -= 8;  word <<= 8; }                 (5)
        if (word & 0x0f000000) { k -= 4;  word <<= 4; }                 (6)
        if (word & 0x30000000) { k -= 2;  word <<= 2; }                 (7)
        if (word & 0x40000000) { k -= 1; }                              (8)
    return k;
    }
    acoral_u32 acoral_get_highprio (acoral_prio_array_t *array) {
        return acoral_find_first_bit (array->bitmap,PRIO_BITMAP_SIZE) ;
    }
```

代码 6.49 L（1）选择第一个数值不为 0 的 32 位 bitmap。代码 6.49 L（2）将这个 bitmap 交给 acoral_ffs 进一步确定最低一位为 1 的是哪位。代码 6.49 L（3）函数 acoral_ffs 采用类似二分法查找的方式找到最低一位为 1 的是哪位。代码 6.49 L（4）如果低 16 位有为 1 的，则肯定为 1 的那一位少于 16，所以减去 16，并且去掉高 16，下一次进一步比较。如果低 8 位有为 1 的，则肯定为 1 的那一位少于 8，所以再减去 8，并且去掉高 8。代码 6.49 L（5）下一次进一步比较。代码 6.49 L（6）像前续步骤那样继续操作。代码 6.49 L（7）……。代码 6.49 L（8）直到最后两位比较，然后就可得出最低一位为 1 的是哪一位[①]。

以图 6.15 的 bitmap[2]为例，查询过程如图 6.15 所示。当然函数 acoral_ffs 的执行有个前提，那就是 acoral_ffs 的参数不能为 0，如果为 0，表明没有 1 位为 1，可返回值为 31，在 aCoral 目前的版本中，不直接调用 acoral_ffs，而是调用 acoral_find_first_bit，这样本身就保证了调用 acoral_ffs 的参数是非 0 的。

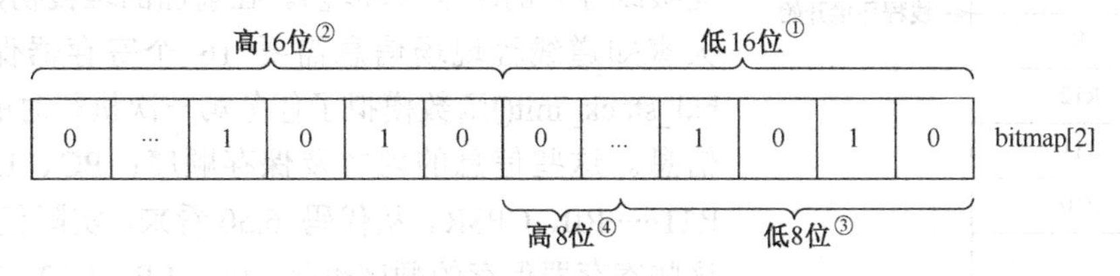

图 6.15　确定 bitmap[2]中首先出现“1”的位

到此，我们已经知道 aCoral 是如何从就绪队列中找到最高优先级的线程让其在 CPU 上执行的。这样，用户所创建的多个线程便可让 acoral_sched()根据其调度策略来安排执行。哪个任务先执行，哪个任务后执行，哪个任务执行多长时间，完全由调度策略来决定，例如，用户指定时间片轮转调度策略，并且设定时间片为 10μs，则系统时钟每推进 10μs，就将触发

---

① 在 ARMv5 之前只能用低码 49L（4）到代码 49L（8）的 5 个 if 来实现，在 ARMv5 之后，有更高效的方式，这里不详述。

acoral_sched()重调度。

3. 线程切换

找到最高优先级线程后，紧接着就要进行线程上下文切换了，让最高优先级线程执行。线程上下文切换，顾名思义就是从一个线程转移到另一个线程，从底层来看就是改变了 PC 值，同时，改变 PC 值还是不够，因为一个线程不仅仅由 PC 来构建，还有堆栈，寄存器的值等，比如在 x86 就是 eax、ebx，这些都是代码经常操作的寄存器。因此，在切换线程时，必须保存旧线程的环境，然后恢复将要执行的高优先级线程的环境。当然对于不同 CPU，其环境的具体内容不一样，但总体而言，会包括：当前指令地址 PC、当前堆栈地址 SP、当前寄存器的值（不同 CPU 寄存器有所不同）等信息。

前一节提到，如果先前的线程处于退出状态“ACORAL_THREAD_STATE_EXIT”，则调用 HAL_SWITCH_TO 切入到最高优先级的线程[该情况在内核启动时出现，详见第 7 章（启动内核）]；否则，先前的线程处于非退出状态“ACORAL_THREAD_STATE_EXIT”，则调用 HAL_CONTEXT_SWITCH 切换到最高优先级的线程，这就是线程抢占过程中的上下文切换（Context Switching）。下面进一步看看上下文切换要做哪些处理呢？

代码 6.50（..\1 aCoral\kernel\src\hal_thread_s.s）

```
HAL_CONTEXT_SWITCH:
    stmfd   sp!,{lr}                @保存PC                              (1)
    stmfd   sp!,{r0-r12,lr}         @保存寄存器LR, 及r0-r12              (2)
    mrs     r4,CPSR                                                      (3)
    stmfd   sp!,{r4}                @保存cpsr                            (4)
    str     sp,[r0]                 @保存旧上下文栈指针到旧的线程prev->stack (5)
    ldr     sp,[r1]                 @取得新上下文指针                    (6)
    ldmfd   sp!, {r0}                                                    (7)
    msr     cpsr,r0          @恢复新cpsr(不能用spsr,因为sys,user模式没有SPSR)(8)
    ldmfd   sp!, {r0-r12,lr,pc}     @恢复寄存器                          (9)
```

代码 6.50 是 ARM Mini2440 下的线程切换过程，其中 L（1）～L（5）是保存被抢占线程的现场（环境），L（6）～L（9）是恢复抢占线程（高优先级线程）的现场（环境）。在前面的堆栈初始化部分，大家知道线程现场信息需要 16 个寄存器保存，并且 hal_stack_init()函数模拟了任务第一次执行时的运行环境信息。这些信息的内容及保存顺序：PC、LR、R12、R11……R0、CPSR。从代码 6.50 看来，实际任务切换时，这些寄存器保存的顺序也是：PC、LR、R12、R11……R0、CPSR，如图 6.16 所示。此外，ARM 规定，SP 始终是指向栈顶位置的，STM 指令把寄存器列表中索引最小的寄存器存在最低地址，所以这 16 个寄存器保存的顺序为寄存器保存的顺序：PC、LR、R12、R11……R0、CPSR（不同 CPU 保存内容和顺序是不一样的），此时 SP--> CPSR。

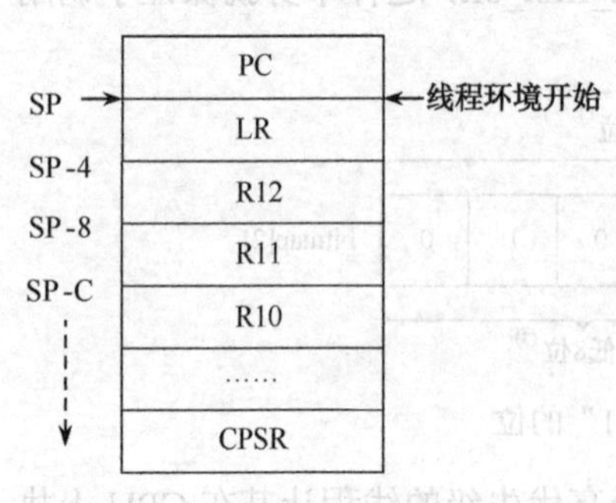

图 6.16 线程切换时现场信息的保存

这里仍需注意的是，在执行 HAL_CONTEXT_SWITCH（&prev->stack,&next->stack）时需要两个参数：要切换的两个线程的堆栈指针变量地址［详见 6.3.2 节（找到最高优先级线程)]。这里的代码 6.50 L（5）是将被抢占线程（prev）的堆栈指针 R13（SP）保存到 r0 指向的内存地址，该地址是指向 Prev->stack 的。因此，当调用 HAL_CONTEXT_SWITCH 进行任务切换时，其主要步骤如下。

（1）依次保存 CPU 的 PC、LR、R12、R11……R0、CPSR 到被抢占线程的堆栈（R13（SP）指向的地址）。

（2）将 R13（SP）保存到 Prev->stack 中，此时 SP -> CPSR。

（3）将抢占线程堆栈地址（Next->stack）传给 R13（SP）。

（4）将抢占线程堆栈（R13（SP）指向的地址）内容依次恢复到 CPU 的 CPSR、R0、R1……R12、LR、PC 寄存器中，此时 R13（SP）指向堆栈的栈底，供下次切换时保存环境。

上述步骤可通过图 6.17 表示。

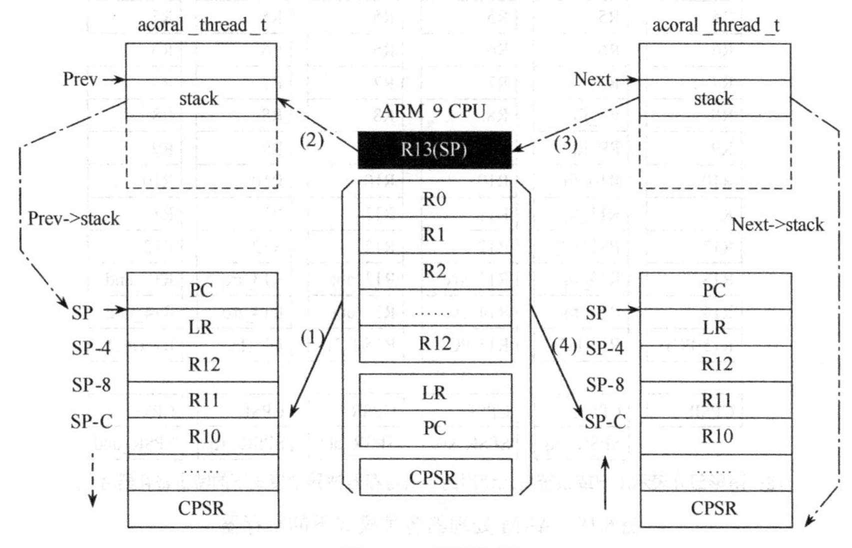

图 6.17　线程切换

最后，为什么 6.50 L（1）和 6.50 L（2）都要保存 LR 呢？两个 LR 有什么不同呢？代码 6.50 L（1）保存的 LR 是调用 HAL_CONTEXT_SWITCH 之前的程序指针 PC，而代码 6.50 L（2）保存的 LR 则是任务环境里的链接寄存器 LR。这两个 LR 有什么不同呢？里面存的内容相等吗?这需要进一步分析一下造成任务切换的原因。

（1）任务主动发起线程切换。如果任务主动发起线程切换，例如，某一任务执行过程中需要主动挂起自己（acoral_suspend_self()），这将触发 acoral_sched()重调度，此时，两个 LR 的值是相等的，都是调用 HAL_CONTEXT_SWITCH 之前的程序指针，因为切换前后，ARM 处理器一直都是工作在系统模式/用户模式（System/User）。

（2）中断触发线程切换。如果是中断引发线程切换，例如，一个低优先级的线程正在运行，用户通过中断创建一个新线程，而新线程的优先级高于以前线程的优先级，显然，低优先级任务将被高优先级任务抢占，此时，代码 6.50 L（1）保存的 LR 是中断模式下的程序指针 PC，代码 6.50 L（2）保存的 LR 是用户模式下旧线程的 LR，故两个 LR 不相等。造成这种情况的原因是 ARM 有 7 种工作模式[用户（User）、快速中断（FIQ）、外部中断（IRQ）、管理（Supervisor）、数据访问中止（Abort）、系统（System）、未定义（Undifined）]。具体而言，中断发生器前，处理器是工作在系统模式/用户模式（System/User），中断发生后，处理器自动切换到中断模式（IRQ），而不同模式下寄存器分配及使用是不一样的，如图 6.18 所示，详细请参考 ARM 的芯片手册。在该情况下，内核将通过 acoral_real_intr_sched()触发重调度，此时的任务切换工作是由 HAL_INTR_CTX_SWITCH 完成的，如代码 6.51，大家可以仔细分析一下 HAL_CONTEXT_SWITCH 和 HAL_INTR_CTX_SWITCH 的区别，以及内核在什么情况下会使用 HAL_CONTEXT_SWITCH，什么情况下会使用 HAL_INTR_CTX_SWITCH？

System/user	FIQ	Supervisor	Abort	IRQ	Undifined
R0	R0	R0	R0	R0	R0
R1	R1	R1	R1	R1	R1
R2	R2	R2	R2	R2	R2
R3	R3	R3	R3	R3	R3
R4	R4	R4	R4	R4	R4
R5	R5	R5	R5	R5	R5
R6	R6	R6	R6	R6	R6
R7	R7	R7	R7	R7	R7
R8	R8_fq	R8	R8	R8	R8
R9	R9_fq	R9	R9	R9	R9
R10	R10_fq	R10	R10	R10	R10
R11	R11_fq	R11	R11	R11	R11
R12	R12_fq	R12	R12	R12	R12
R13	R13_fq	R13_svc	R13_abt	R13_irq	R13_und
R14	R14_fq	R14_svc	R14_abt	R14_irq	R14_und
R15(PC)	R15(PC)	R15(PC)	R15(PC)	R15(PC)	R15(PC)
CPSR	CPSR	CPSR	CPSR	CPSR	CPSR
	SPSR_fiq	SPSR_svc	SPSR_abt	SPSR_irq	SPSR_und

注：阴影部分表示用户或系统模式使用的一般寄存器被异常模式下的特定寄存器替代

图 6.18　ARM 处理器各种模式下的寄存器

代码 6.51（..\1 aCoral\hal\arm\S3C2440\src\hal_thread_s.s）

```
HAL_INTR_CTX_SWITCH:
stmfd   sp!,{r2-r12,lr} @保存正在服务的中断上下文

    @以下几行把旧的线程prev的上下文从正在服务的中断栈顶转移到虚拟机栈中
    ldr     r2,=IRQ_stack    @取irq栈基址,这里存放着被中断线程的上下文
    ldmea   r2!,{r3-r10}        @按递增式空栈方式弹栈，结果：
                                @[r2-1]=LR_irq->r10，被中断线程的PC+4
                                @[r2-2]=r12->r9，被中断线程的r12
                                @[r2-3]=r11->r8，被中断线程的PC
                                @.......
                                @[r2-8]=r6.>r3，被中断线程的r6
    sub     r10,r10,#4        @中断栈中的LR_irq-4=PC

  @以下三句就是取出旧的线程prev的SP_sys，只能通过stmfd指令间接取
    mov     r11,sp          @下一句不能用SP，故先复制到r11
    stmfd   r11!,{sp}^          @被中断线程的SP_sys压入正在服务的中断栈中
    ldmfd   r11!,{r12}         @从正在服务的中断栈中读取 SP_sys->R12
```

```
        stmfd   r12!,{r10}        @保存 PC_sys
        stmfd   r12!,{lr}^        @保存 lr_sys
        stmfd   r12!,{r3-r9}      @保存被中断线程的r12-r6到它的栈中
        ldmea  r2!,{r3-r9}      @读被中断线程的r5-r0->r9-r4,SPSR_irq->r3,递增式空栈
        stmfd   r12!,{r3-r9}      @保存被中断线程的r5-r0,CPSR_sys到它的栈中
        str    r12,[r0]          @换出的上下文的栈指针-->old_sp
                                  @以下几行把新的线程next的上下文copy到IRQ栈顶
                                  @与递减式满栈对应,此时IRQ栈用递增式空栈的方式访问

        ldr    r12,[r1]          @读取需换入的栈指针
        ldmfd   r12!,{r3-r11}     @读取换入线程的CPSR_sys->r3
                                  @读取换入线程的r0-r7->r4-r11
        stmea   r2!,{r3-r11}      @保存换入线程的CPSR_sys->SPSR_irq, r0-r7到IRQ栈
        ldmfd   r12!,{r3-r7}      @读取换入线程的r8-r12->r3-r7
        stmea   r2!,{r3-r7}       @保存换入线程的r8-r12到IRQ栈
        ldmfd   r12!,{lr}^        @恢复换入线程的LR_sys到寄存器中
        ldmfd   r12!,{r3}         @读取换入线程的PC->r3
        add    r3,r3,#4          @模拟IRQ保存被中断上下文PC的方式: PC+4->LR_irq
        stmea   r2!,{r3}          @保存换入线程的LR_irq到IRQ栈
                                  @就是将r12赋值给sp^,因为无法通过mov, 所以要
        stmfd   r12!,{r12}        @读取SP_sys到r12
        ldmfd   r12!,{sp}^        @恢复SP_sys
        mov    r0,r0             @无论是否操作当前状态的SP, 操作sp后, 不能立即执行函数
                                  @返回指令, 否则返回指令的结果不可预知
        ldmfd   sp!,{r2-r12,pc}
```

中断环境下，中断硬件系统可能已经保存了部分旧线程的环境，因此线程切换时需做特殊处理。中断环境下线程切换函数调用后不能立即切换到新的线程，中断服务程序必须执行完后才能执行新的线程，否则，进入新的线程，相当于中断被终止了，没法复原中断，就比如中断模式下的堆栈，因为中断没有完全执行完，中断的堆栈没有回收，这种情况肯定是不能容忍的，因此要想一个解决办法，在中断完全退出时才真正进入新的线程。

同时中断环境下旧线程的运行环境无法直接获取，运行到中断任务切换函数时，处理器寄存器的值已经不是旧的线程的寄存器了，被破坏掉了。因此在中断入口就得保存旧的线程的环境。

这里有两种方式来处理中断发生时保存旧线程的运行环境：

① 刚进入中断时就将旧的线程保存到旧的线程的堆栈，这种方式在退出中断时需要切换线程的情况下效果很好；但如果不是这样，则需要弹出旧的线程的堆栈，这样就比较麻烦，其实绝大部分中断并不会触发切换。

② 刚进入中断时，将旧的线程的上下文环境（寄存器）保存到中断的堆栈中，而在线程切换时从中断模式栈顶复制环境到旧的线程的堆栈，这样虽然要复杂些，但是在中断发生后不需要切换线程时，中断退出的处理简单。该方式也是 aCoral 采用的方式，如图 6.19 及代码 6.51 所示。

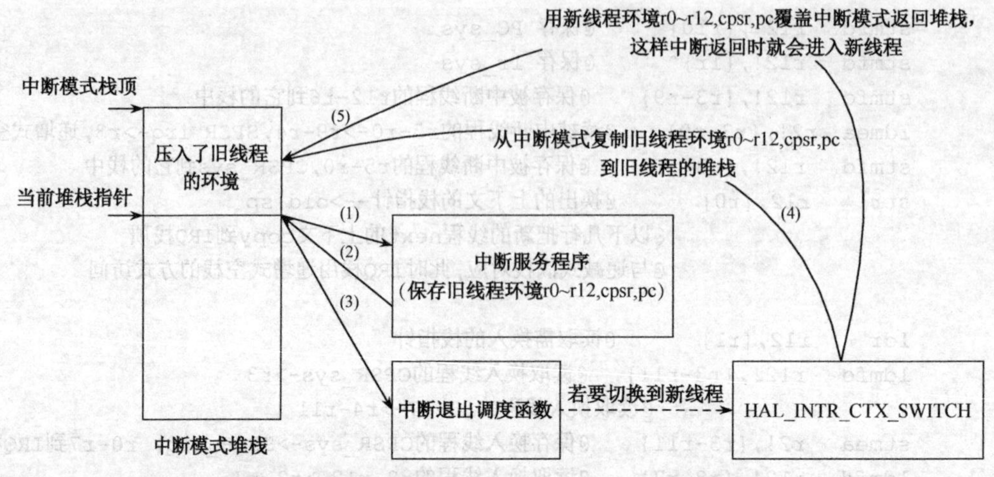

图 6.19 ARM S3C2440 下 aCoral 线程环境下线程切换

6.3.3 线程退出

不知大家有没有注意到代码 6.30 L（4），这里中有一个参数是 acoral_thread_exit，即线程退出函数。估计爱思考的人在编程时候都会有一个顾虑，就像得了恐高症一样，你明明知道掉不下去，但是心里就是不踏实。编程时的“恐高症”在于：我的 main 函数执行完后会执行什么代码？如果没有代码了，那岂不就系统崩溃了？这就是在 Linux 环境下编程，用户常担心的。而在嵌入式操作系统中，这种担心则是：我的任务函数执行完了后会执行什么代码？还有代码执行吗？前者的担心是多余，而对于后者，像 uc/OS II 等常规嵌入式操作系统就真是一个问题了，所以 uc/OS II 的任务函数要么是 while（1）等无限循环结尾，要么显式调用 delete 退出接口，也就是说没有了所谓的任务函数执行完的机会。但在 aCoral 操作系统中，采用了和 Linux 一样的方式，线程函数不用死等或显式调用退出相关函数，也就是说用户不用担心函数执行完后的事情，因为 aCoral 操作系统帮你做了线程退出的工作，当你的线程的代码执行完了后，系统帮你回收。具体实现机制是：当你的线程代码执行完后，系统会隐式地调用 acoral_thread_exit()函数进行线程退出的相关处理。下面比较一下 uc/OS II 和 aCoral 的线程退出。代码 6.52 是 uc/OS II 的例子。

代码 6.52 uc/OS II 的任务函数与退出

```
void test (void *ptr) {
      Do_something();
    While (1);
}
或者
void test (void *ptr) {
     Do_something();
   EXIT();
}
```

而在 aCoral 中，用户不必关心代码执行完后的工作，就像平常编写应用程序一样，如代码 6.53。如果这种代码在 uc/OS II 中出现，很可能导致段错误，然后造成系统崩溃。很明显第二种更符合用户的编程习惯。

代码 6.53 aCoral 的线程函数

```
void test (void *ptr) {
    Do_something();
}
```

因此，acoral_thread_exit()本质上是要执行 acoral_kill_thread()，如代码 6.54。

代码 6.54（..\1 aCoral\kernel\src\thread.c）

```
/*=================================
 * func: kill current thread in acoral
 *=================================*/
void acoral_thread_exit(){
        acoral_kill_thread (acoral_cur_thread) ;
}
```

进而，acoral_kill_thread()的实现如代码 6.55。

代码 6.55（..\1 aCoral\kernel\src\thread.c）

```
void acoral_kill_thread (acoral_thread_t *thread) {
    acoral_sr CPU_sr;
    acoral_8 CPU;
    acoral_evt_t *evt;
    acoral_pool_t *pool;
#ifdef CFG_CMP
    CPU=thread->CPU;                                                    (1)
    if (CPU!=acoral_current_CPU) {
    acoral_ipi_cmd_send (CPU,ACORAL_IPI_THREAD_KILL,thread->res.id,
    NULL) ;
        return;
    }
#endif
    HAL_ENTER_CRITICAL();

    if (thread->state&ACORAL_THREAD_STATE_SUSPEND) {                    (2)
    evt=thread->evt;
        if(thread->state&ACORAL_THREAD_STATE_DELAY){                    (3)
        acoral_spin_lock (&thread->waiting.prev->lock) ;
        acoral_spin_lock (&thread->waiting.lock) ;
        acoral_list_del (&thread->waiting) ;
        acoral_spin_unlock (&thread->waiting.lock) ;
        acoral_spin_unlock (&thread->waiting.prev->lock) ;
    }else
    {
        if(evt!=NULL) {                                                 (4)
        acoral_spin_lock (&evt->spin_lock) ;
/*调用通用等待队列删除函数acoral_prio_queue_del删除一个获得响应的等待线程*/
            acoral_evt_queue_del (thread) ;
            acoral_spin_unlock (&evt->spin_lock) ;
        }
```

```
        }
    }
        acoral_unrdy_thread(thread);                                    (5)
        acoral_release_thread1(thread);                                 (6)
        HAL_EXIT_CRITICAL();
        acoral_sched();                                                 (7)
    }
```

这里，代码 6.55 L（1）获取线程所在的 CPU，如果不是当前 CPU，则做特殊处理，至于要做哪些特殊处理？将在第 11 章（支持多核）详细介绍。代码 6.55 L（2）判断如果线程处于挂起状态，则需将其从相关链表中取下。代码 6.55 L（3）判断如果是延时挂起，则从延时队列取下。代码 6.55 L（4）判断如果是事件等待，则从事件队列取下。代码 6.55 L（5）将线程从就绪队列中取下。代码 6.55 L（6）释放线程。代码 6.55 L（7）调用 acoral_sched()重调度其他线程执行。

说到释放线程（代码 6.55 L（6）），就是回收当时创建线程时所分配的空间，具体工作如代码 6.56。

代码 6.56（..\1 aCoral\kernel\src\thread.c）

```
    void acoral_release_thread1(acoral_thread_t *thread){
        acoral_list_t *head,*tmp;
        acoral_thread_t *daem;
        thread->state=ACORAL_THREAD_STATE_EXIT;                         (1)
        head=&acoral_res_release_queue.head;                            (2)
        acoral_spin_lock(&head->lock);
        tmp=head->prev;
        if(tmp!=head)
            acoral_spin_lock(&tmp->lock);
        acoral_list_add2_tail(&thread->waiting,head);
        if(tmp!=head)
            acoral_spin_unlock(&tmp->lock);
        acoral_spin_unlock(&head->lock);
        daem=(acoral_thread_t *)acoral_get_res_by_id(daemon_id);        (3)
        acoral_rdy_thread(daem);
    }
```

其中，代码 6.56 L（1）是将线程置为退出状态，而如果是当前线程，则只能是 ACORAL_THREAD_STATE_EXIT 状态，表明还不能释放该线程的资源，如 TCB、堆栈，因为该线程尽管要退出了，但是还没完成退出的使命，还要继续向前走，直到走到线程切换 HAL_SWITCH_TO 函数，在该过程中，还有函数调用，故还需要堆栈，线程切换前还需要用到当前线程的 TCB，故 TCB 也还有用。这样，aCoral 还提供了另一个状态 ACORAL_THREAD_STATE_RELEASE。代码 6.56 L（2）将线程挂到回收队列，供 daemon 线程回收。代码 6.56 L（3）唤醒 daemon 线程回收资源，尽管线程挂到回收队列，但如果线程的状态不为 ACORAL_THREAD_STATE_RELEASE，也是不能回收的。最后看看 daemon 线程的实现，如代码 6.57。

代码 6.57（..\1 aCoral\kernel\src\thread.c）

```
    /*====================================
```

```
 *     resouce collection function
 *          资源回收函数
 *================================*/
void daem (void *args) {
      acoral_sr CPU_sr;
      acoral_thread_t * thread;
      acoral_list_t *head,*tmp,*tmp1;
      acoral_pool_t *pool;
      head=&acoral_res_release_queue.head;
      while (1) {
          for (tmp=head->next;tmp!=head;) {
              tmp1=tmp->next;
              HAL_ENTER_CRITICAL();
              thread=list_entry (tmp,acoral_thread_t,waiting) ;
                          acoral_spin_lock (&head->lock) ;
              acoral_spin_lock (&tmp->lock) ;
              acoral_list_del (tmp) ;
              acoral_spin_unlock (&tmp->lock) ;
              acoral_spin_unlock (&head->lock) ;
              HAL_EXIT_CRITICAL();
              tmp=tmp1;
/*如果线程资源已经不在使用，即release状态则释放*/
              if (thread->state==ACORAL_THREAD_STATE_RELEASE) {
                  acoral_release_thread ( (acoral_res_t *) thread) ;
              }else{
                  HAL_ENTER_CRITICAL();
                  acoral_spin_lock (&head->lock) ;
                  tmp1=head->prev;
                  acoral_spin_lock (&tmp1->lock) ;
                  acoral_list_add2_tail (&thread->waiting,head) ;
                  acoral_spin_unlock (&tmp1->lock) ;
                  acoral_spin_unlock (&head->lock) ;
                  HAL_EXIT_CRITICAL();
              }
          }
          acoral_suspend_self();
      }
}
```

6.3.4　其他基本机制

1. 挂起线程

操作系统在运行过程中，有时需要挂起某个线程，例如，当某一线程运行时需要请求某一资源，而该资源正在被其他线程所占用，此时，用户线程需要挂起自己。aCoral 提供了两种线程挂起方式，对应的接口分别是 acoral_suspend_thread()（代码 6.58）、acoral_unrdy_thread()（代码 6.59）。为什么要提供两个接口呢？两者的区别是什么呢？其实，acoral_suspend_thread()

只是比 acoral_unrdy_thread()多一个 acoral_sched()，也就是说 acoral_suspend_thread()会立即将指定线程挂起（将其从就绪队列中取出），然后重调度；而 acoral_unrdy_thread()只是改变指定线程的状态，将其从就绪队列中取出，并不会马上触发重调度，要等到一个时机才行。

代码 6.58（..\1 aCoral\kernel\src\thread.c）

```
/*=================================
 * func: suspend thread in acoral
 * thread (TCB)
 *=================================*/
void acoral_suspend_thread (acoral_thread_t *thread) {
    acoral_sr CPU_sr;
    acoral_8 CPU;
    if (! (ACORAL_THREAD_STATE_READY&thread->state) )
        return;
#ifdef CFG_CMP
    CPU=thread->CPU;
    if (CPU!=acoral_current_CPU) {
        acoral_ipi_cmd_send (CPU,ACORAL_IPI_THREAD_SUSPEND,thread->res.
        id,NULL) ;
        return;
    }
#endif
    HAL_ENTER_CRITICAL();
        acoral_rdyqueue_del (thread) ;
    HAL_EXIT_CRITICAL();
    acoral_sched();
}
```

代码 6.59（..\1 aCoral\kernel\src\thread.c）

```
void acoral_unrdy_thread (acoral_thread_t *thread) {
#ifdef CFG_CMP
    acoral_u32 CPU;
    CPU=thread->CPU;                                                    (1)
  //如果线程所在的核不在当前核心上，则通知线程所在的核进行suspend操作
    if (CPU!=acoral_current_CPU) {
        acoral_ipi_cmd_send (CPU,ACORAL_IPI_THREAD_SUSPEND,thread) ;
        return;
    }
#endif
    //将线程从就绪队列中取下
    if (ACORAL_THREAD_STATE_READY==thread->state)
        acoral_rdyqueue_del(thread);                                    (2)
}
```

代码 6.59 L（1）读取线程所在 CPU，如果不是当前 CPU，则要进行核间通信的特殊处理。代码 6.59 L(2)将线程从就绪队列取下。将线程从就绪队列取下的函数 acoral_rdyqueue_del()的实现如代码 6.60。

代码 6.60（..\1 aCoral\kernel\src\sched.c）

```
/*===============================
 * func: remove thread from acoral_ready_queues
 *     将线程从就绪队列上取下
 *================================*/
void acoral_rdyqueue_del (acoral_thread_t *thread) {
     acoral_u32 CPU;
     acoral_rdy_queue_t *rdy_queue;
     CPU=thread->CPU;
     rdy_queue=acoral_ready_queues+CPU;                                    (1)
acoral_prio_queue_del(&rdy_queue->array,thread->prio,&thread->ready);(2)
     thread->state=ACORAL_THREAD_STATE_SUSPEND;
     //设置线程所在的核可调度
     acoral_set_need_sched(CPU,true);                                      (3)
 }
```

由于 aCoral 支持多核、支持 SMP，且采用多就绪队列方式，因此，需要首先要找到线程所在的就绪队列。代码 6.60 L（1）就是根据线程所在 CPU 找到其就绪队列。根据 6.1.2 节，线程的就绪队列是一个优先级队列，因此，代码 6.60 L（2）调用删除函数 acoral_prio_queue_del 将线程从某个优先级队列上取下来（代码 6.61）。由于该线程从队列上取下后，其所在 CPU 的就绪队列将发生变化，这就有可能导致任务切换，因此要通过代码 6.60 L（3）设置调度标志，以让调度函数 acoral_sched()起作用。

代码 6.61（..\1 aCoral\lib\src\queue.c）

```
void acoral_prio_queue_del (acoral_prio_array_t *array,acoral_u8 prio,
acoral_list_t *list) {
     acoral_queue_t *queue;
     acoral_list_t *head;
     queue= array->queue + prio;                                           (1)
     head=&queue->head;
     array->num--;
     acoral_list_del(list);                                                (2)
     if (acoral_list_empty (head) )
         acoral_clear_bit (prio,array->bitmap) ;                           (3)
 }
```

这里，代码 6.61L（1）根据线程的优先级找到线程所在的优先级链表。代码 6.61 L（2）从链表上删除该线程。代码 6.61 L（3）判断如果该优先级不存在就绪线程，则清除该优先级就绪标志位。

任务挂起接口用到的地方很多，只要牵涉任务等待的都会调用该函数。也许大家会问？那如何区分用户是调用 acoral_suspend_thread()，还是调用 acoral_delay_self()导致线程 suspend 的呢？很简单，看线程 TCB 的 waiting 成员是否为空，如果因为等待时间或资源导致 suspend，其 waiting 肯定挂在一个队列上，则是调用 acoral_delay_self()导致线程 suspend；否则是直接 acoral_suspend_thread()导致的 suspend。当调用 acoral_resume_thread()时，这两种情况是有区分的，这将在下一节（恢复线程）详细讲述。

2. 恢复线程

线程恢复是线程挂起的逆过程，和线程挂起类似，线程恢复也有两个接口：acoral_resume_thread()（代码 6.62）、acoral_rdy_thread()。除了前者比后者多一个 acoral_sched()调用外，还多了一个判断，并且acoral_resume_thread()是用户能够调用的，而acoral_rdy_thread()是用户不能直接调用的，是内核内部调用。简单而言，acoral_resume_thread ()是可能立刻导致当前线程 suspend 的调用，而 acoral_rdy_thread 不会，必须要显示调用 acoral_sched 后，才有可能导致当前线程 suspend。另外，前面提到过，acoral_delay_self()和 acoral_suspend_thread()都会使线程进入 suspend 状态。

代码 6.62（..\1 aCoral\kernel\src\thread.c）

```
    void acoral_resume_thread (acoral_thread_t *thread) {
        acoral_sr CPU_sr;
        acoral_8 CPU;
        if(!(thread->state&ACORAL_THREAD_STATE_SUSPEND))                    (1)
            return;
    #ifdef CFG_CMP
        CPU=thread->CPU;                                                    (2)
          /*resumed*/
        if(CPU!=acoral_current_CPU) {
        acoral_ipi_cmd_send(CPU,ACORAL_IPI_THREAD_RESUME,thread->res.
        id,NULL);
            return;
        }
    #endif
        HAL_ENTER_CRITICAL();
        acoral_rdyqueue_add(thread);                                        (3)
        HAL_EXIT_CRITICAL();
        acoral_sched();                                                     (4)
    }
```

代码 6.62 L（1）判断如果当前线程不处于 suspend 状态，则不需要唤醒。代码 6.62 L（2）读取线程所在 CPU，如果不是当前 CPU，则要进行核间通信的特殊处理。代码 6.62 L（3）将线程挂到就绪队列上。代码 6.62 L（4）执行重调度。

3. 改变线程优先级

第 4 章提到，当多个线程互斥地访问某一共享资源的时候，可能导致优先级反转，优先级反转将造成实时调度算法的不确定性，进而影响系统实时性的确保。解决优先级反转的方法是优先级继承和优先级天花板，而在使用这两种方式的时候，需要动态改变线程优先级。

aCoral 描述线程优先级时，采用的是优先级队列，每个优先级是一个链表，因此改变优先级不是简单地将线程 TCB 的 prio 变量更改，最终要通过 acoral_thread_change_prio()实现将线程挂到要设置的优先级的链表上去（代码 6.63）。

代码 6.63（..\1 aCoral\kernel\src\thread.c）

```
    void acoral_thread_change_prio (acoral_thread_t* thread, acoral_u32 prio)
{
```

```
        acoral_sr CPU_sr;
    #ifdef CFG_CMP
        acoral_u32 CPU;
        CPU=thread->CPU;                                                      (1)
        if (CPU!=acoral_current_CPU) {
            thread->data=prio;
            acoral_ipi_cmd_send (CPU,ACORAL_IPI_THREAD_CHG_PRIO,thread) ;
            return;
        }
    #endif
        HAL_ENTER_CRITICAL();
    if (thread->state&ACORAL_THREAD_STATE_READY) {
            acoral_rdyqueue_del (thread) ;                                    (2)
            thread->prio = prio;                                              (3)
            acoral_rdyqueue_add(thread) ;                                     (4)
        }else
            thread->prio = prio;                                              (5)
        HAL_EXIT_CRITICAL();
    }
```

代码 6.63 L（1）读取线程所在 CPU，如果不是当前 CPU，则要进行核间通信的特殊处理。代码 6.63 L（2）到代码 6.63 L（4）判断如果线程处于就绪态，则将线程从就绪队列取下，改变优先级，再次将线程挂到就绪队列，因为此时 prio 成员变量的值已经改变，当挂载时就会挂到对应的优先级链表上；否则，只需通过代码 6.63 L（5）修改优先级。线程恢复时，会自动挂到新的优先级队列上。

4. 调度策略时间处理函数

除了中断外，时钟是推动系统不断运行的另一因素。系统启动后，晶体振荡器源源不断地产生周期性信号，通过设置，晶体振荡器可以为系统产生稳定的 Ticks，也称为心跳，Tick 是系统的时基，也是系统中最小的时间单位，Tick 的大小可以根据晶体振荡器的精度和用户的需求进行设置。每当产生一个 Tick，都对应着一个时钟中断服务程序 ISR，在 aCoral 中，时钟中断服务程序的具体实现是 acoral_Ticks_entry()，如代码 6.64。其中，包括了几项重要工作：延迟队列的处理 time_delay_deal()，将对挂到延迟队列中线程的 TCB 的 delay 成员值依次减少 1，如果某一线程的 TCB 的 delay 成员值减到了 0，将触发 aCoral 重调度 acoral_sched()；与调度策略相关的处理函数 acoral_policy_delay_deal()（代码 6.65），如采用周期性调度策略的线程或者采用时间片轮转调度策略的线程，acoral_policy_delay_deal()将维护每个线程的周期和时间片，每当某一线程新的周期到达，或者时间片到达，都将触发 acoral_sched()；超时处理 timeout_delay_deal()；用户也可以在 acoral_Ticks_entry()扩展自己所需的函数。

代码 6.64（..\1 aCoral\kernel\src\timer.c）

```
    void acoral_Ticks_entry (acoral_vector vector) {
    #ifdef CFG_HOOK_TickS
        acoral_Ticks_hook();
    #endif
            Ticks++;
```

```
    acoral_printdbg("In Ticks isr\n");
    if(acoral_start_sched==true){
        time_delay_deal();
        acoral_policy_delay_deal();
        /*-----------------------------*/
        /* 超时链表处理函数*/
        /* pegasus  0719*/
        /*-----------------------------*/
        timeout_delay_deal();
    }
}
```

对于 acoral_policy_delay_deal()，不同的调度策略有不同的时间处理函数 delay_deal()，它是在调度策略注册并初始化时进行绑定的，这充分体现了 aCoral 调度策略与调度机制分离的设计原则，见代码 6.65 和代码 6.66，如时间片轮转调度策略对应的时间处理函数为 slice_delay_deal()，其具体工作如代码 6.67。

代码 6.65（..\1 aCoral\kernel\src\policy.c）

```
void acoral_policy_delay_deal(){
    acoral_list_t   *tmp,*head;
    acoral_sched_policy_t  *policy_ctrl;
    head=&policy_list.head;
    tmp=head;
    for(tmp=head->next;tmp!=head;tmp=tmp->next){
        policy_ctrl=list_entry(tmp,acoral_sched_policy_t,list);
        if(policy_ctrl->delay_deal!=NULL)
            policy_ctrl->delay_deal();
    }
}
```

代码 6.66（..\1 aCoral\kernel\src\slice_thrd.c）

```
slice_policy_init(){
    slice_policy.type=ACORAL_SCHED_POLICY_SLICE;
    slice_policy.policy_thread_release=slice_policy_thread_release;
    slice_policy.policy_thread_init=slice_policy_thread_init;
    slice_policy.delay_deal=slice_delay_deal;
    slice_policy.name="slice";
    acoral_register_sched_policy(&slice_policy);
}
```

代码 6.67（..\1 aCoral\kernel\src\slice_thrd.c）

```
void slice_delay_deal(){
    acoral_thread_t *cur;
    slice_policy_data_t *data;
#ifndef CFG_TickS_PRIVATE
    acoral_u32 i;
    for(i=0;i<HAL_MAX_CPU;i++){
```

```
        cur=acoral_get_running_thread (i) ;
#else
        cur=acoral_cur_thread;
#endif
        if (cur->policy==ACORAL_SCHED_POLICY_SLICE) {
            cur->slice--;
            if (cur->slice<=0) {
                data=(slice_policy_data_t *)cur->private_data;      (1)
                cur->slice=data->slice_ld;                          (2)
                acoral_thread_move2_tail (cur) ;                    (3)
            }
        }
#ifndef CFG_TickS_PRIVATE
    }
#endif
}
```

代码 6.67 首先是获得当前运行线程，然后将其 TCB slice 成员的值减 1，根据时间片轮转调度策略，如果 slice 成员的值减到 0，则把当前线程 TCB 的 private_data 成员转换成时间片调度策略控制块的类型 slice_policy_data_t（代码 6.67 L（1））。将当前线程 TCB 的 slice 值恢复到调度策略控制块中指定的初始值（代码 6.67 L（2）），该线程的时间片重新开始计时（以 Tick 为单位）。最后通过代码 6.67 L（3）把当前线程置为队列尾部，具体步骤如代码 6.68。

代码 6.68（..\1 aCoral\kernel\src\ thread.c）

```
void acoral_thread_move2_tail (acoral_thread_t *thread) {
    acoral_8 CPU;
    acoral_sr CPU_sr;
#ifdef CFG_CMP
    CPU=thread->CPU;
        /*suspend*/
    if (CPU!=acoral_current_CPU) {
        acoral_ipi_cmd_send (CPU,ACORAL_IPI_THREAD_MOVE2_TAIL,thread->
        res.id,NULL) ;
        return;                                                     (1)
    }
#endif
    HAL_ENTER_CRITICAL();
    acoral_unrdy_thread(thread);                                    (2)
    acoral_rdy_thread(thread);                                      (3)
    HAL_EXIT_CRITICAL();
    acoral_sched();                                                 (4)
}
```

代码 6.68 L（1）给特定 CPU 发送命令。代码 6.68 L（2）采用 acoral_unrdy_thread()将当前线程从就绪队列中移出。代码 6.68 L（3）采用 acoral_rdy_thread()将线程队列中的下一线程置为就绪线程。代码 6.68 L（4）进行重调度。

6.4 事务处理机制

对应嵌入式实时系统而言，内核启动后，用户可以默认地创建几个线程。在没有用户干预的情况下，哪个线程先执行？哪个线程后执行？哪个线程执行多长时间，完全由acoral_sched()根据用户指定的调度策略（如周期性策略、时间片轮转策略等）来决定，而周期性策略、时间片轮转策略等需要时钟来触发和维护；如果用户线程执行完毕，内核将安排idle 线程执行；如果用户需要干预系统运行，并通过按钮、键盘等输入设备提出新的事务请求，内核将通过中断机制接收并进行相关处理，若因事务过于复杂而造成中断服务程序 ISR难以处理，ISR 的最后部分将创建新的线程来接收用户的请求，再 acoral_sched()安排其执行；如果多个线程并发执行过程中因资源暂时无法获取、异常等内部原因造成当前线程无法继续执行，内核也将通过中断来挂起当前线程，再由 acoral_sched()安排其他线程执行。以上便是内核提供的事务处理机制，事务处理机制可分为事件触发机制（Event-triggered）和时间触发（Time-triggered）机制。通过中断响应、处理来触发内核重调度的机制属于事件触发机制；通过时钟维护、管理来触发内核重调度的机制属于时间触发机制。而中断和时钟是分别实现这两种机制的处理方式。

6.4.1 中断管理

第 3 章讨论过在没有 RTOS 情况下的中断处理，例如，如何注册用户的 ISRs？如何保存和恢复现场？现场需要保存哪些信息？如何响应并执行用户的 ISRs？如何通过引入中断实现一个前后台系统？那么在有操作系统的情况下，中断的响应、处理、注册会有什么不同呢？

中断首先是一种硬件机制，其优先级高于系统中所有任务，它的产生将会中断某个线程或者正在执行程序的运行。因此从这个角度来说，即使没有操作系统的系统也是可以实现操作系统的部分功能，如抢占，当然这个抢占只是一个中断处理程序段，而不是真正意义上的线程抢占，如果将 ISR 看成一个“简单线程”，那么也是可以看成线程抢占，只是在这种系统中，一个中断就对应一个线程。同时这种系统也是具有优先级的，因为中断本身就是有优先级的，因此中断系统可以说成是一个微型的硬件实现调度的操作系统。只是，这样的系统不够灵活，因为用户须自己写程序去安排中断的执行，实现“简单线程”的调度，维护系统的运行，并且一个系统只能实现某一特定的调度策略，没有将调度策略与调度机制分离。此外，这样的系统只能适合于简单的、事物处理能力小的嵌入式系统。

正如前面提到的事务处理机制，操作系统内核的实现是必须借助中断才能完成的，中断也是内核的一个重要组成部分，因此从架构上设计出一种优秀的中断子系统是有必要，尤其在多核实时系统。

1. 中断发生及响应

（1）硬件抽象 HAL 层响应。中断请求 IRQ 被中断控制器汇集成中断向量（Interrupt Vector），每个中断向量对应一个中断服务程序 ISR，中断向量存放了 ISRs 的入口地址或ISRs 的第一条指令。系统中通常包含多个中断向量，存放这些中断向量对应 ISRs 入口地址的内存区域被称为中断向量表。在 Intel 80x86 处理器中，中断向量表包含 256 个入口，每个中断向量需要四字节存放 ISR 的首地址。根据第 3 章的内容，ARM 处理器的中断请

求 IRQ 将被中断控制器汇集到异常向量（每个异常向量四字节），该异常向量位于 ARM 异常向量表的第 7 条记录，由于 ARM 异常向量表存放在内存 0x00000000 开始处(图 6.20)，IRQ 将被中断控制器汇集成到 0x00000018（第 7 条记录的起始地址）的内存地址，也就是说，当 IRQ 发生时，PC 将通过硬件机制跳转到 0x00000018 开始执行（图 6.20）。

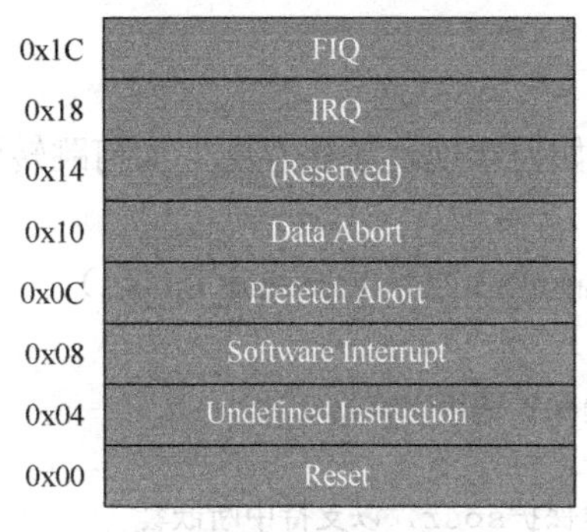

（a）异常向量表的内存地址

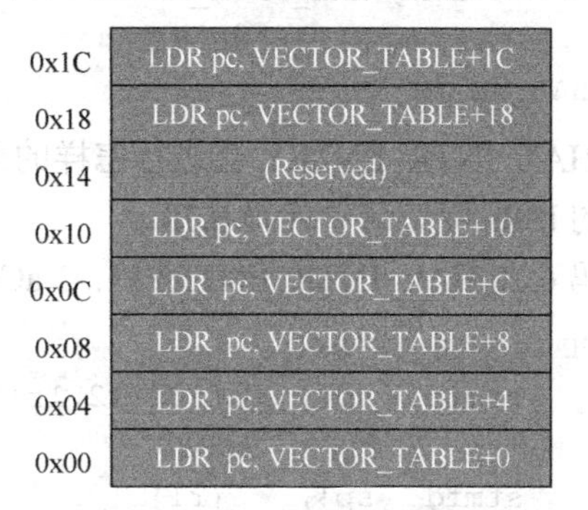

（b）异常向量表中的指令

图 6.20　ARM 异常向量表

异常向量表从 0x00 到 0x1C 的地址空间分别存放的是什么内容呢？是像 80x86 的中断向量表一样，存放的是 ISR 的首地址吗？根据 ARM 的中断机制，0x00 到 0x1C 存放的是 8 条跳转指令，其中，0x00 处存放的是“LDR pc, VECTOR_TABLE+0”，意味着当系统复位时，pc 将跳转到 0x00（该地方是一条四字节的跳转指令），此时，pc 值将变成“VECTOR_TABLE+0”，VECTOR_TABLE 是 ARM 处理器中断向量表的起始地址（用户可自己定义，其内容如代码 6.69）。异常向量表中其他位置存放的跳转指令分别在处理器出现如下情况时发生：未定义指令、软中断、预取指终止、数据终止、普通中断、快速中断异常时执行（详见第 3 章）。本章重点讨论与用户更密切的普通中断（IRQ）处理的相关实现机制。

当处理器发生 IRQ 时，pc 将跳转到 0x18，该地方是另一条四字节的跳转指令“LDR pc, VECTOR_TABLE+0x18”，此时，pc 值将变成“VECTOR_TABLE+0x18”，从代码 6.69 的中断向量表可知，VECTOR_TABLE+0x18 处存放的是 HAL_INTR_ENTRY，它是指向所有 IRQ 的一个公共入口。也就是说，当各种 IRQ 发生时，都将汇拢到 HAL_INTR_ENTRY，进行与硬件相关的处理，也称为 HAL 层中断处理。

代码 6.69 异常向量表（..\1 aCoral \kernel\include\int.h）

```
HAL_VECTR_START:
        LDR     pc, VECTOR_TABLE+0       @ Reset              (1)
        LDR     pc, VECTOR_TABLE+4       @ Undefined          (2)
        LDR     pc, VECTOR_TABLE+8       @ SWI                (3)
        LDR     pc, VECTOR_TABLE+0xc     @ Prefetch Abort     (4)
        LDR     pc, VECTOR_TABLE+0x10    @ Data Abort         (5)
        LDR     pc, VECTOR_TABLE+0x14    @ RESERVED           (6)
        LDR     pc, VECTOR_TABLE+0x18    @ IRQ                (7)
        LDR     pc, VECTOR_TABLE+0x1c    @ FIQ                (8)

VECTOR_TABLE:
      .long EXP_HANDLER
      .long EXP_HANDLER
```

```
    .long EXP_HANDLER
    .long EXP_HANDLER
    .long EXP_HANDLER
    .long EXP_HANDLER
    .long HAL_INTR_ENTRY
    .long EXP_HANDLER
HAL_VECTR_END:
```

那 HAL_INTR_ENTRY 会进行怎样的处理呢？如何实现现场保存呢？如何跳转到各中断号对应的 ISRs 呢？请看代码 6.70。

代码 6.70 HAL_INTR_ENTRY（..\1 aCoral \hal\arm\S3C2440\src\ hal_int_s.s）

```
HAL_INTR_ENTRY:
    stmfd  sp!,   {r0-r12,lr}        @保护通用寄存器及PC                    (1)
    mrs    r1,    spsr                                                     (2)
    stmfd  sp!,   {r1}               @保护spsr，以支持中断嵌套              (3)
    msr    cpsr_c, #SVCMODE|NOIRQ    @进入SVCMODE,以便允许中断嵌套         (4)

    stmfd  sp!,   {lr}               @保存SVC模式的专用寄存器lr             (5)
    ldr    r0,    =INTOFFSET         @读取中断号                            (6)
    ldr    r0,    [r0]                                                     (7)
    mov    lr,    pc                 @求得最新lr的值                        (8)
    ldr    pc,    =hal_all_entry                                           (9)
    ldmfd  sp!,   {lr}               @恢复svc模式下的lr,                    (10)
    msr    cpsr_c,#IRQMODE|NOINT     @更新cpsr,进入IRQ模式并禁止中断        (11)

    ldmfd  sp!,{r0}                  @spsr->r0                             (12)
    msr    spsr_cxsf,r0              @恢复spsr                              (13)
    ldmfd  sp!,{r0-r12,lr}                                                 (14)
    subs   pc,lr,#4                  @此后，中断被重新打开                  (15)
```

代码 6.70 首先通过 L（1）将寄存器 R0～R12 的值保存在中断模式下堆栈指针指向的内存地址（堆栈以递减方式生长），然后保存中断返回地址 LR（LR 存放的是中断发生时，被中断程序的下一条指令）到堆栈中，最后通过代码 6.70 L（2）和代码 6.70 L（3）保存 SPSR，以支持中断嵌套。上述压栈的顺序为：R0，R1，…，R12，LR，CPSR。代码 6.70 L（4）将 ARM 处理器切换到 SVC 模式，并且通过代码 6.70 L（5）保存 SVC 模式连接寄存器 LR 到堆栈中。到此，完成了中断现场保护的工作。

代码 6.70 L（6）读取中断控制器中 INTOFFSET 寄存器的值，对 INTOFFSET 的读写操作与其他内存地址一致。当某个 IRQ 发生时，INTOFFSET 会为该中断源分配一个整数（如时钟中断，对应的整数是 0），这个整数也唯一地对应于该中断源。这样可通过读取该寄存器分辨不同的中断源，进而执行不同的 ISR。代码 6.70 L（7）将 INTOFFSET 的值赋给 R0，代码 6.70 L（8）将 PC 赋给 LR，代码 6.70 L（9）跳转到用 C 语言编写的中断公共入口函数“hal_all_entry”，刚才的 R0 将作为参数传给 hal_all_entry()，hal_all_entry()的实现如代码 6.71 所示，它执行时所需的参数 vector 就是 R0。剩下的代码 6.70L（10）到代码 6.70L（15）是 ISR 处理完成后的现场恢复，是代码 6.70L（1）到代码 6.70L（5）的逆过程。

代码 6.71（..\1 aCoral\hal\arm\S3C2440\src\hal_int_c.c）

```
void hal_all_entry(acoral_vector vector){
    unsigned long eint;
    unsigned long irq=4;
    if(vector==4||vector==5){                              (1)
      eint=rEINTPND;                                       (2)
      for(;irq<24;irq++){                                  (3)
              if(eint & (1<<irq)){                         (4)
                  acoral_intr_entry(irq);                  (5)
                  return;                                  (6)
              }
          }
    }
    if(vector>5)                                           (7)
      vector+=18;                                          (8)
    if(vector==4)
      acoral_prints("DErr\n");
    acoral_intr_entry(vector);                             (9)
}
```

（2）内核层响应。HAL 层的处理完成后，通过 hal_all_entry 进入内核层响应（代码 6.71），hal_all_entry 是与 ARM S3C2440 中断控制器密切相关的设置，经过相关处理后，会调用真正的中断公共服务入口函数 acoral_intr_entry()，开始内核层的中断处理。

由于 ARM S3C2440 的中断机制中，第 4 号中断到第 7 号中断复用了中断号 4，第 8 号中断到第 23 号中断复用了中断号 5，因此，当从 INTOFFSET 中读取的值为 4 或 5 时，需要通过代码 6.71 L（1）到代码 6.71 L（6），并根据寄存器 EINTPND 的值进一步区分中断源。由于 4 号到 7 号之间包括 4 个中断，而 8 号到 23 号之间包括 16 个中断，再除去 4 号和 5 号本身，总共包括 18 个中断，如图 6.21 所示。因此，当从 INTOFFSET 中读取的值 R0 大于 5 时，实际对应在内核层中的中断号应该是 R0+18，如代码 6.71L（7）与代码 6.71L（8）。

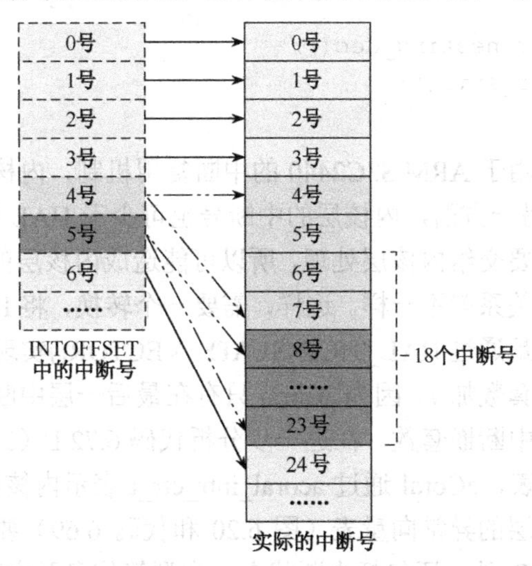

图 6.21　ARM S3C2440 中 4、5 号中断的复用

代码 6.71 经过简单处理之后，调用真正的中断公共服务入口函数 acoral_intr_entry()，代

码 6.71L（9），而 acoral_intr_entry()的实现如代码 6.72。

代码 6.72（..\1 aCoral\kernel\src\int.c）

```
/*============================
*the commen isr of vector
*中断公共服务入口函数
*============================*/
void acoral_intr_entry (acoral_vector vector) {
    acoral_vector index;
#ifdef CFG_DEBUG
    acoral_print ("isr in CPU:%d\n",acoral_current_CPU) ;
#endif
    HAL_TRANSLATE_VECTOR(vector,index);                         (1)
    acoral_intr_nesting_inc();                                  (2)
    if (intr_table[index].type==ACORAL_EXPERT_INTR) {
        intr_table[index].isr(vector);                          (3)
       acoral_intr_disable();
  } else{  //这个之前都要是关中断的，调用中断进入函数
        if (intr_table[index].enter!=NULL)
        intr_table[index].enter(vector);                        (4)
        //开中断
            acoral_intr_enable();                               (5)
            //调用该中断的服务处理函数
            intr_table[index].isr(vector);                      (6)
            //关中断
             acoral_intr_disable();                             (7)
       //调用中断退出函数
   if (intr_table[index].exit!=NULL)
      intr_table[index].exit(vector);                           (8)
  }
    acoral_intr_nesting_dec();                                  (9)
    acoral_intr_exit();                                         (10)
}
```

这里需要提到的是：由于 ARM S3C2440 的中断复用机制，内核层的中断号可比 HAL 层的中断号多（图 6.21）。另一方面，内核层的中断号也可少于 HAL 层的中断数，这是因为有些特殊中断或异常时不需要交给内核层处理，所以可能造成内核层的中断数减少，故 HAL 层中断与内核层中断的对应关系就不一样。这样，需要一个转换，将 HAL 层的中断号转换为内核层的中断表号，该转换是通过 HAL_TRANSLATE_VECTOR()实现的，如代码 6.72 L（1）。代码 6.72 L（2）将中断嵌套数加 1，因为 aCoral 只有在最后一层中断退出时才执行调度函数，因此需要一个变量来记录中断嵌套数。在进一步分析代码 6.72 L（3）之前，必须先介绍一下 aCoral 内核层的中断向量表，aCoral 通过 acoral_intr_ctr_t 表示内核层的中断向量表（如代码 6.73）。显然，它比 HAL 层的异常向量表（图 6.20 和代码 6.69）要丰富，除了中断号 index 和相应的中断服务程序 ISR 外，还包括中断状态、类型等信息及中断进入时处理（如清除中断 Pendindg 位）、中断退出时处理（如置中断结束位）、中断屏蔽、中断开启等操作。其中，中断状态 state 是内核层状态，其实中断在 HAL 层也有状态，如挂起、正在处理、处理完毕

等，内核层的 state 除了包含这状态外，还可以增加一些状态以满足特殊需求。这样设计的目的是为了增加中断的灵活性和可扩展性。也许大家会说为什么要为每个中断设置这样的函数指针，为什么不能共用呢？如中断屏蔽函数，直接用一个函数就可以了，只要传入一个中断号参数区分是对哪个中断操作就可以了，确实这种方式是比较好，事实上，aCoral 早期就是采用这种方式，中断屏蔽、取消中断屏蔽函数就是共用的，名字分别为 HAL_INTR_MASK、HAL_INTR_UNMASK，但是后来为什么采取这种指针的方式呢？一是方便管理，可以灵活修改，还有一个不得不修改的理由：嵌入式 SOC 芯片，不同中断，其屏蔽、取消屏蔽的操作并不是很一致的，有些中断差异很大，采用指针这种方式可以很有效地解决问题，就是中断初始化的时候，所有中断的 mask、unmask 都是指向通用的 mask、umask 函数，而对于特殊中断，则在对其特殊初始化的时候更改相应的指针就可以了。

代码 6.73（..\1 aCoral\kernel\include\int.h）

```
typedef struct {
    acoral_u32 index;                              //内核层中断号（中断索引号）
    acoral_u8 state;                               //中断状态
    acoral_u8 type;                                //中断类型
    void  (*isr) (acoral_vector);                  //ISR
    void  (*enter) (acoral_vector);                //中断进入时的处理
    void  (*exit) (acoral_vector);                 //中断退出时的处理
    void  (*mask) (acoral_vector);                 //中断除能
    void  (*unmask) (acoral_vector);               //中断使能
}acoral_intr_ctr_t;
```

代码 6.72 L（3）根据转换后的中断号 index，从中断向量表中找到相应的中断向量，如果中断的类型属于专家模式，则根据内核中断标号找到对应的中断结构体，然后调用这个中断的进入处理函数 ISR，并且通过 acoral_intr_disable()除能中断关中断。讲到这，必须要解释一下 aCoral 的中断的 3 种中断模式。

（1）实时模式：这种模式的中断，中断处理程序直接被调用，即不经过 HAL_INTR_ENTRY->acoral_intr_entry->中断处理程序。这种方式明显减少了中断响应时间，增加了中断的实时性。

（2）专家模式：这种模式需要用户在中断处理程序中自己处理中断响应相关的操作，如清中断位等操作，该模式主要应用于特殊中断，如 aCoral 的网卡中断，就需要在中断里关闭中断，这种方式就没法调用统一中断模型。

（3）普通模式：这种模式主要是为了方便用户编程。估计编过嵌入式软件中断处理程序的人都知道，中断处理程序往往要使用汇编，并对处理相关存器进行操作，这就需要编程人员需要一些硬件知识。而 aCoral 的普通模式就为了简化中断处理程序的编写。aCoral 中的普通模式的中断处理程序不需要任何中断硬件相关的操作，只需编写中断要做什么事情就可以了。

回到代码 6.72，判断是否为专家模式中断。如果是，直接调用中断处理程序。如果中断类型属于非专家模式，则需调用该中断结构体的 enter()成员，进行中断进入时的处理（代码 6.72 L（4）），然后开启中断（代码 6.72 L（5））。为什么要开启中断呢？前面提到过，在进入 hal_all_entry()之前是要临时关中断的，但是中断处理程序往往会比较长，如果整个过程都关中断，必然影响中断的性能，因此为了保证中断性能和实时性，此时要开启中断。之后，再调用其 ISR，如代码 6.72 L（6），ISR 是在中断初始化时进行注册和绑定的。

当 ISR 处理结束后，需要关闭中断，再调用该中断对应的退出函数，并将中断嵌套数减 1（代码 6.72 L（9））。代码 6.72 中的 acoral_intr_disable()、acoral_intr_enable()是与硬件相关的操作，aCoral 分别在头文件 int.h（..\1 aCoral\kernel\include）中定义 HAL_INTR_DISABLE()、HAL_INTR_ENABLE()来实现中断屏蔽和中断开启，具体见代码 6.74 和代码 6.75。

代码 6.74（..\acoral\hal\arm\S3C2440\src\ hal_int_s.s）

```
HAL_INTR_ENABLE:
    mrs r0,cpsr
    bic r0,r0,#NOINT
    msr cpsr_cxsf,r0
    mov pc,lr
```

代码 6.75（..\acoral\hal\arm\S3C2440\src\ hal_int_s.s）

```
HAL_INTR_DISABLE:
    mrs r0,cpsr
    mov r1,r0
    orr r1,r1,#NOINT
    msr cpsr_cxsf,r1
    mov pc ,lr
```

最后，代码 6.72 L（10）做中断退出时的相关处理，具体如代码 6.76。大家是否觉得 acoral_intr_exit() 和 acoral_sched()（代码 6.41）是差不多的？是的，除了“HAL_INTR_EXIT_BRIDGE()”外，两个函数完全一样。

代码 6.76（..\1 aCoral\kernel\src\int.c）

```
/*===========================
*The exit function of the vector
*中断退出函数
*===========================*/
void acoral_intr_exit(){
    if (!acoral_need_sched)                          (1)
   return;
    if(acoral_intr_nesting)                          (2)
   return;
    if(acoral_sched_is_lock)                         (3)
   return;
    if (!acoral_start_sched)                         (4)
   return;
    //如果需要调度，则调用此函数
    HAL_INTR_EXIT_BRIDGE();                          (5)
}
```

代码 6.76 L（1）判断如果中断退出时不需要调度（即调度标志为假），则直接退出。代码 6.76 L（2）判断如果中断属于嵌套中断，也要直接退出。代码 6.76 L（3）判断如果调度标志未开启，也退出。代码 6.76 L（4）判断如果是否开始调度标志未开启，直接退出。代码 6.76

L（5）判断如果有任务需要调度，则执行 HAL_INTR_EXIT_BRIDGE()。在 hal_comm.h 文件（..\1 aCoral\hal\include）中，将 HAL_INTR_EXIT_BRIDGE() 定义为 hal_intr_exit_bridge_comm()，其具体操作如代码 6.77，可见，中断退出时，如果需要调度，则会通过 acoral_real_intr_sched()调度线程执行，这一点也和 acoral_sched()类似。

代码 6.77（..\1 aCoral\hal\src \hal_comm..c）

```
void hal_intr_exit_bridge_comm(){
        acoral_sr CPU_sr;
    HAL_ENTER_CRITICAL();
        acoral_real_intr_sched();
    HAL_EXIT_CRITICAL();
}
```

根据前面的叙述，可知，中断发生时，aCoral 的响应和执行的主要流程可用图 6.22 来描述，其中，“Save ri”表示保存 ARM S3C2440 寄存器的值（保存现场），“IntrServerSoute”表示要执行的中断服务程序，“Restore ri”表示恢复中断前 ARM S3C2440 的寄存器值（恢复现场），其他函数及其实现请查阅相关代码。

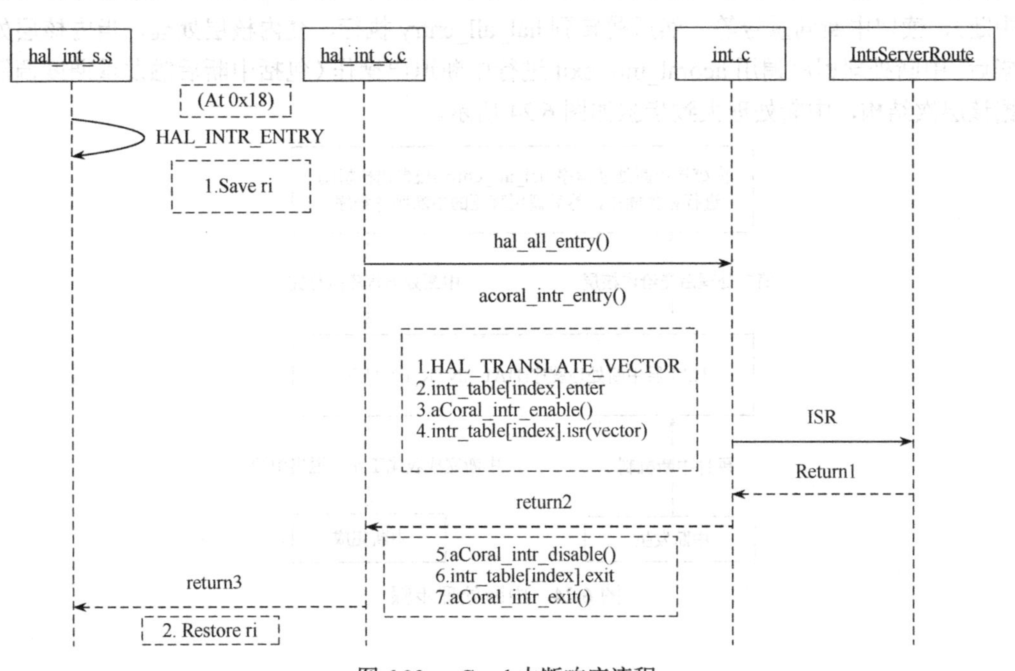

图 6.22 aCoral 中断响应流程

2. 中断系统结构

在 RTOS 中，中断是与具体硬件平台关联度最大的部分，为了实现高可移植性、可配置性，中断子系统依照 aCoral 的整体层次结构来设计，划分为 HAL（硬件抽象层）和内核层，如图 6.23 所示。在 HAL 层先将各种中断汇拢，对与硬件相关的公共部分进行前序处理，然后在内核层根据中断源进行后序处理。

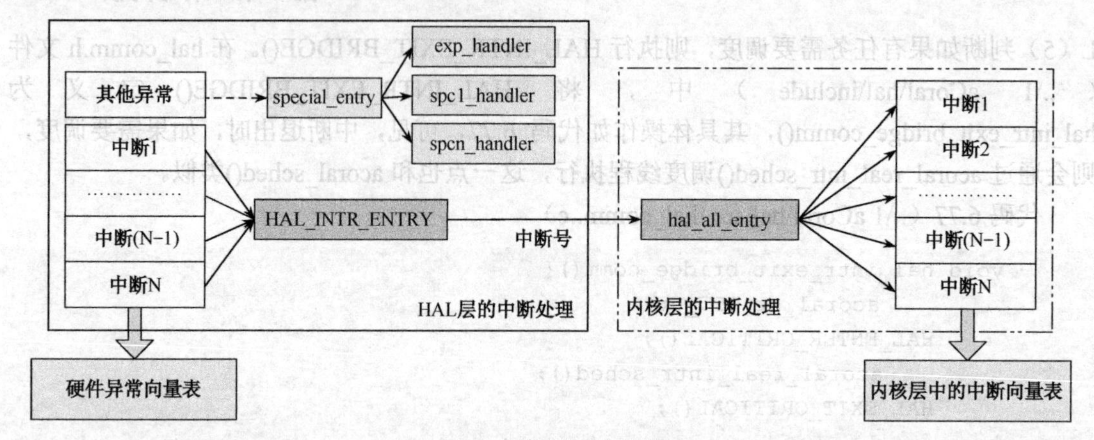

图 6.23　中断子系统结构图

HAL 层的处理将复位、未定义指令、软中断、预取指终止、数据终止、快速中断等异常的异常号交给 special_entry 进行相应的专门处理（见代码 6.69 的异常向量表，这部分不做详细讨论）。而将普通中断 IRQ 的异常都赋值为 HAL_INTR_ENTRY，HAL_INTR_ENTRY 根据中断控制器产生的中断号做一些必要的公共操作，如压栈、临时关中断（如果硬件没有自动关中断）、读取中断向量号等，然后跳转到 hal_all_entry 执行，交内核层处理，当内核层处理完毕后，中断处理程序调用 acoral_intr_exit 进行中断退出操作（包括中断后触发重调度调等）。根据该层次结构，中断处理大致步骤如图 6.24 所示。

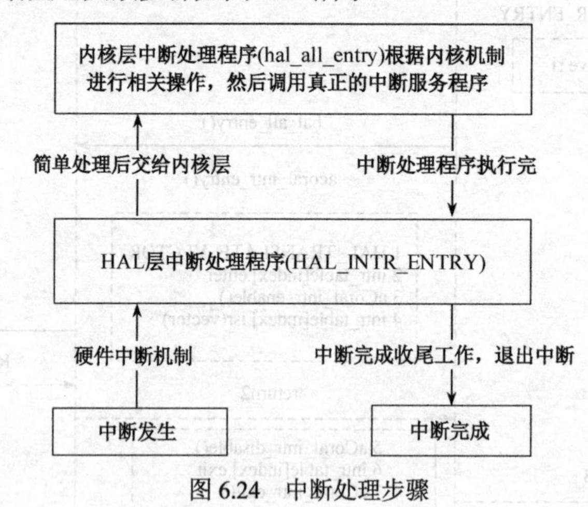

图 6.24　中断处理步骤

3. 中断初始化

前面介绍了 aCoral 如何响应并处理硬件产生的中断。那 aCoral 是如何知道某个中断应该触发哪个 ISR 的执行呢？不同中断执行过程中的进入时处理、退出时处理、中断屏蔽、中断开启等操作各有什么不同呢？这些操作又如何体现在内核层在中断向量表（acoral_intr_ctr_t）中呢？这是中断子系统初始化必须回答的问题。因此，在中断能够正确响应并处理以前，必须做相关初始化，中断初始化是 aCoral 内核各模块初始化（acoral_module_init()）过程中的首要工作，如代码 6.23，由 acoral_intr_sys_init()实现，如代码 6.78。

代码 6.78 （..\1 aCoral\kernel\src\int.c）

```
/*===========================
*Initialize the interrupt
*中断初始化函数
*===========================*/
void acoral_intr_sys_init(){
     acoral_u32 i;
     acoral_vector index;
            //关中断
     acoral_intr_disable();                                          (1)
            //中断嵌套标志初始化
   HAL_INTR_NESTING_INIT();                                          (2)
//中断底层初始化函数
     HAL_INTR_INIT();                                                (3)
          //对于每个中断，设置默认的服务处理程序，然后屏蔽该中断
     for(i=HAL_INTR_MIN;i<=HAL_INTR_MAX;i++){                        (4)
         HAL_TRANSLATE_VECTOR(i,index);                              (5)
         intr_table[index].isr=acoral_default_isr;                   (6)
         intr_table[index].type=ACORAL_COMM_INTR;                    (7)
         acoral_intr_mask(i);                                        (8)
     }
          //特殊中断初始化
     HAL_INTR_SPECIAL();                                             (9)
}
```

在中断初始化时，先要将中断关闭（代码 6.78 L（1）），否则可能会出现异常，然后是中断嵌套标志初始化（代码 6.78 L（2））。代码 6.78 L（3）进行中断底层硬件初始化，这是针对 ARM S3C2440 所做的初始化。代码 6.78 L（4）对每一个中断进行初始化操作，首先是将每一个 HAL 层的中断号转换成内核层的中断号代码（6.78 L（5）），再通过代码 6.78 L（6）为它设置默认的处理函数（即为每个中断初始化默认的中断服务程序 acoral_default_isr()，初始化时，可为简单的“acoral_printdbg（"in Default interrupt route\n"）;”），系统实际运行过程中，对各个中断的处理是不一样的，而且是与具体的外部设备密切相关的，因此，需要根据各个外部设备以及用户的实际需求为各中断注册服务程序 ISR。代码 6.78 L（7）设置中断类型为 ACORAL_COMM_INTR，也就是普通中断。代码 6.78 L（8）屏蔽各中断。代码 6.78 L（9）进行一些特殊的中断初始化，这是在初始化后要调用的接口，有些平台需要在初始化后执行一些特殊化的初始化操作。

根据代码 6.78，中断的初始化过程也分为 HAL 层初始化和内核层初始化，其中，acoral_intr_disable()以及以“HAL”打头的是 HAL 层初始化，剩下的是内核层初始化。

（1）HAL 层初始化。HAL 层初始化是针对具体硬件平台的中断特性做相关设置。前面提到 acoral_intr_disable()属于 HAL 层初始化，因为中断关闭是与具体硬件平台相关的，而且，其最终实现是 HAL_INTR_DISABLE，如代码 6.75。接下来的 HAL_INTR_NESTING_INIT() 是通过定义 hal_intr_nesting_init_comm()（..\1 aCoral\hal\src\ hal_comm.c）来实现的，如代码 6.79，可见，中断嵌套初始化是将中断嵌套次数的初始值设置为 0。

代码 6.79（..\1 aCoral\hal\src\ hal_comm.c）

```
/*============================
*initialize the nesting
*中断嵌套初始化
*============================*/
void hal_intr_nesting_init_comm(){
     acoral_u32 i;
     for(i=0;i<HAL_MAX_CPU;i++)
        intr_nesting[i]=0;
}
```

然后，通过 HAL_INTR_INIT()完成中断优先级、屏蔽寄存器及中断向量表私有函数等初始化，如代码 6.80。

代码 6.80（..\1 aCoral\hal\arm\S3C2440\src\ hal_int_c.c）

```
void hal_intr_init(){
 acoral_u32 i;
     rPRIORITY = 0x00000000;      /* 使用默认的固定的优先级*/              (1)
     rINTMOD = 0x00000000;        /* 所有中断均为IRQ中断*/                 (2)
     rEINTMSK = 0xffffffff;        /*屏蔽所有外部中断*/                    (3)
     rINTMSK = 0xffffffff;              /*屏蔽所有中断*/                   (4)

//设置各中断的私有函数，如应答，屏蔽。
     for(i=HAL_INTR_MIN;i<=HAL_INTR_MAX;i++){                              (5)
        acoral_set_intr_enter(i,hal_intr_ack);
        acoral_set_intr_exit(i,NULL);
        acoral_set_intr_mask(i,hal_intr_mask);
        acoral_set_intr_unmask(i,hal_intr_unmask);
     }
}
```

代码 6.80 先是通过设置中断控制器的相关寄存器来确定中断优先级、类型，屏蔽所有中断等（代码 6.80 L（1）～L（4）)，这些设置是 ARM S3C2440 中断初始化所特有的，也是必须的。也许大家有个疑问：这里的“屏蔽所有中断”和代码 6.78 L（1）中的关中断有什么区别呢？关中断是将 ARM 处理器程序当前状态寄存器的第 6 位置为“1”，此时，ARM 成为关中断模式，不会对任何 IRQ 做出相应。而屏蔽所有中断是设置中断控制器的屏幕寄存器每一位都置为“1”，用于屏蔽所有中断，用户可以通过改变屏幕寄存器的某些位来屏蔽某些中断，不至于关闭所有中断。

（2）内核层初始化。完成与硬件相关的初始化后，开始内核层的中断初始化，设置内核层的中断向量表。代码 6.80 L（5）是初始化每个中断向量（中断描述符 acoral_intr_ctr_t）的数据成员，即为每个中断设定默认的进入时处理、退出时处理、屏蔽、开启等操作函数，如代码 6.81，而具体的相应处理是由代码 6.80 L（5）传入的函数决定，分别为 “hal_intr_ack”（中断进入）、“NULL”（目前，中断退出时的操作设置为空）、“hal_intr_mask”（中断屏蔽）和“hal_intr_unmask”（中断开启）。

代码 6.81（..\1 aCoral\kernel\src \int.c）

```
*============================
*Set the enter function of the vector
*设置中断进入函数为isr
*============================*/
void acoral_set_intr_enter (acoral_vector vector,void (*isr) (acoral_
vector) ) {
    acoral_vector index;
    HAL_TRANSLATE_VECTOR (vector,index) ;
    intr_table[index].enter=isr;
}


/*============================
*Set the exit  function of the vector
*设置中断退出函数为isr
*============================*/
void acoral_set_intr_exit (acoral_vector vector,void (*isr) (acoral_
vector) ) {
    acoral_vector index;
    HAL_TRANSLATE_VECTOR (vector,index) ;
    intr_table[index].exit=isr;
}


/*============================
*Set the mask  function of the vector
*设置中断屏蔽函数为isr
*============================*/
void acoral_set_intr_mask (acoral_vector vector,void (*isr) (acoral_
vector) ) {
    acoral_vector index;
    HAL_TRANSLATE_VECTOR (vector,index) ;
    intr_table[index].mask=isr;
}


/*============================
*Set the unmask function of the vector
*设置中断使能函数为isr
*============================*/
void acoral_set_intr_unmask (acoral_vector vector,void (*isr) (acoral_
vector) ) {
    acoral_vector index;
    HAL_TRANSLATE_VECTOR (vector,index) ;
    intr_table[index].unmask=isr;
}
```

“hal_intr_ack”、“NULL”、“hal_intr_mask”和“hal_intr_unmask”的，实现又是与具体硬

件平台相关。对于 ARM S3C2440 而言，中断进入时的操作是由 hal_intr_ack 实现的（如代码 6.82），这里主要是清除中断 Pendindg 位。由于第 4 号中断到第 7 号中断复用了中断号 4，第 8 号中断到第 23 号中断复用了中断号 5，所以中断进入时操作除了设置寄存器 INTPND 外，还需设置寄存器 EINTPND，剩下的需要设置寄存器 INTPND 和 SRCPND。中断退出时的操作目前设置为空。

代码 6.82（..\1 aCoral\hal\arm\S3C2440\src\ hal_int_c.c）

```
static void hal_intr_ack (acoral_u32 vector) {
        if ( (vector>3)  &&  (vector<8) ) {
             rEINTPND &= ~ (1<<vector) ;
             vector = 4;
          }
        else if ( (vector>7)  &&  (vector<24) ) {
             rEINTPND &= ~ (1<<vector) ;
             vector = 5;
          }
        else if (vector > 23)
             vector -= 18;
           rSRCPND = 1<<vector;
  rINTPND = 1<<vector;
}
```

中断屏蔽时的操作是由 hal_intr_mask 实现的，如代码 6.83。同理，由于第 4 号中断到第 7 号中断复用了中断号 4，第 8 号中断到第 23 号中断复用了中断号 5，所以中断屏蔽时除了设置寄存器 INTMSK 外，还需设置寄存器 EINTMSK，剩下的只需设置寄存器 INTMSK。有关中断控制器的设置请参考数据手册[2]。

代码 6.83（..\1 aCoral\hal\arm\S3C2440\src\ hal_int_c.c）

```
static void hal_intr_mask (acoral_vector vector) {
        if ( (vector>3)  &&  (vector<8) ) {
             rEINTMSK |= (1<<vector) ;
             vector = 4;
          }
        else if ( (vector>7)  &&  (vector<24) ) {
             rEINTMSK |= (1<<vector) ;
             vector = 5;
          }
        else if (vector > 23)
             vector -= 18;
        rINTMSK |=  (1<<vector) ;
}
```

中断开启的操作由 hal_intr_unmask 实现，是中断屏蔽的逆操作，如代码 6.84。

代码 6.84（..\1 aCoral\hal\arm\S3C2440\src\ hal_int_c.c）

```
static void hal_intr_unmask (acoral_vector vector) {
         if ( (vector>3)  &&  (vector<8) ) {
             rEINTMSK &=~ (1<<vector) ;
             vector = 4;
```

```
        }
        else if ( (vector>7) && (vector<24) ) {
            rEINTMSK &=~ (1<<vector) ;
            vector = 5;
        }
        else if (vector > 23)
            vector -= 18;
        rINTMSK &=~ (1<<vector) ;          /*开启中断*/
}
```

根据前面的叙述，ARM S3C2440 中断的初始化过程可以通过图 6.25 来描述，其中，“Set_Intr_En_Ex_Ma_Un”表示为每个中断设定默认的进入时处理、退出时处理、屏蔽、开启等操作函数，“Set_ISR_For_Vector”表示为每个中断设定默认的 ISR。

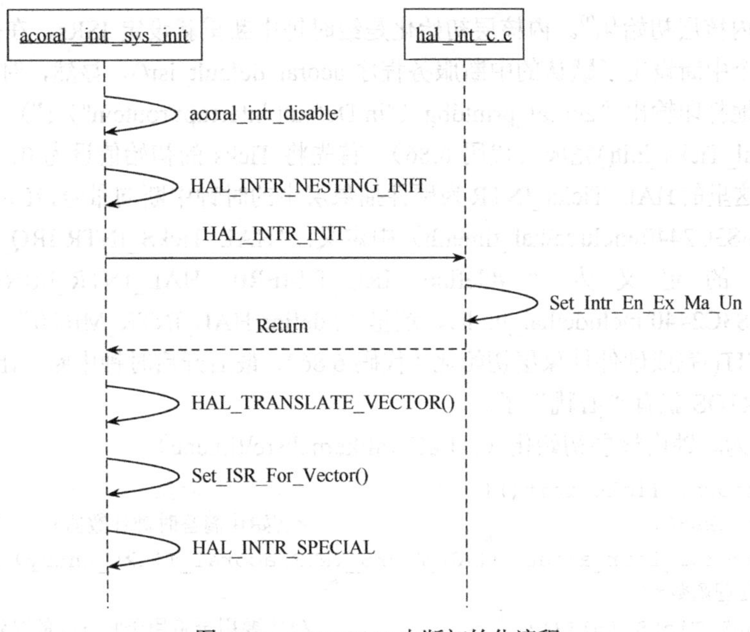

图 6.25　ARM 2440 中断初始化流程

4. 时钟中断实例

这一节，以时钟中断为例，介绍其初始化过程。在 RTOS 中，Ticks 是非常重要的单位，它是操作系统运行的时基，也是调度的一个激发源。Ticks 是由中断触发产生的，每隔一定时间就会触发一次时钟中断，用来计时，如线程的延时函数就是要利用 Ticks 时钟。时钟初始化是 aCoral 系统初始化的一项重要工作。根据 6.2.5 节的描述，当开发板完成启动和 aCoral 的加载后，系统会通过代码 6.24 L（1）进入 acoral_start()，而时钟初始化是 acoral_start()的重点工作之一。

（1）时钟 HAL 层初始化。HAL 层的时钟初始化主要是设置 Ticks 时钟中断相关的寄存器，如代码 6.85，主要涉及时钟模式、时钟计数值、时钟开启等寄存器操作，详细请参考 ARM S3C2440 芯片手册[2]，这里不再赘述。

代码 6.85（..\1 aCoral\hal\arm\S3C2440\src\hal_timer.c）

```
#include"acoral.h"
```

```
/**************************************************/
/*****这个函数的作用是初始化Ticks时钟数据相关数据**/
/*************************************************/
void hal_Ticks_init(){
      rTCON = rTCON & (~0xf) ;
      rTCFG0 &= 0xFFFF00;
      rTCFG0 |= 0xF9;          /* prescaler等于249*/
      rTCFG1 &= ~0x0000F;
      rTCFG1 |= 0x2;           /*divider等于8，则设置定时器4的时钟频率为25kHz*/
      rTCNTB0 = PCLK / (8* (249+1) *ACORAL_TickS_PER_SEC) ;
      rTCON = rTCON & (~0xf) |0x02;               /* 手动更新Timer0*/
      rTCON = rTCON & (~0xf) |0x09;            /* 启动定时器*/
}
```

（2）时钟内核层初始化[①]。内核层初始化是给时钟中断重新设定 ISRs，在代码 6.78 的初始化中，为每个中断设定了默认的中断服务程序 acoral_default_isr()，显然，时钟中断的 ISRs 不能只是简单地打印输出“acoral_printdbg（"in Default interrupt route\n"）;”)，时钟的内核层初始化由 acoral_Ticks_init()完成（代码 6.86）。首先将 Ticks 的初始值设为 0，然后重新设置 Ticks 的 ISRs（这里的 HAL_Ticks_INTR 为硬件抽象层中的时钟中断向量号，在 hal_timer.h（..\1 aCoral \hal\arm\S3C2440\include\hal_timer.h）中定义：“HAL_TickS_INTR IRQ_TIMER0”，而 IRQ_TIMER0 的定义为“#define IRQ_TIMER0 HAL_INTR_MIN+28 ”（..\1 aCoral\hal\arm\S3C2440\include\hal_int.h），这里“#define HAL_INTR_MIN 0”，接下来再调用 HAL_TickS_INIT()完成硬件抽象层初始化（代码 6.86），最后开启时钟中断，让系统时钟开始工作，此时，RTOS 就有“心跳”了。

代码 6.86 为时钟内核层初始化（..\1 aCoral\kernel\src\timer.c）

```
void acoral_Ticks_init(){
      Ticks=0;                        /*初始化滴答时钟计数器*/            (1)
      acoral_intr_attach (HAL_TickS_INTR,acoral_Ticks_entry) ;/*设置Ticks
      处理函数*/                                                          (2)
      HAL_TickS_INIT();               /*主要用于将用于Ticks的时钟初始化*/
      acoral_intr_unmask (HAL_TickS_INTR) ;
      return;
}
```

首先，代码 6.86L（1）重新设置 Ticks 服务程序（acoral_intr_attach()），这里需要将 HAL 层的时钟中断号转换成内核层的中断号（代码 6.87），如果是非实时中断，就为内核层中断向量表的 isr 成员赋值（将 acoral_Ticks_entry()的指针赋给 isr），否则就调用 HAL_INTR_ATTACH() 进行实时中断服务程序的绑定（目前尚未实现），这是针对实时中断特殊设计的，该接口的功能是直接将中断处理函数放到相应的中断向量表中，这样中断发生后，其处理函数直接被调用，而不必经过“HAL_INTR_ENTRY-> hal_all entry ->中断处理函数”的流程，该接口一般为空，因为，只有向量模式的中断才具备这种实时特性，因而只有在使用支持向量模式中断的处理器，且用户需要很快的中断响应时，才需实现这个接口。这里的 acoral_Ticks_entry()

[①] 有关时钟硬件初始化的工作请参考 2.3.2 节和代码 6.85。

便是时钟的中断服务程序。

代码 6.87 绑定 Ticks 处理程序　（..\1 aCoral\kernel\src\int.c）

```
    /*===========================
    *Binding the isr t0 the Vector
    *将服务函数isr绑定到中断向量Vector
    *===========================*/
    acoral_32 acoral_intr_attach (acoral_vector vector,void (*isr)
(acoral_vector) ) {
        acoral_vector index;
        HAL_TRANSLATE_VECTOR (vector,index) ;
        if (intr_table[index].type!=ACORAL_RT_INTR)
            intr_table[index].isr =isr;
        else
            HAL_INTR_ATTACH (vector,isr) ;
        return 0;
    }
```

6.4.2　时钟管理

在 RTOS 中，时钟具有非常重要的作用，通过时钟可实现延时任务、周期性触发任务执行、任务有限等待的计时、软定时器的定时管理、确认超时以及与时间相关的调度操作，如时间片轮转调度等。时钟管理是处理实时系统必不可少的内容，因此，实时内核必须提供时间管理机制。

大多数嵌入式系统有两种时钟源，分别为实时时钟 RTC（Real-Time Clock）和定时器/计数器。实时时钟一般是靠电池供电，即使系统断电，也可以维持日期和时间，如 ARM9（S3C2440）的实时时钟（RTC）。由于实时时钟独立于操作系统，因此也被称为硬件时钟，它为整个系统提供一个时间标准。此外，嵌入式处理器通常集成了多个定时器或计数器，实时内核需要一个定时器作为系统时钟，并由内核控制系统时钟工作，系统时钟的最小粒度是由应用和操作系统的特点决定的。

在不同 RTOS 中，实时时钟和系统时钟之间的关系是不一样的，实时时钟和系统时钟之间的关系也决定了 RTOS 的时钟运行机制。一般而言，实时时钟是系统时钟的基准，实时内核通过读取实时时钟来初始化系统时钟，此后，二者保持同步运行，共同维持系统时间。因此，系统时钟并不是真正意义上的时钟，只有当系统运行起来以后才有效，并且由实时内核完全控制。

嵌入式系统的时钟源的选择，根据硬件的不同，可以是专门的硬件定时器，也可以是来自 AC 交流电的 50/60Hz 信号频率。定时器一般是由晶体振荡器提供周期信号源，并通过程序对其计数寄存器进行设置（如代码 6.86 L（1）），让其产生固定周期的脉冲，而每次脉冲的产生都将触发一个时钟中断，时钟中断的频率既是系统的心跳，也称为时基或 Tick，Tick 的大小决定了整个系统的时间粒度。对于 RTOS，时钟心跳率一般为 10~100 次/秒，甚至更高。以图 6.26 为例，这是一个简单的定时器/计数器示意图，晶体振荡器（Crystal Oscillator）提供周期信号源，它通过总线 Bus 连接到 CPU 核上，开发人员可编程设定计数寄存器（图中为 Counter）的初始值，随后，每一个晶体振荡器输入信号都会导致该值增加，当计数寄存器溢出时，就产生一个输出脉冲（Pulse），输出脉冲可以用来触发 CPU 核上的一个中断，输出脉冲既是 RTOS 时钟的硬件基础，因为它将送到中断控制器上，产生中断信号，触发时钟中断，由时钟中断服务程序维持系统时钟的正常工作。

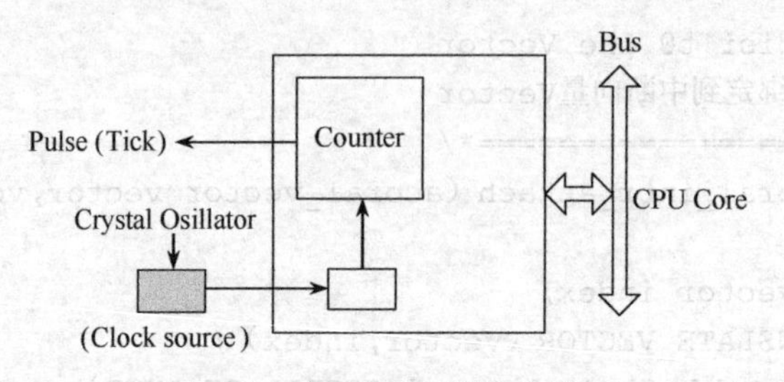

图 6.26　定时器/计数器示意图

实时内核的时间管理以系统时钟为基础，通过 Tick 处理程序来实现，提到 Tick 处理程序，大家马上会回想起 6.4.1 节的内容，是的，Tick 处理程序是和中断密不可分的，定时器产生中断后，RTOS 将响应并执行其中断服务程序，并在中断服务程序中调用 Tick 处理函数，它作为实时内核的一部分，与具体的定时器/计数器无关，由系统时钟中断服务程序调用，使内核具有对不同定时器/计数器的适应性。

回顾 6.4.1 节，那里从中断角度叙述了时钟中断的 HAL 层和内核层的初始化。在内核层初始化中，重要的一步就是通过 acoral_intr_attach()将时钟中断服务程序与 Ticks 处理程序进行绑定（代码 6.86 L（2））。这样，每当定时器产生一个输出脉冲（Pulse），输出脉冲就向 CPU 核发出一个时钟中断。再根据图 6.22 中断响应流程，经过 HAL 层的中断处理后，就进入内核层的中断响应，找到内核层对应的时钟中断号，最终将执行该中断号对应的服务程序，即 Ticks 处理函数 acoral_Ticks_entry()，如代码 6.64 所示。RTOS 内核时钟管理的绝大部分工作都是在 acoral_Ticks_entry()进行的，如线程延迟操作 time_delay_deal()、超时处理 timeout_delay_deal()、与调度策略相关的操作（如时间片轮转调度）等。

如果任务采用时间片轮转调度，则需要在 Ticks 处理程序中对当前正在运行的任务已执行时间进行“加 1”操作。执行完该操作后，如果任务的已执行时间同任务时间片相等，则表示任务使用完一个时间片的执行时间，需要通过 acoral_sched()触发重调度（6.3.2 节）。

如果开发人员在线程中调用 acoral_delay_thread()对线程进行延迟操作，则 acoral_delay_thread()会将让当前运行线程从运行（Running）状态切换到挂起（Suspend）状态，并将其挂载到一个等待队列“acoral_list_t waiting”（代码 6.3），这里的等待队列也称为时间等待链，用它来存放需要延迟处理的任务。接下来，每当定时器产生一个 Tick，Tick 处理函数 acoral_Ticks_entry()的 time_delay_deal()（线程延迟操作）需要对时间等待链中线程的剩余等待时间进行“减 1”操作，如果某个线程的剩余等待时间被减到了 0，则将该线程从等待队列中移出，挂载到就绪队列，并通过 acoral_sched()触发重调度。例如，开发人员用 acoral_delay_thread()将线程 A、线程 B、线程 C、线程 D 分别延迟 3、5、10 和 14 个 Ticks，如图 6.27 所示。

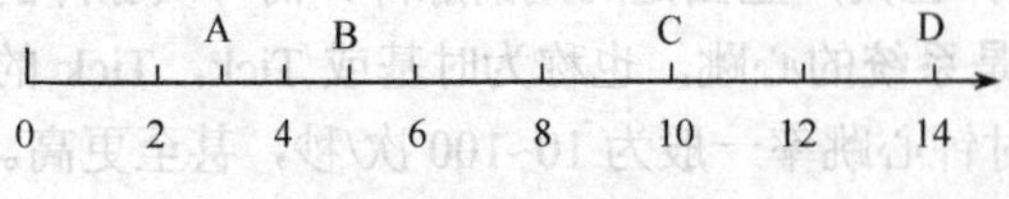

A　B　C　D　t
0　2　4　6　8　10　12　14

图 6.27　延迟线程 A、B、C、D

通常情况下，则延迟队列的逻辑关系如图 6.28 所示，每当定时器产生一个 Tick，time_delay_deal()会对时间等待链中的每一个结点进行“减 1”操作。若时间等待链的结点数较多，时钟中断的 Tick 处理函数的计算开销就比较大，从而降低系统性能。

为了提高系统性能，减小计算开销，可采用差分时间等待链来描述延迟队列，如图 6.29 所示，队列中某个结点的值是相对于前一个结点的时间差，例如，线程 B 需要延迟 5 个 Ticks，其前一个结点线程 A 需要延迟 3 个 Ticks，意味着线程 B 在线程 A 延迟结束后，还需延迟 2 个 Ticks，因此，线程 B 所在结点的值为 2，该值是对于线程 A 的相对值。采用差分时间等待链后，每当时钟中断产生一个 Tick，只需对队列头部结点进行“减 1”操作，当减到 0 时，就将其从等待链中取下，后续结点将成为新的头部，并且被激活。该过程中，等待链其他结点的值保持不变，无须对每一个结点进行“减 1”操作，这样可减小计算开销。

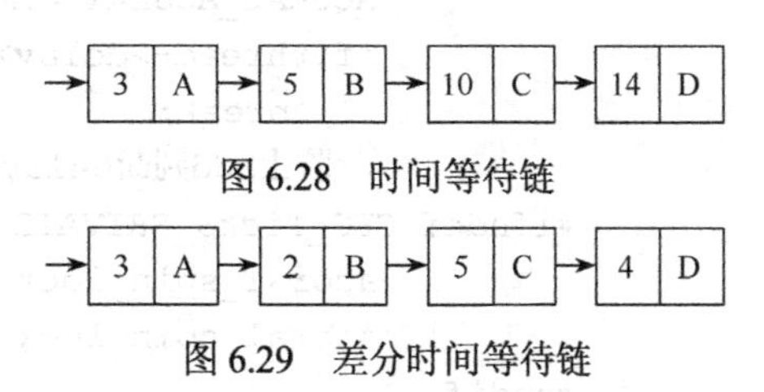

图 6.28　时间等待链

图 6.29　差分时间等待链

如有新线程要进行延迟操作，需要往差分时间等待链中插入新的结点，如线程 E 要延迟 7 Ticks，如图 6.30 所示，这样，只需在线程 B 和线程 C 之间插入线程 E（3+2 < 7 < 3+2+5），再修改线程 C 结点的值即可，如图 6.31 所示。

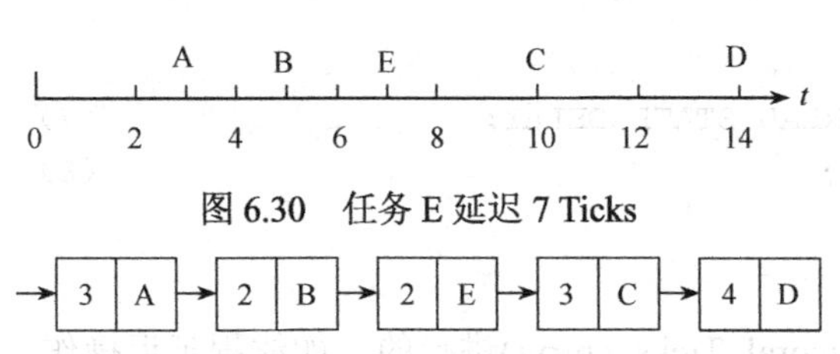

图 6.30　任务 E 延迟 7 Ticks

图 6.31　在差分时间等待链中插入任务 E

差分时间等待链是 RTOS 采用的一种性能优化技术，实现比较简单。aCoral 的 time_delay_deal()的实现如代码 6.88，代码 6.88 L（1）为获取时间等待链的头部；代码 6.88 L（2）的 list_entry 为获取时间等待链头结点对应的 TCB 地址（list_entry()为宏，其用法与 Linux 类似）；代码 6.88 L（3）的 ACORAL_ASSERT 用来检查线程 ID 的合法性（调试时使用）；代码 6.88 L（4）对时间等待链头结点对应线程 delay 成员的剩余等待时间进行“减 1”操作；如果头结点线程 delay 成员大于 0（代码 6.88 L（5）），则退出，否则（delay=0，该线程延迟结束），将通过代码 6.88 L（6）将该线程从时间等待链中删除，并将该线程切换成就绪状态（代码 6.88 L（7），将“ACORAL_THREAD_STATE_DELAY”中的“1”位清零，thread.h（(..\1 aCoral\kernel\include\ thread.h)）中定义：“#define ACORAL_THREAD_STATE_DELAY （1<<（ACORAL_THREAD_STATE_MINI+5））”，“#define ACORAL_THREAD_STATE_MINI　0”），最后，通过代码 6.88 L（8）将其挂载到就绪队列中。

代码 6.88（..\1 aCoral\kernel\src\timer.c）

```
void time_delay_deal(){
        acoral_list_t   *tmp,*tmp1,*head;
        acoral_thread_t *thread;
        head = &time_delay_queue.head;                                        (1)
        If (acoral_list_empty (head) )          *若时间等待链中没有现场线程，则返回*/
            return;
                                   /*获取时间等待链头结点对应的TCB地址*/        (2)
        thread=list_entry (head->next,acoral_thread_t,waiting) ;
        ACORAL_ASSERT(thread,"in time deal") ;                                (3)
        thread->delay--;                                                      (4)
        for (tmp=head->next;tmp!=head;) {
            thread=list_entry (tmp,acoral_thread_t,waiting) ;
```

```
                ACORAL_ASSERT(thread,"in time deal for");
                if(thread->delay>0)                                    (5)
                    break;
                /*防止add判断delay时取下thread*/
        #ifndef CFG_TickS_PRIVATE
                acoral_spin_lock(&head->lock);
                acoral_spin_lock(&tmp->lock);
        #endif
                tmp1=tmp->next;
                acoral_list_del(&thread->waiting);                     (6)
        #ifndef CFG_TickS_PRIVATE
                acoral_spin_unlock(&tmp->lock);
                acoral_spin_unlock(&head->lock);
        #endif
                tmp=tmp1;
                thread->state&=~ACORAL_THREAD_STATE_DELAY;             (7)
                acoral_rdy_thread(thread);                             (8)
            }
        }
```

aCoral 的其他时间管理大部分工作都是在 acoral_Ticks_entry()进行的，如线程延迟操作 time_delay_deal()、超时处理 timeout_delay_deal()、与调度策略相关的操作（如时间片轮转调度），由于篇幅有限，这里不进行详细介绍，留给大家自己分析。

6.5 内存管理机制

说到内存，用过计算机的人肯定都知道，大家在评价计算机性能时，经常会问，“你的计算机内存多大”，可见内存之重要。可是内存大并不一定就会性能好，这和操作系统还有很大关系，这个差别就体现在内存管理上。这个内存管理有点类似花钱，钱再多，不会理财，日子一长也会“财尽人穷”了。

什么是内存？最直观想到的就是 PC 中主板上的内存条，是的，那的确是内存，但显然这里要讨论的不是那个问题。接着你可能会想到内存是存储程序和代码数据的介质，是中央处理器可以直接访问到的存储设备。对，这些都是内存的作用和特点，但不是主要问题。换一个问题，为什么当代计算机系统结构中要设计有内存？从 1946 年的第一台计算机 ENIAC 到当代最先进的超级计算机都没有跳出冯·诺依曼体系结构，即由运算器、控制器、存储器、输入/输出设备为基础的计算机系统结构。计算机运行过程中，把要执行的程序和处理的数据首先存入存储器，计算机执行程序时，将按顺序从主存储器中取出指令并执行。这些指令就是抽象出来的基本运算单元，如加/减法、读写存储器等。这样就克服了以前计算机不够通用的问题。这样存储器就成了计算机的必需品，后来随着中央处理器的飞速发展，存储器的读取速度限制了整体的效率，于是就出现了内存与外存的分类。低速但廉价的存储设备被用作外存，用于提供大量的空间，高速但昂贵的存储设备被用作内存，用于和中央处理器交互和暂存少量数据。至于高速缓存（Cache）的出现，是由于主内存速度跟不上中央处理器才诞生的，从广义上来讲，高速缓存也属于内存。这一章要讨论的内存管理所涉及的内存就是可以按地址随机存取的储存器。至于内存种种分类和硬件上实现方式的不同，则不是本章的重点。

那什么又是内存管理呢？所谓内存管理，就是把物理的存储资源用一定的规则和手段管理起来，以供给操作系统和应用程序使用。主要的操作就两种：内存的分配和内存的回收，其业务逻辑也比较简单。内存的利用率、分配回收的效率和稳定性就成了评价内存管理模块的主要依据。内存管理的内存分配方式又包括静态和动态两种。静态分配的方式很简单，但必须事先预知程序的运行的全貌（代码大小、数据大小等），这样的系统必然缺乏灵活性。动态分配的方式比较灵活，也是常见的分配方式，但动态分配必然会耗费一些内存管理过程中额外的空间和时间开销，所以在内存特别小、对实时性要求特别高的情况下还是会采用静态分配的方法。

估计学过 C 语言的人都知道 malloc()、free()这两个函数，但你可知道，当你要分配 6B 的内存时，其实操作系统给你分配了 8B 内存，这样你就浪费了 2B 的内存，这就是内存的内碎片。另外，你可知道，当多次使用 malloc()后，可能会出现如下情况：即使系统中的累积空闲内存远远大于 1MB，但系统仍然没法给你分配你要申请的连续的 1MB 空间，因为经过多次 malloc()后，这 1MB 的内存被分得七零八散的，这些零散的但又不能供用户使用的内存块就称为内存外碎片。总之，内部碎片就是已经被分配出去（能明确指出属于哪个线程）却不能被利用的内存空间；外部碎片指的是还没有被分配出去（不属于任何线程），但由于太小了无法分配给申请内存空间的新线程的内存空闲区域。图 6.32 灰色阴影的区域代表已经分配出去了的内存，而有数字的白色区域代表空闲内存的大小，这种情况就没法分配 1MB 的内存。

1023KB		514KB		860KB		1010KB		1023KB		1023KB		1023KB		1023KB		1023KB

图 6.32　内存碎片

内碎片和外碎片是内存管理的一对矛盾，减少外碎片就可能增加内碎片，除非增加很多限制条件，同时外碎片没法完全避免的，只是多少问题，如伙伴系统就是比较经典的减少外碎片的内存管理算法，但是也只能将外碎片降低到最大 1/2 总内存大小，但是该算法会产生很大的内碎片，因此伙伴系统只能在特定场合和特定应用中使用。

aCoral 采用什么内存管理机制呢？其实内存管理的思想和技术已经相当成熟，对于嵌入式系统而言，需要根据不同嵌入式系统的特点做专门的优化和设计。另一方面， aCoral 是支持多核的 RTOS，必须考虑更多问题，如互斥访问、核间私有 Cache 等问题。在具体讨论 aCoral 的内存管理机制之前，先回顾一下内存管理的相关知识。

6.5.1　主流内存管理机制

对于一些应用简单、任务数目事先确定的嵌入式系统或强实时系统，为了减少内存分配在时间上可能带来的不确定性，可采用静态内存分配方式。静态内存分配方式在系统启动时，为系统中所有任务都分配了所需内存空间，系统运行过程中不会有新的内存请求，因此，操作系统不需要进行专门的内存管理操作。这样系统使用内存的效率比较低，只适合于应用简单的、任务数目事先确定的嵌入式系统或强实时系统。另一方面，大多数系统都使用动态内存管理机制，而当前主流的动态内存管理机制又分为固定大小储存管理和可变大小存储管理机制。

1. 固定大小储存管理

固定大小存储管理方式中，内存是由一段连续的内存构成的，这段内存被分为多个大小一样的固定块，如图 6.33 所示，这种管理方式可以很好地解决外部碎片，因为每次分配的都是固定大小的内存，只要有空闲内存，肯定可以分配某一固定大小的空间。

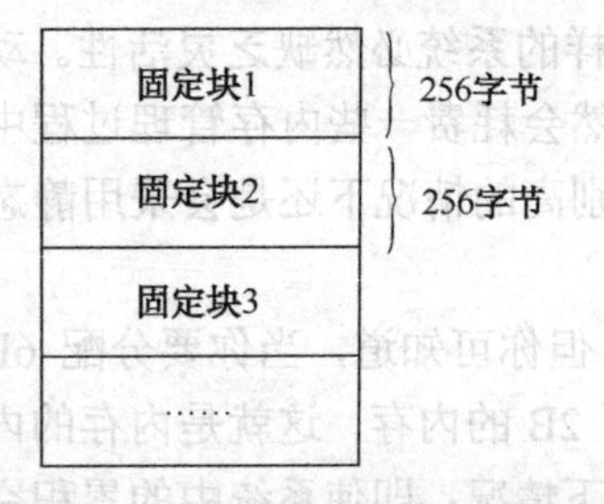

图 6.33　固定大小储存管理图示意

但是这种管理方式没法解决内部碎片，因为如果开发人员只想要 20B 的内存，它也会为它分配 256B，因此这种分配方式往往只是用在特定场合，如分配特定大小的数据结构，且只分配这种数据结构，这样就没有内部碎片了。

2. 可变大小存储管理

可变大小存储管理分为以下两类。

（1）任意大小分配的存储管理。这种方式是大家经常遇到的那种，即用户需要多少，就分配多少。这种方式主要是为了解决内碎片，因为编程时总不大可能只是完全分配某一种数据结构，有时可能要分配几字节来储存字符等。需求带动发明，这就产生了按任意大小分配的存储管理机制，该方式实现起来比较简单，就是在整个受管理的内存中找到一块大于用户需求的内存块，然后一分为二，一块是用户申请的内存块大小，剩下的一块是空闲的，用于以后的分配。但是用户申请内存、释放内存的时间是随机的，而每一次的申请和释放都有可能产生新的空闲内存块，之后系统可能会将已有的空闲块回收、合并成新的空闲块。因此，系统中的空闲内存块的数量、地址、大小是时刻变化的，这就必须采取一种方式来组织这些空闲块，以寻找空闲块和合并空闲块，实现时往往采用链表形式。正因为是链表，且链表上的空闲内存块的大小是不定的，从而内存分配和回收的时间都是没法确定的。

（2）带固定大小特性的可变大小的存储管理。这种内存管理同时具备固定大小和可变大小的特性，固定大小，是指大小只能均为 2 的 k 次幂（k 为某个正整数），同时它可以分配 2^i 大小的内存（$m>i>k$，2^m 为整个空闲内存的大小）,这种储存管理机制的典型是伙伴系统。

上面提到的三种机制各有优缺点。固定大小内存管理，没有外部碎片，若使用不当，内存片很大，分配回收速度快，分配时间确定性好。任意大小储存管理，很少内部碎片，外碎片比较严重，分配回收速度慢，分配时间确定性差。带固定大小特性的可变大小的存储管理是上面两种方式的结合体，各种性能处于中间位置。

6.5.2　嵌入式系统对内存管理的特殊要求

相对一般系统的内存管理机制，嵌入式系统中对动态内存分配的要求更加高，要考虑的问题也更多，如互斥访问、核间私有 Cache 的问题。

（1）内存能快速申请和释放，即快速性。嵌入式系统的实时性保证要求内存分配过程要尽可能地快，这要求算法要简单，分配和释放复杂度为 O（1）。

（2）内存应该各尽其用，即高效性。内存分配要尽可能地少浪费，不可能为了保证满足所有用户的内存分配请求而将内存配置得无限大。

上面两点往往是有点矛盾的，这往往要求不同场合调用不同内存管理接口，即搭配上面各种内存管理机制。

6.5.3　aCoral 的内存管理机制

aCoral 的内存管理机制在伙伴系统基础上，采用了位图法方式以提高了内存分配和回收速度的确定性，更能够满足系统实时性的需求。

首先，aCoral 的内存管理分为两级，如图 6.34 所示，上一级采用改进的伙伴系统，负责确定要分配的内存大小，下一级根据上一级确定的大小进行具体物理内存分配。因为第一级内存管理总会分配 2^N 大小的内存（详见 6.5.3 节），这就解决了系统外部碎片和内部碎片问题。第二级采用了固定块和可变大小两种内存管理方式，除内核外，应用程序一般直接使用第一级的伙伴系统。

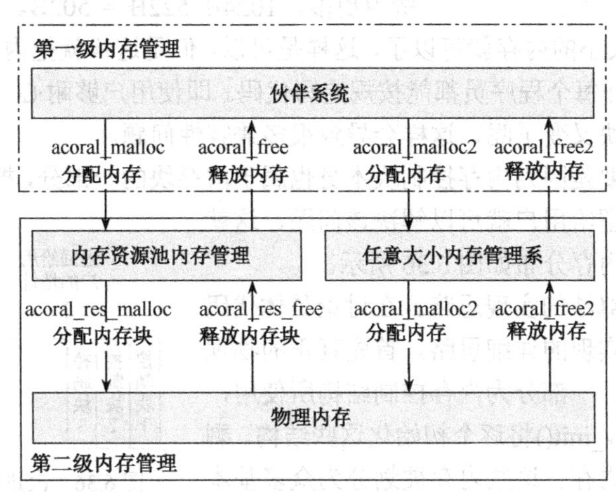

图 6.34　aCoral 内存管理系统

1. aCoral 第一级内存管理算法

（1）伙伴算法及实现上的改进。前面就提到过，可变内存管理，随着内存的不断分配和回收，即使系统中有 1MB 的内存，也可能因没法分配大小为 100KB 的连续内存块而造成分配失效。而伙伴系统，可以大大改善这一情况。伙伴系统的主要思想是：如果整个可用空闲内存由 2^m 个字节组成，那么在系统中对每个大小为 2^n（$0 \leqslant n \leqslant m$）的内存块建立一个对应的可用块链表。现假设内存地址从 0～（2^m-1），刚开始时，整个 2^m 个字节空间都是可用的。假如应用程序申请 2^K 个字节的内存空间，如果系统中没有 2^K 大小的内存块时，就把更大的可用内存块分成两部分，最终得到两个大小为 2^K 的内存空间。当一块分成两块时，这两块就称为彼此的伙伴。之后某个时刻如果这两个伙伴都空闲时又可以合并成一个大的空闲块。该方式的分配和回收速度快、算法简单，当一个大小为 2^K 字节的块释放后，存储管理只需要搜索 2^K 字节大小的块以判定是否需要合并。而那些允许以任意形式分割内存的策略的算法（任意大小内存块管理）需要搜索整个空闲块表。

虽然伙伴系统有着很多优点，但是通常的算法在实现存在几个缺点。

① 尽管大小为 2^K 内存块回收时只需要搜索 2^K 字节大小的块以判定是否需要合并，但是时间还是没法确定的。内存块回收时链表遍历的时间之所以没法确定，是因为链表只能顺序搜索，那么复杂度就是 $O(n)$。如果能实现一种 $O(1)$ 复杂度的搜索算法就可以解决这个问题。

② 内存控制块的组织问题。一般的实现方式在内存块的开始部分预留出一段内存来作为

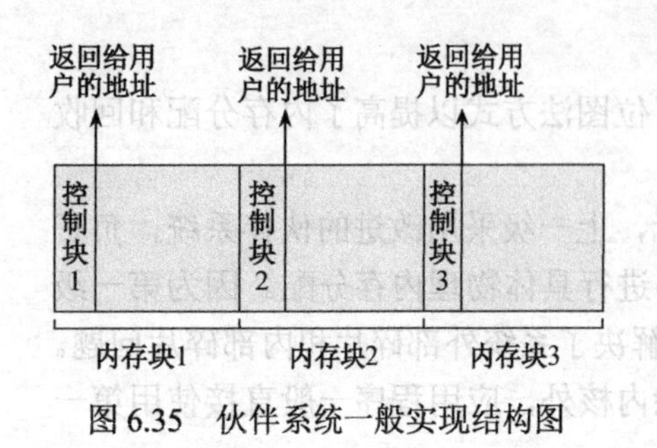

图 6.35 伙伴系统一般实现结构图

内存控制块，如图 6.35 所示。

这样做有一个缺点，如用户分配 512B 的内存块，内存管理系统经过计算后知道需要的内存块其实为 512B + 控制块的大小（假设为 10B） = 522B，因此，系统会分配一个 1024B 大小的内存块，本来用户之所以分配 512B，是为了充分利用内存，因为他知道只要符合 2^n 的内存块大小的内存都会 100%利用，但是由于他不了解内部实现机制（多了一个内存控制块），反而浪费得更多，1024B−522B = 502B。也许大家会说，那用户可以分配 2^n−10B 大小的内存就可以了，这样是可以，但是这样就把内存管理的细节推给了上层程序员，不能保证每个程序员都能按规定写代码。即使用户够耐心，计算出了 2^n−10B 的大小，万一以后控制块又变了呢，这样会导致很多兼容性问题。

问题二的产生主要是因为内存控制块本身也属于内存块的一部分，把控制块单独抽出来，而真正可用的内存块留给用户就可以解决该问题，这就是改进的伙伴系统，内存分布如图 6.36 所示。

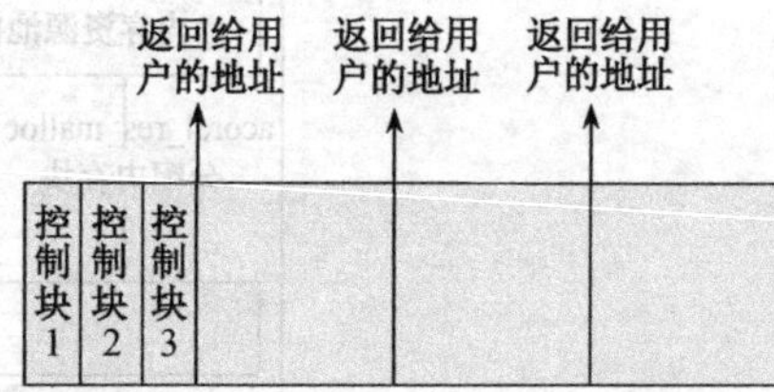

图 6.36 改进的伙伴系统实现结构图

（2）aCoral 伙伴算法的实现思路。在讨论具体代码前，先说明一下算法实现的详细思路。首先真正的物理内存被分成了两部分，一部分为内存控制结构所使用，内存初始化函数 buddy_init()将逐个初始化这些结构。剩下的内存是用户可用内存。这些内存被划分为众多基本块，每个基本块的大小可以通过常量 BLOCK_SIZE（默认 1<<7 字节）配置，这样内存的分配和回收都是基于序列的了，换句话说这些基本内存块是从 0 到 *n* 逐个标记的。在逻辑上这些内存块被组织成了 *m* 层，最大层数 *m* 可以通过常量 LEVEL（默认为 14） 配置，第 0 层每个内存块的大小为 BLOCK_SIZE，第 1 层每个内存块的大小为 2 * BLOCK_SIZE，以此类推，第 *n* 层内存块的大小为 BLOCK_SIZE<<*n*，如图 6.37 所示，这里的内存共包括 8 个基本内存块，在逻辑上被组织成了 3 层。

根据上面的内存组织方式，当需要分配 2^i 字节大小的内存块时，用公式：$\log_2$（2^i /BLOCK_SIZE）可求出应该从哪一个逻辑层分配内存。如果该层有空闲内存块，即可分配。当这一层没有空闲的内存块时，就向上层申请，最终会得到两个空闲的 2^i 字节大小的内存块（除非整个系统已经无内存可分配）。这里需要注意的是为了最终对应到物理内存块，这些逻辑的内存块始终是有序号标记的。以 8 个基本内存块大小的内存来举例，如图 6.37 所示，开始的时候 8 个基本内存块全空闲（其序号依次为 0，1，…，7），内存初始化时可能将这 8 个基本内存块注册在第 3 层（详见第 6.5.3 节伙伴系统初始化 buddy_init()，第 0 层的基本内存块可能都不能直接使用，用户只感觉到第 3 层的内存块（该层的内存块大小就是 8 个基本内存块大小（BLOCK_SIZE<<3））。此时，若系统申请一个 BLOCK_SIZE 大小的内存块，根据公式可得到：应该从第 0 层分配，而这时除了第 3 层，其余层的内存块都不可用（内存初始化时设定）。那么第 0 层向第 1 层申请，第 1 层的内存块也不可用，再向第 2 层申请，直到第 3 层。第 3 层将唯一的一个内存块分成两个，供第 2 层使用，第 2 层取出一个（通常是序列号小的，即由基本块 0、1、2、3 组成）分配给第 1 层，另外一个标记为空闲。依次向下，第

0 层有了两个空闲块，即基本内存块 0、1。根据基本内存块的序号（这里是 0）转换成相应物理地址返回给调用函数。内存回收的时候，传入的参数是地址，先把地址转换成序号，再做回收。回收的同时如果发现伙伴也是空闲，则向上合并成一个大的空闲块（最高层除外），从而减少外碎片。

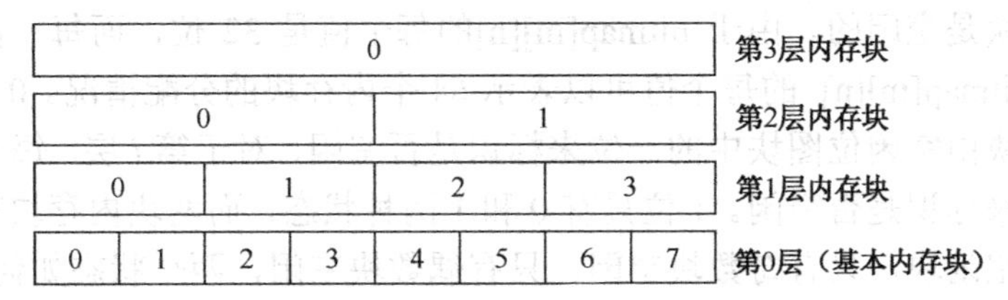

图 6.37　aCoral 位图法伙伴系统

为了标记每个逻辑层内存块的空闲状态和快速找到一个空闲块，每层需要一个内存状态位图块、空闲内存块链表数组、空闲内存块链表头三个结构。同时为了回收的效率，还需要为每个基本内存块存储逻辑层信息，即原来从哪一个逻辑层分配。代码 6.89 是内存控制块的定义。

代码 6.89　（..\acoral\kernel\src\buddy.c）

```
typedef struct{
    acoral_32 *free_list[LEVEL];                    (1)
    acoral_u32 *bitmap[LEVEL];                      (2)
    acoral_32 free_cur[LEVEL];                      (3)
    acoral_u32 num[LEVEL];                          (4)
    acoral_8 level;                                 (5)
    acoral_u32 start_adr;                           (6)
    acoral_u32 end_adr;                             (7)
    acoral_u32 block_num;                           (8)
    acoral_u32 free_num;                            (9)
    acoral_u32 block_size;                          (10)
    acoral_spinlock_t lock;                         (11)
} acoral_block_ctr_t;
```

代码 6.89L（1）空闲内存块链表数组。

代码 6.89L（2）内存状态位图块。

代码 6.89L（3）该层空闲内存块链表头。

代码 6.89L（4）各层基本内存块（BLOCK_SIZE）的个数。

代码 6.89L（5）伙伴系统的层数。

代码 6.89L（6）伙伴系统管理的内存的起始地址。

代码 6.89L（7）伙伴系统管理的内存的末尾地址。

代码 6.89L（8）基本内存块的数量,等于 num（0）。

代码 6.89L（9）剩余的基本内存块的数量。

代码 6.89L（10）基本内存块的大小。

代码 6.89L（11）自旋锁。

内存控制块 acoral_block_ctr_t 是 aCoral 进行内存分配和回收过程的关键数据结构，其中的一个重要成员“acoral_u32 *bitmap[LEVEL]”是描述内存块状态的状态位图块数组，每一层均有一个内存状态位图块数组 bitmap，bitmap 实际是一个二维数组 bitmap[m][n]，第一个下标代表位图块所在的层数 *m*，第二个下标代表该层的第 *n* 个位图块（*n*=1,2,3……），如图 6.38 所示，状态位图块数组 bitmap[m][n]的每个值是 int 类型，32 位，每一位要么为 0，要么为 1，为 0 表示相邻两块（伙伴）内存块中没有空闲的，为 1 表示相邻两块（伙伴）内存块中至少有一块是空闲的。由于 bitmap[m][n]的每个值是 32 位，而每一位代表相邻两块内存块，所以，bitmap[m][n] 的每个值可以表示 64 个内存块的分配情况。0～（*m*−1）层中，相邻的两块内存块由空闲位图块中的一位来标识是否空闲，对于第 *i* 层，每个内存块由空闲位图块中的一位来标识是否空闲。1 位只有 0 和 1 两种状态，而两块内存块有 4 种状态：两块都空闲，没有空闲块，只有奇数块空闲，只有偶数块空闲，两个状态如何表示出 4 种状态？这得从伙伴系统的思想说起了，当伙伴系统回收内存时，如果导致某一层相邻两个内存块都空闲时，就会向上一层回收，将两个伙伴合并成一个更大的内存块，因此，正常情况下不存在两块都空闲的状态，0～（*m*−1）层的相邻的两块内存块只有两种状态：没有空闲块，有一块是空闲的。

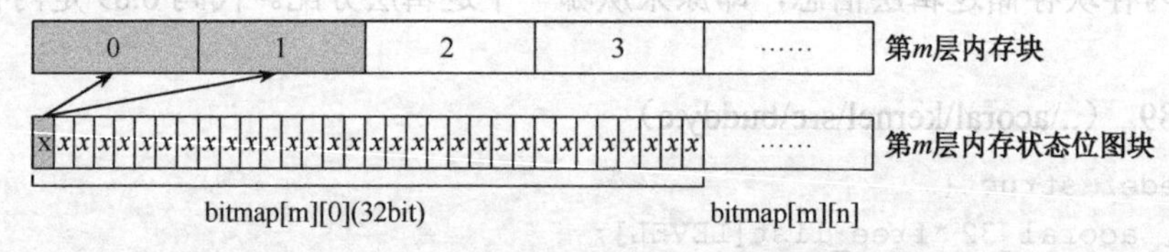

图 6.38　第 *m* 层内存状态位图块数组与该层内存块的关系

虽然通过状态位图块数组解决了回收时复杂度 *O*（*n*）的问题，但是没有解决空闲内存块分配问题，即分配内存时如何查找某一层空闲的内存块。大家可能说，直接查看该层的内存状态位图数组中哪一位为 1 就可以了，但是如果是这样的话，和遍历链表没有本质区别，复杂度也是 *O*（*n*）。所以，aCoral 内存管理通过增加空闲内存块链表数组“acoral_32 *free_list[LEVEL]”（代码 6.89 L（1））来实现分配时 *O*（1）复杂度，同时还可以解决内存控制块（链表实现的实体）占用部分内存块导致的问题。

首先，代码 6.89 定义了空闲位图块链表头数组“acoral_32*free_cur[LEVEL]”（代码 6.89 L(3)），该数组元素指向第一个空闲位图块的标号。然后，空闲内存块链表数组 free_list[LEVEL] 的值指出了下一个空闲位图块。例如，对于第 0 层，free_cur[0]等于 2，那么读取 free_list[0][2]，得到下一个空闲位图块，假设其值为 4；则读取 free_list[0][4]，再得到下一个空闲位图块，依次往后，形成一个表示内存状态位图块的表链，如图 6.39 所示。注意，这里的值 2 和 4 表示的也是第 0 层内存状态位图块的标号（每一层的空闲位图块编号与内存状态位图块的标号一一对应）。这样，2 表示此时标号为 2 的内存状态位图块中的 32 位中有非 0 位，即这个内存状态位图块的非 0 位所对应的相邻（兄弟）内存块有空闲的。

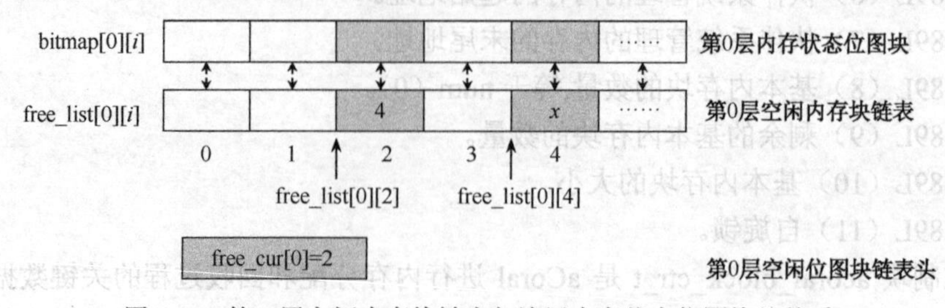

图 6.39　第 0 层空闲内存块链表与该层内存状态位图块的关系

根据前面的描述，只要根据第 *m* 层的 free_cur[*m*]找出空闲位图块的标号 *i*（*i*=1,2，3…），然后，读取内存状态位图块的值 bitmap[*m*][*i*]，再判断 bitmap[*m*][*i*]首先出现“1”的那一位，并找到该位对应的内存块序号，便可确定该内存块对应的基本内存块标号，最后得到相应物理地址，返回给用户，并将刚才的“1”置为“0”，如果此时该内存状态位图块变为了 0（32 位的每一位均为 0），则更改 free_cur[*m*]=free_list[*m*][*i*]。由此可见，根据空闲内存块链表数组就能快速地找到空闲内存块，而对链表的维护的复杂度也是 *O*（1）。

还有一个问题，就是系统回收内存块时，传送的是地址，根据地址可以知道这个内存块开始地址对应的基本内存块的标号。但是如何知道这块内存块的大小呢，即从第几层分配的呢？我们知道不同层分配的内存块包含的基本内存块是不一样的，0 层包含 1 个基本内存块，1 层包含 2 个基本内存块，因此，不同层分配出去的内存块的起始地址可能相同（对应的基本内存块编号相同），这就需要有一个数据结构来保存基本内存块 *i* （*i*=1,2,3……）的起始地址所对应的逻辑内存块大小，aCoral 用最小内存控制块 block_ctrl_t 来保存某个基本内存块的分配情况，如代码 6.90，L（1）标记对应基本内存块是从哪一层分配而来。

代码 6.90（..\acoral\kernel\src\buddy.c）

```
typedef struct{
      acoral_8 level;                                          (1)
}acoral_block_t;
```

由于标号为奇数的基本内存块（图 6.37）肯定是从第 0 层分配出去的（因为偶数的基本内存块该由非 0 层分配出去），因此不用保存其是从第几层分配出去的。如果某个基本内存块尚未分配出去，则 level 的值为-1。level 的值同时也可用来区分内存块位图管理时的两块兄弟内存块的状态，根据前面的描述，在 1～*m*-1 层，状态位图块数组 bitmap[m][n]的某一位为 1 时说明该位图管理的奇数块或偶数基本内存块在使用，但是如果偶数块使用了的话，其对应的 acoral_block_t 的 level 值大于 0（由非 0 层分配出去），否则为-1，因此可区分这两种状态。

以上便是 aCoral 位图法伙伴系统的基本思路，接下来看看其具体实现。

（3）伙伴算法的初始化。aCoral 伙伴算法能正常工作以前，需要通过 buddy_init()进行初始化，如代码 6.91。buddy_init()传入参数是 start_adr 和 end_adr，分别是系统可用物理内存的起始和终止地址，起始地址为低地址，终止地址为高地址。

代码 6.91 （..\acoral\kernel\src\buddy.c）

```
acoral_block_ctr_t *acoral_mem_ctrl;
acoral_block_t *acoral_mem_blocks;

acoral_err  buddy_init (acoral_u32 start_adr,acoral_u32 end_adr){
     acoral_32 i,k;
     acoral_u32 resize_size;
     acoral_u32 save_adr;
     acoral_u32 index;
     acoral_u32 num=1;
     acoral_u32 adjust_level=1;
     acoral_32 level=0;
     start_adr+=3;
```

```
    start_adr&=~(4-1);                                              (1)
    end_adr&=~(4-1);                                                (2)
    resize_size=BLOCK_SIZE;

    if(start_adr>end_adr||end_adr-start_adr<BLOCK_SIZE){            (3)
        state=MEM_NO_ALLOC;
        return -1;
    }
    while(1){                                                       (4)
        if(end_adr<=start_adr+resize_size)
            break;
        resize_size=resize_size<<1;
        num=num<<1;
        adjust_level++;
    }
    acoral_mem_pages=(acoral_page_t *)end_adr-num;                  (5)
    save_adr=(acoral_u32)acoral_mem_pages;
    level=adjust_level;
    if(adjust_level>LEVEL)
        level=LEVEL;


    num=num/32;                                                     (6)
for(i=0;i<level-1;i++){
        num=num>>1;                                                 (7)
        if(num==0)
            num=1;
        save_adr-=num*4;                                            (8)
        save_adr&=~(4-1);
        acoral_mem_ctrl->bitmap[i]=(acoral_u8 **)save_adr;
        acoral_mem_ctrl->num[i]=num;
        save_adr-=num*4;
        save_adr&=~(4-1);
        acoral_mem_ctrl->free_list[i]=(acoral_u8 *)save_adr;
        for(k=0;k<num;k++){                                         (9)
            acoral_mem_ctrl->bitmap[i][k]=0;;
            acoral_mem_ctrl->free_list[i][k]=-1;
        }
        acoral_mem_ctrl->free_cur[i]=-1;                            (10)
    }
if(num==0)
    num=1;
    save_adr-=num*4;                                                (11)
    save_adr&=~(4-1);
    acoral_mem_ctrl->bitmap[i]=(acoral_u8 **)save_adr;
    acoral_mem_ctrl->num[i]=num;
    save_adr-=num*4;
    save_adr&=~(4-1);
```

```
        acoral_mem_ctrl->free_list[i]=(acoral_u8 *) save_adr;
        for (k=0;k<num;k++) {
            acoral_mem_ctrl->bitmap[i][k]=0;
            acoral_mem_ctrl->free_list[i][k]=-1;
        }
        acoral_mem_ctrl->free_cur[i]=-1;

        //如果减去刚才bitmap用的内存刚好是下一level
        if(save_adr<=(start_adr+(resize_size>>1)))                    (12)
            adjust_level--;
        if (adjust_level>LEVEL)
            level=LEVEL;
        acoral_mem_ctrl->level=level;                                 (13)
        acoral_mem_ctrl->start_adr=start_adr;                         (14)
        num=(save_adr-start_adr)>>BLOCK_SHIFT;
        acoral_mem_ctrl->end_adr=start_adr+(num<<BLOCK_SHIFT);        (15)
        acoral_mem_ctrl->block_num=num;                               (16)
        acoral_mem_ctrl->free_num=num;

        i=0;
        acoral_u32 max_num,o_num;
        max_num=1<<level-1;
        o_num=0;
        if (num>0)                                                    (17)
            acoral_mem_ctrl->free_cur[level-1]=0;
        else
            acoral_mem_ctrl->free_cur[level-1]=-1;
        while (num>=max_num*32) {                                     (18)
            acoral_mem_ctrl->bitmap[level-1][i]=-1;;
            acoral_mem_ctrl->free_list[level-1][i]=i+1;
            num-=max_num*32;
            o_num+=max_num*32;
            i++;
        }
        if (num==0)
            acoral_mem_ctrl->free_list[level-1][i-1]=-1;
        while (num>=max_num) {                                        (19)
            index=o_num>>level-1;
            acoral_set_bit(index,acoral_mem_ctrl->bitmap[level-1]);
            num-=max_num;
            o_num+=max_num;
        }
        acoral_mem_ctrl->free_list[level-1][i]=-1;

        acoral_u32 cur;
        while (--level>0) {                                           (20)
```

```
            index=o_num>>level;
            if(num==0)
                break;
            cur=index/32;
            max_num=1<<level-1;
            if(num>=max_num){
                acoral_mem_pages[PAGE_INDEX(o_num)].level=-1;
                acoral_set_bit(index,acoral_mem_ctrl->bitmap[level-1]);
                acoral_mem_ctrl->free_list[level-1][cur]=-1;
                acoral_mem_ctrl->free_cur[level-1]=cur;
                o_num+=max_num;
                num-=max_num;
            }
        }
        acoral_spin_init(&acoral_mem_ctrl->lock);
        return 0;
```

代码 6.91 L（1）调整传入的堆 heap 的起始地址，4 字节对齐。代码 6.91 L（2）调整传入的堆 heap 的结束地址，4 字节对齐。从上面的代码可以看出，代码 6.91 L（1）和代码 6.91 L（2）调整地址有点不同，代码 6.91 L（1）是先加 4 然后四字节对齐，而代码 6.91 L（2）是直接四字节对齐。为什么呢？这是因为起始地址是要增加它的值对齐，而结束地址是要减少它的值对齐，如 0x7，如果是作为起始地址，则调整为 0x8，而作为结束地址，则调整为 0x4。代码 6.91 L（3）用来判断如果内存很少，则不继续分配，否则继续进行分配。代码 6.91 L（4）根据基本内存块的值和堆的大小获得最大层数，如基本内存块 BLOCK_SIZE 为 4 B，而内存的大小为 18 B，则最大层数为 3，第 0 层为 4 B，第 1 层为 8 B，第 2 层就为 16 B，第 3 层为 32 B，18 B 大于 16 B 小于 32 B，所以用 3 个逻辑层就足够了。num 则用于记录系统总内存可以分成多少个 BLOCK_SIZE 大小的基本内存。代码 6.91 L（5）根据 num 为最小内存控制块（第 0 层）acoral_block_t 分配空间（每一个最小内存控制块均有一个 acoral_block_t），因为一个 acoral_block_t 的大小就是 1 B（代码 6.90），所以 num 恰好就是所有 acoral_block_t 所占用的空间大小，结束地址减去 num 正好是最小内存控制块数组的开始地址。

代码 6.91 L（6）用刚刚计算的基本内存块数 num 除以 32，就变成了所需内存块位图数组 bitmap 的维数，即需要多少个 32 位的内存位图块。代码 6.91 L（7）的 for 循环是用来分配 0～*m*−1 层内存控制块 acoral_block_ctr_t 的空间；根据 6.5.3 节的描述，由于内存块位图数组 bitmap 的某一位代表了两块（伙伴）内存块，因此，对于第 0 层，需要（num/2）个 32 位的内存位图块，所以 num 除以 2；level 变量用来记录以该基本内存块为起始地址的内存块分配时所在的层。代码 6.91 L（8）分别为 0～m−1 层分配内存块位图数组 bitmap、空闲内存块链表数组 free_list 的空间。注意：这里只是为控制结构分配空间，并不是逻辑上把内存块分给各个逻辑层。

代码 6.91 L（9）初始化 0～*m*−1 层的内存块位图数组、空闲内存块链表数组。最后，代码 6.91 L（10）初始化空闲位图块链表头 free_cur，后续分配内存块到逻辑层的时候还会更新这些值。接下来代码 6.91 L（11）为最高层（第 *m* 层）分配内存块位图数组、空闲内存块链表数组的空间，并初始化内存块位图数组、空闲内存块链表数组和空闲位图块链表头。注意：这里 num 没有除以 2，因为最高层内存块位图一位对应一个内存块，这一层的相邻内存块都空闲时没法向上回收，存在相邻两块空闲的情况，故需要1位对应一块，也许大家会问为什么不干脆所有层都是1位对应一块呢？如果这样，将多出一倍的内存管理数据。

代码6.91 L（12）开始，是对伙伴系统层数 **m** 的调整，如果将刚才描述的数据结构分配出去后，最初的层数比当前系统的层数少1，则减少层数。例如，基本内存块为1KB，而初始的堆的内存的大小为1.024MB，则可知最开始算的层数为11，但是将内存管理需要的数据控制块的内存分配后，可能只剩下999KB，所以真正要管理的内存就是999KB，只需要10层即可管理，因此，这里需要进行层数调整，最终确定管理实际可用内存所需要的逻辑层数（代码6.91 L（13）），以及这些内存开始（代码6.91 L（14））、终止地址（代码6.91 L（15））、基本内存块的个数（代码6.91 L（16））等数据。

代码6.91 L（17）设置第（level−1）层（即是最高层）空闲位图块链表头的值，可见，空闲位图块链表头是指向该层的0号空闲内存块free_list。

有了前面的准备工作，接下来开始把实际可用的内存分配到各个逻辑层，分配的原则是：首先将内存都尽量分配给高层，直到剩下的内存不够这一层的一个内存块大小，再依次分配给低层。首先考虑最高层：（level−1）层，如果该层的内存块数是32的倍数（注意：最高层内存块的个数由基本内存块的大小、系统可用内存大小、系统设定的层数level共同决定），则通过代码6.91 L（18）来初始化该层的bitmap，让bitmap[level-1][i]的每一位置“1”，表示该层的所有内存块都是空闲的。为什么这样处理呢？根据6.5.3节的描述，最高层中bitmap的1位对应1个内存块（其他层是bitmap的1位对应2个兄弟内存块），为了方便，内存块位图是每32位赋值（−1即0xffffffff），不同于其他情况中一位一位地赋值。所以，这里直接按32位赋值，直到内存减少到小于32倍最高层内存块大小。同理，当（level−1）层的内存块数不足32倍最高层内存块大小时，就需要通过L（19）给bitmap一位一位地赋值。

接下来，通过代码6.91 L（20）递归把剩下的内存块分配给其他逻辑层。例如，最高层（*N*）的一个内存块大小为16个基本内存块，而给顶层分配完了后，可能只剩下15个基本内存块（不足以形成一个最高层的内存块），则给 *N*−1层分配8个基本内存块大小的内存，*N*−2层分配4个基本内存块大小的内存，*N*−3层分配2个基本内存块大小的内存，…，0层分配1个基本内存块大小的内存。

经过buddy_init()对伙伴系统进行初始化后，内存都尽量分配给了高层（低层的free_list的值都被置为“−1”了，这意味着，底层的内存块不能直接被使用），直到剩下的内存不够某层的一个内存块大小，再依次分配给低层，实际物理内存分布如图6.40所示。

（4）aCoral伙伴算法的内存分配。Coral伙伴算法进过初始化后，便可对图6.40的内存进行分配了。本节介绍伙伴算法的内存分配，首先看看外层函数buddy_malloc()，buddy_malloc()既是如图6.34中的acoral_malloc()，在“..\acoral\kernel\include\mem.h”中定义：“#define acoral_malloc（size）buddy_malloc（size）”，如代码6.92，传入的参数是用户需要的内存大小，这个函数将需要内存的大小转换成可以分配满足这个大小的内存块所对应的逻辑层。例如，如果基本内存块的大小为1KB，而申请的内存为5 KB，则分配8 KB，则通过该函数返回3，即对应的逻辑层为3，这样实际分配的内存为基本内存块的 2^m（*m* 为层数，该例子中 *m*=3）；若申请的内存不是 2^m 基本块大小的，则取大于申请的内存的最小 2^m 大小。代码6.92 L（1）判断如果系统中剩余的基本内存块小于申请的内存对应的内存块的数量，则不分配。代码6.92 L（2）判断如果申请的内存大于最高层的内存块的大小则越界了，也不分配。

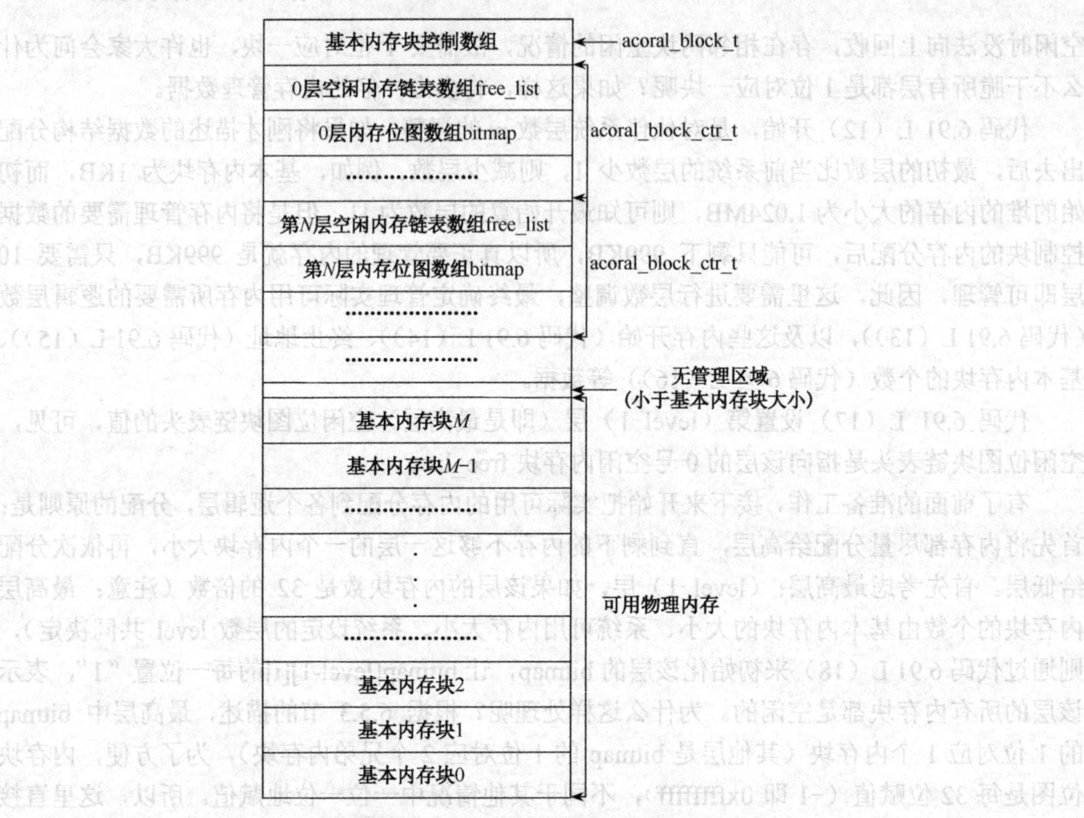

图 6.40　伙伴系统初始化后的内存分布

代码 6.92（..\acoral\kernel\src\buddy.c）

```
void *buddy_malloc (acoral_u32 size) {
    acoral_u32 resize_size;
    acoral_u8 level=0;
    acoral_u32 num=1;
    resize_size=BLOCK_SIZE;
    if (state==MEM_NO_ALLOC)
        return NULL;
    while (resize_size<size) {
        num=num<<1;
        level++;
        resize_size=resize_size<<1;
    }
    if (num>acoral_mem_ctrl->free_num)                    (1)
        return NULL;
    if (level>=acoral_mem_ctrl->level)                    (2)
        return NULL;
    return r_malloc (level) ;                             (3)
}
```

buddy_malloc()的最后一步是 r_malloc（level），如代码 6.92 L（3），该函数是真正的内存分配函数，来看看其具体实现，如代码 6.93。

代码 6.93（..\acoral\kernel\src\buddy.c）

```
void *r_malloc (acoral_u8 level) {
    acoral_sr CPU_sr;
    acoral_u32 index;
    acoral_32 num;
    HAL_ENTER_CRITICAL();
    acoral_spin_lock (&acoral_mem_ctrl->lock) ;
    acoral_mem_ctrl->free_num-=1<<level;
    acoral_32  cur=acoral_mem_ctrl->free_cur[level];                     (1)
    if (cur<0) {
        num=recus_malloc (level+1) ;     /* num为空闲内存块对应的第一个基本内
                                                            存块号*/  (2)
        if (num<0)
            return NULL;
        index=num>>level+1;
        cur=index/32;
        acoral_set_bit (index,acoral_mem_ctrl->bitmap[level]) ;        (3)
        acoral_mem_ctrl->free_list[level][cur]=-1;

        acoral_mem_ctrl->free_cur[level]=cur;
        if (num%2==0)
            acoral_mem_pages[PAGE_INDEX(num)].level=level;              (4)
        acoral_spin_unlock (&acoral_mem_ctrl->lock) ;
        HAL_EXIT_CRITICAL();
#ifdef CFG_TEST_BUDDY
        acoral_print ("level:%d,num:%d\n",level,num) ;
        buddy_scan();
#endif
        return acoral_mem_ctrl->start_adr+ (num<<BLOCK_SHIFT) ;        (5)
    }
    index=acoral_ffs (acoral_mem_ctrl->bitmap[level][cur]) ;            (6)
                                         /*返回32位位图的第一个非零位的位置*/
index=index+cur*32;
                       /* cur为该层空闲内存块链表头*/
/* (cur*32) 为该层空闲内存块链表头对应的内存位图块之前包含了多少个“1” */
                       /*index为第一个非零位对应的内存块序号*/
    acoral_clear_bit(index,acoral_mem_ctrl->bitmap[level]);             (7)
                                        /*清除该内存块对应的内存块位图的“1”位*/
    if (acoral_mem_ctrl->bitmap[level][cur]==0) {                       (8)

        acoral_mem_ctrl->free_cur[level]=acoral_mem_ctrl->free_list
[level][cur];
    }
    acoral_spin_unlock (&acoral_mem_ctrl->lock) ;
    HAL_EXIT_CRITICAL();
    if (level==acoral_mem_ctrl->level-1) {   /*对于最高层 (level-1) */   (9)
        num=index<<level;                              /* num为基本内存块序号*/
```

```
            if (num+ (1<<level-1) >acoral_mem_ctrl->block_num)
                return NULL;
        }
        else{
            /*对于第0到第 (level-2) 层，内存位图块的某一位代表了相邻的两个内存块*/
            num=index<<level+1;                       /* num为基本内存块序号*/
            if (acoral_mem_pages[PAGE_INDEX (num) ].level>=0)
            num+= (1<<level) ;
        }
        if (num%2==0)                                                    (10)
            acoral_mem_pages[PAGE_INDEX (num) ].level=level;

    #ifdef CFG_TEST_BUDDY
        acoral_print ("level:%d,num:%d\n",level,num) ;
        buddy_scan();
    #endif
        return acoral_mem_ctrl->start_adr+ (num<<BLOCK_SHIFT) ;          (11)
    }
```

代码 6.93 L（1）获取该层空闲内存块链表头 free_cur 指向的空闲节点。如果该层没有空闲内存块（即 cur<0），即链表头指向-1（在伙伴系统初始化时，free_cur 是等于 0 的，即指向该层的第 1 个空闲内存块，随着内存块的分配，free_cur 将随之发生变化；当该层的内存块被分配完后，free_cur 将被置为-1），则通过代码 6.93 L（2）向上层申请，recus_malloc()函数的实现稍后介绍，返回值为空闲内存块的第一个基本内存块的序号 num。代码 6.93 L（3）的 acoral_set_bit()根据 num 值计算得到逻辑层空闲内存块所对应的位图位的位置（根据 num 可确定其对应的某一层逻辑空闲内存块的序号，根据该序号，可以确定其所对应的 bitmap 位），即该层的空闲内存块对应了该层 bitmap 的哪一位。上层分配下来的内存块包含两个此层的内存块，一块要使用，另一块必然是空闲的，因此要将对应的位图置 1，表示相邻两块（伙伴）内存块中至少有一块是空闲的。代码 6.93 L（4）将基本内存块序号对应的控制块 acoral_mem_pages（acoral_block_t）的 level 置为该层数值，用来标识以该基本内存块开始的内存块是从该层分配的。代码 6.93 L（5）返回分配的内存的地址，根据基本内存块的序号即可知道该基本内存块的地址，也就是要分配的内存的地址，因为有两块内存块，我们优先使用第一块，故基本内存块的编号就是上层分配下来的基本内存块的序号。

相对于代码 6.93 L（2）的“cur<0”，如果当前层有空闲的内存块（“cur>=0”），则从代码 6.93L（6）开始读取空闲链表中的第一个含有空闲内存块对应的位图块，选择该内存位图块第一位为 1 对应的内存块，并得到该内存块的序号，如图 6.41 所示。代码 6.93 L（7）清除该内存块对应的内存块位图的“1”位，表示已经使用，同时如果该内存块所在的位图块为 0，修改空闲链表，将链表头指向下一个含有空闲内存块的位图块。acoral_ffs 函数的功能是返回 32 位位图的第一个非零位的位置。L（8）判断如果分配完这一个空闲块后，这个位图的值为 0，那么说明这个位图对应的内存块都已经分配出去了，就应该调整空闲内存链表。

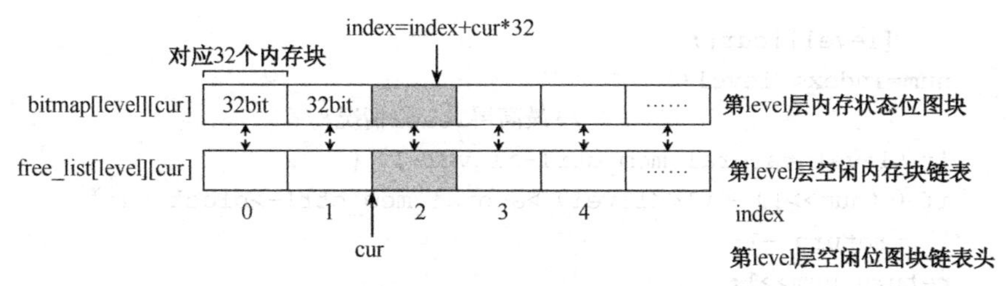

图 6.41　确定 bitmap 第一个非零位对应的内存块序号

我们知道 0 至（level-2）层的内存位图块的某一位代表了相邻的两个兄弟内存块，而第一个内存块和第二个内存块对应的基本内存块的序号是不一样的，第一块对应的序号是 index<<l+level，第二块对应的序号是（index<<1+level）+1+level。因此，从代码 6.93 L（9）开始要判断空闲的是第一块，还是第二块，这就要根据第一块对应的基本内存块的控制块的 level 值，如果大于零表示已经分配，那空闲的肯定是第二块，否则是第一块。对于代码 6.93 L（9）的最高层（*level*-1），因为此层的内存位图块一位只对应一个内存块，其内存块对应的基本内存块的序号是 index<<level。

代码 6.93 L（10）判断如果该基本内存块的序号为偶数，则将该序号对应的控制块的 level 值赋值为该层的值，以标识该内存块从哪层分配的。最后，代码 6.93 L（11）根据基本内存块的序号得到该内存块的起始地址并返回。

以上便是内存分配函数 r_malloc（level）的实现，其中的代码 6.93 L（2）为当某一内存块被分配完后，向更上一层申请内存块的函数，其实现如代码 6.94。

代码 6.94　（..\acoral\kernel\src\buddy.c）

```
static acoral_32 recus_malloc (level) {
    acoral_u32 index;
    acoral_32 cur;
    acoral_32 num;
    if (level>=acoral_mem_ctrl->level)
        return -1;
    cur=acoral_mem_ctrl->free_cur[level];
    if (cur<0) {                                                        (1)
        num=recus_malloc (level+1) ;
        if (num<0)
            return -1;
        index=num>>level+1;
        cur=index/32;
        acoral_set_bit (index,acoral_mem_ctrl->bitmap[level]) ;
        acoral_mem_ctrl->free_list[level][cur]=-1;
        acoral_mem_ctrl->free_cur[level]=cur;
        return num;
    }
    index=acoral_ffs (acoral_mem_ctrl->bitmap[level][cur]) ;
    index=cur*32+index;
    acoral_clear_bit (index,acoral_mem_ctrl->bitmap[level]) ;           (2)
    if (acoral_mem_ctrl->bitmap[level][cur]==0)
        acoral_mem_ctrl->free_cur[level]=acoral_mem_ctrl->free_list
```

```
            [level][cur];
        num=index<<level+1;
                                            /*最高层level情况*/
        if (level==acoral_mem_ctrl->level-1) {                                  (3)
        if ( (num>>1) + (1<<level) >acoral_mem_ctrl->block_num)
            return -1;
        return num>>1;
    }
    if(acoral_mem_blocks[BLOCK_INDEX(num)].level>=0)                            (4)
        return num+ (1<<level) ;
    else
        return num;
}
```

代码 6.94 L（1）判断如果这一层没有空闲块，则继续向上申请，所以用递归实现，if 语句内代码类似上一个函数 r_malloc()中的部分代码，这里就不再次说明了。如果这一层有空闲块，代码 6.94 L（2）就找到第一个空闲块的序号，然后将对应的位图位清零。代码 6.94 L（3）对最高层（level-1）进行特殊处理，因为最高层一个内存块对应一个位图位。代码 6.94 L（4）判断两个伙伴内存块哪个空闲，返回空闲块的第一个基本内存块的序号。

（5）aCoral 伙伴算法的内存回收。前两节介绍了 aCoral 伙伴算法的内存的初始化和分配方法，内存的回收相对好理解，这里只做简单介绍，细节留个大家自己推敲。如果了解了内存回收的实现，又可验证内存初始化和分配的思路。

内存回收是通过 buddy_free ()实现的，传入的参数是回收内存的起始地址。buddy_free () 即是图 6.34 中的 acoral_free()，在“..\acoral\kernel\include\mem.h”中定义“#define acoral_free（ptr） buddy_free（ptr）”，如代码 6.95，

代码 6.95 （..\acoral\kernel\src\buddy.c）

```
    void buddy_free (void *ptr) {
        acoral_sr CPU_sr;
        acoral_8 level;
        acoral_8 buddy_level;
        acoral_32 cur;
        acoral_u32 index;
        acoral_u32 num;
        acoral_u32 max_level;
        acoral_u32 adr;
        adr= (acoral_u32) ptr;
    #ifdef CFG_TEST
        acoral_print ("Free Address:0x%x\n",ptr) ;
    #endif
        if (acoral_mem_ctrl->state==MEM_NO_ALLOC)
            return;
        if (ptr==NULL||adr<acoral_mem_ctrl->start_adr
    ||adr+BLOCK_SIZE>acoral_mem_ctrl->end_adr) {                                (1)
            acoral_printerr ("Invalid Free Address:0x%x\n",ptr) ;
            return;
```

```
        }
        max_level=acoral_mem_ctrl->level;
        num=(adr-acoral_mem_ctrl->start_adr)>>BLOCK_SHIFT;                    (2)
        /*如果不是block整数倍，肯定是非法地址*/
        if(adr!=acoral_mem_ctrl->start_adr+(num<<BLOCK_SHIFT)){               (3)
            acoral_printerr("Invalid Free Address:0x%x\n",ptr);
            return;
        }
        HAL_ENTER_CRITICAL();
        acoral_spin_lock(&acoral_mem_ctrl->lock);
        if(num&0x1){                                                          (4)
            level=0;
            /*下面是地址检查*/
            index=num>>1;
            buddy_level=acoral_mem_blocks[BLOCK_INDEX(num)].level;
            if(buddy_level>0){
                acoral_printerr("Invalid Free Address:0x%x\n",ptr);
                acoral_spin_unlock(&acoral_mem_ctrl->lock);
                HAL_EXIT_CRITICAL();
                return;
            }
            /*伙伴分配出去，如果对应的位为1,肯定是回收过一次了*/
        if(buddy_level==0&&acoral_get_bit(index,acoral_mem_ctrl->bitmap
        [level])){
                acoral_printerr("Address:0x%x have been freed\n",ptr);(5)
                acoral_spin_unlock(&acoral_mem_ctrl->lock);
                HAL_EXIT_CRITICAL();
                return;
            }
            /*伙伴没有分配出去了，如果对应的位为0,肯定是回收过一次了*/
            if(buddy_level<0&&!acoral_get_bit
(index,acoral_mem_ctrl->bitmap
             [level])){
                acoral_printerr("Address:0x%x have been freed\n",ptr);(6)
                acoral_spin_unlock(&acoral_mem_ctrl->lock);
                HAL_EXIT_CRITICAL();
                return;
            }
        }else{
            level=acoral_mem_blocks[BLOCK_INDEX(num)].level;
            /*已经释放*/
            if(level<0){
                acoral_printerr("Address:0x%x have been freed\n",ptr);(7)
                acoral_spin_unlock(&acoral_mem_ctrl->lock);
                HAL_EXIT_CRITICAL();
                return;
            }
```

```
            acoral_mem_ctrl->free_num+=1<<level;
            acoral_mem_blocks[BLOCK_INDEX (num) ].level=-1;
        }
    #ifdef CFG_TEST_MEM
        acoral_print ("free-level:%d,num:%d\n",level,num) ;
    #endif
        if (level==max_level-1) {                                       (8)
            index=num>>level;
            acoral_set_bit (index,acoral_mem_ctrl->bitmap[level]) ;
            HAL_EXIT_CRITICAL();
            acoral_spin_unlock (&acoral_mem_ctrl->lock) ;
            return;
        }
        index=num>>1+level;
        while (level<max_level) {                                        (9)
            cur=index/32;
            if(!acoral_get_bit(index,acoral_mem_ctrl->bitmap[level])){(10)
                acoral_set_bit (index,acoral_mem_ctrl->bitmap[level]) ;
                if (acoral_mem_ctrl->free_cur[level]<0||cur<acoral_mem_
                ctrl->free_cur[level]) {
                    acoral_mem_ctrl->free_list[level][cur]=acoral_mem_
                    ctrl->free_cur[level];
                    acoral_mem_ctrl->free_cur[level]=cur;
                }
                break;
            }
            //有个伙伴是空闲的，向上级回收
            acoral_clear_bit (index,acoral_mem_ctrl->bitmap[level]) ;  (11)
            if (cur==acoral_mem_ctrl->free_cur[level])
                acoral_mem_ctrl->free_cur[level]=acoral_mem_ctrl->free_
                list[level][cur];
            level++;
            index=index>>1;
            if (level<max_level-1)                                       (12)
                index=index>>1;
        }
        HAL_EXIT_CRITICAL();
        acoral_spin_unlock (&acoral_mem_ctrl->lock) ;
    }
```

代码 6.95 L（1）做内存释放检查，堆内存范围外的地址、NULL 地址肯定是非法地址。代码 6.95 L（2）根据要回收的内存块的起始地址找到该地址对应的基本内存块的序号。代码 6.95 L（3）找出该序号对应的控制块保存的 level 值，以知道该内存块所在的层数，即：从哪一层分配的。代码 6.95 L（4）～L（7）进一步做合法地址检查。代码 6.95 L（8）做最高层内存块回收处理，同样比较特殊。代码 6.95 L（9）向上递归合并伙伴，回收内存。代码 6.95 L（10）判断如果该内存块的伙伴在使用，则不需合并向上释放，只需将为内存块对应的内存块位图置 1，标识有 1 个内存块空闲，并且，如果该位图块的序号小于该层空闲链表头指向

的位图块的序号，则将该位图块插入链表头。代码 6.95 L（11）判断如果该内存块的伙伴是空闲的，则合并向上递归释放。代码 6.95 L（12）递归到最顶层时进行特殊处理，index 不需要除以 2。

2. aCoral 第二级内存管理算法

前一节介绍了 aCoral 的第一级内存管理机制，本节介绍 aCoral 的第二级内存管理机制。

（1）内存资源池储存管理。内存资源池储存管理属于固定大小内存管理系统，内存池中内存块的分配和回收是基于第一级内存管理系统的，因为内存池中内存块是由第一级内存管理的伙伴算法所确定的。内存池存储管理系统主要用于操作系统的一些常用结构的内存管理。例如，线程控制块 TCB、事件控制块 ECB 等，这些结构在系统运行过程中，必然会用到，而且会频繁地被建立和释放。使用第一级管理系统当然可以满足这些需求，为什么还要用内存资源池这种机制来进一步管理这些结构，对其进行内存分配和回收呢？虽然第一级内存管理算法单次分配和回收内存的效率已经很高，但是频繁的回收和释放还是要消耗掉一定的时间。如果可以事先分配一些常用结构大小的内存，并把它们组织起来形成内存资源池，那么当操作系统真正需要的时候只需要将这些指针返回就可以了。在操作系统使用完这些结构并且销毁时，就可以把这些结构所占用的内存还给内存资源池，而不用进行真正的内存回收，这样整体的效率就提高了。

下面介绍一下具体的实现原理。每一类资源［如线程控制块 TCB 结构（aCoral 定义了 6 中资源类型，如代码 6.5）］可以拥有多个资源池 Pool，每个资源池只为一种类型的资源所使用（内存体现就是相同大小内存块，由前面的伙伴算法确定），资源池控制块 Pool_ctrl 负责一类资源的管理，一个资源池控制块会对应多个资源池，如图 6.42 所示的情况就包括两个资源池，即 Pool1 和 Pool2。开始的时候，系统会根据需要为每一类资源控制块（如 TCB）分配一些资源池，一但资源池里的资源用完时，可以重新申请一个资源池，然后挂载到空闲资源池链表上。每个资源池对应一个 Pool 结构，这个结构有两个重要的指针 base_adr 和 res_free，分别用来指示资源对象数组的基址和空闲资源对象，每个资源对象对应一个资源控制块，如线程控制块 TCB。如果某资源池的资源对象都用完时，res_free 则会指向 NULL。

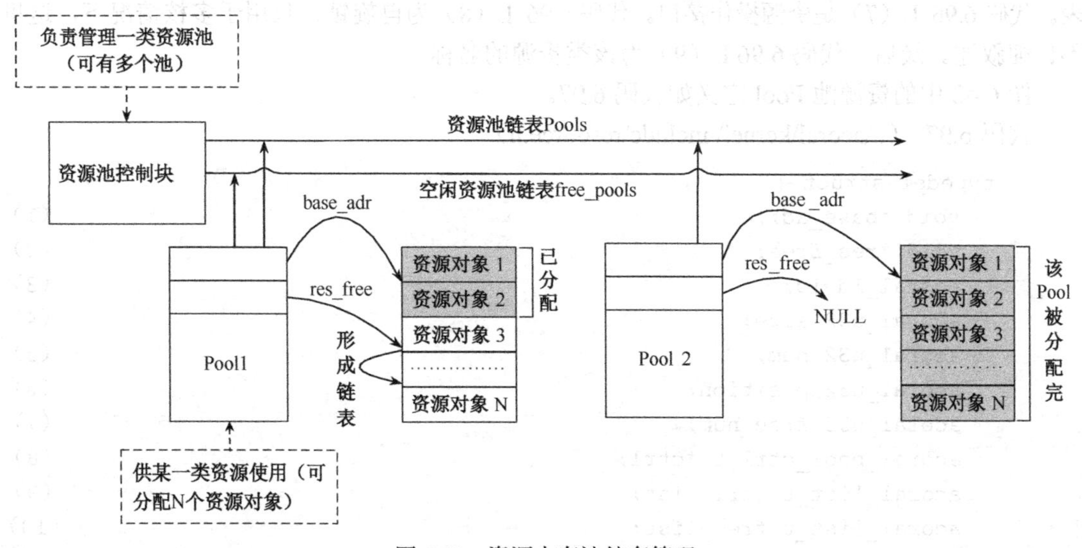

图 6.42　资源内存池储存管理

资源池控制块 acoral_pool_ctrl_t 定义如代码 6.96。

代码 6.96（..\acoral\kernel\include\resource.h）

```
typedef struct {
  acoral_u32       type;                                    (1)
  acoral_u32       size;                                    (2)
  acoral_u32    num_per_pool;                               (3)
  acoral_u32       num;                                     (4)
  acoral_u32    max_pools;
     (5)
  acoral_list_t    *free_pools,*pools,list[2];              (6)
  acoral_res_api_t *api;                                    (7)
#ifdef CFG_CMP
  acoral_spinlock_t lock;                                   (8)
#endif
  acoral_u8 *name;                                          (9)
}acoral_pool_ctrl_t;
```

代码 6.96 L（1）表示资源类型，如线程控制块资源、事件块资源、时间数据块资源、驱动块资源等，如果资源是线程，则其类型 Type 为 1，详见代码 6.4 和代码 6.5。代码 6.96 L（2）表示资源大小，一般就是结构体的大小，如线程控制块 TCB 的大小，用 sizeof（acoral_thread_t）这种形式赋值。代码 6.96 L（3）表示每个资源池的对象的个数。这里有个技巧，因为资源池管理的资源内存是由第一级内存系统（伙伴系统）分配而来的，为了最大限度地使用内存，减少内部碎片，资源对象的个数是用户指定的最大值和伙伴系统分配的内存所包含的对象个数共同决定。例如，伙伴系统的基本内存块的大小为 1 KB，资源的大小为 1KB，用户一个资源池包含 20 个资源，这样计算下来需要分配 1 KB ×20=20 KB，而由于伙伴系统只能分配 2^i 个基本内存块的大小，而（2^4）KB < 20 KB<（2^5）KB，因此，会为之分配 32KB，32KB 可以包含 32 个资源对象，大于 20，故每个资源池的对象的个数更改为 32。从这里可看出，资源池真正可分配的对象的个数往往大于等于用户指定的资源对象的个数。代码 6.96 L（4）表示已经分配的资源池的个数。代码 6.96 L（5）表示最多可以分配多少个资源池。代码 6.96 L（6）为资源池链表和空闲资源池链表。代码 6.96 L（7）是资源操作接口。代码 6.96 L（8）为自旋锁，只用于多核情况下，这里不详细叙述。最后，代码 6.96 L（9）为该类资源的名称。

图 6.42 中的资源池 Pool 定义如代码 6.97。

代码 6.97 （..\acoral\kernel\ include\resource.h）

```
typedef struct {
   void *base_adr;                                          (1)
   void *res_free;                                          (2)
   acoral_id id;                                            (3)
   acoral_u32 size;                                         (4)
   acoral_u32 num;                                          (5)
   acoral_u32 position;                                     (6)
   acoral_u32 free_num;                                     (7)
   acoral_pool_ctrl_t *ctrl;                                (8)
   acoral_list_t ctrl_list;                                 (9)
   acoral_list_t free_list;                                 (10)
#ifdef CFG_CMP
```

```
    acoral_spinlock_t lock;                                          (11)
  #endif
  }acoral_pool_t;
```

其中，代码 6.97 L（1）有两个作用，在此资源池空闲的时候，它指向下一个资源池，否则为它管理的资源的基地址。

代码 6.97 L（2）表示此资源池管理的空闲资源对象链表头。

代码 6.97 L（3）表示此资源池的 ID。

代码 6.97 L（4）表示此资源池管理的资源的大小，同时等于 pool_ctrl 的 size。

代码 6.97 L（5）表示此资源池管理的资源的个数，同时等于 pool_ctrl 的 num_per_pool。

代码 6.97 L（6）暂时没有用。

代码 6.97 L（7）剩余的资源对象个数。

代码 6.97 L（8）表示此资源池对应的资源池控制块。

代码 6.97 L（9）资源池链表结点。

代码 6.97L（10）空闲资源池链表结点。

代码 6.97L（11）自旋锁。

为了实现资源池的管理，aCoral 定义了资源对象，如代码 6.98，为了描述方便，这里再次将资源对象的定义罗列出来。

代码 6.98　（..\acoral\kernel\ include\resource.h）

```
  typedef union {
    acoral_id id;                                                    (1)
    acoral_u16 next_id;                                              (2)
  }acoral_res_t;
```

代码 6.98 L（1）定义资源 ID，每个资源池有一个 ID，当资源池空闲时，ID 的高 16 位表示该资源对象在资源池的编号，如代码 6.100，分配后表示该资源的 ID。代码 6.98 L（2）为空闲链表指针，空闲时该 16 位指向下一个空闲的资源对象编号，分配完后，就没有意义了，属于资源 ID 的一部分。

在能够使用资源内存池以前，首先要通过 acoral_create_pool()创建资源内存池，如代码 6.99。

代码 6.99（..\acoral\kernel\ include\src\resource.c）

```
  acoral_err acoral_create_pool (acoral_pool_ctrl_t *pool_ctrl) {
      acoral_pool_t *pool;
      if (pool_ctrl->num>=pool_ctrl->max_pools)
          return ACORAL_RES_MAX_POOL;
      pool=acoral_get_free_pool();                                   (1)
      if (pool==NULL)
          return ACORAL_RES_NO_POOL;
      pool->id=pool_ctrl->type<<ACORAL_RES_TYPE_BIT|pool->id;        (2)
      pool->size=pool_ctrl->size;
      pool->num=pool_ctrl->num_per_pool;
      pool->base_adr= (void *) acoral_malloc (pool->size*pool->num) ;  (3)
```

```
        if (pool->base_adr==NULL)
            return ACORAL_RES_NO_MEM;
        pool->res_free=pool->base_adr;                                   (4)
        pool->free_num=pool->num;
        pool->ctrl=pool_ctrl;
        acoral_pool_res_init (pool) ;                                    (5)
        acoral_list_add2_tail (&pool->ctrl_list,pool_ctrl->pools) ;      (6)
        acoral_list_add2_tail (&pool->free_list,pool_ctrl->free_pools) ; (7)
        pool_ctrl->num++;                                                (8)
        return 0;
    }
```

这里代码 6.99 L（1）获取一个空闲资源池（Pool）结构体 acoral_pool_t，这个内存池结构体是静态分配的，是一个数组，个数可配置（事先为某个资源分配的资源池），但运行过程中不可增加。acoral_get_free_pool()的实现在“\kernel\ include\src\resource.c”中。

代码 6.99 L（2）初始化资源池 ID 及资源个数成员。

代码 6.99 L（3）分配一块内存供资源对象使用。

代码 6.99 L（4）初始化资源内存池空闲资源链表、空闲资源池数量及其控制块。

代码 6.99 L（5）初始化资源内存池管理的资源对象。

代码 6.99 L（6）将此资源池插入资源池链表。

代码 6.99 L（7）将此资源池插入空闲资源池链表。

代码 6.99 L（8）递增此资源池的控制块的资源池个数成员的值。

代码 6.99 L（1）提到的内存池结构体，是一个数组，但为了分配和回收快速，将其组织成一个链表，故需要通过 acoral_pool_res_init()进行初始化，如代码 6.100。

代码 6.100（..\acoral\kernel\src\resource.c）

```
    void acoral_pool_res_init (acoral_pool_t * pool) {
        acoral_res_t *res;
        acoral_u32 i;
        acoral_u8 *pblk;
        acoral_u32 blks;
        blks=pool->num;                                 /*资源池Pool的个数*/
        res= (acoral_res_t *) pool->base_adr;
            pblk= (acoral_u8 *) pool->base_adr + pool->size;
        for (i = 0; i < (blks - 1); i++) {                               (1)
            res->id=i<<ACORAL_RES_INDEX_INIT_BIT;
            res->next_id=i+1;                           /*确定每个资源池的ID*/
            res= (acoral_res_t *) pblk;
            pblk+=pool->size;
        }
        res->id=blks-1<<ACORAL_RES_INDEX_INIT_BIT;
        res->next_id=0;                                                  (2)
    }
```

代码 6.100 L（1）将资源池（Pool）结构体 acoral_pool_t 形成空闲单向链表，如图 6.43 所示，这里 ACORAL_RES_INDEX_INIT_BIT 在“(..\acoral\kernel\include\resource.h)”被定义为“#define ACORAL_RES_INDEX_INIT_BIT 16”，这样，ID 的高 16 位表示该资源在资源

池的编号。代码 6.100 L（2）将最后一个资源池结构体指向NULL，表示链表尾。初始化后，空闲资源池结构体头部如图 6.43 所示。

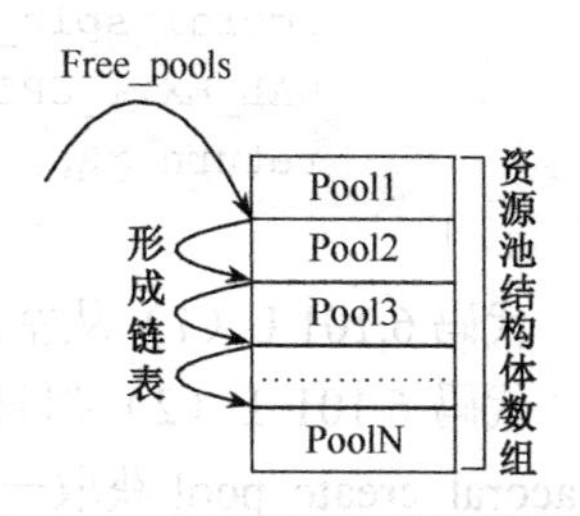

图 6.43　空闲资源池结构体头部

当资源池被创建并且被初始化以后，便可为系统所使用。在 6.3.1 节讨论“分配线程空间”时提到：线程分配空间函数 acoral_alloc_thread()通过调用 acoral_get_res()为线程的资源控制块分配空间“return （acoral_thread_t *）acoral_get_res（&acoral_thread_pool_ctrl）;”，传入的参数为线程的资源池控制块：“acoral_pool_ctrl_t acoral_thread_pool_ctrl;”，在“\kernel\src\thread.c”中定义。接下来就以线程为例，具体看看 acoral_get_res()是如何为线程分配其线程资源池的（代码 6.101）。

代码 6.101（..\acoral\kernel\src\resource.c）

```
/*================================
 *    get a kind of resource
 *       获取某一资源
 *       pool_ctrl--资源池管理块
 *================================*/
acoral_res_t *acoral_get_res(acoral_pool_ctrl_t *pool_ctrl){
     acoral_sr CPU_sr;
     acoral_list_t *first;
     acoral_id id;
     acoral_res_t *res;
     acoral_pool_t *pool;
     HAL_ENTER_CRITICAL();
     acoral_spin_lock(&pool_ctrl->lock);
     first=pool_ctrl->free_pools->next;                                  (1)
     if(first== pool_ctrl->free_pools){                                  (2)
        if(acoral_create_pool(pool_ctrl)){
           acoral_spin_unlock(&pool_ctrl->lock);
           HAL_EXIT_CRITICAL();
           return NULL;
        }
        else{
           first=pool_ctrl->free_pools->next;
        }
     }
     pool=list_entry(first,acoral_pool_t,free_list);                     (3)
     res=(acoral_res_t *)pool->res_free;                                 (4)
     pool->res_free=(void *)((acoral_u8 *)pool->base_adr+res->next_id*
     pool->size);                                                        (5)
 res->id=(res->id>>(ACORAL_RES_INDEX_INIT_BIT-ACORAL_RES_INDEX_BIT))
 &ACORAL_RES_INDEX_MASK|pool->id;                                        (6)
     pool->free_num--;                                                   (7)
     if(!pool->free_num){
        acoral_list_del(&pool->free_list);
     }
```

```
        acoral_spin_unlock (&pool_ctrl->lock);
        HAL_EXIT_CRITICAL();
        return res;                                                    (8)
    }
```

代码 6.101 L（1）从空闲资源池链表上取下一个 Pool。

代码 6.101 L（2）判断如果该结点等于链表头，则意味着无空闲资源池，需要通过前面的 acoral_create_pool 获取一个资源池并挂到该空闲链表上。

代码 6.101 L（3）获取空闲资源池结点（first）的结构地址。

代码 6.101 L（4）获取空闲的资源池结点，并转换为资源池结构指针。

代码 6.101 L（5）从资源池的空闲资源链表中获取一个资源对象。

代码 6.101 L（6）修改资源 ID，这里用到的三个宏的定义在代码 6.102 中定义。当资源池空闲时，ID 的高 16 位表示该资源在资源池的编号，分配后需要修改 ID 来表示该资源 ID。

代码 6.101 L（7）将资源池中的资源对象个数减 1，并判断该资源池中的资源对象数是否为 0，如果是则将该资源池从空闲资源池链表上取下。

代码 6.101 L（8）返回资源。

代码 6.102 （..\acoral\kernel\include\resource.h）

```
......
#define ACORAL_RES_INDEX_BIT 14
#define ACORAL_RES_INDEX_INIT_BIT 16
......
#define ACORAL_RES_INDEX_MASK  0x00FFC000
......
```

以上是资源池的分配，如果系统运行过程中，某个资源不再使用（如线程控制块），则须通过 acoral_release_res()释放，如代码 6.103。

代码 6.103 （..\acoral\kernel\src\resource.c）

```
/*=================================
 *   release a kind of resource
 *      释放某一资源
 *     res--资源数据块
 *=================================*/
void acoral_release_res (acoral_res_t *res) {
    acoral_pool_t *pool;
    void *tmp;
  acoral_pool_ctrl_t *pool_ctrl;
    pool=acoral_get_pool_by_id (res->id);                              (1)
    pool_ctrl=pool->ctrl;                                              (2)
    acoral_spin_lock (&pool_ctrl->lock);
    tmp=pool->res_free;                                                (3)
    pool->res_free= (void *) res->adr;
    res->id=(((acoral_u32)res-(acoral_u32)pool->base_adr)/pool->size)
    <<ACORAL_RES_INDEX_INIT_BIT;                                       (4)
    res->next_id=((acoral_res_t *)tmp)->id>>ACORAL_RES_INDEX_INIT_BIT;
                                                                       (5)
```

```
        pool->free_num++;                                          (6)
        if (acoral_list_empty (&pool->free_list) )                 (7)
            acoral_list_add (&pool->free_list,pool_ctrl->free_pools) ;
        acoral_spin_unlock (&pool_ctrl->lock) ;
        return;
    }
```

代码 6.103 L（1）根据资源 ID 获取此资源所在资源池。

代码 6.103 L（2）获取资源所在的资源池的控制块。

代码 6.103 L（3）将资源插入到资源内存池的空闲资源链表中。

代码 6.103 L（4）修改资源 ID 的高 16 位为资源的编号，用于下一次分配。

代码 6.103 L（5）将该资源链入空闲链表，用于下一次分配。

代码 6.103 L（6）递增资源池中的资源个数。

代码 6.103 L（7）如果资源池不在空闲资源池链表中，则插入这个链表。

（2）任意大小内存的管理。任意大小内存的管理是根据用户需要为其分配内存，即用户需要多大内存就通过 acoral_malloc2()为之分配多大内存（只要系统内存足以满足用户需要），同时每块分配出去的内存前面都有一个控制块，控制块里记录了该块内存的大小。同时未分配出去的内存也有一个控制块，寻找空闲内存块要进行遍历。由于分配和回收的顺序和内存大小是没有规律的，如果不断分配回收后，会将内存分为很多块，产生很多内存碎片。

任意大小内存的管理机制的基本思想是：“一分为二”，将一块分为两块，一块分配给用户使用，剩下一块留作后续使用，同时改变大小标志。可见用户不断调用 acoral_malloc2()会将产生很多内存碎片。

下面通过一个例子介绍一下任意大小内存管理的原理。若刚开始内存只有一块，其大小为 x_1，则全部空闲，如图 6.44（a）所示。当用户调用一次 acoral_malloc2()后，内存分布如图 6.44（b）所示，这里 $x_1=x_2+x_3$。当用户多次调用 acoral_malloc2()后，内存分布可能变成如图 6.44（c）所示的情景，此时，有两个空闲的内存块，一块大小为 128B，另一块大小为 56B。如果用户欲申请使用 80B 的内存，则后面那个 56B 不够，这时就必须从头开始搜索空闲区，然后一分为二，这时会找到 128B 这块。从上面可以看出这种分配方式，时间不确定，搜索时间与块的个数、当前内存使用情况相关。

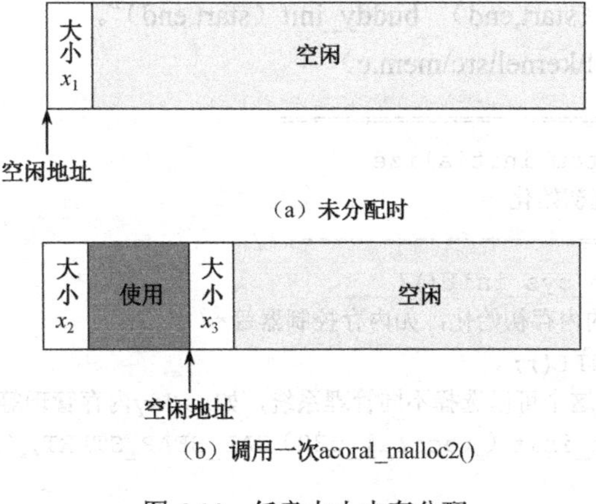

图 6.44　任意大小内存分配

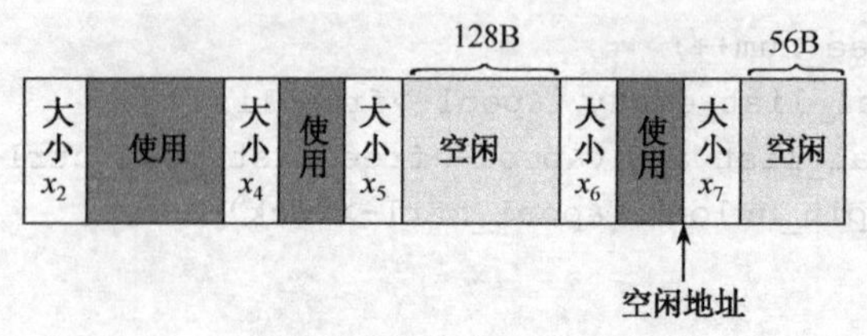

（c）多次调用acoral_malloc2()

图 6.44 任意大小内存分配（续）

以上是任意大小内存分配的过程，如果用户不再需要某块内存时，该内存是如何被释放的呢？很简单，找到和其相邻的块是否空闲，如果空闲，合并；否则，只标示为空闲，不改变大小。例如，对于图 6.44（b）的情况，释放第一块后将恢复到图 6.44（a）所示的情景。对于图 6.44（c）的情况，释放第一块内存后将变成图 6.45 的情景。

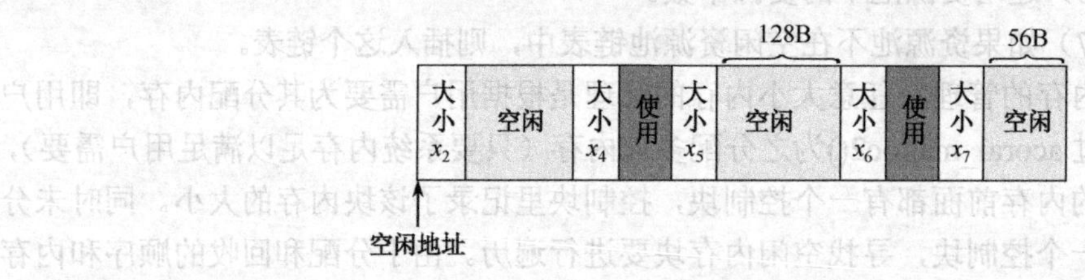

图 6.45 回收第一块内存

在整个 aCoral 的内存管理系统中，任意大小内存的管理并不是主要手段，它只是一种必要的补充。因此，这里不做详细介绍，关于任意大小内存分配和回收的代码实现在“..\acoral\kernel\src\malloc.c”中，留给大家自己解读。

6.5.4 aCoral 内存管理初始化

在 aCoral 内存管理机制能正确工作前，需要对其进行初始化，该工作是在启动 aCoral 时，内核模块 acoral_module_init()中进行的，如代码 6.23，这里调用了 acoral_mem_sys_init()，其具体实现如代码 6.104，首先是进行硬件相关的内存初始化，然后通过 acoral_mem_init()对堆进行初始化，并根据不同的内存管理策略进行相关设置，如 aCoral 采用了伙伴系统，则 acoral_mem_init()的工作即是 buddy_init()的工作，这在“\kernel\include\mem.h”中做了定义“#define acoral_mem_init（start,end） buddy_init（start,end）”。

代码 6.104 （..\acoral\kernel\src\mem.c）

```
/*==================================
 *   memory system initialize
 *   内存管理系统初始化
 *==================================*/
void acoral_mem_sys_init(){
     /*硬件相关的内存初始化，如内存控制器等*/
     HAL_MEM_INIT();
     /*堆初始化,这个可以选择不同管理系统，如buddy内存管理等*/
     acoral_mem_init((acoral_u32)HAL_HEAP_START,(acoral_u32)HAL_HEAP_
     END);
#ifdef CFG_MEM2
```

```
    acoral_mem_init2();
#endif
}
```

6.6 线程交互机制

一个无论多么小的系统，都会有大系统的缩影，就像俗话说的“麻雀虽小，五脏俱全”，或者是“Even a fly has its spleen”。嵌入式实时操作系统中除了基本调度机制（创建线程、调度线程、挂起线程等）、事件处理机制（中断管理、时钟管理）、内存管理机制外，也有一般操作所具有的线程交互机制，如互斥机制、同步机制、通信机制等，本节将讨论 aCoral 的线程交互机制。

大家知道并发线程可共享系统中的各类资源，如全局变量、表格、队列、打印机等，这些资源被称为临界资源，当诸线程在访问这些临界资源时，必须互斥访问。互斥，顾名思义，大家都要相互排斥，因此在同一个时刻，只能有一个任务拥有互斥量。大家把每个线程中访问临界资源的那段代码称为临界区，把线程刚开始执行临界区代码和退出临界区代码的那一刻称为临界点。说到这里，先回过头看看前面章节里反复提到的“HAL_ENTER_CRITICAL”和“HAL_EXIT_CRITICAL”，如代码 6.105，这即是临界点接口。临界，通俗而言，就是指“进入这个区域就要小心”，临界区的代码需要互斥访问，即不允许多个线程、中断同时执行临界区域代码。

代码 6.105（..\1 aCoral\hal\arm\S3C2440\src\hal_int_s.s）

```
#define HAL_ENTER_CRITICAL()   (CPU_sr = HAL_INTR_DISABLE_SAVE())
HAL_INTR_DISABLE_SAVE:
        MRS     R0, CPSR                                              (1)
        ORR     R1, R0, #0xC0
        MSR     CPSR_c, R1                                            (2)
        MRS     R1, CPSR                                              (3)
        AND     R1, R1, #0xC0
        CMP     R1, #0xC0
        BNE     HAL_INTR_DISABLE_SAVE
        MOV     PC, LR
```

代码 6.105 L（1）保存中断状态。

代码 6.105 L（2）通过设置 CPSR 寄存器来关中断。

代码 6.105 L（3）验证是否关了中断。

大家可能会问关中断如何能防止多线程、中断互斥访问临界区域代码呢？这里分为两种情况：

（1）线程和中断处理程序互斥：当线程在临界点（进入临界区时）关了中断，线程在执行代码临界区的代码时，中断肯定不会发生，所以不会出现中断和线程同时访问临界区代码的情况。

（2）线程间互斥：某个线程运行过程中如果发生中断，而中断退出时又可能调用调度函数 acoral_sched()让就绪队列中的高优先级线程抢占当前线程，这种情况称为异步抢占。若线程进入临界区时关了中断，系统肯定就不会响应中断，也就不会出现异步抢占，所以只要当前线程不在临界区域主动调用可能引起调度的函数，如 mutex_post()、sem_post()、delay()等，当前线程就不会被抢占，既然不会被抢占，当前线程肯定可以执行完临界区，中途不被打断。

临界区代码的互斥访问是线程协调机制的基础，后面的互斥、同步、通信等机制都会使用，因为这些机制的实现函数中，有些区域就是临界区。

6.6.1 互斥机制

当多个线程访问临界资源时，必须互斥访问。除了通过“HAL_ENTER_CRITICAL”和“HAL_EXIT_CRITICAL”临界点机制可实现互斥外，aCoral 还提供了互斥量机制来实现互斥，那两者的区别是什么呢？由于临界点机制是整个临界区域都关中断，而互斥量只是申请互斥量和释放互斥量时关中断，同时互斥量机制可能会引起线程挂起，导致线程切换，因为某线程执行临界区代码过程，可以响应中断，此时如果发生中断，而中断退出时又可能调用调度函数 acoral_sched()让就绪队列中的高优先级线程抢占当前线程，就会因异步抢占触发线程切换，因此，使用互斥量机制时临界区代码往往都比较长。对于线程之间互斥的代码区域，如果这段区域很小，小到执行时间少于线程切换的时间，优先使用临界点，否则，使用互斥量。此外，对于线程和中断处理程序互斥的情况下，不能使用互斥量，只能使用临界点机制。

1. *互斥量*

使用互斥量（Mutex）可以有效管理系统中的独占资源，进而利用这一特性来实现对临界资源的管理，以便一个核上的多个任务，多个核上的多个任务在访问临界资源不会互相干扰，产生异常结果。aCoral 互斥量的实现依赖于事件控制块，下面先来看看事件控制块 acoral_evt_t 的定义，如代码 6.106。

代码 6.106 （..\1 aCoral\kernel\include\even.h）

```
    typedef struct {
        acoral_res_t          res;
        acoral_u8            type;
        acoral_spinlock_t      spin_lock;
        acoral_32            count;
        acoral_prio_array_t    array;
        acoral_8             *name;
        void                 *data;
    }acoral_evt_t;
```

各个成员的作用如下。

① res：在 aCoral 系统中，事件控制块和线程控制块一样也是一种资源，因此需要一个 res 结构体成员。

② type：用来描述当前事件块的类型，当前实现了以下三种类型，分别是：

acoral_event_mutex：代表当前事件控制块用于互斥量机制。

acoral_event_sem：代表当前事件控制块用于信号量机制。

acoral_event_mbox：代表当前事件控制块用于邮箱机制。

③ spin_lock：自旋锁，在必要的时候用来实现对一个事件控制块核间互斥操作。

④ count：一个共用型变量，当 type 值不同时，count 代表的意思也不相同。

当 type 为 acoral_event_mutex 时，即事件块用于互斥量机制时，count 的意义分为两部分，低 16 位中的低 8 位用来表示该互斥量的状态以及优先级。

当 type 为 acoral_event_sem 时，即事件块用于信号量机制时，count 的意义为当前信号量所控制的临界资源的实例数量。

⑤ array：等待该事件而被挂起的线程列表。

⑥ name：用来标识事件控制块的名字

⑦ data：void*型万能指针，当事件控制块类型为互斥量时，用来挂载占有该互斥量的线程的指针；当事件控制块类型为邮箱时，用来挂载传递的邮件；当事件控制块类型为信号量时，未使用。

定义了 acoral_evt_t，就可以实现互斥量机制了。

（1）创建互斥量。aCoral 通过 acoral_mutex_create()创建互斥量，其接口为：acoral_evt_t *acoral_mutex_create（acoral_u8 prio, acoral_u32 *err）。可以看出，在创建互斥量的时候，需要指定的第一个参数为：互斥量的优先级，这个优先级为使用该互斥量的所有线程中最高的优先级，指定该参数是为了避免优先级反转，支持优先级继承；而第二个参数为该接口的返回信息，用来通知信号量创建者在创建过程的状态。当创建成功时，返回指向该互斥量的指针。acoral_mutex_create()的具体实现如代码 6.107。

代码 6.107（..\1 aCoral\kernel\src\mutex.c）

```
/*============================
 * The creation of the mutex
 *       互斥量创建函数
 *============================*/
acoral_evt_t *acoral_mutex_create (acoral_u8 prio, acoral_u32 *err)
{
    acoral_evt_t *evt;                                                    (1)
                   /*从资源内存池中分配一个事件块，分配的方式和线程控制块类似*/
    evt = acoral_alloc_evt();
    if (NULL == evt)
    {
        *err = MUTEX_ERR_NULL;
        return NULL;
    }
    evt->count = (prio << 8) | MUTEX_AVAI;
                            /*#define MUTEX_AVAI  0x00FF*/
                           /*低16位中的低8位用来表示该互斥量的状态以及优先级*/
    evt->type = ACORAL_EVENT_MUTEX;
    evt->data = NULL;
    acoral_evt_init(evt);                     /*对互斥量进行初始化*/      (2)
    return evt;
}
```

代码 6.107 L（1）从资源内存池中分配一个事件控制块，该函数的实现如代码 6.108，可见，分配的方式和线程控制块类似。

代码 6.108　（..\1 aCoral\kernel\src\event.c）

```
acoral_evt_t *acoral_alloc_evt(){
      return (acoral_evt_t *) acoral_get_res(&acoral_evt_pool_ctrl);
}
```

（2）初始化互斥量。创建互斥量的最后一步是对其进行初始化，如 6.107 L（2）。当静态定义互斥量而不是采用指针形式定义时，内存空间已经在定义时做了分配，此时应当调用初始化函数对定义过的互斥量进行初始化。初始化的内容主要是对事件控制块 acoral_evt_t 的各成员赋值，如代码 6.109。其中，代码 6.109 L（1）是对 Array 成员赋值，将等待该事件的线程挂载到队列中，其实现如代码 6.110，可见，这里用到了位图法，以提高在队列中查找最高优先级线程所花时间的确定性，其原理与 6.3.2.2 节中 "找到最高优先级线程"的方法类似，这里不再详述。代码 6.109 L（2）是初始化自旋锁，以支持多核环境下临界资源的互斥访问。

代码 6.109（..\1 aCoral\kernel\src\mutex.c）

```
acoral_u32 acoral_mutex_init (acoral_evt_t *evt, acoral_u8 prio);
{
      if ( (acoral_evt_t*) 0 == evt)
          return MUTEX_ERR_NULL;
      evt->count  = (prio << 8) | MUTEX_AVAI;
      evt->type = ACORAL_EVENT_MUTEX;
      evt->data = NULL;
      acoral_prio_queue_init(&evt->array);                        (1)
      acoral_spin_init (&evt->spin_lock);                          (2)
      return MUTEX_SUCCED;
}
```

代码 6.110 （..\1 aCoral\lib\src\queue.c）

```
void acoral_prio_queue_init (acoral_prio_array_t *array) {
      acoral_u8 i;
      acoral_queue_t *queue;
      acoral_list_t *head;
      array->num=0;
      for (i=0;i<PRIO_BITMAP_SIZE;i++)
          array->bitmap[i]=0;
      for (i=0;i<ACORAL_MAX_PRIO_NUM;i++) {
          queue= array->queue + i;
          head=&queue->head;
          acoral_init_list (head);
      }
}
```

（3）申请互斥量。互斥量创建并完成后，应用开发人员便可申请和使用之。互斥量使用的原理在关于操作系统的书籍里已讨论了很多，这里不再重复，只重点讨论一下互斥量申请的实现细节，如代码 6.111，申请互斥量传入的参数是：先前创建互斥量（类型为互斥量的事件控制块）的内存地址。

代码 6.111（..\1 aCoral\kernel\src\mutex.c）

```
acoral_u32 acoral_mutex_pend (acoral_evt_t *evt)
{
```

```
    acoral_sr        CPU_sr;
    acoral_u8        highPrio;
    acoral_u8        ownerPrio;
    acoral_thread_t   *thread;
    acoral_thread_t   *cur;

    if(acoral_intr_nesting>0)          /*如果此时有中断嵌套，则不能申请互斥量*/
        return MUTEX_ERR_INTR;

    cur=acoral_cur_thread;

    HAL_ENTER_CRITICAL();                                              (1)
    acoral_spin_lock(&evt->spin_lock);                                 (2)
    if ((acoral_u8) (evt->count & MUTEX_L_MASK) == MUTEX_AVAI)        (3)
    {
        evt->count &= MUTEX_U_MASK;                                    (4)
        evt->count |= cur->prio;
        evt->data = (void*) cur;
        acoral_spin_unlock(&evt->spin_lock);                           (5)
        HAL_EXIT_CRITICAL();
        return MUTEX_SUCCED;
}
    highPrio = (acoral_u8) (evt->count >> 8) ;                         (6)
    ownerPrio = (acoral_u8) (evt->count & MUTEX_L_MASK) ;             (7)
    thread = (acoral_thread_t*) evt->data;                             (8)
    if ((thread->prio != highPrio)  &&                                 (9)
         (ownerPrio   <  cur->prio) &&
         (cur->CPU    == thread->CPU)  )
    {
        if(highPrio==0)                                                (10)
            highPrio=cur->prio;
            acoral_thread_change_prio (thread,highPrio) ;
    }
    acoral_unrdy_thread (cur) ;                                        (11)
    acoral_spin_unlock (&evt->spin_lock) ;
    HAL_EXIT_CRITICAL();
    acoral_sched();
    return MUTEX_SUCCED;
}
```

代码 6.111 L（1）关中断，因为申请互斥量的时候，必须关中断，用于实现单核上任务间的互斥操作。

代码 6.111 L（2）给互斥量增加自旋锁，用于实现申请互斥量时不同核上任务间的互斥操作。

代码 6.111 L（3）判断申请的互斥量是否已经被其他线程占有。

代码 6.111 L（4）～L（5）判断如果互斥量还没有被线程占有，则给互斥量加占有标志（设置 count 低八位为占有该互斥量任务的优先级），然后执行开自旋锁、开中断操作，再返回互斥量创建成功。

代码 6.111 L（6）判断如果互斥量被其他线程占有，则获取创建互斥量时设置的最高优先级。

代码 6.111 L（7）获取占有该互斥量线程的优先级。

代码 6.111 L（8）获取占有该互斥量的线程的线程控制块指针。

代码 6.111 L（9）判断是否存在优先级反转的条件。

代码 6.111 L（10）如果出现了优先级反转，则提升占用互斥量线程的优先级。

代码 6.111 L（11）将当前线程从就绪队列中退出，在打开自旋锁和打开中断后，重新进行线程调度。

前面提到了一个很重要的概念：优先级反转，什么是优先级反转呢？申请互斥量的时候为什么要进行这样的操作呢？请先看一个例子。

假设有 3 个任务 T_1、T_2、T_3，其优先级序列为 Priority（T_1）>Priority（T_2）>Priority（T_3），T_1、T_2、T_3 的到达系统的时间分别是 0，t_1，t_3，运行过程中，T_1 和 T_3 会访问共享资源 S（图 6.46 的黑色部分），T_2 不会访问 S。

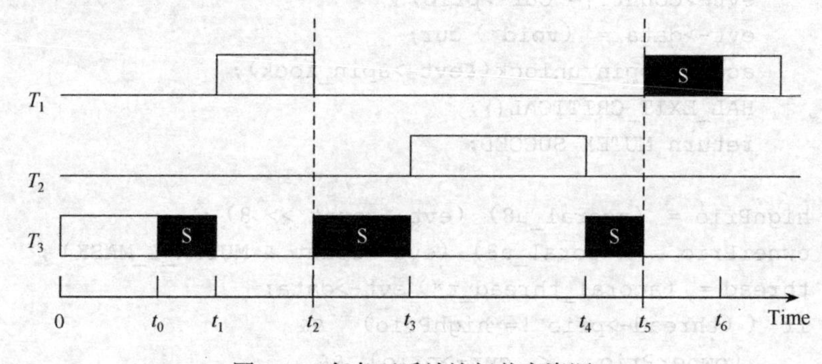

图 6.46　任务互斥地访问共享资源

根据图 6.46，T_3 在时刻 0 到达，并立即得以运行，随后，在 t_0 时刻开始进入临界区访问共享资源 S。

在时刻 t_1，T_1 到达系统，由于 Priority（T_1）>Priority（T_2），所以 T_1 将抢占 T_3 获得运行权，在时刻 t_2，T_1 欲访问共享资源 S，而此时资源 S 仍然被 T_3 使用，这样，T_1 将会被切换到等待队列，CPU 的执行权重新交给 T_3，T_3 继续访问 S。

在时刻 t_3，T_2 到达系统，由于 Priority（T_2）>Priority（T_3），所以 T_2 将抢占 T_3 获得运行权，直到时刻 t_4，T_2 执行结束，离开系统，此时，CPU 的执行权重新交给 T_3，T_3 继续访问 S。

在时刻 t_5，T_3 结束共享资源 S 的访问，释放共享资源 S，这样，T_1 获得 CPU 的执行权和 S 的访问权，开始进入临界区，直到 t_6。

在该实例中，虽然 Priority（T_2）<Priority（T_1），但 T_2 却延迟了 T_1 的运行，T_2 先于 T_1 执行完，该现象在 RTOS 中被称为优先级反转（Priority Inversion）[10-12][15]。理想情况下，当高优先级任务进入就绪状态后，高优先级任务会立即抢占低优先级任务得以运行。但在多个任务需要访问共享资源的情况下可能会出现高优先级任务被低优先级任务阻塞，并等待低优先级任务运行，在此过程中，高优先级任务需要等待低优先级任务释放共享资源，而低优先级任务又在等待不访问共享资源的中等优先级任务的现象，这就是优先级反转。

根据上面的例子可知，优先级反转造成了调度的不确定性，那如何解决优先级反转问题

呢？优先级继承（Priority Inheritance）策略[10-12][15]是解决办法之一。那什么是优先级继承呢？优先级继承是指当一个任务阻塞了一个或多个高优先级任务时，该任务将不使用原来的优先级，而暂时使用被阻塞任务中的最高优先级作为执行临界区的优先级，当该任务退出临界区时，再恢复到其最初优先级。接下来再通过一个实例看看优先级继承策略是如何避免优先级反转现象的。

仍然假设有3个任务T_1、T_2、T_3，其优先级序列为Priority（T_1）>Priority（T_2）>Priority（T_3），T_1、T_2、T_3的到达系统的时间分别是0，t_1，t_3，运行过程中，T_1和T_3会访问共享资源S（图6.46的黑色部分），T_2不会访问S，若采用优先级继承策略，三个任务的执行情况将如图6.47所示。

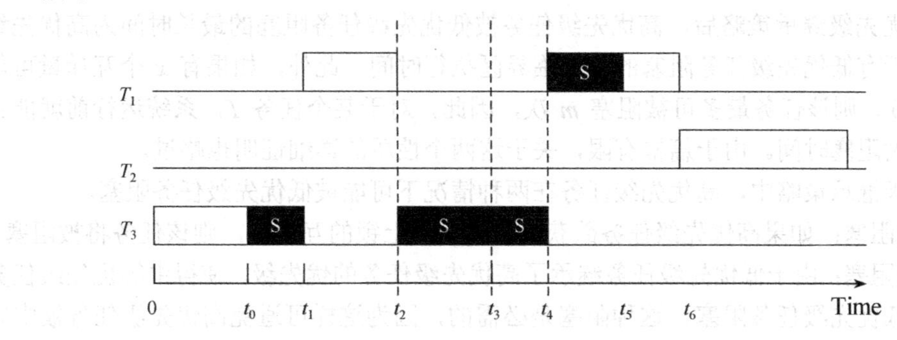

图6.47　优先级继承策略下的共享资源访问

根据图6.47，T_3在时刻0到达，并立即得以运行，随后，在t_0时刻开始进入临界区访问S。

在时刻t_1，T_1到达系统，由于Priority（T_1）>Priority（T_2），所以T_1将抢占T_3获得运行权，在时刻t_2，T_1欲访问S，而S仍然被T_3使用。此时，如果采用优先级继承策略，T_3将会暂时采用（或继承）T_1的优先级，即采用被阻塞任务中的最高优先级作为执行临界区的优先级，T_1被切换到等待队列，CPU的执行权重新交给T_3，T_3继续访问S，但此时Priority（T_3）=Priority（T_1）。

在时刻t_3，T_2到达系统，由于T_3继承了T_1的优先级，所以Priority（T_2）<Priority（T_3），这样，T_2将不会抢占T_3，直到时刻t_4，T_3结束共享资源S的访问，释放共享资源S，此刻，Priority（T_3）恢复到原来的优先级，即当该任务退出临界区时，恢复到其最初优先级。接下来，T_1将获得CPU的执行权，进入临界区访问S。

在时刻t_5，T_1退出临界区，释放S。

在时刻t_6，T_1结束运行，T_2才获得CPU的执行权，直到运行结束。

由于该实例采用了优先级继承策略，所以避免了前一个实例中的优先级反转现象。优先级继承策略的基本步骤如下：

① 如果任务T为具有最高优先级的就绪任务，则T将获得CPU运行权，在任务T进入临界区前，需要首先通过RTOS提供的API请求获得该临界区的互斥量S［如前面提到的acoral_mutex_pend()（代码6.111）；在uC/OS II下，通过OSMutexPend()请求获得互斥量］。

如果互斥量S已经被上锁，则任务T的请求被拒绝。在该情况下，任务T被拥有互斥量S的任务所阻塞。

如果互斥量S未被上锁，则任务获得互斥量S而进入临界区。当任务T退出临界区时，使用临界区过程中所上锁的信号将被解锁（如调用aCoral的acoral_mutex_post()，uC/OS II

的 OSMutexPost()），此时，如果有其他任务因为请求临界区而被阻塞，则其中具有最高优先级的任务将被激活，处于就绪状态。

② 任务 T 将保持被分配的原有优先级不变，除非任务 T 进入了临界区并阻塞了更高优先级的任务。如果由于 T 进入临界区而阻塞了更高优先级的任务，则 T 将继承被任务 T 阻塞的所有任务的最高优先级，直到任务 T 退出临界区。当 T 退出临界区时，将恢复到进入临界区前的原有优先级。

③ 优先级继承具有传递性。例如，假设有 3 个任务 T_1、T_2、T_3，其优先级序列为 Priority（T_1）>Priority（T_2）>Priority（T_3），如果 T_3 阻塞了 T_2，此前 T_2 又阻塞了 T_1，则 T_3 将会通过 T_2 继承 T_1 的优先级（有关优先级继承策略传递性的内容留给大家自己分析）。

当采用优先级继承策略后，高优先级任务被低优先级任务阻塞的最长时间为高优先级任务中可能被所有低优先级任务阻塞的最长临界区执行时间。此外，如果有 x 个互斥量可能阻塞某个任务 T，则该任务最多可被阻塞 m 次，因此，对于某个任务 T，系统运行前就能够确定任务的最大阻塞时间。由于篇幅有限，关于这两个性质的详细证明也略过。

在优先级继承策略中，高优先级任务在两种情况下可能被低优先级任务阻塞。

① 直接阻塞：如果高优先级任务欲获得一个已被上锁的互斥量，则该任务将被阻塞。

② 间接阻塞：由于低优先级任务继承了高优先级任务的优先级，使得中等优先级任务被原来分配的低优先级任务阻塞。这种阻塞是必需的，因为这样可避免高优先级任务被中等优先级任务间接抢占。

到此，清楚了什么是优先级反转，如何通过优先级继承避免优先级反转。再回头看代码 6.111 L（9）判断是否存在优先级反转的条件，根据优先级反转的原理及图 6.46 可知，当① 已占有互斥量的线程优先级不是创建互斥量时设置的最高优先级；② 且已占有互斥量的线程优先级小于当前线程的优先级；③ 并且已占有互斥量的线程和当前线程并发使用一个 CPU 时，会发生优先级反转。如果出现了优先级反转，则可通过优先级继承策略避免优先级反转，即通过 6.111 L（10）提升已占用互斥量线程的优先级，让其优先级等于当前线程的优先级（图 6.47），最后再让 acoral_sched()重调度。

（4）释放互斥量。前一节长篇大幅介绍了互斥量申请函数的实现及使用互斥量的过程中可能造成的问题，本节简单叙述互斥量释放函数 acoral_mutex_post()的实现，如代码 6.112。释放互斥量传入的参数是申请时的互斥量的地址。

代码 6.112（..\1 aCoral\kernel\src\mutex.c）

```
acoral_u32 acoral_mutex_post (acoral_evt_t *evt)
{
    acoral_sr           CPU_sr;
    acoral_u8           ownerPrio;
    acoral_u8           highPrio;
    acoral_u32          index;
    acoral_thread_t     *thread;
    acoral_list_t       *head;
    acoral_thread_t     *cur;

    HAL_ENTER_CRITICAL();                                              (1)
    acoral_spin_lock (&evt->spin_lock);                                (2)
```

```
        highPrio = (acoral_u8) (evt->count >> 8);                          (3)
        ownerPrio = (acoral_u8) (evt->count & MUTEX_L_MASK);               (4)
        cur=acoral_running_thread;                                         (5)
        if (cur->prio != ownerPrio)                                        (6)
        {
            acoral_change_prio_self(ownerPrio);                            (7)
        }
        array = &evt->array;                                               (8)
        index = acoral_get_highprio(array);                                (9)
        if (index > ACORAL_PRIO_QUEUE_EMPTY )
        {
            evt->count |= MUTEX_AVAI;                                      (10)
            evt->data = NULL;
            acoral_spin_unlock(&evt->spin_lock);
            HAL_EXIT_CRITICAL();                                           (12)
            return MUTEX_SUCCED;
        }
    queue = array->queue + index;                                          (13)
        head=&queue->head;
        thread = list_entry(head->next, acoral_thread_t, waiting);         (14)
        acoral_evt_queue_del(thread);                                      (15)
        evt->count &= MUTEX_U_MASK;                                        (16)
        evt->count |= thread->prio;
        evt->data = thread;
        acoral_rdy_thread(thread);
        acoral_spin_unlock(&evt->spin_lock);                               (17)
        HAL_EXIT_CRITICAL();
        acoral_sched();
        return MUTEX_SUCCED;
    }
```

代码 6.112 L（1）关中断，用于实现单核上线程之间的互斥操作。

代码 6.112 L（2）给互斥量加自旋锁，用于实现不同核上线程之间的互斥操作。

代码 6.112 L（3）获取创建互斥量时设置的最高优先级。

代码 6.112 L（4）获取占有该互斥量线程的优先级。

代码 6.112 L（5）获取占有该互斥量线程的任务控制块指针。

代码 6.112 L（6）判断是否因为优先级反转而提升占有互斥量线程的优先级。

代码 6.112L（7）恢复占有互斥量线程的原有优先级。

代码 6.112 L（8）~L（9）查看是否有等待线程。

代码 6.112 L（10）~L（12）判断如果没有等待线程，则设置互斥量状态为可用状态，再退出。

代码 6.112 L（13）~L（14）判断如果有等待线程，则找到优先级最高的线程的任务控制块指针。

代码 6.112 L（15）在获取到任务块指针后，删除该等待线程。

代码 6.112 L（16）~L（17）设置该线程占用互斥量并置其状态为就绪态，开自旋锁和开中断后，重新调度。

（5）删除互斥量。当互斥量不再使用时，需要对其进行删除，以回收内存空间，删除互斥量的接口如下：acoral_u32 acoral_mutex_del（acoral_evt_t *evt, acoral_u32 opt），需要传递相应的指向互斥量结构的指针，同时需要指定删除时的属性，当 opt 的值为 ACORAL_MUTEX_FORCEDEL 时，不管有无线程在等待，都会删除该互斥量，归还互斥量块到事件块缓冲池中；当 opt 的值为 ACORAL_NORMALDEL 时，如果有线程在等待，则不会进行删除，通过返回值通知删除程序当前状态。acoral_mutex_del()的实现在“G:\6 My book..\1 aCoral\kernel\src\mutex.c”，这里不详述。

（6）互斥量应用。为了让大家更好理解互斥量的原理，本节给出一个实例说明应用程序开发人员是如何使用互斥量的。代码 6.113 的入口是“test_mutex_init()”，当 aCoral 启动完成后，将通过 TEST_INIT()切换到 test_mutex_init()，这里首先创建了互斥量 event，然后依次创建了三个普通线程：test3、test1、test2，其优先级分别为 24、26、20，这三个线程运行过程中，都会申请使用互斥量 event。有兴趣的读者可以将代码 6.113 在系统中实现，仔细分析各个线程的输出结果，理解互斥量在资源共享中所起的作用。

代码 6.113 互斥量应用实例

```
#include "acoral.h"
acoral_evt_t * event;
                    //应用测试任务1
ACORAL_COMM_THREAD test1()
{
                    // 模拟任务执行
  acoral_delay_self（10）;
  acoral_print（"Test1:before pend-my prio is%d\n",acoral_running_thread
  ->prio）;
                              // 申请互斥量
  acoral_mutex_pend（event）;
  acoral_delay_self（400）;
  acoral_print（"Test1:after pend-my prio is%d\n",acoral_running_thread
  ->prio）;
  acoral_mutex_post（event）;
  acoral_print（"Test1:after post-my prio is%d\n",acoral_running_thread
  ->prio）;
  while（1）{
    acoral_delay_self（500）;
    acoral_print（"Test1\n"）;
  }
}

ACORAL_COMM_THREAD test2()
{
  acoral_delay_self（200）;
  acoral_print（"Test2:before pend\n"）;
  acoral_mutex_pend（event）;
  acoral_delay_self（100）;
```

```
    acoral_print ("Test2:after pend1\n") ;
    acoral_mutex_post (event) ;
    acoral_print ("Test2:after post\n") ;
    while (1) {
      acoral_delay_self (500) ;
      acoral_print ("Test2\n") ;
    }
  }

  ACORAL_COMM_THREAD test3()
  {
    acoral_delay_self (200) ;
    acoral_print ("Test3:before pend\n") ;
    acoral_mutex_pend (event) ;
    acoral_delay_self (100) ;
    acoral_print ("Test3:after pend1\n") ;
    acoral_mutex_post (event) ;
    acoral_print ("Test3:after post\n") ;
    while (1) {
      acoral_delay_self (500) ;
      acoral_print ("Test3\n") ;
    }
  }

  _init void test_mutex_init()
  {
     acoral_u32 err;
     event= acoral_mutex_create (0,&err) ;
     acoral_create_thread (test3,352,NULL,NULL,24, 0) ;
     acoral_create_thread (test1,352,NULL,NULL,26, 0) ;
     acoral_create_thread (test2,352,NULL,NULL,20, 0) ;
  }
  TEST_INIT (test_mutex_init) ;
```

对于多核嵌入式平台，aCoral 提供了另一种互斥机制：自旋锁。原来的临界点机制仅仅通过关中断，是没法实现多核环境下互斥访问的，因为上面说的临界点机制只能保证同一个核上的线程之间线程和中断的互斥。而在多核情况下，线程是可同时在不同核上运行的，不需抢占也可同时访问一段代码区域或变量，于是就需要一种核间互斥的机制，这就是自旋锁[有关自旋锁的细节将在第 11 章（支持多核）讨论]。

2. 信号量

除了临界点机制、互斥量机制可实现临界资源的互斥访问外，信号量（Semaphore）是另一选择，那信号量和互斥量的区别在哪里呢？对于互斥量来说，主要应用于临界资源的互斥访问，并且能够有效避免优先级反转问题。而对于信号量而言，它虽然也能用于临界资源的互斥访问，但是不能处理优先级反转问题，也正因为信号量没有考虑优先级反转问题，所以相对于互斥量来说是一种轻量级的实现方式，比互斥量耗费更少的 CPU 资源；此外，信号量除了用于互斥，还可以用于处理不同线程之间的同步问题，而互斥量却不行。

针对上述情况，aCoral 提供了三种类型的信号量，如果按照功能来分，可以分为线程对临界资源互斥访问的互斥信号量、用于线程间同步的信号量、控制系统中临界资源的多个实例使用的计数信号量。

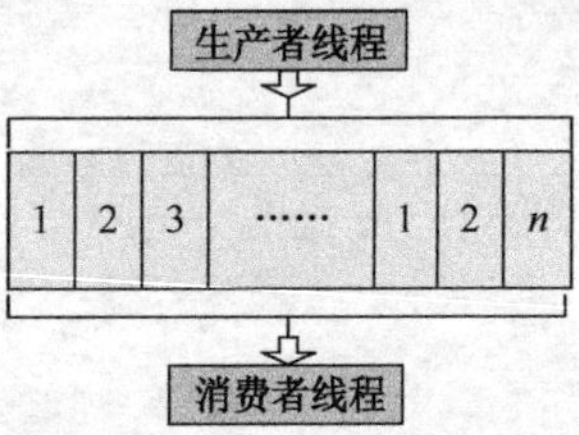

图 6.48　有界缓冲问题

根据操作系统的基本知识：用于同步的信号量其初始值在信号量创建时设置为 0，表明所同步的事件尚未发生；而用户临界资源互斥的信号量初始值为 1，表明当前没有任务获取该信号量；而用于控制系统中临界资源的多个实例使用的计数信号量其初始值为 *n*（*n*=1,2,⋯），表明需要管理的实例个数最大数为 *n*，这样的信号量也被称为计数信号量，如图 6.48 的例子中，通过计数信号量和互斥信号量实现对一个有界缓冲使用的控制，这就是大家熟悉的“生产者与消费者”问题。

该例中用一个计数信号量 FULL 表示已被填充了的数据项目，用另一个计数信号量 EMPTY 表示空闲数据项数目，如图 6.49 所示，它们的取值范围均为（0，n−1），初始值分别为 0 和 n−1。由于有界缓冲区是共享资源，故还需要一个互斥信号量 MUTEX 来控制生产者线程与消费者线程对它的互斥访问，其初始值为 1。

```
do
{
  ...
  Produce a new item
  ...
  Apply EMPTY
  Apply MUTEX
  ...
  Add the new item to the queue
  ...
  Free MUTEX
  Free FULL
} while (1);
```

（a）生产者线程

```
do
{
  Apply FULL
  Apply MUTEX
  ...
  Move a item from the queue
  ...
  Free MUTEX
  Free EMPTY
  ...
  Consume the newly-moved item
  ...
} while (1);
```

（b）消费者线程

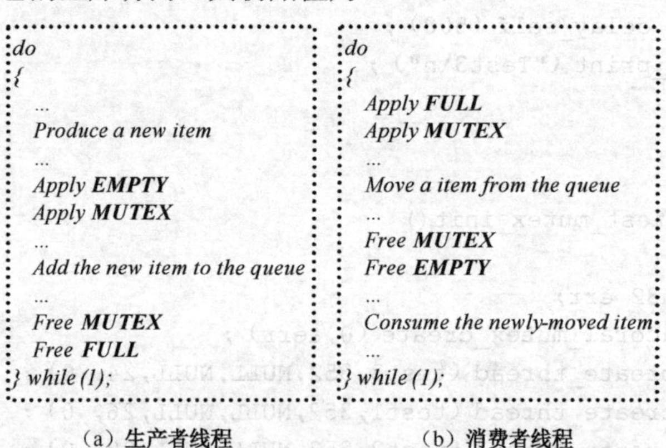

图 6.49　生产者线程与消费者线程伪代码

（1）创建信号量。创建信号量的接口为 acoral_evt_t *acoral_sem_create（acoral_u32 semNum），在创建信号量时，需要指定当前信号量所控制的临界资源的实例数量 semNum，当创建成功时，返回指向该信号量的指针，acoral_sem_create()的实现与 acoral_mutex_create()类似，如代码 6.114。这里需要提到的是代码 6.114 L（1）中的 semNum，为什么要做“semNum = 1 – semNum”的操作呢？大家先分析一下，细节将在后面讨论。

代码 6.114（..\1 aCoral\kernel\src\sem.c）

```
acoral_evt_t *acoral_sem_create (acoral_u32 semNum)
{
    acoral_evt_t *evt;
                    /*从资源内存池中分配一个事件块，分配的方式和线程控制块类似*/
    evt = acoral_alloc_evt();
    if  (NULL == evt)
    {
```

```
            return NULL;
        }
                        /* 拥有多个实例：0为一个，-1为两个，-2为三个 ....*/
        semNum = 1 - semNum;                                            (1)
        evt->count = semNum;
        evt->type  = ACORAL_EVENT_SEM;
        evt->data  = NULL;
        acoral_evt_init (evt) ;
        return evt;
    }
```

（2）初始化信号量。当静态定义信号量而不是采用指针形式定义时，内存空间已经在定义时分配，此时应当调用初使化函数 acoral_sem_init()对定义过的信号量进行初使化，其定义形式为代码 6.115。

代码 6.115（..\1 aCoral\kernel\src\sem.c）

```
acoral_u32 acoral_sem_init (acoral_evt_t *evt, acoral_u32 semNum) ;
{
    semNum = 1 - semNum;
    evt->count = semNum;
    evt->type  = ACORAL_EVENT_SEM;
    evt->data  = NULL;
    acoral_prio_queue_init (&evt->array) ;
    acoral_spin_init (&evt->spin_lock) ;
    return SEM_SUCCED;
}
```

与互斥量初始化类似，代码 6.115 为 acoral_evt_t 各个成员赋值。这里需要提及的是 count 初始化，从传入的参数 semNum 可知，该变量用来表示当前信号量所控制的临界资源的实例数量，但在具体实现时，并不是和大家所想象的数字一样，如 1 代表有 1 个资源，2 代表有 2 个资源，3 代表有 3 个资源，…，在实现时，实例数量是用“1-semNum”来表示的，此时 0 代表有 1 个资源，-1 代表有 2 个资源，1 代表已经没有资源实例，且有一个线程在等待该资源实例，这样设计的原因请见 6.6.2 节。

（3）申请信号量。申请信号量时需要传入两个参数：先前创建的信号量的地址、超时处理的时间，下面列出了互斥信号量申请的实现代码 6.116。

代码 6.116（..\1 aCoral\kernel\src\sem.c）

```
/*=========================================
 * the applition for singal
 *  计数信号量的申请
 *  desp: count <= SEM_RES_AVAI  信号量有效 a++
 *       count >  SEM_RES_AVAI  信号量无效 a++ && thread suspend
 *========================================*/
acoral_u32 acoral_sem_pend (acoral_evt_t *evt, acoral_time timeout)
{
    acoral_thread_t *cur = acoral_cur_thread;
    acoral_sr CPU_sr;
    if (acoral_intr_nesting)
```

```
        {
            return SEM_ERR_INTR;
        }
        if (NULL == evt)
        {
            return SEM_ERR_NULL;      /*error*/
        }
        if (ACORAL_EVENT_SEM != evt->type)
        {
            return SEM_ERR_TYPE;        /*error*/
        }

        HAL_ENTER_CRITICAL();
        acoral_spin_lock (&evt->spin_lock) ;
        if ( (acoral_8) evt->count <= SEM_RES_AVAI)                    (1)
        {   /* available*/
            evt->count++;                                              (2)
            acoral_spin_unlock (&evt->spin_lock) ;
            HAL_EXIT_CRITICAL();
            return SEM_SUCCED;
        }

        evt->count++;                                                  (3)
        acoral_unrdy_thread(cur);                                      (4)
        if (timeout > 0)
        {
            cur->delay = TIME_TO_TickS (timeout) ;
            timeout_queue_add (cur) ;
        }
         /*调用通用等待队列增加函数acoral_prio_queue_add新增一个等待该事件的线程*/
        acoral_evt_queue_add (evt,cur) ;
        acoral_spin_unlock (&evt->spin_lock) ;
        HAL_EXIT_CRITICAL();

        acoral_sched();                                                (5)
        HAL_ENTER_CRITICAL();
        acoral_spin_lock (&evt->spin_lock) ;
        if (timeout>0 && cur->delay<=0)
        {
            // modify by pegasus 0804: count-- [+]
            evt->count--;                                              (6)
            acoral_evt_queue_del(cur);                                 (7)
            acoral_spin_unlock (&evt->spin_lock) ;
            HAL_EXIT_CRITICAL();
            return SEM_ERR_TIMEOUT;
        }
```

```
            // modify by pegasus 0804: timeout_queue_del [+]
        timeout_queue_del (cur) ;
        acoral_spin_unlock (&evt->spin_lock) ;
        HAL_EXIT_CRITICAL();
        return SEM_SUCCED;
    }
```

代码 6.116 L（1）判断是否还有可用资源，从前面的介绍可知，这里的 SEM_RES_AVAI 其实就是 0，如果 count 的数目小于等于 0 时，就代表有资源实例。如果 count 大于 0 时，就代表在等待的有多少个线程。如果有可用的资源实例，代码 6.116 L（2）让 count 的数目加 1 后退出，表示成功申请信号量；如果无可用的资源实例，代码 6.116 L（3）让 count 的数目加 1 后，再通过代码 6.116 L（4）将其自身挂起（退出就绪队列），然后代码 6.116 L（5）重新调度线程。在代码 6.116 L（4）和代码 6.116 L（5）之间，是做超时处理，即如果某个线程等待某个资源实例而又无法获取，它将被挂起，而若它希望被挂起的时间小于一个设定值 timeout，还需将 TCB 成员的 delay 更新为 timeout，并将其挂载到延迟队列中，如果延迟时间到，将进行相应处理，如代码 6.116 L（6）～L（7）。

（4）释放信号量。代码 6.117 是信号量的释放函数，需要传入的参数是先前创建并使用过的信号量的地址。

代码 6.117 （..\1 aCoral\kernel\src\sem.c）

```
    acoral_u32 acoral_sem_post (acoral_evt_t *evt)
    {
        ………
        if ( (acoral_8) evt->count <= SEM_RES_NOAVAI)                    (1)
        {
            evt->count-- ;                                              (2)
            return SEM_SUCCED;
        }
        evt->count--;                                                   (3)
        array = &evt->array;
        index = acoral_get_highprio (array) ;
        if (index >  ACORAL_PRIO_QUEUE_EMPTY )                          (4)
        {
            return SEM_ERR_UNDEF;
        }
        queue = array->queue + index;                                   (5)
        head  = &queue->head;
        if (acoral_list_empty (head) )
        {
            return SEM_ERR_UNDEF;
        }
        thread = list_entry (head->next, acoral_thread_t, waiting) ;
        acoral_evt_queue_del (thread) ;                                 (6)
        acoral_rdy_thread (thread) ;
        acoral_sched();
        return SEM_SUCCED;
```

```
}
```

代码 6.117 L（1）判断有无可用的信号量资源，如果有可用资源，表示没有线程等待，代码 6.117 L（2）将资源实例数减 1，并返回成功；如果已经没有可用资源，代码 6.117 L（3）仍将资源实例数减 1，表示在该信号量等待队列上多挂起一个等待线程。代码 6.117 L（4）判断是否有等待的线程。代码 6.117 L（5）获取最高优先级线程。代码 6.117 L（6）从等待队列中删除最高优先级线程，且让该线程就绪。

（5）删除信号量。删除信号量的接口为 acoral_u32 acoral_sem_delete（acoral_evt_t *evt, acoral_u32 opt）。在删除信号量时，需要传递相应的指向信号量结构的指针，同时需要指定删除时的属性，当 opt 的值为 ACORAL_SEM_FORCEDEL 时，不管有无任务在等待，都会删除该信号量，并归还信号量到事件控制块缓冲池中。当 opt 的值为 ACORAL_NORMALDEL 时，如果有任务在等待，则不会进行删除，通过返回值通知删除程序当前状态。

6.6.2 同步机制

6.1.2 节提到，aCoral 信号量机制不仅可以实现临界资源互斥访问，控制系统中临界资源多个实例的使用，还可以用于维护线程之间、线程和中断之间的同步。当信号量用来实现同步时，其初始值为 0，如一个线程正等待某个 I/O 操作，当该 I/O 操作完成后，中断服务程序（或另外一个线程）发出信号量，该线程得到信号量后才能继续往下执行。也就是说，某个线程将一直处于等待状态，除非获取了其他线程发给它的信号量。

同步信号量是如何实现的呢？回头再看看代码 6.114，在创建信号量时，需要指定当前信号量所控制的临界资源的实例数量 semNum，代码 6.114 L（1）中 semNum 似乎和大家想象的数字不一致：如 1 代表有 1 个资源，2 代表有两个资源，…，在实现时，资源的实例数是用“1-semNum”来表示的，此时 0 代表有一个资源，-1 代表有两个资源，1 代表已经没有资源，且有一个任务在等待该资源，这是因为信号量即可用于互斥，也可用于同步。用于互斥的信号量初始值在创建时设置为 1，此时 1-semNum=0，是小于等于 0 的，表明当前没有线程获取该信号量；而用于同步的信号量其初始值在信号量创建时设置为 0，此时 1-semNum=1，是大于 0 的，表明所同步的事件尚未发生。因此，同步信号量的实现和互斥信号量是一样的，只是创建时传入的参数决定了是用于同步还是用于互斥。

同步信号量相关的接口实现本节略去，这里给出一个应用实例，如代码 6.118。

代码 6.118 同步信号量应用实例

```
acoral_evt_t * event;

ACORAL_COMM_THREAD  test1()
{
      acoral_sem_pend (event) ;
      acoral_delay_self (100) ;
      acoral_print ("\ndelay--1--%d", acoral_sem_getnum (event) ) ;
      acoral_print ("\n=======%d", acoral_sem_getnum (event) ) ;
      acoral_sem_post (event) ;
      while (1)
      {
          acoral_delay_self (6000) ;
```

```
            acoral_print ("\ntest11111111") ;
        }
    }

    ACORAL_COMM_THREAD test2()
    {
        acoral_sem_pend (event) ;
        acoral_delay_self (200) ;
        acoral_print ("\n========%d", acoral_sem_getnum (event) ) ;
        acoral_print ("\ndelay--2--%d", acoral_sem_getnum (event) ) ;
        acoral_sem_post (event) ;
        while (1)
        {
            acoral_delay_self (1000) ;
            acoral_print ("\ntest2222222222") ;
        }
    }

    ACORAL_COMM_THREAD  test3()
    {
        acoral_delay_self (300) ;
        acoral_print ("\ndelay--3--%d", acoral_sem_getnum (event) ) ;
        acoral_print ("\n========%d", acoral_sem_getnum (event) ) ;

        acoral_delay_self (2000) ;
        acoral_print ("\ntest33333333333") ;
        acoral_sem_post (event) ;

        acoral_delay_self (2000) ;
        acoral_print ("\ntest33333333333") ;
        acoral_sem_post (event) ;

        acoral_delay_self (2000) ;
        acoral_print ("\ntest33333333333") ;
        acoral_sem_post (event) ;

        while (1)
        {
            acoral_delay_self (2000) ;
            acoral_print ("\ntest33333333333") ;
        }
    }

    ACORAL_COMM_THREAD  test4()
    {
        acoral_sem_pend (event) ;
        acoral_delay_self (400) ;
```

```
        acoral_print ("\ndelay--4--%d", acoral_sem_getnum (event) ) ;
        acoral_print ("\n=====%d", acoral_sem_getnum (event) ) ;
        acoral_sem_post (event) ;
        while (1)
        {
            acoral_delay_self (3000) ;
            acoral_print ("\ntest4444444444") ;
        }
}

_init void test_sem_init()
{
        acoral_u32 i;
        acoral_u8 t = 0;
        event = acoral_sem_create (t) ;
        acoral_create_thread (test1, 22, 352,NULL,NULL,0) ;
        acoral_create_thread (test2, 23, 352,NULL,NULL,1) ;
        acoral_create_thread (test3, 24, 352,NULL,NULL,1) ;
        acoral_create_thread (test4, 25, 352,NULL,NULL,1) ;
}
TEST_INIT (test_sem_init) ;
```

该例子用来测试使用信号量进行任务之间的同步操作，在实现该功能时，semNum 被初始化为 0。开始时将 test1、test2、test4 挂起，test3 设置三个发送信号点，将 test1、test2、test4 按优先级高低的顺序逐步唤醒。

6.6.3 通信机制

前面叙述了 aCoral 的互斥、同步机制，在实际的嵌入式应用软件开发过程中，你会发现仅有这两种机制还不够，线程之间、线程与中断服务子程序之间还需要通信机制，所谓通信，是指线程之间或者线程与中断服务子程序之间的信息交互。例如，线程 A 可能在执行过程中需要使用线程 B（或者中断服务子程序）产生的数据，那么线程 B 如何把数据传给线程 A 使其得以执行呢？这里就需要通信机制发挥作用。

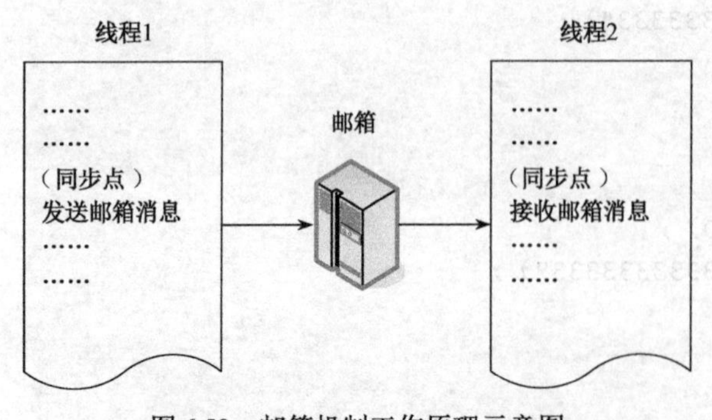

图 6.50 邮箱机制工作原理示意图

1. 邮箱

邮箱（Mail Box）可以用来实现线程之间同步和通信功能，工作的原理如图 6.50 所示，假设线程 2 从邮箱中接收线程 1 发送过来的信息（该信息被称为邮件）。线程 2 在同步点从邮箱中接收消息，如果线程 1 此时还没有执行到同步点，则邮箱中是不会有消息的，此时线程 2 会将自己挂起；当线程 1 执到同步点时，会向邮箱中发送一条信息，此时就会激活挂起的线程 2，继续执行。从上述过程也可以看到，该过程某种程度上而言也是线程 2 和线程 1 的同步处理，但除此以

外，两个线程之间还传输了信息，而且线程2的执行依赖于线程1的信息，这就是邮箱机制，只要一个线程将需要交互的信息发送到邮箱，另一个线程从邮箱中读取即可。

根据6.6.1节，邮箱机制依赖于事件控制块acoral_evt_t，acoral_evt_t的Data成员就是用来挂载线程间传递的信息，当前版本aCoral的Data只支持存放一条信息，那么可不可以实现存放多条消息呢？可以，只是比较麻烦一点，我们将在以后版本中考虑该问题，给出好的解决方案，接下来说说邮箱机制的实现。

（1）创建邮箱。创建邮箱的接口为acoral_evt_t *acoral_mbox_create()，其实现如代码6.119，可以看出，创建邮箱和前面互斥量、信号量的创建一样，也需要从事先分配好的事件控制块（acoral_evt_t）缓冲中取一块出来，然后对其成员进行相应的初始化即可。创建成功后，返回指向该邮箱的指针。

代码6.119　（..\1 aCoral\kernel\src\mbox.c）

```
/*========================================
 *    create a mailbox
 *      创建一个邮箱
 *=======================================*/
acoral_evt_t *acoral_mbox_create()
{
     acoral_evt_t * event;
         event=acoral_alloc_evt();
     if (NULL == event)
         return NULL;
     event->type  = ACORAL_EVENT_MBOX;
     event->count = 0x00000000;
     event->data  = NULL;
     acoral_evt_init (event);                    /*对邮箱进行初始化*/
     return event;
}
```

（2）发送信息到邮箱。向邮箱中发送消息的接口为acoral_mbox_send()，传入的参数为先前创建邮箱（类型为邮箱的事件控制块）的地址和指向信息的指针，其实现如代码6.120。

代码6.120（..\1 aCoral\kernel\src\mbox.c）

```
/*=========================================
 *    send a mail to mailbox
 *     发送邮件至邮箱
 *========================================*/
acoral_u32 acoral_mbox_send (acoral_evt_t * event, void *msg)
{
     acoral_sr           CPU_sr;
     acoral_thread_t      *thread;

     if (NULL == event)
         return MBOX_ERR_NULL;

     if (event->type != ACORAL_EVENT_MBOX)
         return MBOX_ERR_TYPE;
```

```
        HAL_ENTER_CRITICAL();
        acoral_spin_lock(&event->spin_lock);
        if(event->data != NULL)                                    (1)
        {
            acoral_spin_unlock(&event->spin_lock);
            HAL_EXIT_CRITICAL();
            return MBOX_ERR_MES_EXIST;                             (2)
        }
        event->data = msg;                                         (3)
        thread =acoral_evt_high_thread(event);
                          /* 释放等待进程*/
        if (thread==NULL)
        {
                                  /* 没有等待队列*/
            acoral_spin_unlock(&event->spin_lock);
            HAL_EXIT_CRITICAL();
            return  MBOX_SUCCED;
        }
        /*释放等待任务*/
        timeout_queue_del(thread);
        acoral_evt_queue_del(thread);
        acoral_rdy_thread(thread);
        acoral_spin_unlock(&event->spin_lock);
        HAL_EXIT_CRITICAL();
        acoral_sched();
        return MBOX_SUCCED;
    }
```

代码 6.120 L（1）判断邮箱中是否还有空闲空间存放消息，根据上面介绍，目前邮箱中只能存放一条信息，因此只需判断邮箱中有无信息即可。如果邮箱中已有信息，代码 6.120 L（2）返回给开发者；如果邮箱中没有信息，代码 6.120 L（3）则将信息挂到邮箱中，然后再判断该邮箱等待队列中是否有线程在等待消息，要有，则将最高优先级的等待线程更改为就绪状态，然后触发重新调度。

（3）从邮箱获取信息。相对而言，获取消息的操作要简单一些，在邮箱中没有信息时，将自己挂起到邮箱的等待队列；如果邮箱中有消息，则取出消息，具体实现如代码 6.121。

代码 6.121（..\1 aCoral\kernel\src\mbox.c）

```
 ..........
        HAL_ENTER_CRITICAL();
        acoral_spin_lock(&event->spin_lock);
        if( event->data == NULL)
        {
            cur = acoral_running_thread;
            acoral_evt_queue_add(event, cur);
            acoral_unrdy_thread(cur);
            acoral_spin_unlock(&event->spin_lock);
```

```
        HAL_EXIT_CRITICAL();
        acoral_sched();
        HAL_ENTER_CRITICAL();
        acoral_spin_lock(&event->spin_lock);
        msg = event->data;
        event->data = NULL;
        acoral_spin_unlock(&event->spin_lock);
        HAL_EXIT_CRITICAL();
        return msg;
    }
    ............
```

（4）删除邮箱。删除邮箱的接口为 acoral_u32 acoral_mbox_del（acoral_evt_t* event），在删除时，需要传递相应的指向邮箱结构的指针，同时需要指定删除时的属性，当 opt 的值为 ACORAL_MBOX_FORCEDEL 时，不管有无线程在等待，都会删除该邮箱，并归还邮箱块到事件控制块缓冲池中。当 opt 的值为 ACORAL_MBOX_NORMALDEL 时，如果有线程在等待，则不会进行删除，通过返回值通知删除程序当前状态。

（5）邮箱应用。这里给出一个邮箱应用实例（代码 6.122），以便与大家了解应用程序开发时如何使用邮箱机制。

代码 6.122 邮箱应用实例

```
acoral_evt_t * event;
ACORAL_COMM_THREAD task_send()
{
    acoral_8 *msg="12345dd67";
    acoral_delay_self(20);
    acoral_mbox_send(event, (void*)msg);
    if(acoral_mbox_send(event, (void*)msg) == MBOX_ERR_MES_EXIST)
    {
        acoral_delay_self(120);
        acoral_print("===delay=====");
        acoral_delay_self(128);
        acoral_mbox_send(event, (void*)msg);
    }
    while(1)
        acoral_delay_self(500);
}

ACORAL_COMM_THREAD task_recv1()
{
    acoral_u8 *msg1="";
    msg1 = acoral_mbox_recv(event);
    acoral_print("task_recv1: %s", msg1);
    while(1)
        acoral_delay_self(500);
}
```

```
ACORAL_COMM_THREAD task_recv2()
{
    acoral_u8 *msg1;
    acoral_delay_self (60) ;
    msg1 = acoral_mbox_recv (event) ;
    acoral_print ("task_recv2: %s",msg1) ;
    while (1)
        acoral_delay_self (500) ;
}

_init void test_mbox_init()
{
    acoral_u32 err;
    event= acoral_mbox_create();
    acoral_create_thread (task_send,352,NULL,NULL,26,0) ;
    acoral_create_thread (task_recv1,128,NULL,NULL,25,0) ;
    acoral_create_thread (task_recv2,128,NULL,NULL,20,1) ;
}
TEST_INIT (test_mbox_init) ;
```

该例子初始化时创建了三个任务，task_send、task_recv1 和 task_recv2。 task_send 用于向其他两个任务发送信息，task_recv1 和 task_send 是同一个核上的任务，task_recv1 用来接收 task_send 发送的信息并进行显示，task_recv2 是在另一个核心上运行的任务（aCoral 对多核的支持将在后面章节详细介绍），用于测试不同核之间信息的传递过程。

2. 消息

从概念上讲，消息机制和邮箱机制很类似，区别在于邮箱一般只能容纳一条信息，而消息则会包含一系列的消息。此外，在 aCoral 消息机制的实现相对比较复杂，采用了两种不同的实现方法，先看看 aCoral 消息的工作原理，如图 6.51 所示。

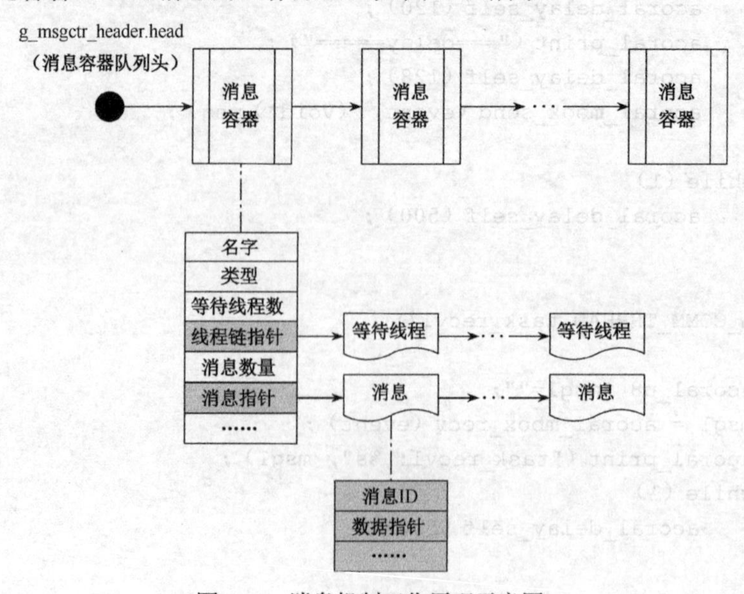

图 6.51　消息机制工作原理示意图

根据图 6.51，系统定义了一个全局变量 g_msgctr_header，通过它可以查找到任一已创建的消息容器。每一个消息容器都可以根据其参数性质（如 1VS1、1VSn、nVSn、nVS1 等，这里的 1VS1 是指一对一的消息通信，1VSn 是一对多的消息通信，nVSn 是多对多的消息通信，nVS1 是多对一的消息通信）来实现不同的通信方式。这里的消息容器只是一个线程间的通信结构：acoral_msgctr_t，是消息的存储容器，一个消息容器可以通过它的消息链指针成员，挂载多条消息结构。而消息结构 acoral_msg_t 是消息的容器，一个消息结构包含一条消息。aCoral 并没有采用数组直接存储消息指针的经典实现形式，而是在消息上又包装了一层结构，这样的实现主要是为了功能上的扩展，只要稍作改进，就可以实现消息功能的进一步增加，如消息最大生存时间，一次唤醒多个等待线程等功能。

接下来认识一下消息容器 acoral_msgctr_t 和消息 acoral_msg_t 的定义代码 6.123、代码 6.124）。

代码 6.123 （..\1 aCoral\kernel\include\message.h）

```
typedef struct
{
     acoral_res_t      res;
     acoral_8         *name;                       /*名字*/
     acoral_u8         type;                        /*类型*/
     acoral_list_t      msgctr_list;                /*全局消息列表*/
     acoral_spinlock_t  spin_lock;
     acoral_u32         count;                      /*消息数量*/
     acoral_u32         wait_thread_num;            /*等待线程数*/
     acoral_list_t        waiting;                  /*等待线程指针链*/
     acoral_list_t        msglist;                  /*消息链指针*/
} acoral_msgctr_t;
```

① res：资源指针。

② name：消息容器名字指针。

③ type：消息容器的类型（保留）。

④ msgctr_list：全局消息容器的挂载钩子。

⑤ spin_lock：自旋锁（多核使用）。

⑥ count：消息容器上已挂消息的数量。

⑦ wait_thread_num：消息容器上已挂等待线程的数量。

⑧ waiting：等待线程指针，wait_thread_num 为其等待线程数量。

⑨ msglist：消息指针，count 成员即为消息总共数量。

代码 6.124（..\1 aCoral\kernel\include\message.h）

```
typedef struct
{
     acoral_res_t         res;
     acoral_list_t        msglist;
     acoral_u32          id;      /*消息标识*/
          /*消息被接收次数，每被接收一次减一,直到0为止*/
     acoral_u32          n;
     acoral_u32          ttl;      /*消息最大生命周期  Ticks计数*/
     void*              data;       /*消息指针*/
```

```
} acoral_msg_t;
```

① res：资源指针。

② msglist：挂载钩子成员，用于将消息结构挂载到消息容器上。

③id：消息标识，用于区分一个消息容器不同消息结构类型的成员，通过它可以实现1VSN的结构。

④ n（保留）：消息被接收次数，每接收一次减1，直到0为止。通过它可以实现一次发送，多次接收的功能。

⑤ ttl（保留）：消息最大生存周期。当一个消息生存周期到时，将自动删除，不可以再被接收。

⑥ data：消息指针。

（1）创建消息容器。了解了上述两个重要结构后，下面就来看看如何创建消息容器，以供线程间传递数据使用。创建消息的接口为acoral_msgctr_t* acoral_msgctr_create（acoral_u32 *err），如代码6.125。

代码6.125（..\1 aCoral\kernel\src\message.c）

```
acoral_msgctr_t*  acoral_msgctr_create (acoral_u32 *err)
{
     acoral_msgctr_t *msgctr;
    msgctr = acoral_alloc_msgctr();                                          (1)
    if (msgctr == NULL)
        return NULL;
    msgctr->name  = NULL;
    msgctr->type  = ACORAL_MSGCTR;
    msgctr->count = 0;
    msgctr->wait_thread_num = 0;
    acoral_init_list (&msgctr->msgctr_list);
    acoral_init_list (&msgctr->msglist);
    acoral_init_list (&msgctr->waiting);
    acoral_spin_init (& (msgctr->msgctr_list.lock));
    acoral_spin_init (& (msgctr->msglist.lock));
    acoral_spin_init (& (msgctr->waiting.lock));
    acoral_spin_init (&msgctr->spin_lock);
    acoral_list_add2_tail  (&msgctr->msgctr_list, & (g_msgctr_header.
head));                                                                      (2)
```

代码6.125 L（1）申请一片内存空间，分配的方式和过程与线程TCB的分配类似，即从内存资源池中获取一个资源对象供消息容器结构 acoral_msgctr_t 使用，“return （acoral_msgctr_t*）acoral_get_res （&acoral_msgctr_pool_ctrl）;”。接下来分别对消息容器各成员进行相应初始化，最后再将初始化后的消息容器挂到全局消息容器队列g_msgctr_header上，g_msgctr_header 在message.h 中定义：“extern acoral_queue_t g_msgctr_header;”，这样就可以在任何需要的地方找到这个消息容器。

（2）创建消息。前面提到，消息容器并不直接包含消息，在消息容器之下，还有一层消息结构，因而消息的创建，即是先创建消息结构，再将消息挂到消息结构的过程，如代码6.126。

代码 6.126 （..\1 aCoral\kernel\src\message.c）

```
acoral_msg_t* acoral_msg_create (
        acoral_u32 n, acoral_u32 *err, acoral_u32 id,
        acoral_u32 nTtl/* = 0*/,
        void* dat /*= NULL*/)
{
    acoral_msg_t *msg;
    msg=acoral_alloc_msg();                                             (1)
    if (msg == NULL)
        return NULL;
    msg->id  =  id;                         /*消息标识*/
    msg->n   =  n;                         /*消息被接收次数*/
    msg->ttl  =  nTtl;                        /*消息生存周期*/
    msg->data =  dat;                       /*消息指针*/
    acoral_init_list(&msg->msglist);                                    (2)
    return msg;
}
```

从上面的实现过程可以看出，一个消息的创建接口需要五个参数：消息被接收次数、错误码、消息 ID、生存周期和消息指针（指向将被发送的消息）。其中前三个参数都是了扩展而引入的，在 aCoral 中只提供了接口和基本实现，但并未在消息传递具体过程中使用，如果需要进行扩展，只需简单更改源代码即可，用于功能的扩充。创建消息时仍然通过代码 6.126 L（1）给消息分配空间，acoral_alloc_msg()的实现与前面 acoral_alloc_msgctr()的实现类似：“return （acoral_msg_t*）acoral_get_res （&acoral_msg_pool_ctrl）;”。接下来对消息结构成员进行赋值。消息创建好后，代码 6.126 L（2）再将初始化后的消息挂到消息队列 msglist 上，并返回该消息结构指针，在适当的时候可以通过消息发送函数，将该消息结构挂载到消息容器的消息队列上。

（3）发送消息。aCoral 消息发送是需要传入的参数是先前创建的消息容器队列和消息队列。消息发送时，首先将包含消息的消息结构挂到消息容器的消息链上，然后判断是否有等待的线程，如果有的话，则唤醒最高优先级的线程。具体的实现如代码 6.127，这里不做详细解释。

代码 6.127（..\1 aCoral\kernel\src\message.c）

```
acoral_u32 acoral_msg_send (acoral_msgctr_t* msgctr, acoral_msg_t* msg)
{
    acoral_sr    CPU_sr;
    HAL_ENTER_CRITICAL();
    acoral_spin_lock (&msgctr->spin_lock) ;
    if (NULL == msgctr)
    {
        acoral_spin_unlock (&msgctr->spin_lock) ;
        HAL_EXIT_CRITICAL();
        return MST_ERR_NULL;
    }
    if (NULL == msg)
```

```
        {
            acoral_spin_unlock (&msgctr->spin_lock) ;
            HAL_EXIT_CRITICAL();
            return MSG_ERR_NULL;
        }
                    /*最大消息数限制判断*/
        if (ACORAL_MESSAGE_MAX_COUNT <= msgctr->count)
        {
            acoral_spin_unlock (&msgctr->spin_lock) ;
            HAL_EXIT_CRITICAL();
            return MSG_ERR_COUNT;
        }
                /*将包含消息的消息结构挂到消息容器的消息链上*/
        msgctr->count++;
        msg->ttl += acoral_get_Ticks();
        acoral_list_add2_tail (&msg->msglist, &msgctr->msglist) ;
                        /*唤醒等待*/
        if (msgctr->wait_thread_num > 0)
        {
                    /*此处将最高优先级唤醒*/
            wake_up_thread (&msgctr->waiting) ;
            msgctr->wait_thread_num--;
        }
        acoral_spin_unlock (&msgctr->spin_lock) ;
        HAL_EXIT_CRITICAL();
        acoral_sched();
        return MSGCTR_SUCCED;
    }
```

前面曾提到过 aCoral 消息机制的扩展功能，而需要把 aCoral 的扩展功能发挥出来，就需要改动消息的发送函数。代码 6.127 只是对应于 1VS1（一对一）的消息发送方式，其他方式（1VSn、nVSn、nVS1 等）的接口已预留，需要时可扩展。

（4）接收消息。消息接收函数的接口为 void* acoral_msg_recv （acoral_msgctr_t* msgctr, acoral_u32 id,acoral_time timeout,acoral_u32 *err)，需要的参数首先是消息容器指针 msgctr，指出要从哪个消息容器接收消息，接下来的二个参数分别指定接收消息的 ID［接收消息 ID（保留），现在的实现中一直指定为 1］和超时时间 timeout，最后一个参数是错误返回码。消息接收的具体实现如代码 6.128。

代码 6.128（..\1 aCoral\kernel\src\message.c）

```
        void* acoral_msg_recv (acoral_msgctr_t* msgctr, acoral_u32  id,
acoral_time  timeout,  acoral_u32  *err)
    {
        void          *dat;
        acoral_sr       CPU_sr;
        acoral_list_t    *p, *q;
        acoral_msg_t    *pmsg;
        acoral_thread_t  *cur;
```

```
if (acoral_intr_nesting > 0)
{
    *err = MST_ERR_INTR;
    return NULL;
}
if (NULL == msgctr)
{
    *err = MST_ERR_NULL;
    return NULL;
}
 cur = acoral_cur_thread;
if (timeout>0) {                                                    (1)
    cur->delay = TIME_TO_TickS (timeout) ;
    timeout_queue_add ( cur) ;
}
while (1)
{
    p = &msgctr->msglist;                                           (2)
    q = p->next;
    for ( ;p != q; q = q->next)
    {
        pmsg = list_entry ( q, acoral_msg_t, msglist) ;
        if ( (pmsg->id == id) && (pmsg->n > 0) )
        {
            /* 有接收消息*/
            pmsg->n--;
            /* 延时列表删除*/
            timeout_queue_del (cur) ;
            dat = pmsg->data;
            acoral_list_del  (q) ;
            acoral_release_res  ( (acoral_res_t *) pmsg) ;
            msgctr->count--;
            return dat;
        }
    }
            /*没有接收消息*/
    msgctr->wait_thread_num++;
    acoral_msgctr_queue_add (msgctr, cur) ;
    acoral_unrdy_thread (cur) ;
    acoral_sched();
          /*判断是否有超时*/
    if (timeout>0&& (acoral_32) cur->delay <=0 )
        break;
 }
     /*超时退出*/
```

```
//    timeout_queue_del (cur) ;
      if (msgctr->wait_thread_num>0)
      msgctr->wait_thread_num--;
      acoral_list_del  (&cur->waiting) ;
      *err = MST_ERR_TIMEOUT;
      return NULL;
```

代码 6.128 L（1）判断是否需要超时处理，如果 timeout 指定为 0 则不需要超时处理，如果大于 0 时则指定超时处理，以 ms 为单位。代码 6.128 L（2）对消息接收处理，如果有相应的消息则进行接收，否则会挂到等待队列上。

（5）删除消息容器。消息容器删除接口为 acoral_u32 acoral_msgctr_del（acoral_msgctr_t* pmsgctr, acoral_u32 flag），其中，pmsgctr 是消息容器指针，flag 为参数指针，用于区分是否强制删除消息容器，如果指定强制删除，则会先将消息结构释放，然后将等待线程全部就绪，最后释放消息容器结构。如果不指定强制删除，只有在容器上没有挂载消息和无等待线程时才会将其释放，否则会返回错误，其实现如代码 6.129。

代码 6.129（..\1 aCoral\kernel\src\message.c）

```
acoral_u32 acoral_msgctr_del (acoral_msgctr_t* pmsgctr, acoral_u32 flag)
{
    acoral_list_t    *p, *q;
    acoral_thread_t  *thread;
    acoral_msg_t     *pmsg;

    if (NULL == pmsgctr)
        return MST_ERR_NULL;
        // 判断是否强制删除
    if (flag == MST_DEL_UNFORCE)
    {   // 非强制删除
        if ((pmsgctr->count > 0) || (pmsgctr->wait_thread_num > 0))
            return MST_ERR_UNDEF;
        else
            acoral_release_res ((acoral_res_t *) pmsgctr) ;
    }
    else
    {   // 强制删除
        // 释放等待进程
        if (pmsgctr->wait_thread_num > 0)
        {
            p = &pmsgctr->waiting;
            q = p->next;
            for (; q != p; q = q->next)
            {
                thread=list_entry ( q, acoral_thread_t, waiting) ;
                acoral_rdy_thread (thread) ;
            }
        }
```

```
            // 释放消息结构
            if  (pmsgctr->count > 0)
            {
                p = &pmsgctr->msglist;
                q = p->next;
                for ( ;p != q; q = p->next)
                {
                    pmsg = list_entry ( q, acoral_msg_t, msglist) ;
                    acoral_list_del  (q) ;
                    acoral_release_res   ( (acoral_res_t *) pmsg) ;
                }
            }
            // 释放资源
            acoral_release_res ( (acoral_res_t *) pmsgctr) ;
        }
    }
```

（6）删除消息。相对于消息容器的删除，消息结构删除比较简单，其接口为 acoral_u32 acoral_msg_del（acoral_msg_t* pmsg)，如代码 6.130，可以看出，只需释放资源即可。

代码 6.130（..\1 aCoral\kernel\src\message.c）

```
acoral_u32 acoral_msg_del (acoral_msg_t* pmsg)
{
    if (NULL != pmsg)
        acoral_release_res  ( (acoral_res_t *) pmsg) ;
}
```

习题

1．进程和线程的区别是什么？

2．aCoral 优先级通过什么方式定义？aCoral 优先级表示与 uC/OS II 有什么不同？

3．什么是调度机制？什么是调度策略？

4．如果开发人员要扩展新的调度策略，aCoral 怎么实现？如何在系统中注册新扩展的调度策略？

5．详细叙述 aCoral 对 ARM9 Mini2440 堆栈初始化的过程。

6．请叙述 RTOS 如何创建一个任务，结合一个开源 aCoral，给出 aCoral 创建任务的流程图，并对其 TCB 初始化进行详细解释。

7．什么是任务切换？任务切换通常在什么时候进行？任务切换的主要内容是什么？请提供 aCoral 在 ARM9 Mini2440 上任务切换的代码并进行解释。

8．aCoral 什么时候会触发内核调度程序 acoral_sched()的执行？acoral_sched()是如何调度任务的？

9．aCoral 的 HAL_CONTEXT_SWITCH 与 HAL_INTR_CTX_SWITCH 有什么区别？分别在什么情况下调用？

10．结合代码 6.131，说明 HAL_INTR_ENTRY 在中断响应过程中的作用？它是如何区分不同中断源的？该函数执行过程中进行了几次模式切换？为什么要进行切换？

代码 6.131 IRQ 中断公共入口函数

```
    stmfd  sp!,   {r0-r12,lr}
    mrs    r1,   spsr
    stmfd  sp!,   {r1}
    msr    cpsr_c, #SVCMODE|NOIRQ
    stmfd  sp!,   {lr}
    ldr    r0,    =INTOFFSET
    ldr    r0,    [r0]
    mov    lr,    pc
    ldr    pc,    =hal_all_entry
    ldmfd  sp!,   {lr}
    msr    cpsr_c,#IRQMODE|NOINT
ldmfd  sp!,{r0}
msr   spsr_cxsf,r0
ldmfd  sp!,{r0-r12,lr}
subs   pc,lr,#4
```

11．aCoral 是如何从就绪队列中找到最高优先级任务的？请结合代码对查找过程进行深入剖析。

12．aCoral 硬件抽象层的中断号与内核层的中断号有什么不同？为什么会有不同？内核是如何实现硬件抽象层中断号到内核层中断号的映射？

13．简单叙述 aCoral 在 ARM9 Mini2440 上的中断响应流程，重点对中断响应过程中的 acoral_intr_entry()函数进行说明。

14．aCoral 的第二级内存管理机制采用什么方式？资源池控制块、资源池、资源对象之间的关系是什么？资源池控制块如何定义？当 aCoral 要为用户分配一个线程控制块时，如何通过资源池控制块找到空闲的内存单元？

15．互斥量和信号量的区别是什么？它们可分别用在哪些情况下？

第 7 章　启动内核

前面介绍了 aCoral 内核的基本设计与实现，接下来需要讨论的问题是：aCoral 是如何在目标机 ARM Mini2440 上启动的呢？说到启动，很多人的认识可能只是一按电源按钮，只听“嘀”的一声，启动就要开始了。但稍有一些想法的人可能会问，那这个过程是怎么进行的呢？aCoral 是存放在哪里呢？上电后，aCoral 执行的第一行代码是什么呢？CPU 是怎么准确找到操作系统的第一行代码的呢？即使找到了那第一行代码，面对众多纷杂的工作，一个操作系统又是如何一步步地执行，到最后全部准备完成后，开始执行用户自己的编写的代码的呢？

对于一个微小型的嵌入式操作系统而言，结构不像 PC 操作系统那样需要应付纷杂的通用性，处理起来也就会比较直观、容易理解一些。下面从嵌入式多核操作系统 aCoral 的启动出发，来对其进行一轮分析。在这以前，首先需要了解 RTOS 的引导模式。

7.1　RTOS 的引导模式

RTOS 的引导是指将操作系统装入内存并开始执行的过程。在嵌入式系统的实际应用中，针对不同应用环境，对时间效率和空间效率有不同的要求。因此，操作系统启动时应充分考虑这两种限制。时间限制主要包括两种情况：系统要求快速启动和系统启动后要求程序能实时运行。空间限制主要包括两种情况：Flash 等非易失性存储空间限制和 RAM 等易失性存储空间限制。通常不可能同时满足两种要求，需根据具体情况进行折中处理，由此，RTOS 的引导分为如下两种模式。

7.1.1　需要 Bootloader 的引导模式

Bootloader 是在 RTOS 内核运行之前执行的一段小程序，它将 RTOS 内核从外部存储介质复制到内存中，并让 PC 跳转到刚复制到内存的内核的首条指令。在嵌入式系统中，Bootloader 依赖于硬件，几乎不可能建立一个通用的 Bootloader。不同的 CPU 体系结构都有不同的 Bootloader，另外，Bootloader 还依赖于具体的嵌入式板级设备的配置。

对于采用高性能 RAM 的系统，出于成本因素，RAM 空间有一定限制，此时一般采用 Bootloader 引导方式：由 Loader 程序把 RTOS 内核中的数据段复制到 RAM 中，代码段在 Flash（NOR Flash 或者 NAND Flash）中运行。因为代码段在低速的 Flash 中运行，该方式在节省空间的同时，却牺牲了时间。这种引导方式适合于硬件成本低、运行速度相对较慢的嵌入式系统，但是启动时间却较快。

另外，如果 RAM 空间没有限制，足够程序运行时，由 Loader 程序把 RTOS 内核从非易失性存储介质（如 NOR Flash、NAND Flash 系列存储设备）全部复制到 RAM 中，对于某些压缩的内核，复制后还需要解压。此时，不能满足对启动速度要求特别高的系统，但是系统的运行速度却能够得到保障。

7.1.2 不需要Bootloader的引导模式

对于实时性要求较高的系统，通常要求系统能够快速启动。由于将Flash中的代码复制到RAM中的操作会带来一定的时间开销，因此，对于此类系统启动时无须Bootloader，而直接在NORFlash或ROM等可以做主存的非易失性存储介质中运行，以达到较快的启动速度。但这种引导模式不能满足运行速度的要求，因为Flash的访存时间与RAM的访存时间存在数量级上的差距。

通常，除了在上述两种引导模式中考虑时间、空间效率以外，出于空间效率的要求，需要对RTOS内核使用压缩工具进行压缩，在RTOS引导时，采用逆向解压缩算法解压。同时，出于实时性考虑，压缩算法不能过于复杂，否则压缩、解压过程消耗大量时间将与启动时间限制发生严重冲突。采用压缩策略并不一定会增加系统启动时间，因为压缩、解压过程虽然消耗了一定的时间，但是由于内核体积减小，由Flash复制到RAM中的时间相应减少，有可能反而减少了时间消耗。

以VxWorks操作系统为例，VxWorks Image分为在ROM中运行和在RAM中运行两种。而且在ROM中运行的VxWorks Image是非压缩的，不需要解压；但在RAM中运行的VxWorks Image是压缩的，引导时需要解压COPY所有的text和data到RAM中。

7.2 Bootloader

从字面上看，Bootloader可以将拆分成两部分：一个是Boot，另一个是Loader，可见Bootloader有两个主要功能：

（1）Boot。Boot是什么意思呢？Boot意味着系统启动时会从这里启动，具体一点就是当大家按开机键，CPU执行的第一条指令就是Boot的代码，也就说Boot的代码要储存在CPU第一条指令的地址处。

（2）Loader。Loader，该词很好理解，就是加载的意思。那加载什么呢？当然是加载代码程序，这个程序就是大家经常谈到的内核映像，如Linux内核、Windows内核等，当然也可能是更强悍的引导程序。

从上面可以看出，在PC上，BIOS满足上面的特性，因为PC启动时就是从BIOS的地址处启动的，然后BIOS的代码读取硬盘的第一扇区的数据，即引导程序，然后将控制权交给引导程序，再由引导程序加载操作系统内核代码运行。

而在嵌入式系统中，Vivi、Uboot等就是Bootloader，这些程序都是开机时就启动，启动后，会从NAND Flash或SD卡等存储设备中将RTOS内核程序代码复制到SDRAM中，然后执行内核代码。那aCoral的Bootloader是什么呢？Bootloader的源码在哪里呢？aCoral Bootloader的源码在文件start.s（..\1 aCoral\hal\arm\S3C2440\src\start.s）中，当大家打开start.s，可能会问："这个Bootloader代码怎么这么少啊，Uboot可是好庞大的一堆代码呀！"，该问题要从嵌入式应用说起，Vivi，Uboot代码量大的原因主要是：它们都支持多种嵌入式平台，都可以看成一个通用的Bootloader；除了提供上面启动、RTOS加载两个功能外，它们还支持更多功能，如支持各种命令，这些命令主要可以分为以下两大类。

（1）操作设备类：支持板载设备的操作，如操作NANDFlash、NORFlash、EEPROM，有

些甚至支持 SD 卡，COMPACT CARD 等。

（2）数据相关类（通信和管理）操作：支持 FTP、TFTP、NFS 等网络协议，又或者支持 USB 下载等功能。

有些 Bootloader，如 ARM 公司的 Bootmonitor 还支持文件系统，能以文件系统的方式管理 NANDFlash、SDCARD、COMPACT CARD 上的数据。有了上面两大类操作的支持后，Bootloader 不再是纯粹的 Bootloader 了，它已具备了一些操作系统的功能，只是不支持操作系统支持的任务管理、调度、切换等功能。

其实像 Vivi、Uboot 这些 Bootloader 在电子产品中很少用到，因为电子产品强调性能、成本，且也不太愿意用户有太大的修改权利，大家想象一下，如果用户的电子产品能被别人任意修改会是什么情形吗？这种情况肯定不行，同时，由于 Uboot 尺寸很大，且启动时间长，严重影响系统的性能和成本，因此商用后，Bootloader 是越小越好，恰好能满足上面两个功能就可以了。

也许大家会说，如果 Bootloader 只是这两个功能，那干嘛还独立出这个 Bootloader，直接将这部分代码写到操作系统就可以了?其实真正在商用产品中，就是这样，只不过它的功能还在，所以仍可以将这部分称为 Bootloader。只不过这个很简单的 Bootloader 是和内核一起编译，并且是通过链接器链接在一起的，这种模式的 Bootloader 对应于 aCoral 系统的 start.s。

说到前面的两个特性，有必要进一步阐述一下 Loader 的功能，这里面包含不少的学问，那就是为什么需要 Loader？这个问题牵涉了储存设备采用的存储介质，为了让大家对 Bootloader 有更深入的认识，有必要简单介绍一下存储介质的划分方法：

（1）按存储介质分类。作为存储介质的基本要求，必须具备能够显示两个有明显区别的物理状态的性质，分别用来表示二进制码的 0 和 1。另一方面，存储器的存取速度又取决于该物理状态的改变速度。目前使用的存储介质主要是半导体器件和磁性材料，用半导体器件组成的存储器称为半导体存储器。用磁性材料做成的存储器称为磁表面存储器，如磁盘存储器和磁带存储器。

（2）按存取方式分类。如果存储器中任何存储单元的内容都能被随机存取，且存取时间和存储单元的物理位置无关，这种存储器称为随机存储器。半导体存储器和磁芯存储器都是随机存储器。如果存储器只能按某种顺序来存取，也就是说存取时间和存储单元的物理位置有关，这种存储器称为顺序存储器。例如，磁带存储器就是顺序存储器。一般来说，顺序存储器的存取周期较长。磁盘存储器是半顺序存储器。

（3）按存储器的读写功能分类。有些半导体存储器存储的内容是固定不变的，即只能读出而不能写入，因此这种半导体存储器称为只读存储器（ROM）。既能读出又能写入的半导体存储器，称为随机存储器（RAM）。

（4）按信息的可保存性分类。断电后信息即消失的存储器，称为非永久记忆的存储器。断电后仍能保存信息的存储器，称为永久性记忆的存储器。磁性材料做成的存储器是永久性存储器，半导体读写存储器 RAM 是非永久性存储器。

（5）按串、并行存取方式分类。目前使用的半导体存储器大多为并行存取方式，但也有以串行存取方式工作的存储器，如电耦合器件（CCD）、串行移位寄存器和镍延迟线构成的存储器等。

大家常见的储存介质有磁带、硬盘、ROM、RAM 等，具体到嵌入式系统，经常用到的是NORFlash、NANDFlash、SDCARD、TF卡、COMPACT CARD、SDRAM、RAM等。为什么会出现这么多种类？这是价格和用户需求平衡的结果。例如，大家知道程序最后运行必须要有随机可读写存储器来存储变量，且速度要快，这导致了RAM的产生，但是RAM价格昂贵，于是又导致了SDRAM的产生，SDRAM和RAM的区别就是它是靠电容的值来保存0、1信息，时间一长就会丢失数据，故需要周期性刷新，这个在SDRAM控制器芯片的控制下能很好解决，且不太影响性能，但是它的速度比RAM低一些，且复杂些，但是价格低很多，容量可以做到很大，故是一种很好的储存器，因此目前无论是嵌入式还是PC设备都广泛使用到了SDRAM。

虽然SDRAM解决了可读写问题和速度问题。但是它们都是非永久记忆的存储器，断电后信息即消失，明显不能满足用户永久保存代码和数据的需求，因为用户总不至于每次启动计算机都要下载一次程序吧，于是就产生NANDFlash、硬盘等永久记忆的存储器（硬盘容量很大，但很少用在嵌入式系统中），这些储存器是永久记忆的，且能做到很大容量，但是速度慢，不过某种程度上还是可以承受的，因为有办法可以解决这个问题？如何解决呢？就是前面所说的加载Load。在启动阶段，Boot的工作完成后，Loader程序将系统程序和用户程序从这些储存介质上复制到SDRAM中，这样程序真正运行时，代码和数据就是从SDRAM中读取的了，也就没有速度问题了，这也是为什么要Bootloader的原因。

有了NANDFlash、硬盘等永久记忆的存储器还不够，为什么呢？因为它们是按块访问的，而不是按地址访问，这种块模式访问往往需要有硬件控制器，而硬件控制器又需要由程序来控制，那这个控制器的驱动从何而来？这就是“鸡生蛋、蛋生鸡”的问题，正因为如此，又出现了一种存储器ROM，如NORFlash等只读存储器，这种储存器也是永久记忆的存储器，但它和NANDFlash等不一样，它是按地址随机访问的，也就是说不需要驱动，和SDRAM的访问方式一样，可以很简单地访问数据，这就解决了这个问题，但是这种按地址访问的永久记忆的存储器相比有点贵，且不能做到很大容量。其实也没必要过多地使用这种存储器，为什么？因为它是只读的，没法修改，不会过多使用，所以只要能够容下Bootloader这些程序就可以了，其他的代码交给廉价的可读写的NANDFlash，当然，对于启动代码还是可以一直放在ROM中的。

也许大家会说为什么不出产一种按地址访问的可读写永久记忆的存储器？其实是可以的，只是代价太高，没必要。只要合理搭配，就可以满足系统需求，当然不排除某一天，按地址访问的可读写永久记忆的存储器很便宜了，但这个世界没有完美的东西，优点越多，缺点也越多。因此，嵌入式系统对储存器的选择好似衣服的搭配，关键看应用的需求，如硬盘通常是不到万不得已，是不选择用在嵌入式实时系统的，因为它的体积大、功耗大，也不安静，不过对于需要储存上10GB的数据的应用，还不得不用它。

Bootloader程序所选用的储存器肯定得是按地址随机存取的永久性记忆的存储器，当然对于支持NANDFlash启动的SOC，也可以储存在NANDFlash，如s3c2410、2440，同时又如OMAP 3530是支持SDCARD启动的，这样的SOC芯片也可以将Bootloader放在SDCARD上。

到此，也许大家会有一种强烈的好奇心，刚才不是说NANDFlash、SDCARD都是需要控制器才能访问数据的，控制器又需要驱动程序，上面的s3c2410、OMAP 3530等芯片是如何做到从这些地方启动的呢？其实，解决方法和上面探讨的一样，就是必须有一个复制过程，该复制过程可以有三种方式，即硬件方式、软件方式、内存映射。

（1）硬件方式。就是硬件实现对储存设备控制器的控制，读取指定大小的数据，它没法做到控制器的驱动程序那样，可以随机读取任意大小的数据，但是只要能够复制指定地址、指定大小的数据就已经够了，硬件可以看成是简化板的驱动。

（2）软件方式。这种方式就更简单了，芯片自带一个ROM，往往是片内ROM，里装有驱动程序，这个驱动程序负责将Bootloader从NANDFlash或SDCARD等储存器复制到SDRAM或RAM后，然后跳到Bootloader运行，这样方式其实和我们把Bootloader储存在ROM中是一样的，只不过板子自带了一个Bootloader，这个简单的Bootloader先于我们的Bootloader运行，主要实现小量数据复制。

（3）内存映射。当用户使用跳线选择启动方式后，硬件自动开启了内存映射，将其他内存地址映射到CPU启动地址，如ARM 11的PB11MPCore，CPU的启动地址是0x0，如果配置为NORFlash启动，则可将NORFlash原本地址0x40000000~0x43FFFFFF映射到0x0~0x3ffffff，这样就相当于从NORFlash启动，这种方式是经常用的方式。由于NORFlash原本内存空间映射到地址0x0了，导致地址0x0对应的内存没法使用，因此启动后需将映射取消，这就是取消地址映射。该方式和上面两种方式不同，它需要有按地址随机存取存储器的支持，即将储存启动代码的存储器的地址映射到启动地址。

说完Bootloader的储存介质，就该讨论一下RTOS映像文件的储存介质。RTOS这类操作系统一般比较小，储存介质选择余地有很多，可以放在ROM中，也可以放在NANDFlash中，不论放在哪里，只要Bootloader能找到RTOS映像文件，再将其复制到SDRAM就可以了。所以关键看Bootloader是否强大，对于很强大的Bootloader，其实RTOS都可以放在主机上，然后Bootloader可以通过网络将RTOS下载到SDRAM上，然后再从SDRAM上启动。对于Bootloader和内核链在一起的RTOS，操作系统内核是跟Bootloader一起储存在一种储存介质中的。

说到这里，其实还有一部分需要讨论，那就是文件系统。文件系统一般很大，将其用在嵌入式系统的启动和RTOS的加载就需要仔细考虑了，很多嵌入式开发板的NANDFlash或NORFlash没法容下文件系统，此时，就只能储存在宿主机上了，并通过网络方式访问文件系统。当然到了这么大文件系统的时候，一般操作系统也很大、很复杂了，如Linux，这种模式需要操作系统支持网络文件系统。

大致了解了Bootloader，下面看看aCoral在ARM9 Mini 2440上是如何启动并加载的。

7.3 aCoral环境下启动2440

老子说过，万物生于道。一个RTOS的启动，也得有一个开始的地方。那么这个开始的地方在哪里呢？先来看看一个链接文件acoral.lds，如代码7.1。浅显地说，链接文件就是一个告诉链接器如何安排一个镜像文件各个部分先后顺序的文件，就像一个街道上的门牌号一样，总是会有一个001号的，那么就要从该位置开始。

代码7.1 （..\1 aCoral\hal\arm\S3C2440\acoral.lds）

```
===================
ENTRY (__ENTRY)
MEMORY
{
```

```
RAM (wx) : org =0x30000000, len = 64M
}
    SECTIONS
    {
     .text :
     {
       text_start = .;
           * (.text)                                              (1)
           * (.init.text)
         * (.rodata*)
     }>RAM
     ………………………………
    }
```

链接文件 acoral.lds 的一开始有这样一条代码 ENTRY（__ENTRY），根据 GNU 链接文件的规则：ENTRY（begin）指明程序的入口点为 begin 标号。这样，aCoral 镜像文件的入口点就是“__ENTRY”。

然后，代码 7.1 指定了“__ENTRY”的起始地址：org =0x30000000。在 2.3.2 节（初始化基本硬件）中，提到 ARM9 Mini2440 的 0x30000000 是 RAM 的起始地址，也就是说链接器生成的 aCoral 可执行文件入口地址是 0x03000000，可占用 64MB 的 RAM 内存。

接下来，代码 7.1 L（1）定义 text 段为 aCoral 的起始段。可见，text 段的第一条指令就是从“__ENTRY”开始的，那 text 段又在哪里呢？其实它是 aCoral 工程中 HAL 层的 start.s 编译后生成的目标文件。打开 start.s，看看它的第一条指令是什么呢？

代码 7.2 （..\1 aCoral\hal\arm\S3C2440\src\start.s）

```
    #include "hal_2440_s.h"
    #include "autocfg.h"
    .extern text_start
    .extern bss_start
    .extern bss_end
    .extern HAL_INTR_ENTRY
    .extern acoral_start
    .global __ENTRY
    .global HandleIRQ

    __ENTRY:                                                      (1)
        b   ResetHandler
        b   HandleUndef @handler for Undefined mode
        b   HandleSWI    @handler for SWI interrupt
        b   HandlePabort    @handler for PAbort
        b   HandleDabort    @handler for DAbort
        b       .           @reserved
        b  HandleIRQ       @handler for IRQ interrupt
        b   HandleFIQ      @handler for FIQ interrupt
    @ 0x20: magic number so we can verify that we only put
        .long   0
    @ 0x24:
```

```
    .long  0
@ 0x28: where this was linked, so we can put it in memory in the right place
    .long  __ENTRY
@ 0x2C: this contains the platform, CPU and machine id
    .long  2440
@ 0x30: capabilities
    .long  0
@ 0x34:
    b   .

@*****************************************************************
@ intvector setup
@*****************************************************************

HandleFIQ:
    ldr pc,=acoral_start
HandleIRQ:
    ldr pc,=HAL_INTR_ENTRY
HandleUndef:
    ldr pc,=EXP_HANDLER
HandleSWI:
    ldr pc,=EXP_HANDLER
HandleDabort:
    ldr pc,=EXP_HANDLER
HandlePabort:
    ldr pc,=EXP_HANDLER



.align 4
_text_start:
   .long  text_start
_bss_start:
    .long  bss_start
_bss_end:
   .long  bss_end

@*****************************************************************
@           ResetHandler fuction
@*****************************************************************

ResetHandler:                                                    (2)

    @1  disable watch dog timer                                  (3)
    mov r1, #0x53000000
    mov r2, #0x0
    str r2, [r1]
```

```
    @ 2 disable all interrupts                                        (4)
    mov r1, #INT_CTL_BASE
    mov r2, #0xffffffff
    str r2, [r1, #oINTMSK]
    ldr r2, =0x7ff
    str r2, [r1, #oINTSUBMSK]

    @3  initialise system clocks                                      (5)
    mov r1, #CLK_CTL_BASE
    mvn r2, #0xff000000
    str r2, [r1, #oLOCKTIME]

    mov r1, #CLK_CTL_BASE
    mov r2, #M_DIVN
    str r2, [r1, #oCLKDIVN]

    mrc p15, 0, r1, c1, c0, 0   @ read ctrl register
    orr r1, r1, #0xc0000000 @ Asynchronous
    mcr p15, 0, r1, c1, c0, 0   @ write ctrl register

    mov r1, #CLK_CTL_BASE
    ldr r2, =vMPLLCON           @ clock user set
    str r2, [r1, #oMPLLCON]

    bl  memsetup                  @ Initialize memory                  (6)
    bl  InitStacks                  @ Initialize stack                  (7)


    adr   r0,__ENTRY                                                  (8)
    ldr   r1,_text_start                                              (9)
    cmp  r0,r1                                                       (10)
    blne  copy_self                   @Copy itself                   (11)

    ldr  r0,_bss_start                  @Clear BSS section            (12)
    ldr  r1,_bss_end
    bl   mem_clear                  @Clear memory                    (13)


    ldr  pc,=acoral_start                                            (14)
    b    .
......
```

除了定义和声明之外，代码 7.2 的第一行就是“__ENTRY”（代码 7.2 L（1）），这就是 aCoral 程序的入口点（起始地址为 0x30000000）。接下来的第一条指令“b ResetHandler”是跳转到 ResetHandler 进行复位处理，再往下的汇编代码是不是似曾相见？是的，这就是异常向量表，在 2.3.2 节（创建异常向量表）中，曾讨论过裸板环境下的异常向量表创建，在

aCoral 环境下，其异常向量表创建和裸板环境下是一样的。在 6.4.1 节（断发生及响应）中介绍的异常向量表也是这样的，只是那里用的跳转指令是 LDR。此外，各异常向量表最终对应的异常处理公共入口也和 6.4.1 节一样，如 IRQ 对应的公共入口是“HAL_INTR_ENTRY”。

进一步往下看，当系统复位时，PC 将指向 0x30000000，这里就是“b ResetHandler”，那 ResetHandler 会做什么处理呢？顺藤摸瓜，可以看到，首先是关闭看门狗、关闭关中断、配置时钟，设置时钟频率、内存初始化（初始化 SDRAM 控制器、挂载 NANDFlash、NORFlash 等）、堆栈初始，接着完成自我复制，再对 BSS 段和内存进行了清 0 操作。大家是否发现，这和第 2 章中的裸板 Mini2440 启动几乎一样的。的确，在 aCoral 开始真正接管整个系统以前，对 Mini2440 的启动应该是一样的。如果系统足够简单，能通过轮询系统或者前后台系统的结构实现用户的需求，就没有必要使用操作系统了；反之，则必须通过操作系统来接收用户复杂、多样的计算请求，管理系统的软件与硬件资源，支持多任务的并发执行，维护任务间的通信、同步与互斥关系。关于 Mini2440 的启动流程和实现，请大家阅读 start.s 或者第 2 章。

这里仍须解释的是代码 7.2 L（8）～L（13）的自我复制，为什么要自我复制呢？仔细分析下这四条指令，adr 是获取当前 PC 与 PC 到“_ENTRY”标记的偏移量的差值，赋给寄存器 r0，相当于“add r0 PC，#PC 到__ENTRY 的偏移量。”。而 ldr 是将链接时“_text_start”（代码段开始处）的地址赋给 r1。根据链接文件（代码 7.1）的定义，“_text_start”（text 段开始的地址）也就是“_ENTRY”的地址 0x30000000，那现在的问题是：r0 和 r1 相等吗？这个问题的答案和 Mini2440 的启动方式有关，Mini2440 有两种启动方式：从 NORFlash 启动或从 NANDFlash 启动，如果设置从 NORFlash 启动，则 Mini2440 的内存分布如图 7.1（a）所示[详细请参考 2.3.2 节（初始化基本硬件）]，此时，将编译后的镜像文件（start.s+aCoral，大小约几十 KB）烧写在 NORFlash 中（NORFlash 的容量为 2MB），并且从 0x00000000 的地方开始执行（因为开发板上电后，PC 指向 0x00000000；而 NORFlash 的起始地址就是 0x00000000），这里存放的就是“_ENTRY”标识的“b ResetHandler……”。PC 继续往下走，直到自我复制的位置（代码 7.1 L（8）），那这时 r0 的值该是多少呢？答案是 0x00000000，而 r1 的值又该是多少呢？答案是 0x30000000，所以，r0 和 r1 是不相等的，因为不相等，所以要将整个镜像文件从 NORFlash 复制到 SDRAM 0x30000000 开始的空间，这样，后续的操作系统的初始化、启动等工作都是在 SDRAM 中进行了，因为 SDRAM 是可读写、按照地址访问、快速、大容量的内存。这就是为什么要进行自我复制的原因，这个过程也就 aCoral 环境下 Mini2440 的启动和 aCoral 加载，即 Bootloader。

关于前面的自我复制，还有一点需要说明，这就是复制过程“copy_self”（代码 7.2 L（1）），其具体实现如代码 7.3，其中，代码 7.3 L（1）是产生一个 0x4000002C 的 SRAM 地址值，赋给 r1，代码 7.2L（2）～L（3）将 0 保存到 0x4000002C 的地址。代码 7.2L（4）～L（5）是读取 0x0000002C 地址的值（根据代码 7.2 的定义，这里存放的是“2440”），赋给 r0，代码 7.2L（6）将 r0 与 0 比较，如果不相等（2440<>0），就跳转到“copy_1ROM_ROM”，将整个镜像文件从 NORFlash 复制到 SDRAM 0x30000000 开始的空间，这意味着 aCoral 是从 NORFlash 启动，因为若 2440 被设置为 NORFlash，其起始地址就是 0x00000000 [图 7.1（a）]，而 0x0000002C 处存放的是“2440”，而 0x4000002C 的值却是 0。

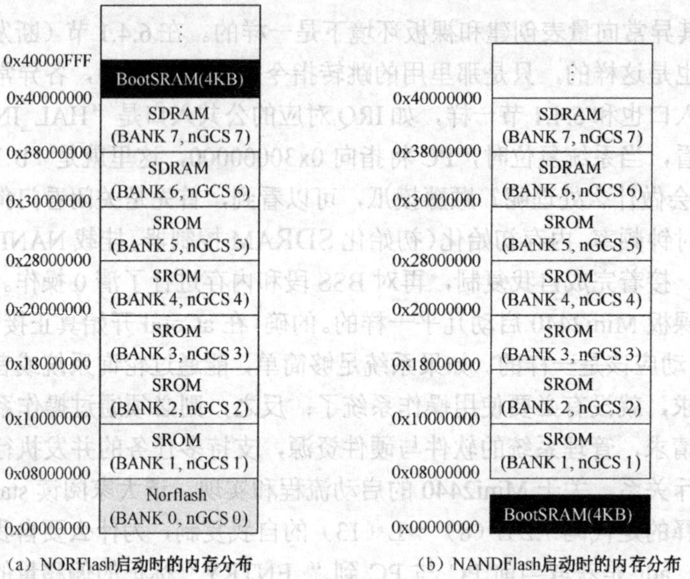

0x40000FFF	BootSRAM(4KB)
0x40000000	SDRAM (BANK 7, nGCS 7)
0x38000000	SDRAM (BANK 6, nGCS 6)
0x30000000	SROM (BANK 5, nGCS 5)
0x28000000	SROM (BANK 4, nGCS 4)
0x20000000	SROM (BANK 3, nGCS 3)
0x18000000	SROM (BANK 2, nGCS 2)
0x10000000	SROM (BANK 1, nGCS 1)
0x08000000	Norflash (BANK 0, nGCS 0)
0x00000000	

（a）NORFlash启动时的内存分布

	⋮
0x40000000	SDRAM (BANK 7, nGCS 7)
0x38000000	SDRAM (BANK 6, nGCS 6)
0x30000000	SROM (BANK 5, nGCS 5)
0x28000000	SROM (BANK 4, nGCS 4)
0x20000000	SROM (BANK 3, nGCS 3)
0x18000000	SROM (BANK 2, nGCS 2)
0x10000000	SROM (BANK 1, nGCS 1)
0x08000000	BootSRAM(4KB)
0x00000000	

（b）NANDFlash启动时的内存分布

图 7.1　ARM9 Mini2440 内存分布图

若 Mini2440 被设置为 NANDFlash 启动，其起始地址就是 0x40000000，但是，NANDFlash 前 4KB 的空间被自动映射成了 0x00000000[图 7.1（b）]，此时，地址 0x40000000 和地址 0x00000000 的前 4KB 本质是一样的，所以 0x4000002C 处存放值是等于 0x0000002C 处存放的值，都等于“2440”。接下来，代码 7.3 L（8）～L（10）将“2440”重新写入地址 0x4000002C，恢复代码 7.3L（1）～L（3）将 0 写入 0x4000002C 的操作，最后，代码 7.3L（11）将整个镜像文件从 NANDFlash 复制到 SDRAM 0x30000000 开始的空间。

代码 7.3　（..\1 aCoral\hal\arm\S3C2440\src\start.s）

```
  copy_self:
  ldr r1, =( (4<<28) | (2<<4) | (3<<2) )                          (1)
                                  /* address of Internal SRAM 0x4000002C*/
   mov r0, #0                                                     (2)
   str r0, [r1]                                                   (3)

   mov r1, #0x2c                  /* address of men 0x0000002C*/  (4)
   ldr r0, [r1]                                                   (5)
   cmp r0, #0                                                     (6)
   bne copy_fROM_ROM                                              (7)

  ldr  r0, =(2440)                                                (8)
   ldr r1, =( (4<<28) | (2<<4) | (3<<2) )                         (9)
   str r0, [r1]                                                   (10)
   b  copy_1ROM_nand                                              (11)
```

在完成 Mini2440 的启动和 aCoral 的加载后，代码 7.2 的最后一条指令是跳转到 acoral_start （代码 7.2L（14）），进入 C 语言环境，这是 aCoral 真正开始的地方。

7.4 启动 aCoral

acoral_start 是 aCoral 启动的入口，具体工作如代码 7.4，一看此函数，不禁大喜，好简洁啊，没几行代码，毕竟“简单就是美”（Simple is beautiful）。可仔细一看，又是一惊，全是函数调用，美丽的东西后面隐藏的东西实在是太多了！好，现在就逐层分解剖析一下。

代码 7.4 （..\1 aCoral\kernel\src \core.c）

```
void acoral_start(){
#ifdef CFG_CMP
    static int core_cpu=1;
    if(!core_cpu){
        acoral_set_orig_thread(&orig_thread);
        /*其他次CPU core的开始函数*/
        acoral_follow_cpu_start();
    }
    core_cpu=0;
    HAL_CORE_CPU_INIT();
#endif
    orig_thread.console_id=ACORAL_DEV_ERR_ID;
    acoral_set_orig_thread(&orig_thread);
    HAL_BOARD_INIT();                   /*板子初始化*/              (1)
    acoral_module_init();               /*内核模块初始化*/          (2)
            /*串口终端初始化好后，将根线程的终端id设置为串口终端*/
    orig_thread.console_id=acoral_dev_open("console");;
#ifdef CFG_CMP
    acoral_cmp_init();                  /*CMP初始化*/
#endif
    /*主CPU开始函数*/
    acoral_core_cpu_start();                                        (3)
}
```

代码 7.4 开始部分是关于多核启动的设置，如设置其他次 CPU core 的开始函数，由于 ARM Mini2440 是单核处理器，这部分将不会执行，只有多核处理器（ARM11 MPCore）才会执行。接下来是 ARM Mini2440 开发板初始化 HAL_BOARD_INIT（代码 7.4 L（1）），如代码 7.5。

代码 7.5 （..\1 aCoral\hal\arm\S3C2440\src\ hal_board.c）

```
void hal_board_init(void){
    hal_cpu_init();                                                 (1)
    hal_io_init();                                                  (2)
}
```

HAL_BOARD_INIT()在 hal_board.h（..\1 aCoral\hal\arm\S3C2440\src\）中定义，通过 hal_board_init()来实现，它具体完成什么工作呢？代码 7.5 L（1）是 CPU 相关的初始化，由于前面的 Bootloader 已对 CPU 初始化过了，所以这里不做任何处理，只是留个接口，以便以后扩展。代码 7.5 L（2）是与 Mini2440 开发板有关的外围设备的初始化，如开发板的 UART、网口、USB 等。

再往下是内核模块初始化（代码 7.4 L（2）），这部分在 6.2.5 节（注册调度策略）谈及过，主要是进行中断子系统、内存管理子系统、资源管理子系统、驱动管理子系统、线程管理子系统、时钟管理子系统、事件管理子系统、消息管理子系统等的初始化。终于知道水的深浅了，里面包含的初始化内容很丰富。暂且记下，先略过，有机会再来慢慢剖析，“不懂何妨且放过，待到用时细思量”。

最后，代码 7.4 L（3）的 acoral_core_cpu_start()是应该重点关注的函数：主 CPU 启动。先看看其实现（代码 7.6），开始是为普通调度策略各成员赋值，其中，data.prio=ACORAL_IDLE_PRIO （代码 7.6 L（1）），这是为 IDLE 线程指定优先级（代码 6.11 定义 IDLE 线程优先级（100 或 130）），终于到了大家在第 6 章读过的创建线程（代码 7.6 L（2）和 L（3）），这里分别创建了 IDLE 线程和初始线程，然后再通过 acoral_start_os()启动系统（代码 7.6L（4））。

代码 7.6 （..\1 aCoral\kernel\src \core.c）

```
    #define IDLE_STACK_SIZE 128
    void acoral_core_cpu_start(){
        acoral_comm_policy_data_t data;
        /*创建空闲线程*/
        acoral_start_sched=false;
        data.cpu=acoral_current_cpu;
        data.prio=ACORAL_IDLE_PRIO;                                     (1)
        data.prio_type=ACORAL_ABSOLUTE_PRIO;
        idle_id=acoral_create_thread_ext
  (idle,IDLE_STACK_SIZE,NULL,"idle",NULL,ACORAL_SCHED_POLICY_COMM,&data);(2)
        if(idle_id==-1)
            while(1);
        /*创建初始化线程，这个调用层次比较多，需要多谢堆栈*/
        data.prio=ACORAL_INIT_PRIO;
        /*动态堆栈*/
    init_id=acoral_create_thread_ext
  (init,ACORAL_TEST_STACK_SIZE,"ininit","init",NULL,ACORAL_SCHED_POLICY_
    COMM,&data);                                                        (3)
        if(init_id==-1)
            while(1);
        acoral_start_os();                                              (4)
    }
```

acoral_start_os()的工作如代码 7.7，首先通过代码 7.7 L（1）初始化调度标志，即把当前 CPU 核设置为不可调度状态和不需要调度状态：sched_lock[acoral_current_cpu]=0，need_sched[acoral_current_cpu]=0，虽然前面已经创建了 IDLE 线程和初始线程 init，但在内核能真正调度线程前，还需要做一些工作。例如，从就绪队列中选择最高优先级的线程代码 7.7（L（2）），并将其设置为就绪状态，如果没有其他线程，就选择空闲线程，该过程在 6.3.1 节中有详细介绍。

代码 7.7 （..\1 aCoral\kernel\src \core.c）

```
    void acoral_start_os(){
        acoral_sched_init();                                            (1)
```

```
        acoral_select_thread();                                        (2)
        acoral_set_running_thread(acoral_ready_thread);                (3)
        HAL_START_OS(&acoral_cur_thread->stack);                       (4)
}
```

此外，还需通过代码 7.7 L（3）把将要运行的线程设成运行态，具体实现如代码 7.8，这里的 running_thread[acoral_current_cpu]指向当前 CPU 上就绪队列中最高优先级的线程（由于 aCoral 支持多核，每个核上均有自己的就绪队列，所以用一个数字来表示，ARM Mini2440 是单核，所以 acoral_current_cpu 定义为 0 核）。

代码 7.8　（..\1 aCoral\kernel\src \sched.c）

```
    acoral_thread_t *running_thread[HAL_MAX_CPU],*ready_thread[HAL_MAX_CPU];

    void acoral_set_running_thread (acoral_thread_t *thread) {

running_thread[acoral_current_cpu]->state&=~ACORAL_THREAD_STATE_RUNNING;
        thread->state|=ACORAL_THREAD_STATE_RUNNING;
        running_thread[acoral_current_cpu]=thread;
    }
```

线程状态都变了，再不让 aCoral 运行也就太不尽人意了。代码 7.7 最后是通过 HAL_START_OS（&acoral_running_thread->stack）（代码 7.7 L（4））切换到指定线程接口，参数为要切换的线程的堆栈指针，该线程为初始线程 init，这样 IDLE 线程和初始线程 init 便可正式运行了。HAL_START_OS 在 ARM Mini2440 上的实现如代码 7.9。

代码 7.9　（..\1 aCoral\kernel\src\hal_thread_s.s）

```
    HAL_SWITCH_TO:
       ldr      sp,[r0]                  @取得新上下文指针
       ldmfd    sp!,{r0}
       msr     cpsr,r0                   @恢复新cpsr,这个不能用spsr，因为sys,user模式没
                                            有SPSR
       ldmfd    sp!, {r0-r12,lr,pc} @恢复寄存器,
```

代码 7.6 中的 acoral_core_cpu_start()创建了 IDLE 线程和初始线程 init，那这两个线程分别做什么呢？请看代码 7.10。

代码 7.10　（..\1 aCoral\kernel\src \core.c）

```
    extern volatile acoral_u32 idle_count[HAL_MAX_CPU];
    /*=================================
     *     idle thread
     *      空闲进程
     *=================================*/
    void idle (void *args) {
         while (1) {
    #ifdef CFG_STAT
             idle_count[acoral_current_cpu]++;
    #endif
         }
    }
```

```
/*================================
 *  the primary cpu core init thread
 *      主cpu core的初始化线程
 *================================*/
#ifdef CFG_TEST
#define DAEM_STACK_SIZE 512
#else
#define DAEM_STACK_SIZE 256
#endif
acoral_thread_t *thread;


void init(void *args){
    acoral_comm_policy_data_t data;
#ifdef CFG_TICKS_ENABLE
    acoral_ticks_init();              /*ticks中断初始化函数*/          (1)
#endif
    acoral_start_sched=true;
    /*软件延时初始化函数*/
#ifdef CFG_SOFT_DELAY
    soft_delay_init();                                                 (2)
#endif

#ifdef CFG_STAT
    /*内核统计相关数据初始化*/
    stat_init();                                                       (3)
#endif
    /*创建后台服务线程*/
    acoral_init_list(&acoral_res_release_queue.head);
    acoral_spin_init(&acoral_res_release_queue.head.lock);
    data.cpu=acoral_current_cpu;
    data.prio=ACORAL_DAEMON_PRIO;
    data.prio_type=ACORAL_ABSOLUTE_PRIO;
    daemon_id=acoral_create_thread_ext(daem,DAEM_STACK_SIZE,NULL,
    "daemon",NULL,ACORAL_SCHED_POLICY_COMM,&data);                     (4)
    thread=(acoral_thread_t *)acoral_get_res_by_id(daemon_id);
    if(daemon_id==-1)
    while(1);
    /*应用级相关服务初始化,应用级不要使用延时函数*/
#ifdef CFG_SHELL
    acoral_shell_init();
#endif
    plugin_init();
    app_enter_policy_init();
    user_main();
#ifdef CFG_TEST
```

```
        test_init();
    #endif
        app_exit_policy_init();
    }
```

IDLE 线程是优先级最低的线程（如代码 6.11），当系统中无其他线程运行时，IDLE 线程将不断地空循环。接下来是初始线程，顾名思义就是初始化，其实前面也是初始化，只不过这个初始化时有了线程概念，线程调度前的一些功能的初始化，如后台线程、文件系统、图形系统、TCP/IP 及创建用户应用线程等操作都在这里。代码 7.10 L（1）是对 Tickes 初始化，详见代码 6.86。

代码 7.10 L（2）是初始化软件延时函数 soft_delay_init()，其作用是测试并确定软件延时时基的大小，以便用户能调用 acoral_soft_delay()（代码 7.11 L（5））来延迟一段时间 *t*，*t* 是传入的参数，也是刚刚所测时基的整数倍。初始化软件延时函数过程中，创建了 delay_task 线程（代码 7.11L（1）），其优先级仅比 IDEL 线程高一个级别，然后调用 acoral_delay_self() 将 init 线程延迟 1000 个 Tickes （（代码 7.11 L（2）），此时，init 线程被挂载到延迟队列上，delay_task 线程开始执行（代码 7.11 L（4）），主要是对变量 sample 开始计数，直到 1000 个 Tickes 延迟结束，这样可测得 1000 个 Tickes 等于多少个 sample，从而得到用软件延迟时的时基，用户便可用 acoral_soft_delay()做软件延迟处理。可能大家会问：acoral_soft_delay() 与 acoral_delay_self()有什么区别呢？区别在于后者是硬件（时钟）方式触发延迟，会将当前运行的任务挂载到延迟队列，从而引起任务上下文切换和任务重调度，而前者是软件方式（sample 计数）延迟，不会引起任务切换和重调度。当 delay_task 线程完成软件延迟时基的测试后，通过代码 7.11 L（3）将其释放。

代码 7.11　（..\1 aCoral\kernel\src \softdelay.c）

```
    acoral_u32 sample_100ms;
    volatile acoral_u32 sample;
    void soft_delay_init(){
        acoral_sr cpu_sr;
        acoral_comm_policy_data_t data;
        acoral_thread_t *thread;
        acoral_id tmp_id;
        data.cpu=acoral_current_cpu;
        data.prio=ACORAL_TMP_PRIO;
        data.prio_type=ACORAL_ABSOLUTE_PRIO;
        tmp_id=acoral_create_thread_ext (delay_task,256,NULL,"softdelay",
    NULL,ACORAL_SCHED_POLICY_COMM,&data);                              (1)
        if (tmp_id==-1)
            return;
        acoral_delay_self(1000);                                       (2)
        sample_100ms=sample/10;
        /*这里daemo回收进程还没启动，不能使用acoral_kill_thread*/
        thread= (acoral_thread_t *) acoral_get_res_by_id (tmp_id) ;
        HAL_ENTER_CRITICAL();
            acoral_unrdy_thread (thread) ;
```

```
        acoral_release_thread((acoral_res_t *)thread);              (3)
    HAL_EXIT_CRITICAL();
}

void delay_task (void *args) {                                        (4)
    sample=0;
    for (;;) {
        delay();
    }
}

void delay(){
    volatile acoral_32 tmp=0xfff;
    while (tmp-->0) ;
    sample++;
}

void acoral_soft_delay(acoral_u32 n100ms){                            (5)
    acoral_u32 i;
    acoral_u32 tmp=n100ms*sample_100ms;
    for (i=0;i<tmp;i++)
        delay();
}
```

代码 7.10 L（3）是统计内核信息所需数据结构初始化，具体而言，就是创建一个用于统计内核运行状态的线程 stat，如 CPU 利用率等，stat 线程的优先级略高于 IDLE 线程（如代码 6.11），其实现如代码 7.12。

代码 7.12 （..\1 aCoral\kernel\src \stat.c）

```
void stat_init(){
    acoral_sr cpu_sr;
    acoral_comm_policy_data_t data;
    idle_count[acoral_current_cpu]=0;
    acoral_delay_self (100) ;
    sample_10ms=idle_count[acoral_current_cpu];
    data.cpu=acoral_current_cpu;
    data.prio=ACORAL_STAT_PRIO;
    data.prio_type=ACORAL_ABSOLUTE_PRIO;
    acoral_create_thread_ext (stat,256,NULL,"stat",NULL,ACORAL_SCHED_
POLICY_COMM,&data) ;
}

void stat (void *args) {
    acoral_u32 i;
    acoral_sr cpu_sr;
```

```
        while (1) {
            for (i=0;i<HAL_MAX_CPU;i++)
              idle_count[i]=0;
            acoral_delay_self (1000) ;
            for (i=0;i<HAL_MAX_CPU;i++) {
             cpu_usage[i]=100-idle_count[i]*10/sample_10ms;/*  (100/10) */
              if (cpu_usage[i]<0)
                 cpu_usage[i]=0;
            }
        }
    }
```

再回头继续看代码 7.10，代码 7.10 L（4）创建了后台服务线程 daem，用于回收不再使用的线程空间（代码 7.13 L（1）），每次回收完后，就将自己挂起（代码 7.13 L（2）），再触发重调度。接下来是对 shell、plugin 的初始化和对应用程序环境下用户调度策略的初始化，例如：若用户希望采用 RM 调度策略调度用户线程，需要进行相关初始化，如系统中当前任务数目、累计利用率等，这些数据是用 RM 调度策略进行可线程调度判定时所需的数据。

代码 7.13　(..\1 aCoral\kernel\src \core.c)

```
/*================================
 *   resouce collection function
 *          资源回收函数
 *================================*/
void daem (void *args) {
 acoral_sr cpu_sr;
 acoral_thread_t * thread;
 acoral_list_t *head,*tmp,*tmp1;
 acoral_pool_t *pool;
 head=&acoral_res_release_queue.head;
 while (1) {
     for (tmp=head->next;tmp!=head;) {
         tmp1=tmp->next;
         HAL_ENTER_CRITICAL();
         thread=list_entry (tmp,acoral_thread_t,waiting) ;
         /*如果线程资源已经不在使用，即release状态则释放*/
         acoral_spin_lock (&head->lock) ;/*  */
         acoral_spin_lock (&tmp->lock) ;/*  */
         acoral_list_del (tmp) ;/**/
         acoral_spin_unlock (&tmp->lock) ;/*  */
         acoral_spin_unlock (&head->lock) ;/*  */
         HAL_EXIT_CRITICAL();
         tmp=tmp1;
         if (thread->state==ACORAL_THREAD_STATE_RELEASE) {
             acoral_release_thread((acoral_res_t *)thread);          (1)
```

```
            }else{
                HAL_ENTER_CRITICAL();
                acoral_spin_lock (&head->lock) ;/**/
                tmp1=head->prev;
                acoral_spin_lock (&tmp1->lock) ;/**/
                acoral_list_add2_tail (&thread->waiting,head) ;/**/
                acoral_spin_unlock (&tmp1->lock) ;/**/
                acoral_spin_unlock (&head->lock) ;/**/
                HAL_EXIT_CRITICAL();
            }
        }
        acoral_suspend_self();                                          (2)
    }
}
```

根据本章的描述，aCoral 启动的大致流程可用图 7.2 描述。首先是 CPU 核初始化 hal_cpu_init()和 ARM Mini2440 开发板外设初始化 hal_io_init()；接下来是 aCoral 内核模块初始化（包括初始化中断子系统、内存管理子系统、资源管理子系统、驱动管理子系统等）；然后分别创建了 IDEL 线程、初始化线程、资源回收线程、信息统计线程；再对调度策略进行初始化，把当前 CPU 核设置为不可调度状态和不需要调度状态，并依次将最高优先级的线程设置为就绪状态和运行状态；最后，通过“HAL_SWITCH_TO”切换到指定线程接口，此时，aCoral 正式进入多任务环境，线程的执行由内核调度函数 acoral_sched()统一调度。

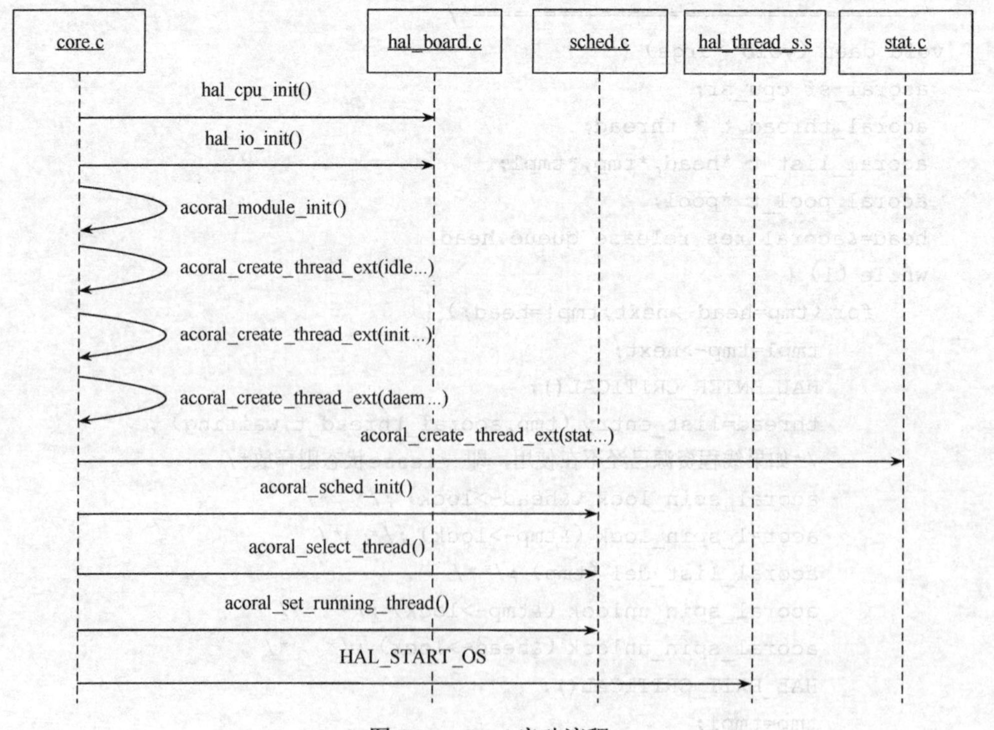

图 7.2 aCoral 启动流程

习题

1．RTOS 的引导模式有哪些？

2．Boot、Loader（即 Bootloader）的区别是什么？

3．在 ARM9 Mini 2440 上，如何指定 aCoral 启动的地址？链接文件 acoral.lds 在 aCoral 项目中的作用是什么？

4．怎么让 aCoral 从 NORFlash 启动？启动的地址是多少？从 NORFlash 启动和从 NANDFlash 启动有什么不同？

5．根据图 7-2，简单叙述 aCoral 在 ARM9 Mini 2440 上的启动流程。

第 8 章　移植内核

什么是移植内核？移植内核就是将已在某一特定 CPU（或 SOC 芯片）上运行的 RTOS 内核在另一 CPU（或 SOC 芯片）上运行起来。移植工作大部分是和硬件相关，需要针对具体 CPU 或芯片进行有区别的代码编写。aCoral 的移植包括两个部分：一是硬件抽象层（Hardware Abstraction Layer，HAL）移植，二是项目移植。

硬件抽象层（HAL）移植是针对不同目标板改写相关代码。不同开发板的硬件资源不一样的，具体体现在不同架构处理器的指令集不一样；相同架构处理器的不同系列产品，其寄存器资源也不一样。

对于项目移植，由于不同开发环境（如 Windows 下的 ADS、KEIL、IAR、Linux 下的 MAKFILE）的编译器、汇编器、链接器不一样，所以即使用 C 语言编写的代码，也存在兼容性问题（但基本兼容，只是一些扩展性能不兼容，如 inline，增加段相关操作等），汇编就更加不一样了，因此需要针对不同开发环境编写专门的汇编代码，同时实现很小量的 C 语言的扩展属性。

针对上述两种移植，硬件抽象层移植是重点，而项目移植主要是处理规则不一致的问题，如 GNU 的汇编标号要加“：”，而 ADS 的汇编标号不用加“：”，GNU 的变量导出是“.global”，而 ADS 中是“EXPORT”。因此，移植的过程主要是实现硬件抽象层移植，此外，只需修改部分规则即可完成项目移植。接下来就详细讨论一下这两者。

8.1　硬件抽象层移植

RTOS 内核中与硬件相关的代码通常包括如下几个方面。

（1）启动（BOOT）。根据第 7 章的介绍，大家一定很清楚，不同 CPU 的 BOOT 是不一样的。

（2）中断。不同 CPU 的中断机制和处理流程也是不同的，如中断优先级、中断屏蔽、开/关中断、时钟中断等，移植时要针对指定 CPU 进行相应处理。

（3）任务切换。任务切换是操作系统的灵魂，有了它才能支持多任务并发执行，才称得上是操作系统。这部分也是和硬件密切相关的，因为任务切换的主体是任务运行的上下文，即 CPU 的各种寄存器，如 X86 是 AX、BX 等，而 ARM 则是 R0、R1、…、R12、LR、PC、CPSR 等。

（4）内存。不同内存的大小、工作机制、控制器初始化、MMU 映射、地址空间设置都是不一样的，移植时也需做针对性处理才能确保内核正常工作。

如果将上述与硬件相关的功能部件抽象化，提供相应接口供内核使用，便可简化移植工作，也利于区分硬件和软件的界限，这种抽象方式称为硬件抽象，相应的与硬件相关的代码层称为硬件抽象层 HAL。这种硬件抽象对用户而言，是透明的，移植时也会比较有头绪，因此，对于与硬件相关的移植部分，aCoral 采用现代操作系统的 HAL 框架，将需要移植的部分

抽象成接口，用户只要根据具体平台实现这些接口，并在指定平台上运行 aCoral 即可。按功能划分，aCoral 的 HAL 层移植接口可分为如下几类。

8.1.1　启动接口

第 7 章（启动内核）曾提到，aCoral 内核在 ARM Mini2440 平台上的启动是从 start.s 开始的，该文件是由汇编语言编写的，主要完成一些简单的初始化，然后就转到 C 语言入口函数 acoral_start。启动接口的移植需要根据具体 CPU 对 start.s 做相应的修改和设置，才能确保启动的正确性，这里不做详细叙述，细节请参考第 7 章。

8.1.2　中断接口

与中断相关的移植接口都包含在 hal_int_s.s 文件（..\1 aCoral\hal\arm\S3C2440\src\hal_int_s.s）中，具体如下。

1. HAL_INTR_ENTRY

HAL_INTR_ENTRY 为硬件相关的中断入口函数，所有要交给内核层中断系统处理的中断都会首先进入此函数，由它进行简单处理后读取中断向量号，然后调用内核层的中断处理函数，内核层函数返回后，要调用中断退出函数 acoral_intr_exit()做中断退出处理。

接口形式：HAL_INTR_ENTRY，无参数，无返回值。

2. HAL_INTR_INIT

HAL_INTR_INIT 为中断初始化，顾名思义就是对中断进行初始化，一般会涉及中断模式、中断优先级、中断屏蔽等寄存器的初始化，此外，还包括中断各种操作函数的初始化，如中断响应、中断屏蔽、中断开启等，在 aCoral 环境下，分别对应了 acoral_set_intr_ack（i, hal_intr_ack）、acoral_set_intr_mask（i, hal_intr_mask）、acoral_set_intr_unmask（i,hal_intr_unmask）等。

接口形式：HAL_INTR_INIT，无参数，无返回值。

3. HAL_INTR_SPECIAL

这是在中断初始化后要调用的接口，有些平台需要在初始化后执行一些特殊化的初始化操作。aCoral 中，HAL_INTR_INIT 初始化进行的是通用操作，而 HAL_INTR_SPECIAL 是特殊操作，一般处理器都不用实现该接口。

接口形式：HAL_INTR_SPECAIL，无参数，无返回值。

4. HAL_INTR_SET_ENTRY

设置内核层中断入口函数，该入口函数设置好后，HAL 层的中断入口函数 HAL_INTR_ENTRY 进行简单处理后会调用此函数。

接口形式：HAL_INTR_SET_ENTRY（isr），只有一个参数：中断服务程序的函数指针，无返回值。

5. HAL_INTR_ENABLE 与 HAL_INTR_DISABLE

中断开启与禁止接口，用于开启和禁止所有中断，这种实现有几种方式。

（1）直接使用指定 CPU 的状态寄存器实现中断开关，如设置 ARM9 Mini2440 的 CPSR 的 IRQ、FIQ 位就可以用来开关所有中断。

（2）使用中断屏蔽寄存器，有些 SOC 芯片的中断屏蔽寄存器带有屏蔽所有中断的功能，即使没有这种功能，一个一个屏蔽所有中断位也是可以实现的。

一般使用第一种方式，该方式简单、语句少、效率高，对于没有第一种支持的处理器，可以考虑用第二种。

接口形式：HAL_INTR_ENABLE()、HAL_INTR_DISABLE()，都无参数，无返回值。

6. HAL_INTR_ATTACH

针对实时中断而特殊设计的接口，该接口的功能是直接将中断处理函数放到相应的中断向量表中，这样中断产生后，其处理函数直接被调用，而不必经过如下流程：HAL_INTR_ENTRY->intr_c_entry->中断处理函数，该接口一般为空，因为只有向量模式的中断才具备这种实时特性，因而只有在支持向量模式中断的处理器，且用户需要快速中断响应时，才需实现该接口。

7. HAL_INTR_DISABLE_SAVE

带保存处理器状态的关中断接口，该接口在使用 HAL_INTR_DISABLE 方式关中断前，会保存当前处理器的状态，最后会返回当前处理器状态，如处理器的中断状态等。

接口形式：HAL_INTR_DISABLE_SAVE()，会返回一个 acoral_isr 变量的值。

8. HAL_INTR_RESTORE

根据传入参数来恢复处理器状态，如处理器的中断状态等。

接口形式：HAL_INTR_RESTORE（isr），只有一个参数，中断服务程序的函数指针，无返回值。

9. HAL_INTR_MAX、HAL_INTR_MIN、HAL_TRANSLATE_VECTOR

获取最小中断向量号接口、最大中断向量号接口、中断向量号转换接口。最小中断向量号不一定为 0，另外，这里指的中断都是需要交给内核层处理的中断，对于内核层不处理的中断无须定义，直接在 HAL 层中处理（详细请参考 6.4.1 节）。例如，中断向量 0 为数据异常中断，这个中断是不交给内核层处理的，直接在 HAL 层处理，故最小中断向量号从 1 开始，而这个对应的内核层中断向量号为 0，因此需要一个从真正中断号转换内核层中断号的接口，该接口就是 HAL_TRANSLATE_VECTOR，关于 HAL_TRANSLATE_VECTOR 的详细介绍请参考 6.4.1 节。

接口形式：HAL_INTR_MAX，会返回一个内核层中断号的最小值。

接口形式：HAL_INTR_MIN，会返回一个内核层中断号的最大值。

接口形式：HAL_TRANSLATE_VECTOR，输入两个参数，分别为 HAL 层中断向量号 vector、内存层中断向量号 index，无返回值。

10. HAL_GET_INTR_NESTING

获取中断嵌套状态接口，大家已知道：只有在最后一层中断返回时才可以进行任务重调度，但是由于允许中断嵌套，中断返回时就必须判断是否是最后一层中断返回。因此，可以通过一个变量来存取中断嵌套数。

接口形式：HAL_GET_INTR_NESTING，会返中断嵌套状态。

11. HAL_INTR_NESTING_DEC

减少中断嵌套数接口，中断嵌套时，每当完成一次中断处理，就将调用一次 HAL_INTR_NESTING_DEC 来减少中断嵌套数。

接口形式：HAL_INTR_NESTING_DEC，返回中断嵌套数。

12. HAL_INTR_NESTING_INC

增加中断嵌套状态接口，该接口与 HAL_INTR_NESTING_INC 相反。中断嵌套时，每当再一次触发中断处理，就将调用一次 HAL_INTR_NESTING_INC 来增加中断嵌套数。

接口形式：HAL_INTR_NESTING_INC，返回中断嵌套数。

如果大家在文件 hal_int_s.s（..\1 aCoral\hal\arm\S3C2440\src\ hal_int_s.s）中没有找到上述某个/些接口，是因为 ARM Mini2440 不需要这个/些接口，而其他处理器可能需要，如 ARM 11 的 MPCore（四个 ARM11 核），如果需要把 aCoral 移植到 MPCore 上，就需要根据该处理器特性实现这些接口，这也是移植的本质。

8.1.3　线程相关接口

与线程相关的移植接口都包含在文件 hal_thread_s.s （..\1 aCoral\hal\arm\S3C2440\src\ hal_thread_s.s）中，具体如下。

1. HAL_SWITCH_TO

线程切入接口，从线程环境下切入到指定线程接口，只有一个参数，是要切换的线程的堆栈指针，关于 HAL_SWITCH_TO 的详细实现请阅读代码 7. 9。

接口形式：HAL_SWITCH_TO（&prev->stack），参数为线程堆栈指针变量的地址，无返回。

2. HAL_START_OS

操作系统线程开始运行接口，即内核最开始的线程切入接口，只有一个参数：要切入的线程的堆栈指针，它往往等于 HAL_SWITCH_TO。

接口形式：HAL_START_OS（&prev->stack），参数为线程堆栈指针变量的地址，无返回。

3. HAL_CONTEXT_SWITCH

线程切换接口，该接口实现线程环境线程上下文切换，例如，某一线程运行过程中，另一高优先级的任务到达，在进行调度前处理之后（如设定调度标准位、查询最高优先级的线程等，详见 6.3.2 节调度线程），便会在调度函数 acoral_sched()中调用该接口进行线程上下文切换。该接口是线程相关接口中最重要的一个，也是维护多任务系统线程上下文保存、支持多任务并发执行的必备工作。

接口形式：HAL_CONTEXT_SWITCH（&prev->stack, &next->stack），两个参数，就是

要切换的两个线程的堆栈指针变量的地址。

4. HAL_INTR_CTX_SWITCH

中断处理过程中的线程切换接口，实现中断环境下线程切换（具体实现请见 6.3.2 节调度线程）。

接口形式：HAL_INTR_CTX_SWITCH（&prev->stack,&next->stack），两个参数，就是要切换的两个线程的堆栈指针变量的地址。

中断环境下，中断硬件系统可能已经保存了部分旧线程的环境，因此线程切换时需做特殊处理，当然有些平台 HAL_SWITCH_TO、HAL_INTR_SWITCH_TO 就是一样的，如 STM3210，它们的实现就是一样的。此外，HAL_INTR_SWITCH_TO 和 HAL_CONTEXT_SWITCH 的区别请参考 6.3.2 节（线程切换）。

5. HAL_INTR_SWITCH_TO

仍然是中断处理过程中的线程切入接口，在中断环境下切入到指定线程，但这只是 HAL_INTR_CTX_SWITCH 的下半部分实现，大家看 HAL_INTR_CTX_SWITCH 的实现就知道了。

接口形式：HAL_INTR_SWITCH_TO（&thread->tack），只有一个参数，是要切换的线程的堆栈指针变量地址。

6. HAL_STACK_INIT

线程堆栈初始化，线程创建时模拟线程的环境。

接口形式：HAL_STACK_INIT（stack,route,exit,args），四个参数，分别为堆栈指针变量地址、线程执行函数、线程退出函数、线程参数，无返回值，详细请参考 6.3.1 节（堆栈初始化）。

7. HAL_SCHED_INIT

调度初始化，初始化和调度相关的标识，如是否需要调度标志 need_sched、调度锁等。

接口形式：HAL_SCHED_INIT()，无参数，无返回。

8. HAL_SCHED_BRIDGE

调度中转桥，该接口是为了让调度 acoral_sched()能更灵活地移植到不同的硬件平台上，详细请参考代码 6.43。

8.1.4 时间相关接口

1. HAL_TICKS_INTR

时钟中断向量号。

接口形式：#define HAL_TICKS_INTR IRQ_TIMER0，需根据具体硬件中断机制而定，对于 ARM Mini2440 而言，“#define HAL_INTR_MIN 0”，“#define IRQ_TIMER0 HAL_INTR_MIN+28”，即 ARM Mini2440 的时钟中断对应 28 号中断源。

2. HAL_TICKS_INIT()

Ticks（时基）初始化，Ticks 是调度的激发源，它是一个中断，每隔一定时间就会触发一

次中断，用来计时，线程延时等函数就是要利用 Ticks 时钟，主要初始化 Ticks 时钟中断相关的寄存器，同时可能需要重新给此中断做赋值操作，ARM Mini2440 的 Ticks 时基初始化如代码 8.1，具体设置请参考芯片手册[2]。

接口形式：HAL_TICKS_INIT()，无参数，无返回。

代码 8.1（..\1 aCoral\hal\arm\S3C2440\srchal_timer.c）

```
void hal_ticks_init(){
        rTCON = rTCON & （~0xf） ;   /* clear manual update bit, stop Timer0*/
        rTCFG0 &= 0xFFFF00;
        rTCFG0 |= 0xF9;             /* prescaler等于249*/
        rTCFG1 &= ~0x0000F;
        rTCFG1 |= 0x2;              /*divider等于8，则设置定时器4的时钟频率为25kHz*/
        rTCNTB0 = PCLK / (8* (249+1) *ACORAL_TICKS_PER_SEC);
        rTCON = rTCON & （~0xf） |0x02;           /* updata*/
        rTCON = rTCON & （~0xf） |0x09;           /* star*/
}
```

8.1.5　内存相关接口

不同嵌入式平台，内存的大小及地址分配情况基本上是不一样的，因此，在移植时需要向内核层的内存管理子系统告知相关信息。

HAL_HEAP_START：堆内存开始地址，该接口是一个变量。

HAL_HEAP_END：堆内存结束地址。

HAL_MEM_INIT：内存初始化。主要对相关内存控制器进行初始化，如果启动时内存初始化不用修改，则在此可以不做处理。其接口形式 HAL_MEM_INIT()，无返回值。

8.1.6　开发板相关接口

该接口为 HAL_BOARD_INIT()，对开发板上 CPU 和一些设备控制器初始化，当然此处也可以不进行相关初始化，可以在驱动程序里对设备做初始化，不过有些状态不定的设备如果不近早初始化可能会带来一些问题，因此，在此处初始化比较好。

接口形式：HAL_BOARD_INIT()，无参数，无返回值。

8.1.7　多核（CMP）相关接口

该接口是针对多核嵌入式处理器，如 ARM11 MPCore，如果用户想让 aCoral 能在 ARM11MPCOR 上正常运行，并且支持多核 CMP 功能才需要实现这些接口，对于 ARM 9 Mini2440 这样的单核处理器不需要实现，对于只使用多核处理器中某一个核的情况也不必实现。

1. HAL_CORE_CPU_INIT

主核初始化，就是对主核的一些私有数据进行初始化，其实该函数基本上是空的，因为主核在进入 acoral_start 过程中，会调用各种函数，这些函数就已经初始化了主核的大部分甚至所有数据。

2. HAL_FOLLOW_CPU_INIT

次核初始化，主要对次核的私有数据做初始化，如私有中断寄存器等，以 ARM 11MPCore 中断为例，0～31 号中断的相关寄存器就是私有的，必须自己的核心才能访问，同时需要初始化自己各种状态的堆栈。

接口形式：HAL_FOLLOW_CPU_INIT，无参数，无返回值。

3. HAL_CPU_IS_ACTIVE

某个 CPU 核心是否被激活，主要在系统重启时用到。对于第一次启动，除主核外的其他核心都没有被激活。什么是激活呢？激活就是CPU 核已经初始化了，能够并且正在执行内核映像代码。

接口形式：HAL_CPU_IS_ACTIVE（CPU），参数为整形，表示获取某个 CPU 的激活状态。

4. HAL_PREPARE_CPUS

主核为激活次核做准备的接口，主要有：为次核准备开始代码，有些是将次核启动代码复制到指定地址（如 ADI blackfin51），有些是在寄存器中指定开始代码地址（如 ARM11 MPCore）。同时可能要为次核分配临时堆栈，可以作为参数传递给次核，次核将自己的堆栈指向分配好的地址即可。

接口形式：HAL_PREPARE_CPUS()，无参数，无返回。

5. HAL_START_CPU

激活某一 CPU，让其运行。让 CPU 运行有两种形式：

（1）次核没有执行过任何代码，激活就是让其执行指定代码。

（2）次核是执行过代码的，只不过开始时处于一种过渡状态，要么是空循环状态，要么是一种特殊的类似 standby 或 Sleep 状态。

激活一般是通过核间中断来实现，又或者是启动相关寄存器。

接口形式：HAL_START_CPU（CPU），一个参数，要激活的 CPU 编号，无返回值。

6. HAL_IPI_SEND

向指定 CPU 发送核间中断，这是核间通信的基础。

接口形式：HAL_IPI_SEND （cpu,vector），有两个参数，第一个参数为目标 CPU，第二个参数为核间中断向量号，无返回值。

7. HAL_IPI_SEND_CPUS

向某一CPU组发送核间中断，该实现与平台很有关系，对于不支持向多个核发送相同中断的处理器，可使用 FOR 循环调用 HAL_IPI_SEND 实现。

接口形式：HAL_IPI_SEND_CPUS （cpulist，vector），有两个参数，第一个参数为目标 CPU 位图（每位代表一个 CPU），第二个参数为核间中断向量号，无返回值。

8. HAL_IPI_SEND_ALL

向所有核心发送中断，对于不支持向所有核发送相同中断的处理器，也可用FOR 循环调用 HAL_IPI_SEND 实现。

接口形式：HAL_IPI_SEND_ALL（vector），有一个参数，为核间中断向量号，无返回值。

9. HAL_WAIT_ACK

等待次核初始化响应，响应可以用变量实现，也可以用初始化为锁状态的自旋锁实现。

接口形式：HAL_WAIT_ACK ()，无参数，无返回值。

10. HAL_CMP_ACK

次核响应主核确认，对应 HAL_WAIT_ACK。

接口形式：HAL_CMP_ACK ()，无参数，无返回值。

11. 自旋锁实现

HAL_SPIN_LOCK：抢占自旋锁

HAL_SPIN_UNLOCK：释放自旋锁。

HAL_SPIN_TRYLOCK：尝试抢占自旋锁，如果失败则立刻返回。

12. 原子操作

HAL_ATOMIC_INIT：原子初始化。

HAL_ATOMIC_READ：原子读操作

HAL_ATOMIC_SET：原子赋值操作

HAL_ATOMIC_INC：原子递增操作

HAL_ATOMIC_ADD：原子加法操作

HAL_ATOMIC_DEC：原子递减操作

HAL_ATOMIC_SUB：原子减操作

在移植 aCoral 的过程中，上述接口必须要实现，但是可以置为空（尽管为空，但不能没有），也就是说可以通过宏定义进行设置，如当定义了“#define HAL_FOLLOW_CPU_INIT ”，表示该处理器需要对次核做初始化。

8.1.8 移植文件规范

在移植过程中，需要注意如下规范：

（1）必须要有 start 名字的启动文件，后缀名根据不同编译器做相应修改，对于 GNU 的 GCC，应该是 start.s 或 start.S，对于 ARMCC 则是 start.asm。为什么要规定启动代码文件名字呢？主要是这部分代码必须在映像文件最开始部分，这样才能算是启动代码。

（2）为了可配置，aCoral 的 HAL 层相关的接口规范为：如果是汇编实现的接口，则直接使用上面的接口名“HAL_...”，如果是 C 语言实现的接口，则推荐使用小写，然后用宏转向，如 HAL_INTR_INIT，由于该接口都可以用 C 语言实现，因此名字为 hal_intr_init，然后用如下宏转换即可：#define HAL_INTR_INIT() hal_intr_init()。

（3）必须包含两个头文件：hal_port.h 和 hal_undef.h，在 hal\$（BOARD\include 目录下，如对于 ARM S3C2440 处理器，该头文件在 hal\arm\S3C2440\include 下，而如果是 STM3210，则在 hal\arm\STM3210\include 下。此外，hal\$（BOARD\include 目录下还包含了除 hal_port.h

和 hal_undef.h 以外的所有.h 头文件。

这里需要强调一下其中一个头文件 hal_undef.h，在移植过程中，有些通用接口可以不必实现（如 hal_comm.h 定义的接口），但如果要对移植进行优化，则可自己实现，这样就有重定义的问题，因为hal_comm.h已经实现了，如果再定义，根据宏的规则，是最后一个有效，因此，如果想要自己的实现覆盖 hal_comm.h 中的公共定义，就要将自己的定义放在后面，这就是为什么需要独立出 hal_undef.h 的原因。那如何覆盖 hal_comm.h 的定义呢？下面以 STM3210 开发板为例来说明，由于 STM3210 的中断调度函数使用的 pendsv 中断，而这个中断优先级最低，因此肯定是最后一层中断时才执行，这样不需要中断嵌套标志，因而可以将这部分全部置为空，于是可以在 hal_undef.h 做如代码 8.2 的定义，这样自己自定义的接口就可生效了。

代码 8.2 （..\1 aCoral\hal\arm\STM3210\include\hal_undef.h）

```
#undef HAL_SCHED_BRIDGE()
#undef HAL_INTR_EXIT_BRIDGE()
#undef HAL_INTR_NESTING_INIT()
#undef HAL_GET_INTR_NESTING()
#undef HAL_INTR_NESTING_DEC()
#undef HAL_INTR_NESTING_INC()
#undef HAL_START_OS (stack)
#define HAL_INTR_NESTING_INIT()
#define HAL_GET_INTR_NESTING()
#define HAL_INTR_NESTING_DEC()
#define HAL_INTR_NESTING_INC()
```

8.1.9 移植实例

下面以 S3C2410 的移植为例说明 aCoral 的移植，该实例将 aCoral 从 ARM S3C2440 移植到 ARM S3C2410 上（两款处理器类似、但有所不同）。

① 首先建立文件结构：S3C2410 是基于 ARM 公司的 ARM9 开发的，因此在 hal\arm\下建立 S3C2410 目录。

② 然后在 S3C2410 目录下建立 include src 目录。

③ 再在 include 目录建立 hal_port.h 和 hal_undef.h 两个文件。

④ 最后在 src 建立一个 start.s 文件。

（1）启动接口

重写或改写 start.s 文件，这一步可以借鉴开源项目或者其他开发人员已经实现的启动代码，如 Vivi、Uboot 等 Bootloader。主要完成哪些工作呢？

① 中断向量。ARM9 是非向量模式的中断系统，IRQ 中断只有一个入口，由于要将中断汇总到 HAL_AINTR_ENTRY，因此在 start.s 就要将 HAL_INTR_ENTRY 放到 IRQ 向量的处理程序里，如代码 8.3。

代码 8.3 S3C2410 的中断向量

```
__ENTRY:
        b   ResetHandler
        b   HandleUndef            @handler for Undefined mode
```

```
        b   HandleSWI          @handler for SWI interrupt
        b   HandlePabort       @handler for PAbort
        b   HandleDabort       @handler for DAbort
        b     .                @reserved
        b   HandleIRQ          @handler for IRQ interrupt
        b   HandleFIQ          @handler for FIQ interrupt
  ......
  HandleFIQ:
        ldr pc,=acoral_start
HandleIRQ:
        ldr pc,=HAL_INTR_ENTRY
  HandleUndef:
        ldr pc,=EXP_HANDLER
  HandleSWI:
        ldr pc,=EXP_HANDLER
  HandleDabort:
        ldr pc,=EXP_HANDLER
  HandlePabort:
        ldr pc,=EXP_HANDLER
```

② 复位函数 ResetHandler。复位处理过程是与具体处理器密切相关的，对于 S3C2410，其处理流程如代码 8.4。

代码 8.4 S3C2410 的 ResetHandler

```
  ResetHandler:
      @ disable watch dog timer
        mov r1, #0x53000000
        mov r2, #0x0
        str r2, [r1]

        @ disable all interrupts
        mov r1, #INT_CTL_BASE
        mov r2, #0xffffffff
        str r2, [r1, #oINTMSK]
        ldr r2, =0x7ff
        str r2, [r1, #oINTSUBMSK]

        @ initialise system clocks
        mov r1, #CLK_CTL_BASE
        mvn r2, #0xff000000
        str r2, [r1, #oLOCKTIME]

        mov r1, #CLK_CTL_BASE
        mov r2, #M_DIVN
        str r2, [r1, #oCLKDIVN]

        mrc p15, 0, r1, c1, c0, 0   @ read ctrl register
        orr r1, r1, #0xc0000000 @ Asynchronous
```

```
        mcr p15, 0, r1, c1, c0, 0  @ write ctrl register

        mov r1, #CLK_CTL_BASE
        ldr r2, =vMPLLCON         @ clock user set
        str r2, [r1, #oMPLLCON]
        bl  memsetup
        bl     InitStacks

        adr  r0,__ENTRY
        ldr  r1,_text_start
        cmp  r0,r1
        blne copy_self
s
        ldr  r0,_bss_start
        ldr  r1,_bss_end
        bl    mem_clear

        ldr    pc,=acoral_start
        b    .
```

③ 其他。此外，还需关闭看门狗、设定时钟（可采用默认时钟）、初始化 SDRAM 控制器、加载内核（如果在 NANDFlash、NORFlash 等存储设备上）、初始化堆栈等，然后跳转到 aCoral 的 C 语言启动函数 acoral_start。由于篇幅有限，这里不做详细叙述，具体移植时，可参考第 7 章（启动内核）和 ARM 2410 的芯片手册[38]。

（2）线程相关接口

由于是线程相关的接口，首先在 include（..\1 aCoral\hal\arm\S3C2410\include）目录下新建 hal_thead.h 头文件，并修改 hal_port.h，将 hal_thread.h 包含进来#include "hal_thread.h"。再在 src 目录下新建 hal_thread_c.c、hal_thread_s.c 文件。这里主要实现 HAL_SWITCH_TO、HAL_START_OS、HAL_CONTEXT_SWITCH、HAL_INTR_CTX_SWITCH、HAL_INTR_SWITCH_TO、HAL_STACK_INIT 等接口，由于 ARM 2410 和 ARM 2440 的工作机制差别不大，所以上述接口的实现是一样的，但对于其他处理器，尤其是不同厂商的处理器，修改量工作则比较大，因为只有在充分理解处理器架构、对应汇编语言、工作流程的前提下才能完成代码修改。

（3）中断相关接口

这里指的中断主要是指外部中断 IRQ，参考 ARM S3C2410 的芯片手册[38]，才知道 S3C2410 有多少个外部中断，然后在 include 目录（..\1 aCoral\hal\arm\S3C2410\include）下新建文件 hal_int.h，定义中断向量号，并定义 HAL_INTR_MAX、HAL_INTR_MIN、HAL_TRANSLATE_VECTOR 等值，如代码 8.5。

代码 8.5（..\1 aCoral\hal\arm\S3C2410\include\hal_int.h）

```
#ifndef HAL_INTR_H
#define HAL_INTR_H
#define HAL_INTR_MIN          0
#define IRQ_EINT0          HAL_INTR_MIN+0
#define IRQ_EINT1          HAL_INTR_MIN+1
```

```
    #define IRQ_EINT2           HAL_INTR_MIN+2
    #define IRQ_EINT3           HAL_INTR_MIN+3
    #define IRQ_EINT4           HAL_INTR_MIN+4
    #define IRQ_EINT5           HAL_INTR_MIN+5
    #define IRQ_EINT6           HAL_INTR_MIN+6
    #define IRQ_EINT7           HAL_INTR_MIN+7
    #define IRQ_EINT8           HAL_INTR_MIN+8
    #define IRQ_EINT9           HAL_INTR_MIN+9
    #define IRQ_EINT10          HAL_INTR_MIN+10
    #define IRQ_EINT11          HAL_INTR_MIN+11
    #define IRQ_EINT12          HAL_INTR_MIN+12
    #define IRQ_EINT13          HAL_INTR_MIN+13
    #define IRQ_EINT14          HAL_INTR_MIN+14
    #define IRQ_EINT15          HAL_INTR_MIN+15
    #define IRQ_EINT16          HAL_INTR_MIN+16
    #define IRQ_EINT17          HAL_INTR_MIN+17
    #define IRQ_EINT18          HAL_INTR_MIN+18
    #define IRQ_EINT19          HAL_INTR_MIN+19
    #define IRQ_EINT20          HAL_INTR_MIN+20
    #define IRQ_EINT21          HAL_INTR_MIN+21
    #define IRQ_EINT22          HAL_INTR_MIN+22
    #define IRQ_EINT23          HAL_INTR_MIN+23

    #define IRQ_CAM                                                        (1)
    #define IRQ_BAT_FLT         HAL_INTR_MIN+25
    #define IRQ_TICK           HAL_INTR_MIN+26
    #define IRQ_WDT_AC97 HAL_INTR_MIN+27  /*Changed to IRQ_WDT_AC97 for2440A*/
    #define IRQ_TIMER0          HAL_INTR_MIN+28   /*HAL_INTR_MIN+10*/
    #define IRQ_TIMER1          HAL_INTR_MIN+29
    #define IRQ_TIMER2          HAL_INTR_MIN+30
    #define IRQ_TIMER3          HAL_INTR_MIN+31
    #define IRQ_TIMER4          HAL_INTR_MIN+32
    #define IRQ_UART2           HAL_INTR_MIN+33
    #define IRQ_LCD             HAL_INTR_MIN+34
    #define IRQ_DMA0            HAL_INTR_MIN+35
    #define IRQ_DMA1            HAL_INTR_MIN+36
    #define IRQ_DMA2            HAL_INTR_MIN+37
    #define IRQ_DMA3            HAL_INTR_MIN+38
    #define IRQ_SDI             HAL_INTR_MIN+39
    #define IRQ_SPI0           HAL_INTR_MIN+40
    #define IRQ_UART1           HAL_INTR_MIN+41
    #define IRQ_NFCON           HAL_INTR_MIN+42              /* Added for 2440*/
    #define IRQ_USBD           HAL_INTR_MIN+43
    #define IRQ_USBH           HAL_INTR_MIN+44
    #define IRQ_IIC            HAL_INTR_MIN+45
    #define IRQ_UART0           HAL_INTR_MIN+46
    #define IRQ_SPI1           HAL_INTR_MIN+47
```

```
#define IRQ_RTC          HAL_INTR_MIN+48
#define IRQ_ADC           HAL_INTR_MIN+49

#define HAL_INTR_NUM 50
#define HAL_INTR_MAX HAL_INTR_MIN+HAL_INTR_NUM-1

#ifndef HAL_TRANSLATE_VECTOR
#define HAL_TRANSLATE_VECTOR (_vector_,_index_) \
      (_index_) = (_vector_);
#endif

#define HAL_INTR_INIT()  hal_intr_init()
#endif
```

根据代码 8.5，除代码 8.5 L（1）外，ARM S3C2410 的中断设置和 ARM 2440 是一样的，移植时修改不大，但如果要移植到 ARM 11 MPCore、STM3210 或者 LPC2131，那修改就要大一些了。

此外，还需要修改 HAL_INTR_INIT 初始化各个中断的优先级、屏蔽位及控制函数;再修改 HAL_INTR_SET_ENTRY 设定中断入口。

（4）内存相关接口

在 include 目录（..\1 aCoral\hal\arm\S3C2410\include）下创建文件 hal_mem.h，并在 hal_port.h 中包含，这里定义堆内存开始地址和结束的地址，代码 8.6 是对 S3C2410 内存的相关设置。

代码 8.6（..\1 aCoral\hal\arm\S3C2410\include\include hal_mem.h）

```
/* hal_mem.h, Created on: 2010-3-7*/

#ifndef HAL_MEM_H_
#define HAL_MEM_H_
#include<type.h>
extern acoral_u32 heap_start[];
extern acoral_u32 heap_end[];
#define HAL_HEAP_START heap_start
#define HAL_HEAP_END heap_end
#define HAL_MEM_INIT() hal_mem_init()                                    (1)
void hal_mmu_setmtt (int vaddrStart,int vaddrEnd,int paddrStart,int attr);
#endif /* HAL_MEM_H_ */
```

aCoral 的链接文件 acoral.lds 中定义了 heap_start、heap_end 变量的值，这两个变量就是堆的起始和结束内存地址。为什么要在 acoral.lds 中定义变量来确定堆的起始、结束地址呢？也许大家觉得可以直接使用如下方式来定义：HAL_HEAP_START=0xxxxx；HAL_HEAP_END=0xxxxx。在 acoral.lds 文件中定义是因为堆的起始地址是和代码、数据占用量有关的；为了避免修改代码时，每次都要修改 HAL_HEAP_START、HAL_HEAP_END 等值，aCoral 采取在 acoral.lds 文件中定义。代码 8.7 定义了 S3C2410 内存分布情况，尤其是代码 8.7L（1）～L（2），分别对应了堆的开始和结束地址。

代码 8.7　（..\1 aCoral\hal\arm\S3C2410）

```
ENTRY (__ENTRY)
MEMORY
{
    ram (wx)  : org = 0x030000000,   len = 64M
}
SECTIONS
{
 .text :
 {
     text_start = .;
         * (.text)
         * (.init.text)
     * (.rodata*)
 }>ram
 .data ALIGN (4) :
 {
     * (.acoral1.call)
     * (.acoral2.call)
     * (.acoral3.call)
     * (.acoral4.call)
     * (.acoral5.call)
     * (.acoral6.call)
     * (.acoral7.call)
     * (.acoral8.call)
     * (.acoral9.call)
     * (.acoral10.call)
         * (.data)
     * (.data.rel)
     * (.got)
     * (.got.plt)
 } >ram

 .bss ALIGN (4) :
 {
     bss_start = .;
     * (.bss)
         . = ALIGN (4)  ;
 } >ram
 bss_end = .;

 stack_base = 0x33ffff00;
 MMU_base   =   0x33f00000;

 SYS_stack_size   =  0x200;
 SVC_stack_size   =  0x200;
```

```
    Undef_stack_size =  0x100;
    Abort_stack_size =  0x100;
    IRQ_stack_size   =  0x200;
    FIQ_stack_size   =  0x0;

    FIQ_stack        =  stack_base;
    IRQ_stack        =  FIQ_stack   - FIQ_stack_size;
    ABT_stack      =  IRQ_stack   - IRQ_stack_size;
    UDF_stack      =  ABT_stack - Abort_stack_size;
    SVC_stack        =  UDF_stack - Undef_stack_size;
    SYS_stack        =  SVC_stack   - SVC_stack_size;
    heap_start = (bss_end + 3)&( ~3);                              (1)
    heap_end = MMU_base - 0x1000;                                  (2)
}
```

此外，还需实现内存初始化函数 HAL_MEM_INIT()，要在这里开启 MMU，因为 aCoral 要支持 SDRAM 运行模式。根据 6.4.1 节（硬件抽象 HAL 层响应），ARM920t 核的异常向量是放在 0x0 开始的地址，而这段地址空间存放的是启动代码，如何让中断程序进入 SDRAM 里存放的异常向量呢？这就需要 MMU 的内存映射。代码 8.6 L（1）定义了“#define HAL_MEM_INIT() hal_mem_init()”，新建 hal_mem_c.c 文件，实现 hal_mem_init()，这里需要将“_ENTRY”映射到了地址 0x0 处，这样中断就可进入用户的程序了，另外，还需要对 MMU 页表做初始化，如代码 8.8。

代码 8.8 （..\1 aCoral\hal\arm\S3C2410\src\hal_mem_c.c）

```
static void hal_mmu_init (void)
{
    acoral_32 i,j;
    /*====================== IMPORTANT NOTE =================*/
    /*The current stack and code area can't be re-mapped in this routine.*/
    /*If you want memory map mapped freely, your own sophiscated MMU*/
    /*initialization code is needed.*/
    /*=====================================================*/

    MMU_DisableDCache();
    MMU_DisableICache();

    /*If write-back is used,the DCache should be cleared.*/
    for (i=0;i<64;i++)
      for (j=0;j<8;j++)
          MMU_CleanInvalidateDCacheIndex ( (i<<26) | (j<<5) ) ;
    MMU_InvalidateICache();

    #if 0
    /*To complete MMU_Init() fast, Icache may be turned on here.*/
    MMU_EnableICache();
    #endif
```

```
        MMU_DisableMMU();
        MMU_InvalidateTLB();
        /*hal_mmu_setmtt (int vaddrStart,int vaddrEnd,int paddrStart,int attr)
        */
        /*hal_mmu_setmtt (0x00000000,0x07f00000,0x00000000,RW_CNB) ;/*bank0*/
        hal_mmu_setmtt (0x00000000,0x03f00000,__ENTRY,RW_CB) ;    /*bank0*/
        hal_mmu_setmtt (0x04000000,0x07f00000,0,RW_NCNB) ;       /*bank0*/
        hal_mmu_setmtt(0x08000000,0x0ff00000,0x08000000,RW_CNB);  /*bank1*/
        hal_mmu_setmtt (0x10000000,0x17f00000,0x10000000,RW_NCNB); /*bank2*/
        hal_mmu_setmtt(0x18000000,0x1ff00000,0x18000000,RW_NCNB);  /*bank3*/
        /*hal_mmu_setmtt(0x20000000,0x27f00000,0x20000000,RW_CB);  /*bank4*/
        hal_mmu_setmtt (0x20000000,0x27f00000,0x20000000,RW_CNB) ;  /*bank4
         for STRATA Flash*/
        hal_mmu_setmtt(0x28000000,0x2ff00000,0x28000000,RW_NCNB);  /*bank5*/
        /*30f00000->30100000, 31000000->30200000*/
        ha_mmu_setmtt (0x30000000,0x30100000,0x30000000,RW_NCNB) ; /*bank6-1*/
        hal_mmu_setmtt(0x30200000,0x33e00000,0x30200000,RW_NCNB); /*bank6-2*/
        /**/
        hal_mmu_setmtt(0x33f00000,0x33f00000,0x33f00000,RW_NCNB); /*bank6-3*/
        hal_mmu_setmtt(0x38000000,0x3ff00000,0x38000000,RW_NCNB);  /*bank7*/

        hal_mmu_setmtt (0x40000000,0x47f00000,0x40000000,RW_NCNB) ;  /*SFR*/
        hal_mmu_setmtt (0x48000000,0x5af00000,0x48000000,RW_NCNB) ;  /*SFR*/
        hal_mmu_setmtt (0x5b000000,0x5b000000,0x5b000000,RW_NCNB) ;  /*SFR*/
        hal_mmu_setmtt (0x5b100000,0xfff00000,0x5b100000,RW_FAULT) ;  /*not
used*/


        MMU_SetTTBase (&MMU_base) ;
        MMU_SetDomain (0x55555550|DOMAIN1_ATTR|DOMAIN0_ATTR) ;
          /*DOMAIN1: no_access, DOMAIN0,2~15=client (AP is checked) */
        MMU_SetProcessId (0x0) ;
        MMU_EnableAlignFault();
        MMU_EnableMMU();
        MMU_EnableICache();
        MMU_EnableDCache(); /*DCache should be turned on after MMU is turned
        on.*/
    }

    void hal_mmu_setmtt (int vaddrStart,int vaddrEnd,int paddrStart,int attr)
/* MMU页表初始化*/
    {
        volatile unsigned int *pTT;
        volatile int i,nSec;
        pTT=MMU_base+ (vaddrStart>>20) ;
        nSec= (vaddrEnd>>20) - (vaddrStart>>20) ;
        for (i=0;i<=nSec;i++) *pTT++=attr | ( ( (paddrStart>>20) +i) <<20) ;
```

```
}
```

（5）时钟相关接口

Ticks时钟中断是推动操作系统运行的重要因素，因此需选择一个好的时钟，S3C2410的时钟可以是watchdog、timer0~timer4，aCoral选择的是timer0。同样，在include目录（..\1 aCoral\hal\arm\S3C2410\include）下新建文件hal_timer.h，并在hal_port.h中包含定义："#define HAL_TICKS_INTR IRQ_TIMER0"，"#define HAL_TICKS_INIT() hal_ticks_init()"，再新建hal_timer.c文件，实现hal_ticks_init，主要涉及时钟模式、时钟计数值、时钟开启等寄存器操作，如代码8.9。

代码8.9 （..\1 aCoral\hal\arm\S3C2410\src\hal_timer.c）

```
void hal_ticks_init(){
    rTCON = rTCON & (~0xf) ;    // clear manual update bit, stop Timer0
  rTCFG0 &= 0xFFFF00;
    rTCFG0 |= 0xF9;         // prescaler等于249
    rTCFG1 &= ~0x0000F;
    rTCFG1 |= 0x2;          //divider等于8，则设置定时器4的时钟频率为25kHz

    rTCNTB0 = PCLK / (8* (249+1) *ACORAL_TICKS_PER_SEC) ;
    rTCON = rTCON & (~0xf) |0x02;           // updata
    rTCON = rTCON & (~0xf) |0x09;           // start
}
```

（6）开发板相关接口

对开发板初始化，在include目录（..\1 aCoral\hal\arm\S3C2410\include）下新建文件hal_board.h，并在hal_port.h中包含定义"#define HAL_BOARD_INIT() hal_board_init()"，再新建hal_board.c，实现相关设置，这里不详细叙述。到此，ARM S3C2410开发板的硬件抽象层移植结束。

8.2 项目移植

项目移植，分为两个方面。

8.2.1 生成对应开发板的项目

从官网服务器（www.aCoral.org）上下载代码后，如何生成对应的开发板项目呢？大家知道，ADS等开发环境下，无法进行编译文件配置，只要是添加到项目中的文件都能被编译，因此，从服务器上下载的代码不能全放到ADS的项目中，需要将其他芯片平台的文件删除，同时改变结构层次，如何删除及改变？

aCoral的HAL和Driver目录分别都存放了各种类型芯片平台（如ARM 11 MPCore、STM3210或者LPC2131）的移植代码和驱动。因此，代码下载后，只需对HAL、Driver两个目录的无关内容做删除操作。例如，要新建一个S3C2410的ADS项目，如何操作呢？从官网下载acoral_gdk代码，解压后可以看到，根目录有kernel、lib、driver、plugin、bsp、user等目录，相关的删除及修改如下。

1. Driver 目录

Driver 有如下几个子目录：S3C2440、S3C2410、LPC2200、STM3210、src、include 等，本项目只需要 S3C2410 相关的驱动，怎么办呢？将 S3C2410 中的 include、src 分别复制到 driver/include、driver/src 中，然后删除除 include、src 文件夹的其他所有文件夹，删除后 driver 目录下的文件结构只包含 include、src 目录。

2. HAL 目录

HAL 目录下包括如下几个子目录：board、mk、ads、include、src 等。同样，本项目只需要 S3C2410 相关移植文件，怎么办？以在 ADS 建立 S3C2410 的项目为例说明，将 board/S3C2410/include、 board/S3C2410/src 下的文件分别复制到 pal/include、pal/src 中。因为是新建 ADS 项目，将 ads/include、ads/src 的文件分别复制到 pal/include、pal/src 中，将 ads/S3C2410/include、ads/ S3C2410/src 的文件分别复制到 pal/include、pal/src 中，然后删除除 include、src 文件夹的其他所有文件夹，删除后 pal 目录下的文件结构只包含 include、src 目录，其他目录结构不变。上面的文件删除及结构修改操作完成后，就可以新建 ADS 项目了，ADS 项目的新建操作就不在此叙述，添加后的文件结构如图 8.1 所示。

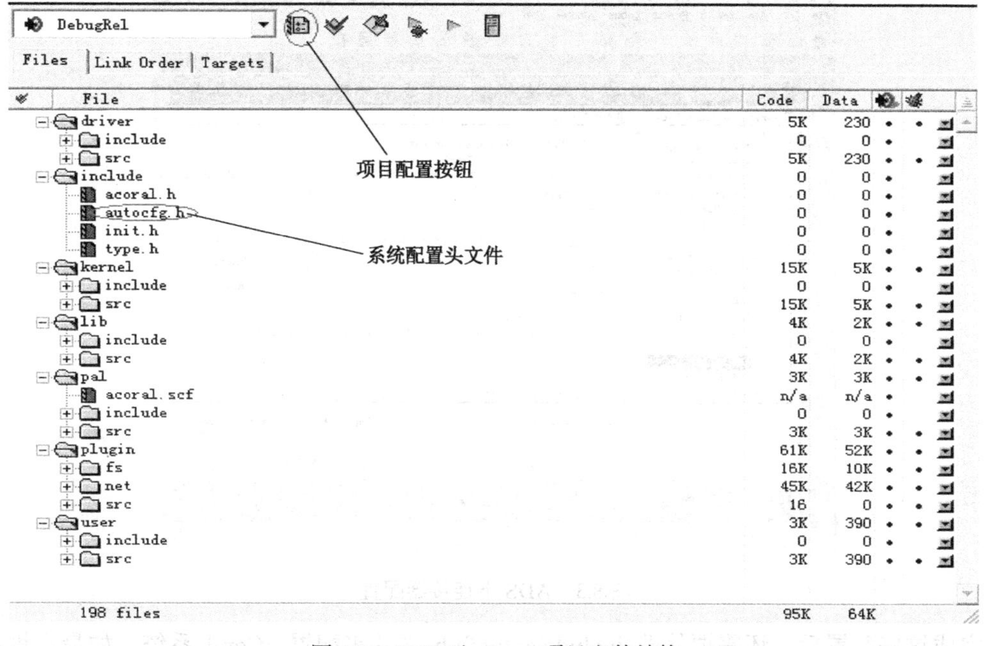

图 8.1　ADS 下 aCoral 项目文件结构

针对新建的 aCoral 的 ADS 项目，需要注意以下两点。

（1）新建完成后，需要修改项目配置，在“ARM C Compiler”选项中添加“-Ecp”选项，如图 8.2 所示。

（2）同时在“ARM Linker”选项选择“Scattered”选项，然后将“pal\src\”/“pal\”目录下的 xx.scf 文件选定，如图 8.3 所示。

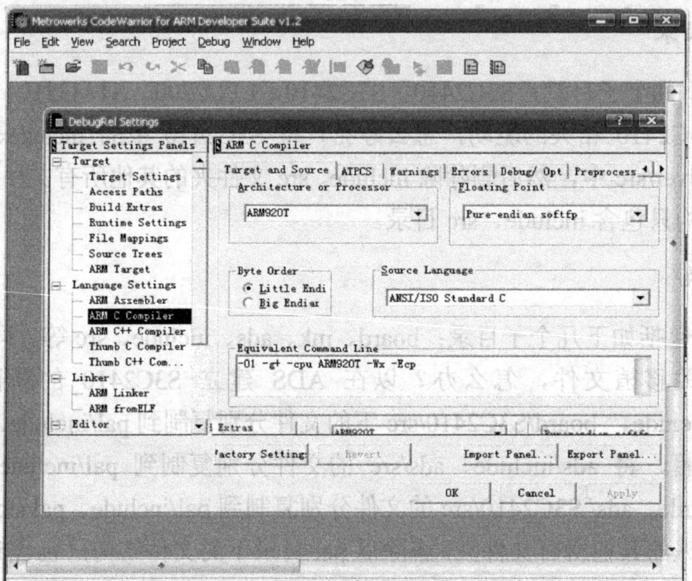

图 8.2　ADS 下 aCoral 项目配置

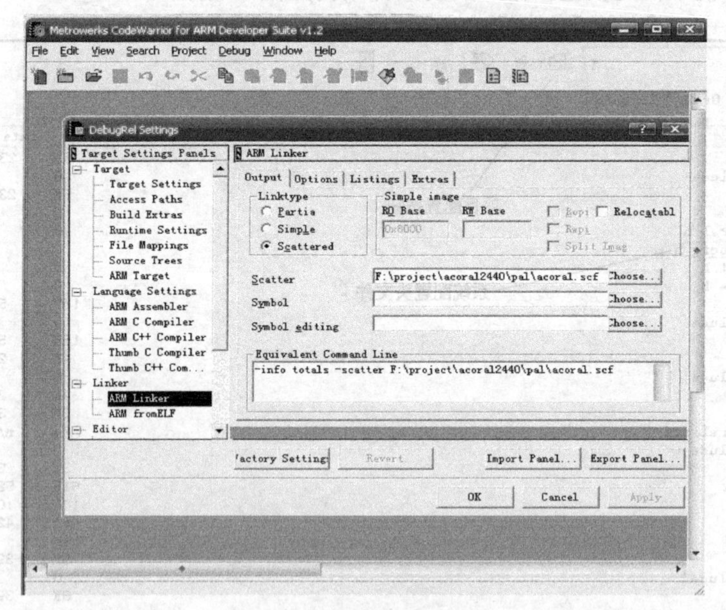

图 8.3　ADS 下连接器配置

完成这些配置后，还需要修改 include\autocfg.h 文件来配置 aCoral 系统，如最小堆栈大小、最大线程个数、串口波特率、支持的线程种类，还有驱动支持等，如代码 8.10。

代码 8.10　（..\1 aCoral\include\autocfg.h）

```
/* Automatically generated by make menuconfig: don't edit */
#define AUTOCONF_INCLUDED

/* HAL Configuration */
#define CFG_ARCH_X86 1
#undef  CFG_ARCH_ARM
```

```
/** Board */
#undef  CFG_X86_EMU_SINGLE
#define CFG_X86_EMU_CMP 1
#undef  CFG_CMP

/** kernel configuration */
#define CFG_MEM_BUDDY 1
#undef  CFG_MEM_SLATE
#define CFG_MEM2 1
#define CFG_MEM2_SIZE (10240)
#define CFG_THRD_SLICE 1
#define CFG_THRD_PERIOD 1
#define CFG_THRD_RM 1
#define CFG_HARD_RT_PRIO_NUM (20)
#define CFG_THRD_POSIX 1
#define CFG_POSIX_STAIR_NUM (30)
#define CFG_MAX_THREAD (100)
#define CFG_MIN_STACK_SIZE (1024)
#undef CFG_PM
#define CFG_EVT_MBOX 1
#define CFG_EVT_SEM 1
#define CFG_MSG 1
#define CFG_TICKS_ENABLE 1
#define CFG_SOFT_DELAY 1
#define CFG_TICKS_PER_SEC (100)
#undef  CFG_HOOK

/** Driver configuration */
#define CFG_DRIVER 1
#define CFG_DRV_CONSOLE 1
#define CFG_DRV_EMU_DISK 1

/* Bsp configuration */

/* Plugin configuration */
#undef  CFG_PLUGIN_GUI
#undef  CFG_PLUGIN_NET
#undef  CFG_PLUGIN_FS

/* lib configuration */
#define CFG_LIB_EXT 1

/* Test configuration */
#define CFG_TEST 1
#define CFG_TEST_TASK 1
#define CFG_TEST_TASK_NUM (4)
```

```
#define CFG_TEST_DELAY 1
#undef  CFG_TEST_MUTEX
#undef  CFG_TEST_MBOX
#undef  CFG_TEST_SEM
#define CFG_TEST_RM 1
#undef  CFG_TEST_POSIX
#undef  CFG_TEST_STAT
#undef  CFG_TEST_INTR
#undef  CFG_TEST_SPINLOCK
#undef  CFG_TEST_ATOMIC
#undef  CFG_TEST_TASKSW
#undef  CFG_TEST_RAND
#undef  CFG_TEST_LOCK
#undef  CFG_TEST_MEM
#undef  CFG_TEST_MEM2
#undef  CFG_TEST_EXP
#undef  CFG_TEST_PERIOD
#undef  CFG_TEST_SLICE
#undef  CFG_TEST_MOVE
#undef  CFG_TEST_MSG1
#undef  CFG_TEST_MSG2
#undef  CFG_TEST_MSG3
#undef  CFG_TEST_FILE
#undef  CFG_TEST_SCREEN
#undef  CFG_TEST_TS
#undef  CFG_TEST_TASKSWITCH
#undef  CFG_TEST_INTR_TIME
#undef  CFG_TEST_SEMAPHORE_SHUFFLING

/* User configuration */
#define CFG_SHELL 1
#undef  CFG_UART_SHELL

/* System hacking */
#define CFG_BAUD_RATE （115200）
#undef  CFG_OUT_SEMI
#undef  CFG_DEBUG
#undef  CFG_STAT
```

8.2.2 添加到官网

移植好了一个针对某个开发板的aCoral版本，需要将PAL相关的文件及项目上传到官网服务器（www.aCoral.org），供其他开发人员使用。

移植好的代码分为三部分：第一部分是C语言代码，第二部分是汇编代码，另外还有链接文件，如GNU编译器使用的.lds文件，ADS使用的.scf。大家知道汇编代码不仅是平台相关，也是汇编器相关的，因此，在Linux下GNU的汇编程序和在ADS、IAR下针对同一款

芯片编写的汇编程序是有差异的。移植后的代码要分为两部分，一部分是 C 语言代码，另一部分是汇编代码。针对同一芯片，不同的开发平台，C 语言代码不用修改，汇编需要修改，如 Linux 下就要写 GNU 规范的汇编，ADS 下就要写 ADS 格式的汇编，IAR 下要写 IAR 格式的汇编。

习题

1．什么是内核移植？aCoral 的移植工作包括哪些内容？
2．RTOS 内核中与硬件相关的代码通常包括哪几个方面？
3．aCoral 的 Ticks 时钟中断是由什么产生？Ticks 时钟初始化时要完成哪些工作？
4．当 ARM9 S3C2410 产生复位异常时，软件上需要做什么处理？请结合代码加以描述。
5．aCoral 移植过程中，要实现哪些与线程相关的接口？

第 9 章　编译与运行内核

9.1　编译 aCoral

编写完 aCoral 源代码后，就可以用 Ubuntu 的 GCC 进行编译。第 5 章中提到，宿主机与目标机 2440 开发板可通过串口进行通信，对于没有串口的宿主机，就需要 USB 到串口线转接器。对于安装了双系统的宿主机，Ubuntu 自动安装了 USB 转串口的驱动，可以在终端下查看（查看时需插入 USB 转串口线）；对于运行虚拟机方式的宿主机，需要自己手动安装 USB 转串口的驱动，如图 9.1 的下画线所示。

```
henrylee@henrylee-Lenovo-IdeaPad-Y570: ~
henrylee@henrylee-Lenovo-IdeaPad-Y570:~$ lsusb
Bus 001 Device 002: ID 8087:0024 Intel Corp. Integrated Rate Matching Hub
Bus 002 Device 002: ID 8087:0024 Intel Corp. Integrated Rate Matching Hub
Bus 003 Device 002: ID 067b:2303 Prolific Technology, Inc. PL2303 Serial Port
Bus 001 Device 001: ID 1d6b:0002 Linux Foundation 2.0 root hub
Bus 002 Device 001: ID 1d6b:0002 Linux Foundation 2.0 root hub
Bus 003 Device 001: ID 1d6b:0002 Linux Foundation 2.0 root hub
Bus 004 Device 001: ID 1d6b:0003 Linux Foundation 3.0 root hub
Bus 001 Device 003: ID 0489:e00d Foxconn / Hon Hai Broadcom Bluetooth 2.1 Device
Bus 002 Device 003: ID 2635:0601
Bus 002 Device 005: ID 058f:6387 Alcor Micro Corp. Flash Drive
Bus 002 Device 004: ID 0bda:58e6 Realtek Semiconductor Corp.
henrylee@henrylee-Lenovo-IdeaPad-Y570:~$
```

图 9.1　安装 USB 转串口的驱动

接下来，从“code.google.com/p/acoral-hg”下载交叉编译链，在宿主机终端输入“vi /etc/profile”在最后添加图 9.2 的语句。

```
PATH=/home/henrylee/graduate/arm-2010q1/bin:$PATH
```

图 9.2　修改交叉编译链文件所在路径

其中“/home/henrylee/graduate/”为交叉编译链文件的所在路径（图中的“henrylee”为 aCoral 项目组成员李恒瑞的名字）。然后保存文件，在宿主机终端输入“：. /etc/profile”，使文件立即生效（**注意**. 和/中间有空格）。再在终端输入“arm-none-eabi-gcc –v”，查看版本号，确定编译链是否安装成功。进入 aCoral 主目录 aCoral，修改 makefile 文件中的交叉编译路径，如图 9.3 所示，其中“CROSS_COMPILE=”行为自己的交叉编译路径。

```
#
# Include the make variables (CC, etc...)
#

CROSS_COMPILE   =/home/henrylee/graduate/arm-2010q1/bin/arm-none-eabi-
#CROSS_COMPILE  =
```

图 9.3　修改 Makefile

在宿主机终端输入“make menuconfig”，对 aCoral 进行配置，选择目标机的处理器类型“s3c2440”，如图 9.4 所示。

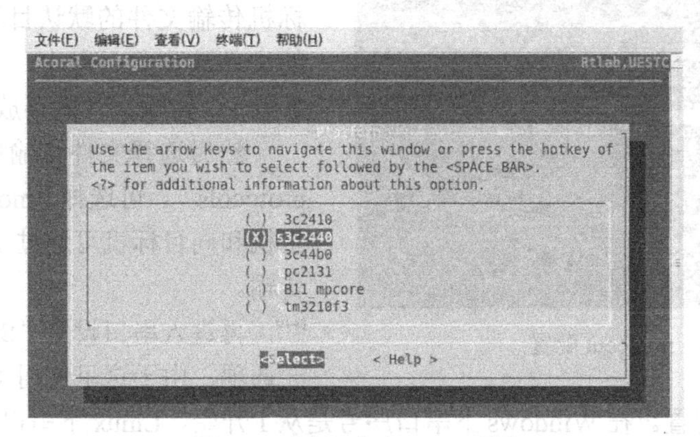

图 9.4 选择目标机 CPU 型号

然后，配置其他内核选项，最后要注意波特率的设置，在“system hacking”选项下，将波特率设置为“115200”（宿主机与目标机的波特率须一致），如图 9.5 所示。保存后退出，然后在宿主机终端下执行 make，编译出 aCoral 的镜像文件 acoral.bin。

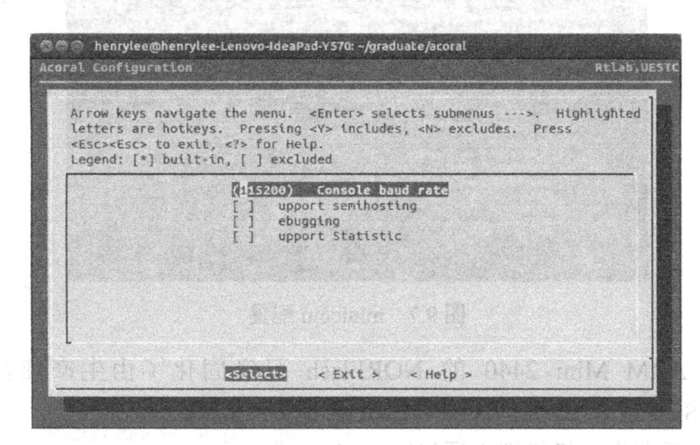

图 9.5 设置串口通信的波特率

9.2 烧写 aCoral 到开发板 ARM Mini2440

有了 aCoral 镜像文件 acoral.bin，接下来就是将 aCoral 烧写到开发板 ARM Mini2440 上。在这以前有两项准备工作：安装串口工具；安装烧写工具。

9.2.1 安装串口工具

串口调试工具很多，如 minicom、C-kermit、cutecom 等，本书以 minicom 安装为例。首先执行如下命令：

```
sudo apt-get install minicom
sudo apt-get install  lrzsz
```

安装后需要配置 minicom，在终端下输入命令“minicom –s”，如图 9.6 所示。

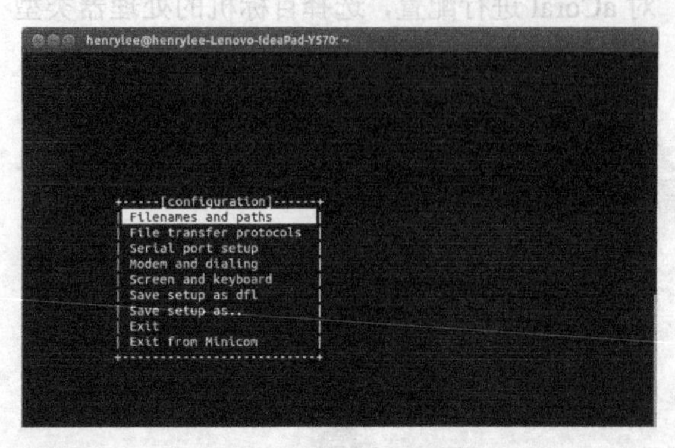

图 9.6　minicom 配置

首先选择文件名与路径“Filenames and paths”，其中的上传目录是指宿主机向目标机传输文件的默认目录，可以将要传输的文件放到此目录中，下载目录是指开发板向 PC 传输文件的存放目录。

然后选择文件传输协议“File transfer protocols”，可选择 Zmodem 协议，这样宿主机和向目标机可通过 Zmodem 进行数据传输。

再进入串口设置“Serial port setup”这一选项，由于这里使用了 USB 转串口，所以按照图 9.7 进行配置。在 Windows 下串口序号是从 1 开始，Linux 下串口序号是从 0 开始。所以，串口 COM1 对应 ttyUSB0，COM2 对应 ttyUSB1（注意选择）。此外，波特率设置为“115200”，保持和宿主机一致，修改完后保持设置。

图 9.7　minicom 配置

如果目标机 ARM Mini 2440 的 NORFlash 已经固化了由生产商提供的启动代码 FriendlyARM BIOS2.0 或者 Supervivi，目标机便可以从 NORFlash 启动。再在宿主机终端上通过“#minicom”启动 minicom。然后启动开发板、打开宿主机，如果 ARM Mini 2440 从 NORFlash 成功启动，将得到图 9.8 的结果，这标志着宿主机和目标机之间可以通过串口进行通信了，并且能通过 FriendlyARM BIOS 的串口模块能与宿主机的串口模块进行数据传输，如发送文件、接收文件等。有关 Mini 2440 的启动及 aCora 的启动已分别在第 2 章和第 7 章中做了详细介绍，这里不再叙述。

```
##### Friendl
[x] format NAND FLASH for Linux
[v] Download vivi
[k] Download linux kernel
[y] Download root_yaffs image
[a] Absolute User Application
[n] Download Nboot for WinCE
[l] Download WinCE boot-logo
[w] Download WinCE NK.bin
[d] Download & Run
[z] Download zImage into RAM
[g] Boot linux from RAM
[f] Format the nand flash
[b] Boot the system
[s] Set the boot parameters
[u] Backup NAND Flash to HOST through USB(upload)
[r] Restore NAND Flash from HOST through USB
[q] Goto shell of vivi
[i] Version: 0945-2K
Enter your selection:
```

图 9.8　启动 minicom

9.2.2　安装烧写工具（DNW 工具）

DNW 是用来下载镜像文件（如 aCoral 的镜像文件 aCoral.bin）的，支持 ARM 系列芯片，如 S3C2440，S3C2410 等。首先，从网上下载 USB 烧写的源码 DNW_Linux.tar.bz2，解压后

得到文件夹 DNW_Linux，然后修改并编译 DNW。打开 DNW.c（图 9.9），第 60 行的下载地址可修改为自己所需要的值，这里默认为 0x3000000（该地址是 ARM Mini 2440 的内存 RAM 空间）；第 73 行的代码表示烧写块的大小，现改为 74 行的 512KB，如果不改，可能在烧写小文件时会有问题。

```
60        *((unsigned long*)file_buffer) = 0x30000000;    //load address
61        *((unsigned long*)file_buffer+1) = file_stat.st_size+10;        //file size
62        unsigned short sum = 0;
63        int i;
64        for(i=8; i<file_stat.st_size+8; i++)
65        {
66                sum += file_buffer[i];
67        }
68
69        *((unsigned short*)(file_buffer+8+file_stat.st_size)) = sum;
70
71        printf("Writing data...\n");
72        size_t remain_size = file_stat.st_size+10;
73        //size_t block_size = remain_size / 100;
74        size_t block_size = 512;
75        size_t writed = 0;
```

图 9.9　修改 DNW.c

改完后，在宿主机终端下编译："gcc –o DNW DNW.c"，得到 DNW，将其复制到"/bin"目录下，这主要是为了以后可以直接使用 DNW 工具。

接下来还需要编译 USB 驱动模块 secbulk，首先进入 secbulk 目录下，找到 Makefile，将其改为图 9.10 的代码，最后 make 运行后就得到 secbulk.ko 模块（注意：如果 ubuntu 内核文件更新了，需删除原先的，重新 make）。这样，DNW 就可配合串口工具完成镜像文件的烧写。

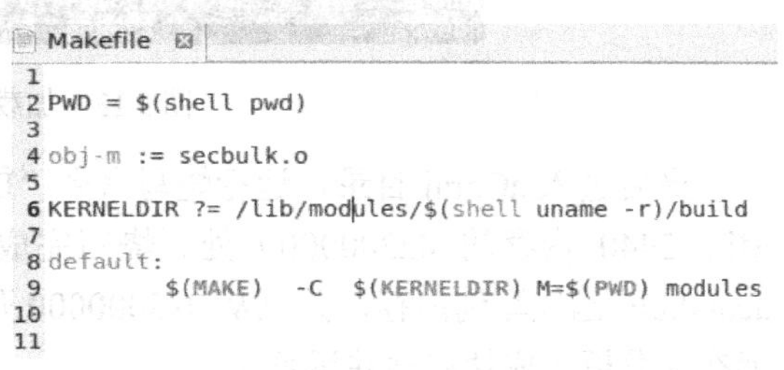
```
Makefile
1
2 PWD = $(shell pwd)
3
4 obj-m := secbulk.o
5
6 KERNELDIR ?= /lib/modules/$(shell uname -r)/build
7
8 default:
9         $(MAKE)  -C  $(KERNELDIR) M=$(PWD) modules
10
11
```

图 9.10　修改 secbulk 的 Makefile

9.2.3　烧写与运行 aCoral

首先打开刚安装好的 minicom，然后连接好 ARM Mini2440 的各个连线。如果 NORFlash 上固化了启动代码 FriendlyARM BIOS 2.0 或者 Supervivi，打开开发板电源后，便可从 NORFlash 启动开发板，如图 9.11 所示。

可将 acoral.bin 烧写到内存中运行，也可以烧写到 NandFlash 中运行，本书以烧写到内存中为例，选择"d"选项，等待烧写，如图 9.12 所示。

```
##### FriendlyARM BIOS 2.0 for 2440 #####
[x] format NAND FLASH for Linux
[v] Download vivi
[k] Download linux kernel
[y] Download root_yaffs image
[a] Absolute User Application
[n] Download Nboot for WinCE
[l] Download WinCE boot-logo
[w] Download WinCE NK.bin
[d] Download & Run
[z] Download zImage into RAM
[g] Boot linux from RAM
[f] Format the nand flash
[b] Boot the system
[s] Set the boot parameters
[u] Backup NAND Flash to HOST through USB(upload)
[r] Restore NAND Flash from HOST through USB
[q] Goto shell of vivi
Enter your selection: 
```

图 9.11　启动 minicom

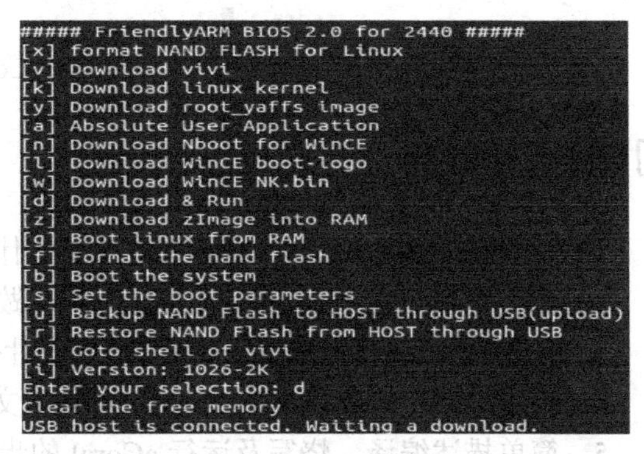
```
##### FriendlyARM BIOS 2.0 for 2440 #####
[x] format NAND FLASH for Linux
[v] Download vivi
[k] Download linux kernel
[y] Download root_yaffs image
[a] Absolute User Application
[n] Download Nboot for WinCE
[l] Download WinCE boot-logo
[w] Download WinCE NK.bin
[d] Download & Run
[z] Download zImage into RAM
[g] Boot linux from RAM
[f] Format the nand flash
[b] Boot the system
[s] Set the boot parameters
[u] Backup NAND Flash to HOST through USB(upload)
[r] Restore NAND Flash from HOST through USB
[q] Goto shell of vivi
[i] Version: 1026-2K
Enter your selection: d
Clear the free memory
USB host is connected. Waiting a download.
```

图 9.12　清除内存

打开另一个终端，进入 secbulk 目录，终端输入"insmod ./secbulk.ko"，再输入"lsmod"，

查看模块是否加载成功，如图 9.13 所示。

```
henrylee@henrylee-Lenovo-IdeaPad-Y570: ~/graduate/acoral

henrylee@henrylee-Lenovo-IdeaPad-Y570:~/graduate/acoral$ lsmod
Module                  Size  Used by
secbulk                12729  0
pl2303                 17395  1
usbserial              36684  3 pl2303
nls_iso8859_1          12618  1
usb_storage            39346  1
nfsd                  212083  2
nfs                   310733  0
joydev                 17162  0
snd_hda_codec_hdmi     31457  1
lockd                  65626  2 nfsd,nfs
snd_hda_codec_realtek    63579  1
fscache                50235  1 nfs
parport_pc             31969  0
auth_rpcgss            35365  2 nfsd,nfs
nfs_acl                12734  2 nfsd,nfs
ppdev                  12818  0
rfcomm                 37277  12
bnep                   17708  2
binfmt_misc            17261  1
sunrpc                198144  6 nfsd,nfs,lockd,auth_rpcgss,nfs_acl
nouveau               823896  0
```

图 9.13　加载模块 secbulk.ko

最后进入 aCoral 目录，运行烧写命令“DNW acoral.bin”，开始烧写 acoral.bin 到 ARM Mini 2440 内存的 0x3000000 处。烧写完成后，串口终端输出如图 9.14 所示，这标准着 acoral.bin 已烧写到内存，并且从 0x3000000 开始运行。当宿主机上出现“Acoral: >”，aCoral 就在开发板上成功启动并运行了。

```
Now, Downloading [ADDRESS:30000000h,TOTAL:299827]
RECEIVED FILE SIZE:  299827 (29KB/S, 10S)
Downloaded file at 0x30000000, size = 299817 bytes

mcoral_net_lwip_init
DM9000 initInit. Frequency is 301204Hz

In idle
In MMC ready

End id
MMC Frequency is 16666666Hz

In stand-by


Acoral:>
```

图 9.14　aCoral 的运行

习题

1. 编译链安装后， makefile 文件需要做什么修改才能支持 aCoral 项目的编译。
2. 在将 aCoral 烧写到开发板之前，需要做哪些准备工作？
3. 串口工具在编译调试 aCoral 中的作用是什么？需要对目标机和宿主机的串口做哪些设置？
4. 使用 DNW 来烧写 aCoral 时，DNW.c 文件要做哪些针对开发板的修改？
5. 简单描述编译、烧写及运行 aCoral 的步骤。

第 10 章　实时调度策略

由第 6 章可知，调度是多任务 RTOS 的一项非常重要的工作，用来确定多任务环境下任务执行的序列和在获得 CPU 资源后执行时间的长度。调度包括两部分：调度机制和调度策略。调度机制负责调度策略的具体实施，即根据给定调度策略来安排线程的具体执行，例如，如何创建线程？如何从就绪队列上选择线程来执行？如何挂起线程？如何恢复线程？如何延时线程？如何删除线程？如何实现线程的通信、同步、互斥资源访问等。调度策略，就是以某种方式确定任务 TCB 中的 CPU、优先级 prio 等成员值，这样，底层调度机制才能根据这些值实现具体调度操作。第 6 章已介绍了 RTOS 的基本调度机制，本章重点将讨论调度策略。

10.1　任务调度策略基本概念

任务是嵌入式实时软件设计时抽象出的相互作用的程序集合或者软件实体[8][10][11]，每个程序执行时称为任务。因此，对于实时嵌入式系统而言，任务是一个程序运行的实体，也是系统调度的基本单元。任务运行过程中表现出如下特性：

（1）动态性：任务运行状态是不断变化的，任务状态一般包括就绪状态、运行状态、等待状态、睡眠状态等，在多任务系统中，任务状态将随着系统运行不断变化。

（2）并发性：由于系统中多个任务并发执行，这些任务在宏观上看是同时运行的，但在微观上仍然是串行执行的。

（3）异步独立性：如果任务之间相互独立，不存在前驱与后继关系，则每个任务各自按相互独立的不可预知的速度运行，走走停停，这就是异步独立性；反之，如果任务之间非独立，相互之间有依赖关系，则任务间具有同步性。

多任务嵌入式系统中，多个任务是并发执行的，而系统资源（CPU、内存、I/O 等）是有限的，这就需要有一种策略来决定哪个任务先在 CPU 上执行？哪个任务后在 CPU 上执行？哪个任务执行多长时间？哪个任务先使用某个 I/O 设备，哪个任务后使用某个 I/O 设备，这就是 RTOS 的调度策略。调度策略的本质是为任务确定优先级，调度策略通常以调度算法（Scheduling Algorithm）的形式体现，调度算法是在一个特定时刻用来确定将要运行任务的一组规则，如 FCFS（First Come First Serve）、RR（Round Robin）、RM（Rate Monotonic）、EDF（Earliest Deadline First）等[9][12][15]。调度策略和调度机制共同完成内核的调度功能。

RTOS 通过一个调度程序（Scheduler）来实现调度功能（aCoral 的调度程序为 acoral_sched()），该调度程序以函数形式存在，用来实现操作系统的调度策略，可在内核各个部分进行调用。调用调度程序的具体位置又被称为是一个调度点（Scheduling Point）。由于调度通常是由外部事件的中断来触发，或者由周期性的时钟信号触发，因此，调度点通常处于以下位置：

（1）中断服务程序结束位置。例如，当用户通过按键向系统提出新的请求，系统首先以中断服务程序响应用户请求，然后，在中断服务程序结束时创建新的任务（通过第 2 章的基本调度机制），并将新任务挂载到就绪队列尾部。接下来，RTOS 就会进入一个调度点，调用调度程序，执行相应的调度策略。又如，当 I/O 中断发生的时候，如果 I/O 事件是一个或者多个任务正在等待的事件，则在 I/O 中断结束时刻，也将会进入一个调度点，调用调度程序，调度程序将根据调度策略确定是否继续执行当前处于运行状态的任务，或是让高优先级就绪任务抢占该任务。

（2）运行任务因缺乏资源而被阻塞的时刻。当任务执行过程中进行 I/O 操作时，如使用串口 UART 传输数据，如果 UART 正在被其他任务使用，这将导致当前任务从就绪状态转换成等待状态，不能继续执行，此时 RTOS 会进入一个调度点，调用调度程序。

（3）任务周期开始或者结束时刻。一些嵌入式实时系统往往将任务设计成周期性运行的，如空调控制器、雷达探测系统等，这样，在每个任务的周期开始或者结束时刻，都将进入调度点。

（4）高优先级任务就绪的时刻。当高优先级任务处于就绪状态时，如果采用基于优先级的抢占式调度策略，将导致当前任务暂停运行，使更高优先级任务处于运行状态，此时，也将进入调度点。

10.2 任务调度策略

调度程序执行本身也需要一定的系统开销（Overhead），需要花费时间计算谁是下一个执行的任务。因此，竭力使用最优调度策略往往不是一个明智的办法，尤其对于实时系统而言。高级的调度程序通常具有不可预见性，需要花费更多的时间和资源，并且，其复杂性也增加了应用开发人员的使用难度。简单和确定性是 RTOS 追求的目标，实用的实时内核在实现时大都采用了简单调度策略和算法，以确保任务的实时性约束。复杂的、高级的调度策略和算法往往用于理论研究或者特定的实时领域。

RTOS 内核的主要职责是确保所有任务都能满足时间约束，时间约束取决于任务的不同需求，如截止时间（Deadline）、QoS（Quality of Service）等，同一个任务在不同的运行状态也会有不同的时间约束，如当监测目标离监控系统较远时，监测任务的执行周期和截止时间都可能比较长，而当监测目标离监控系统很近时，监测任务的执行周期和截止时间会很短，以便能准确实时获得目标信息。因此，能同时适应所有情况的实时调度策略和算法是不存在的，尽管现在已经提出和采用了很多调度策略和算法，实时调度算法仍然是实时系统学术领域研究的热点问题，尤其是多核时代到来之后。从理论上讲，最优调度只有在能够完全获得所有任务的资源需求情况之后才能实现，但实际应用中却很难做到，因为某个任务会在什么时候、什么情况下访问某个资源、完成某个计算是很难事先确知的，特别是当这些任务需要访问的资源处于动态变化的时候。此外，即使任务需要访问的资源事先确知，学术界也已证明，通用的调度问题是 NP（Nondeterministic Polynomial time）难题，调度的复杂性将随着调度需要考虑的任务和约束特性数量呈现指数增长。因此，最优调度策略和算法不适应系统负载和硬件资源不断变化的系统。当然，这并不意味着调度策略和算法不能解决一些特定环境下实时系统的应用需求。

调度策略和算法是影响操作系统性能的重要因素，在设计调度策略和算法时，通常需要考虑如下几方面：截止时间（Deadline）、任务响应时间（Response time）、确定性（Predictability）、CPU 利用率（Utilization）、I/O 设备吞吐率、公平性。

这些指标具有一定冲突性，如可通过让更多任务处于就绪状态来提高 CPU 利用率，但这将会降低任务的响应时间，导致实时任务的截止时间错过。因此，调度策略和算法设计需要考虑最关键的需求，再在各因素之间寻求折中点 。对于 RTOS 而言，前四个指标是调度策略和算法设计考虑的重点。

10.2.1 典型实时调度策略

1973 年，自 C. LIU 和 J. LAYLAND 开始实时调度策略与算法的研究工作以来[9]，相继出现了众多实时调度策略和算法，这些策略和算法通常体现为三种行为：脱机配置、先验性分析、运行时调度。

脱机配置产生运行时调度所需要的静态配置信息；先验性分析根据静态配置信息和对调度算法在运行时的行为进行分析，从而确定所有任务的时间需求（如截止时间）是否得到保障；运行时调度在系统运行时根据不同事件在各个任务之间进行切换处理。各种调度算法之间的差异在于它们在上述行为之间的侧重点。

在典型的实时调度策略与算法中，根据任务运行过程中能否被抢占，可分为抢占式（Preemptive）调度、非抢占式（Non-Preemptive）调度。

抢占式调度是指正在运行的任务可能被其他任务（如高优先级任务）暂时打断，等其他任务运行结束，再恢复其正常运行。而非抢占式调度是指一旦任务开始运行，该任务只有在运行完成主动并放弃 CPU（或因为等待某一共享资源而被阻塞）的情况下才停止运行。RTOS 大都采用了抢占式调度策略和算法，使关键（Critical）任务能够抢占非关键（Non-Critical）任务，确保关键任务能在其截止时间之前完成。相对而言，抢占式调度更复杂一些，实现开销要大一些，也需要更多的资源（如堆栈等），并且可能在使用不当的情况下造成非关键任务长时间得不到执行。非抢占式调度通常用于那些任务需要按照实现事先确定的顺序执行，且只有当任务主动放弃 CPU 后其他任务才能执行的非实时系统。

根据获得调度信息的时机，实时调度策略与算法可分为离线（Off-Line）调度、在线（On-Line）调度。

离线调度是运行过程中使用的调度信息在系统运行之前就确定了。离线调度具有确定性，但缺乏灵活性，适用于任务参数等调度信息可事先确定且不易发生变化的实时系统。在线调度的调度信息在系统运行时确定。

根据任务优先级确定的时机，实时调度策略与算法可分为静态（Static）调度、动态（Dynamic）调度。

静态调度是指所有任务的优先级在设计时就确定了，并且不会随着系统运行而发生变化。动态调度是指任务的优先级是在系统运行过程中确定，并且可能随着系统运行而发生变化。前者适合于能够事先准确把握系统中所有任务时间参数（运行时间、截止时间、周期等）的情况，其实现比较简单，但缺乏灵活性；而动态调度具有足够灵活性来处理系统变化的情况（如有新任务到达系统），但需要更多的计算开销，因为调度程序需要不断判断当前时刻任务的优先级。

根据调度算法是否能让系统总体性能最优，实时调度策略与算法可分为最优（Optimal）调度、启发式（Heuristic）调度。

最优调度是能让系统总体性能最优调度。前面已经知道实时系统的调度问题通常是 NP 难题，调度的复杂性将随着调度需要考虑的任务和约束特性数量呈现指数增长，因此在实际中，通常采用启发式方式和尽力而为的策略确保系统的总体性能。

10.2.2 基于公平策略的时间片轮转调度

时间片轮转 RR（Round Robin）调度是一种公平的调度策略，是指当有多个任务具有相同优先级，且它们是就绪队列中优先级最高的任务时，RTOS 的调度程序就按照这组任务就绪的先后顺序安排任务的执行，让第一个任务运行一段时间（时间片 Time Slicing）后，再让第二段任务运行一段时间，以此类推，到该组最后一个也得以运行一段时间，接下来再让第一个任务运行，进入新一轮的轮转，如图 10.1 所示。

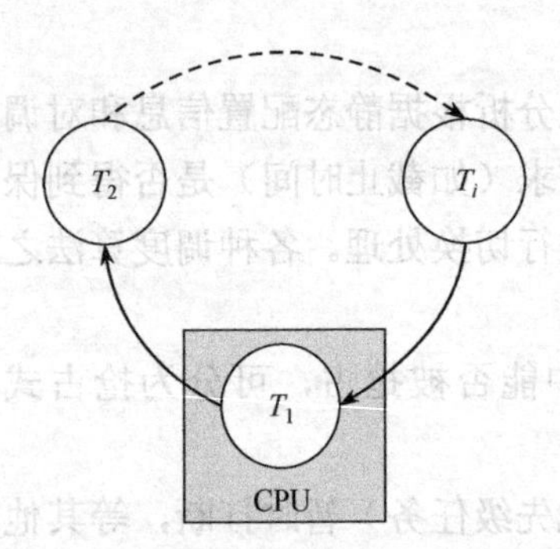

注：T_i 代表实时任务 Task（$i = 1，2，\cdots$）

图 10.1 时间片轮转调度

时间片轮转调度中，当任务运行完一个时间片后，该任务即使还没有停止运行，也必须释放 CPU 让下一个与它相同优先级的任务运行，使实时系统中优先级相同的任务具有平等的运行权。释放 CPU 的任务就被切换到就绪队列的尾部，等待下一轮的调度。由于时间片轮转调度更多考虑任务的公平性，对关键任务的关注不够，所以往往适用于实时性要求不高的弱实时系统。

采用时间片轮转调度算法时，时间片的大小要适当选择，它会影响到系统性能和效率。如果时间片太大，时间片轮转调度就没什么意义，而如果时间片太小，会造成频繁的任务切换，处理器开销大，真正用于任务运行的时间会减少。另外，不同的 RTOS 在实现时间片轮转调度时也是有差异的。有的内核要求同优先级各个任务必须有相同的时间片；而有的内核允许同优先级各个任务可有不同的时间片。

10.2.3 基于优先级的可抢占调度

在基于优先级的可抢占调度策略中，如果有更高优先级的任务进入就绪队列，则当前任务将暂停运行，把 CPU 的控制权交给更高优先级的任务，使更高优先级的任务得到执行。因此，RTOS 需要确保 CPU 总是被最高优先级就绪任务所控制。这意味着当一个具有比当前任务优先级更高的任务处于就绪状态时，内核调度程序会及时进行任务切换，保持当前任务的上下文切换到具有更高优先级的任务的上下文。

图 10.2 描述了三种不同的调度，分别为 S_1、S_2、S_3，其中 S_1、S_2 为非抢占式调度，S_3 为抢占式调度。S_1、S_2、S_3 分别对两个任务 T_1、T_2 进行调度，T_1 在时刻 1 到达，其执行时间是 3 个时间单位；T_2 在时刻 2 到达，其执行时间是 2 个时间单位，T_2 的优先级高于 T_1 的优先级。从图 10.2 可知，S_1 虽然确保了 T_2 的截止时间，但是两个任务执行结束的响应时间比较晚；S_2 虽然减少了两个任务执行结束的时间，但是确导致了 T_2 截止时间被错过，这个在强实时系统中是不允许的；S_3 采取了可抢占式调度，T_1 先到达并先得到 CPU 的控制权，之后 T_2 在时刻 2 到达，因为 T_2 的优先级高于 T_1 的优先级，所以 T_2 在时刻 2 抢占 T_1 的执行，直到 T_2 执行结束，T_1 继续执行剩下的部分。因此，S_3 既能确保 T_2 的截止时间，又使得两个任务执行结束的时间尽可能早。可见，S_3 是一个相对较好的调度策略。

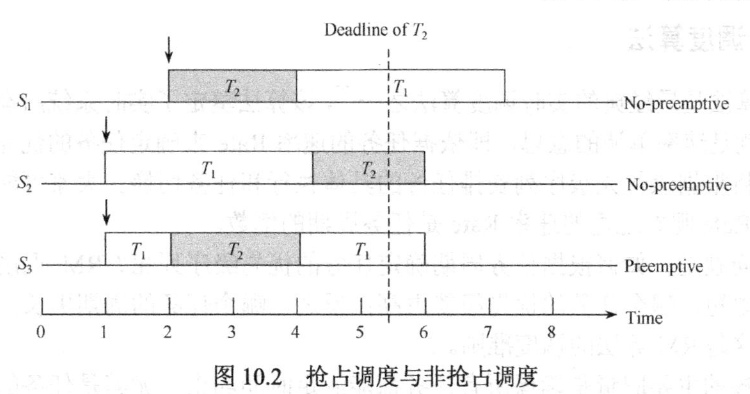

图 10.2　抢占调度与非抢占调度

1. 静态优先级调度

10.1 节提到，调度策略的本质是为任务确定优先级。在静态调度策略中，通常根据以下因素来确定任务的优先级。

（1）周期（Period）：以周期为依据的调度算法有短周期任务优先（Small period First）算法、长周期任务优先（Largest period First）算法、RM 等。

（2）任务执行时间（Execution Time 或 Computation Time）：以执行时间为依据的调度算法有最短执行时间优先（Small Execution Time First）算法、最长执行时间优先（Largest Execution Time First）算法等。

（3）CPU 利用率（Utilization）：以 CPU 利用率为依据的调度算法包括最小 CPU 利用率优先（Small Utilization First）算法、最大 CPU 利用率优先（Largest Utilization First）算法等。

（4）任务关键程度：根据任务关键程度，可以由系统设计人员人为地安排任务的优先级，是实时系统软件开发中使用非常多的一种方式。该方式以系统分析、设计人员对系统需求的理解为基础，确定出系统中各个任务之间的相对优先情况来指定各个任务的优先级。

2. 动态优先级调度

对于静态调度，优先级不会随着系统运行而发生变化；而对于动态优先级调度，优先级可根据需要进行改变，也可能随着系统运行按照一定策略发生变化。典型的动态优先级调度有 EDF 调度算法、最短空闲时间优先（Least-Laxity-First）调度算法等。EDF 调度算法将在后面进行详细描述，最短空闲时间优先算法是指任务的优先级根据任务的空闲时间进行分配，任务的空闲时间越短，其优先级越高。反之，任务的空闲时间越长，其优先级越低。任务空闲时间可通过如下表达式表示：

任务空闲时间 = 任务绝对截止时间-当前时间-任务剩余执行时间

3. 静态调度与动态调度的比较

动态调度的出现是为了确保低优先级任务也能被有效调度，这种公平性对于任务都同等重要的实时系统比较适合，对于需要绝对可预测的强实时系统往往不使用动态调度。这些系统中，在出现临时 CPU 过载时（CPU 利用率>100%）的情况下，要求调度算法能选择关键任务执行，而放弃不太关键的任务。

动态调度的实现代价通常都高于静态调度，这主要是因为在每一个调度点，调度程序都需要对任务优先级重新计算，而静态调度的优先级则始终保持不变，无须进行重复计算。

10.2.4 RM 调度算法

RM 调度算法是最经典的实时调度算法之一[9]，该算法奠定了实时系统所有现代调度算法的基础。RM 就是速率单调的意思，即依据任务的速率 Rate 来确定任务的优先级序列，然后内核调度程序将根据该优先级序列安排任务的具体执行和任务切换。大家可能会问，那什么是任务的速率 Rate 呢？这里的速率 Rate 是任务周期的倒数。

接下来的问题是：如何根据任务周期确定任务的优先级序列呢？RM 调度算法规定：哪个任务的周期更短，哪个任务的优先级就更高；反之，哪个任务的周期更长，哪个任务的优先级就更低，这是 RM 算法的调度准则。

RTOS 内核的主要职责是确保所有任务都能满足时间约束，尤其是任务的截止时间，那 RM 调度算法是如何做到系统中所有任务的截止时间都能在自己的截止时间之前完成呢？为此，首先需要明确实时任务有哪些特殊的时间约束，在此，用形式化的方法来描述实时任务的时间约束，如图 10.3 所示。

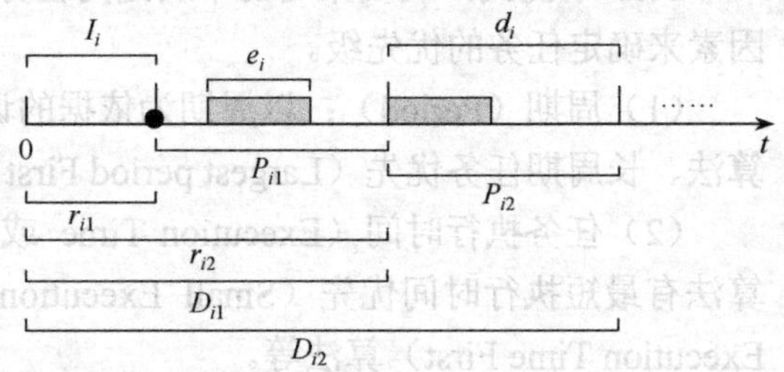

图 10.3 实时任务 T_i 形式化描述

假设系统中共有 n 个实时任务，每个实时任务用 T_i（i=1,2,⋯,n ）表示，在图 10.3 中：

- I_i 为任务的初始相位（Phasing），即任务从 I_i 时刻才开始周期性地运行；
- P_i 为任务的周期（Period），即任务每隔时间 P_i 就要执行一次，这里的 P_{i1} 为任务 T_i 的第 1 个周期，P_{i2} 为任务 T_i 的第 2 个周期；
- e_i 为任务的执行时间（Executing time），这里假设任务在每个周期内仅执行一次；
- r_i 为任务的就绪时间（Release time），即任务到达并且准备就绪的时间，每个周期的开始都会有个就绪时间；
- D_i 为任务的绝对截止时间（Absolute deadline），任务的每次执行，都必须在一个给定的绝对截止时间 D_i 之前完成。这里 D_{i1} 为任务 T_i 的第一次执行的截止时间，D_{i2} 为任务 T_i 的第二次执行的截止时间。
- d_i 为任务的相对截止时间（Relative deadline），由于任务是周期执行的，这里用相对截止时间表示某一次周期运行的截止时间相对于前一次周期运行的截止时间。

采用 RM 调度算法调度任务以前，仍需假设：

A1：所有任务都是周期任务；

A2：任务相对截止时间等于任务的周期；

A3：任务每个周期内的执行时间都是相等的，保持一个常量；

A4：任务相互对立，运行过程中无须进行通信；

A5：任务运行过程无须互斥地访问共享资源；

A6：任务可以在任何时刻被抢占，并且抢占的开销忽略不计。

到此，我们了解了 RM 算法的调度准则：任务周期越短，任务优先级越高；任务周期越长，任务优先级越低，这样内核调度程序将根据该优先级序列来安排任务的执行。下面是一个具体例子，看看内核是如何根据 RM 算法来调度实时任务的。

实例 10-1 假设由 3 个周期实时任务 T_1、T_2、T_3 构成的任务集，其参数如表 10.1 所示。

表 10.1 任务的时间参数

	执行时间（e）	周期（P）	初始相位（I）
T_1	0.5	2	0
T_2	2	6	1
T_3	1.75	10	3

根据 RM 算法，可知这三个任务的优先级顺序为：Priority（T_1）> Priority（T_2）> Priority（T_3），内核调度程序将根据该顺序按照图 10.4 的序列安排任务运行，图 10.4 也体现出了每一个因周期而触发的调度点。

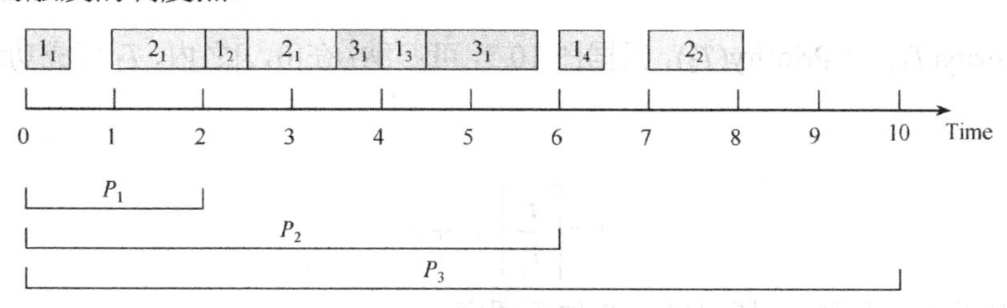

（注：1_1 表示 T_1 的一次执行，1_2 表示 T_1 的二次执行，2_1 表示 T_2 的一次执行……）

图 10.4 任务在 RM 调度算法下的运行序列

通过该实例，大家怎么知道 RM 算法是如何确保实时任务的可调度性的呢？这里的可调度是指所有任务都能在各自的截止时间之前完成，或者说如果任务 T_i 在其截止时间 d_i 之前完成，则 T_i 可调度。为此，需要对 RM 算法做可调度性分析。

假设由 n 个周期实时任务 T_i（i=1，2，…，n）构成的任务集 T，所有的任务都是在时刻 0 到达，并且开始周期性执行，即初始相位 I_i=0（i=1，2，…，n）。

假设任务周期的大小顺序为 $P_1 < P_2 < P_3 < \cdots < P_n$。

根据 RM 算法确定优先级的准则，可知任务优先级顺序为：Priority（T_1）> Priority（T_2）> Priority（T_3）> … > Priority（T_n）。

1．对于 T_1

由于 T_1 是最高优先级的任务，因此，一旦 T_1 到达便可就绪，调度程序将立即安排其执行，此时，只要

$$e_1 < P_2 \tag{10.1}$$

T_1 便可调度，即 T_1 一定能在截止时间 d_i 之前完成。

2．对于 T_2

假设 T_2 第一次执行结束的时刻为 t，如图 10.5 所示，其中图 10.5（a）、图 10.5（b）、图 10.5（c）罗列了 T_2 第一次执行结束时刻 t 的三种可能情况，其他情况类似，不一一列举。

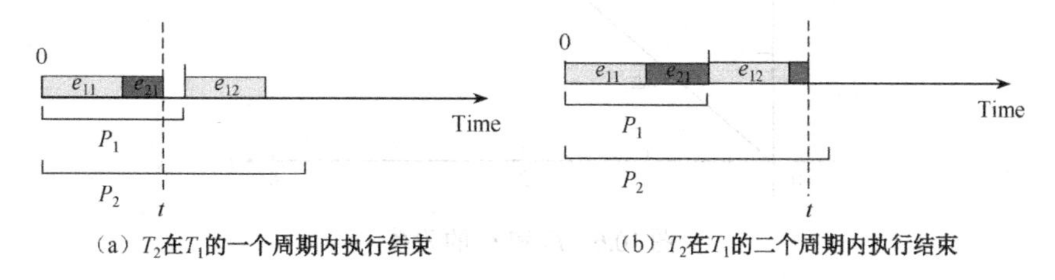

图 10.5 T_1 与 T_2 的关系

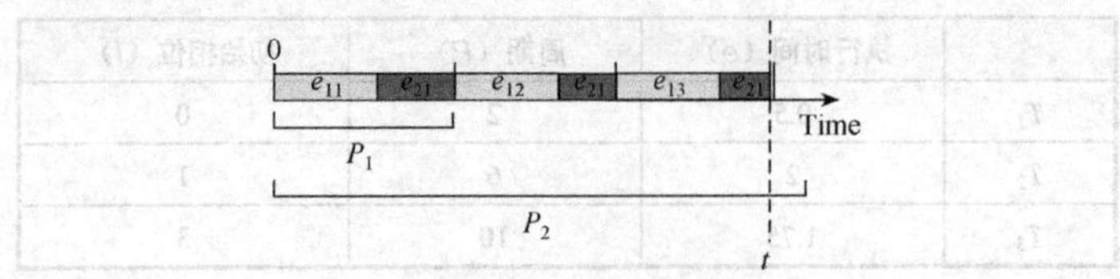

（c）T_2在T_1的三个周期内执行结束

（注：e_{11}表示T_1的第一次执行，e_{12}表示T_1的第二次执行）

图 10.5 T_1与T_2的关系（续）

由于 Priority(T_1) > Priority(T_2)，根据图 10.5，可归纳：在[0, t]之内，T_1可成功地执行$\left\lceil \frac{t}{P_1} \right\rceil$次，此时，

$$t = \left\lceil \frac{t}{P_1} \right\rceil \cdot e_1 + e_2 \tag{10.2}$$

那么，对于T_2，只要$t \in [0, P_2]$，T_2便可调度。

到此似乎可以据此判定T_2的可调度性。但分析一下式（10.2），发现其实t是无法事先知道的，也就是说，T_2第一次执行结束的时刻为t是无法事先确知的，因为t与e_1、e_2、P_1、P_2都有关系，这些参数决定了两个任务的抢占关系和$\left\lceil \frac{t}{P_1} \right\rceil$。

进一步观察式（10.2），发现式（10.2）右边是一个阶跃变化的函数。令式（10.2）左边为：

$$f_{左} = t \tag{10.3}$$

令式（10.2）右边为：

$$f_{右} = \left\lceil \frac{t}{P_1} \right\rceil \cdot e_1 + e_2 \tag{10.4}$$

$f_{左}$和$f_{右}$的关系如图 10.6 所示。

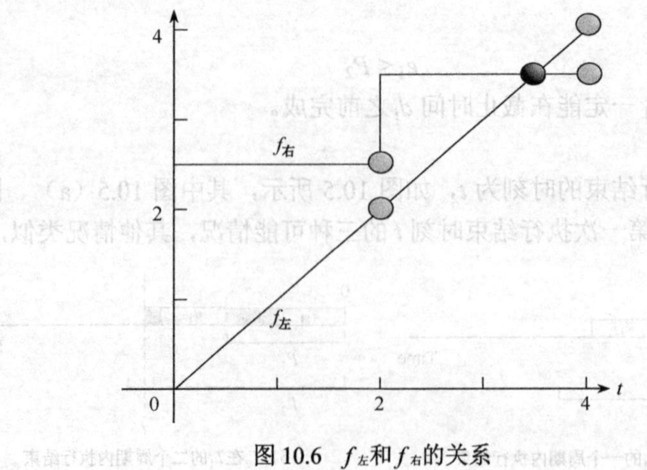

图 10.6 $f_{左}$和$f_{右}$的关系

这里再给出一个例子，以说明$f_{左}$和$f_{右}$的关系。

实例 10-2　假设有两个任务 T_1、T_2，其参数如表 10.2 所示。如果根据 RM 算法调度及 T_1、T_2 的参数，T_2 第一次执行结束的时刻为 t，如图 10.7 所示。

表 10.2　任务的时间参数

	执行时间（e）	周期（P）	初始相位（I）
T_1	1	2	0
T_2	1.5	5	0

根据式（10.3）和式（10.4），可画出 $f_{左}$ 和 $f_{右}$ 函数形式，如图 10.6 所示。如果 $f_{左}$ 和 $f_{右}$ 有一个交点，则一定存在一个 t，满足式(10.2)；并且只要有一个交点存在（注：$f_{左}$ 和 $f_{右}$ 可能存在多个交点），则式（10.2）就是成立的。那现在的问题就演变成：$f_{左}$ 和 $f_{右}$ 是否存在交点？如果存在，有几个交点？

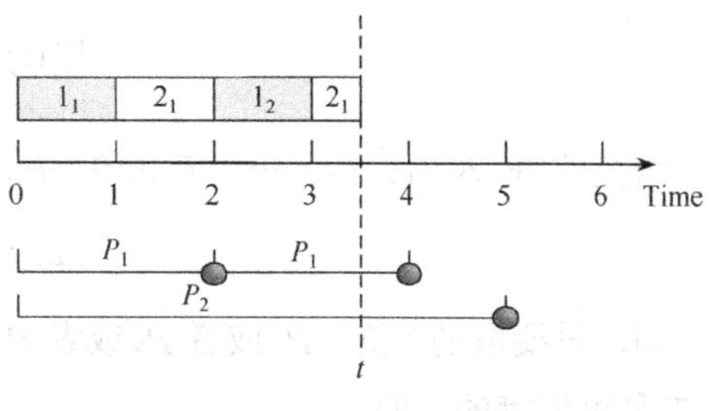

图 10.7　T_2 在 T_1 的二个周期内执行结束

由于 $f_{右}$ 是一个阶跃变化的函数，其值只在 P_1 整数倍的地方发生变化，这样，可以在[0, P_2]内，并且在 P_1 整数倍的地方取值，然后依次去判断不等式（10.5）是否成立。如果取的这些值中只要有一个让不等式（10.5）成立，则[0，P_2]内，一定存在一个 t，满足式（10.2），即 T_2 是可调度的。

$$t \geqslant \left\lceil \frac{t}{P_1} \right\rceil \cdot e_1 + e_2 \tag{10.5}$$

3．对于 T_3

同理，假设 T_3 第一次执行结束的时刻为 t，由于 Priority（T_1）> Priority（T_2）>Priority（T_3），则在[0，t]之内，T_1 可成功地执行 $\left\lceil \frac{t}{P_1} \right\rceil$ 次，T_2 可成功地执行 $\left\lceil \frac{t}{P_2} \right\rceil$ 次，此时，

$$t = \left\lceil \frac{t}{P_1} \right\rceil \cdot e_1 + \left\lceil \frac{t}{P_2} \right\rceil e_2 + e_3 \tag{10.6}$$

那么，对于 T_3，只要 $t \in [0, P_3]$，T_3 便可调度。

同理，在[0，P_3]内，在 P_1 或者 P_2 整数倍的地方取值，然后依次去判断不等式（10.7）是否成立。如果取的这些值中只要有一个让不等式（10.7）成立，则在[0，P_3]内，一定存在一个 t，满足式（10.6），即 T_3 是可调度的。

$$t \geqslant \left\lceil \frac{t}{P_1} \right\rceil \cdot e_1 + \left\lceil \frac{t}{P_2} \right\rceil e_2 + e_3 \tag{10.7}$$

4．对于 T_i

假设 T_i 第一次执行结束的时刻为 t，由于 Priority（T_1）> Priority（T_2）>⋯>Priority（T_i），则在[0,t]之内，T_1 可成功地执行 $\left\lceil \frac{t}{P_1} \right\rceil$ 次，T_2 可成功地执行 $\left\lceil \frac{t}{P_2} \right\rceil$ 次，⋯，T_{i-1} 可成功地执行 $\left\lceil \frac{t}{P_{i-1}} \right\rceil$ 次，此时，

$$t = \left\lceil \frac{t}{P_1} \right\rceil \cdot e_1 + \left\lceil \frac{t}{P_2} \right\rceil e_2 + \cdots + e_i \tag{10.8}$$

同理，在[0，P_i]内，在 P_1 或者 P_2 或者 P_3……P_i 整数倍的地方取值，然后依次去判断不等式（10.9）是否成立。如果取的这些值中只要有一个让不等式（10.9）成立，则在[0，P_i]内，一定存在一个 t，满足式（10.8），即 T_i 是可调度的。

$$t \geqslant \left\lceil \frac{t}{P_1} \right\rceil \cdot e_1 + \left\lceil \frac{t}{P_2} \right\rceil e_2 + \cdots + e_i \tag{10.9}$$

令

$$W_i(t) = \sum_{j=1}^{i} \left\lceil \frac{t}{P_j} \right\rceil \cdot e_j$$

这里的 W_i 为 T_1、T_2、…、T_i 在[0，P_i]内的累积运行时间，令：

$$L_i(t) = \frac{W_i(t)}{t} \tag{10.10}$$

则，只要取的 t 值（P_1 或者 P_2 或者 P_3……P_i 整数倍的地方取值）中有一个使得 $L_i \leqslant 1$，则 T_i 是可调度的，即

$$L_i = \min_{0<t\leqslant P_i, t\in\tau_i} L_i(t) \leqslant 1 \tag{10.11}$$

其中，

$$\tau_i = \left\{ l \cdot P_j \middle| j = 1,2,\cdots,i; l = 1,2,\cdots,\left\lfloor \frac{P_i}{P_j} \right\rfloor \right\}, i \in (1,2,\cdots,n) \tag{10.12}$$

式（10.11）表示，在[0，P_i]内，在 P_1 或者 P_2 或者 P_3……P_i 整数倍的地方取值，这些 t 构成了集合 τ_i（i=1,2,…,n），只要在 τ_i 中有一个值使得 $L_i(t) \leqslant 1$，则 T_i 可调度，换句话说，如果 $L_i(t)$ 中最小的一个值是 $\leqslant 1$ 的，则一定存在一个取值使得 $L_i(t) \leqslant 1$。

式（10.11）也是在 RM 调度算法下，判断 T_i 是否可调度的充分必要条件，即如果 T_i 可调度，式（10.11）一定成立；反之，如果式（10.11）成立，则 T_i 一定可调度。

5．对于任务集 T

如果任务集 T 中每一个任务都能在各自的截止时间之前完成，则任务集 T 是可调度的。在 RM 调度算法下，判断任务集 T 是否可调度的充分必要条件是式（10.13），即如果任务集 T 可调度，式（10.13）一定成立；反之，如果式（10.13）成立，则任务集 T 一定可调度。

$$\max_{i=(1,2,\cdots,n)} \left\{ \min_{0<t\leqslant P_i, t\in\tau_i} L_i(t) \right\} \leqslant 1 \tag{10.13}$$

其中，

$$\tau_i = \left\{ l \cdot P_j \middle| j = 1,2,\cdots,i; l = 1,2\cdots,\left\lfloor \frac{P_i}{P_j} \right\rfloor \right\}, i \in (1,2,\cdots,n)$$

式（10.13）表示：根据式（10.11）可以得到每一个任务的 L_i（i=1,2,…,n），只要最大的 L_i 都不大于 1，则每一个 L_i 都不大于 1。

实例 10-3　假设由 4 个周期实时任务 T_1、T_2、T_3、T_4 构成的任务集，其参数如表 10.3 所示，根据 RM 算法的可调度性充分必要条件，可以判定 T_1、T_2、T_3、T_4 是否可调度。

根据式（10.12），分别对 T_1、T_2、T_3、T_4 的 τ_i 取值（表 10.4），可得：

表 10.3　任务的时间参数

	执行时间（e）	周期（P）	初始相位（I）
T_1	20	100	0
T_2	30	150	0
T_3	80	210	0
T_4	100	400	0

表 10.4　T_1、T_2、T_3、T_4 的 τ_i

	τ_i
T_1	100
T_2	100,150
T_3	100,150,200,210
T_4	100,150,200,210，300,400

再根据式（10.11），分别对 T_1、T_2、T_3、T_4 的可调度性进行判定，可得：

① 对于 T_1，$L_1=\min\left\{\frac{20}{100}\right\}=0.5$，因为 $L_1\leqslant 1$，所以 T_1 可调度。

② 对于 T_2，$L_2=\min\left\{\frac{20+30}{100},\frac{20\times 2+30}{150}\right\}=0.47$，因为 $L_2\leqslant 1$，所以 T_2 可调度。

③ 对于 T_3，

$$L_3=\min\left\{\frac{20+30+80}{100},\frac{20\times 2+30+80}{150},\frac{20\times 2+30\times 2+80}{200},\frac{20\times 3+30\times 2+80}{210}\right\}=0.9$$

因为 $L_3\leqslant 1$，所以 T_3 可调度。

④ 对于 T_4，

$$L_4=\min\left\{\begin{array}{l}\frac{20+30+80+100}{100},\frac{20\times 2+30+80+100}{150},\frac{20\times 2+30\times 2+80+100}{200},\\ \frac{20\times 3+30\times 2+80+100}{210},\frac{20\times 3+30\times 2+80\times 2+100}{100},\\ \frac{20\times 4+30\times 3+80\times 2+100}{100}\end{array}\right\}=1.0$$

因为 $L_4\geqslant 1$，所以 T_4 不可调度，即 T_4 一定会错过其截止时间。

根据式（10.8），分别在直角坐标系中划出 $f_{左}$和 $f_{右}$（图 10.8），可根据 $f_{左}$和 $f_{右}$是否存在交点来判断 T_1、T_2、T_3、T_4 的可调度性，从图 10.8 可知，图 10.8（a）、图 10.8（b）、图 10.8（c）中，$f_{左}$和 $f_{右}$都存在交点，说明 T_1、T_2、T_3 是可调度的；而对于图 10.8（d），$f_{左}$和 $f_{右}$无交点，说明 T_4 是不可调度的。这也从另一个角度直观地验证了式（10.13）的可调度性充分必要条件。

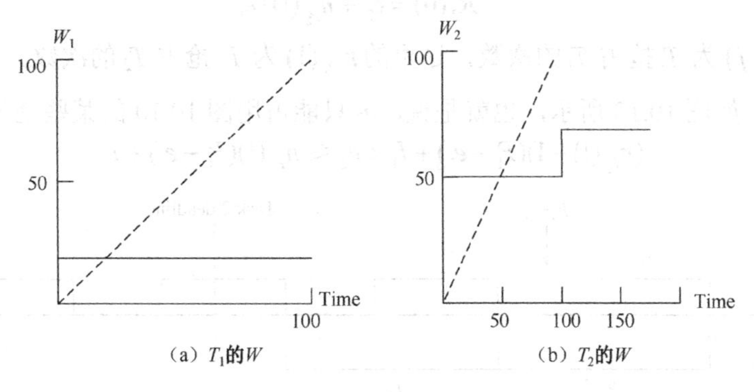

图 10.8　根据式（10.8）画出的 $f_{左}$和 $f_{右}$

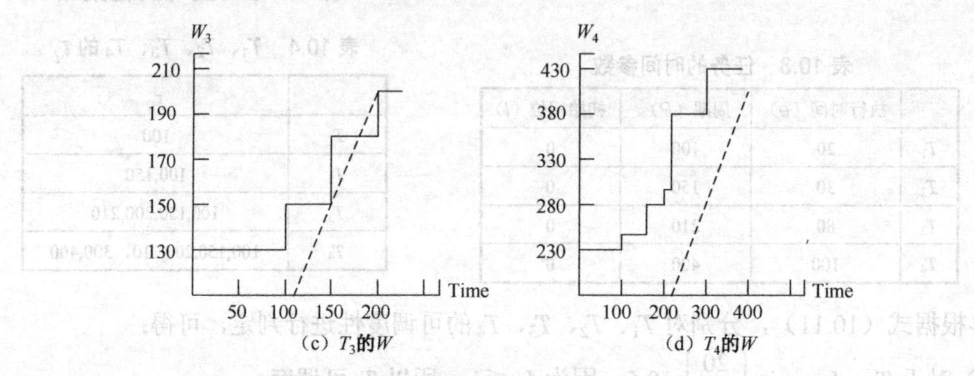

图 10.8　根据式（10.8）画出的$f_{左}$和$f_{右}$（续）

在得到 RM 调度算法的可调度性充分必要条件以前，做了一个假设，即所有任务都是在时刻 0 到达，并且开始周期性执行，即初始相位 $I_i=0$（$i=1,2,\cdots,n$）。而实际中，并非所有任务都会在时刻 0 到达，那如果该条件不满足时，即 $I_i\neq 0$（$i=1,2,\cdots,n$），那先前的可调度性充分必要条件还成立吗？

在回答该问题前，先给出任务响应时间 R_i（x）的定义：

$$\begin{aligned} R_i(x) &= F_i - r_i \\ &= e_i + WF_i \end{aligned}$$

这里的 F_i 是指任务 T_i 的完成时间，WF_i 是任务 T_i 的等待时间，$R_i(x)$是相对于时刻 x 的响应时间，如图 10.9 所示，e_{i1a} 表示 T_i 的第一次运行的 a 片段，e_{i1b} 表示 T_i 的第一次运行的 b 片段，e_{i1a} 与 e_{i1b} 一起才是 T_i 一次完整的执行，因为 T_i 运行过程中，可能会被其他任务所抢占，图 10.9 中的空白部分就是被其他任务所抢占的时间，也是 T_i 的等待时间 WF_i。

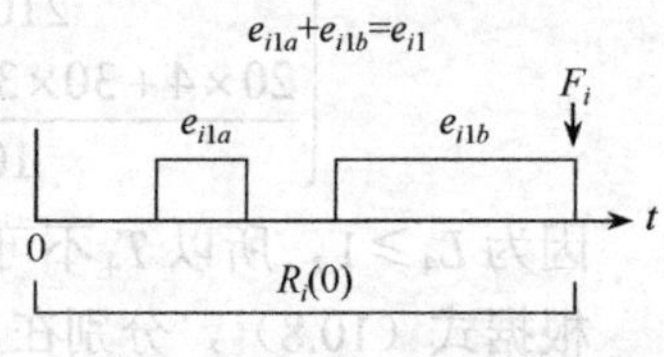

图 10.9　任务响应时间

先分析系统中只有两个任务 T_1、T_2 的情况，现在假设 $P_1<P_2$，$I_2=0$，$I_1\neq 0$，即 T_1 不在 0 时刻到达，T_2 在 0 时刻到达。根据 RM 调度算法，Priority（T_1）> Priority（T_2），此时，T_1 占用 CPU 的时间可以表示为：

$$[I_1,\ I_1+e_1],\ [I_1+P_1,\ I_1+P_1+e_1],\cdots,[I_1+nP_1,\ I_1+nP_1+e_1]$$

根据 R_i（x）的定义，T_2 的响应时间为：

$$R_2(0) = e_2 + n_{P_2}(1)\cdot e_1 \tag{10.14}$$

其中，$n_{P_i}(j)$ 为 T_j 抢占 T_i 的次数，这里的 $n_{P_2}(1)$ 为 T_1 抢占 T_2 的次数。则 e_2 可能的取值为式（10.15），如图 10.10 所示，也就是说，e_2 只能占用图 10.10 的某些空闲位置。

$$(n_{P_2}(1)-1)(P_1-e_1)+I_1 < e_2 \leqslant n_{P_2}(1)(P_1-e_1)+I_1 \tag{10.15}$$

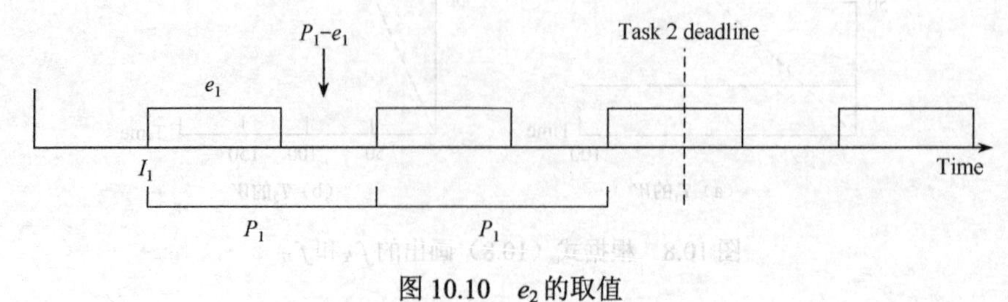

图 10.10　e_2 的取值

根据式（10.15），如果给定 P_1，e_1，e_2，则当 I_1=0 时，$n_{P_2}(1)$取得最大值（T_1抢占 T_2的次数最多）。所以，当 I_1=0 时，式（10.15）中的 $R_2(0)$取得最大值，即响应时间最长。这意味着，如果 T_1和 T_2不都是在 0 时刻到达时，任务的抢占关系最复杂，T_2的响应时间最长；反之，如果 T_1和 T_2都是在 0 时刻到达时，任务的抢占关系最简单，这可以使得 T_2的响应时间最短。也可以说，如果任务 T_1、T_2都是在 0 时刻到达时，RM 算法可确保任务的可调度性，那当 T_1、T_2不都是在 0 时刻到达时，RM 更能确保任务的可调度性。

以上是考虑两个任务的情况，大家可进一步分析下 n 个任务的情况，由于篇幅有限，本章不做详细叙述，但是，大家可以得到同样的结论：当所有任务都是在 0 时刻到达时，如果 RM 调度算法能确保任务的可调度性，则当任务不都是在 0 时刻到达时，RM 仍能确保任务的可调度性。

以上便是 RM 调度算法的可调度性分析及可调度性判定的充分必要条件。至此，如果给定一个任务集 T，可以根据式（10.12）和任务周期取得 τ_i，然后，再根据式（10.11）和式（10.13）对各任务和任务集 T 的可调度性进行判定。在实际操作过程中，该方式似乎还是比较麻烦，因为需要计算 τ_i，还要依次进行判定，如果系统中任务数量很大时，该过程就更加烦琐，那有没有更加简单的方式去判定任务集的可调度性呢？再次对 RM 调度算法进行分析，看看是否能有更加惊喜地发现呢？这里再引入一个新定义——任务利用率。

$$u_i = \frac{e_i}{P_i} \tag{10.16}$$

任务利用率 u_i是单位时间内，T_i占用 CPU 的时间比率。则任务集 T 的利用率 U 定义为任务集 T 中所有任务的累积利用率：

$$U = \sum_{i=1}^{n} u_i = \sum_{i=1}^{n} \frac{e_i}{P_i} \tag{10.17}$$

U 是衡量任务集 T 让 CPU 繁忙程度的指标。那 U 的大小和任务集 T 的可调度性之间有必然联系吗？如果 $U \leqslant 1$，任务集 T 一定可调度吗？带着这个问题，再看一个具体实例。

实例 10-4 假设有两个任务 T_1、T_2，其参数如表 10.5 所示。

表 10.5 任务的时间参数

	执行时间（e）	周期（P）	初始相位（I）
T_1	2	5	0
T_2	3	7	0

根据 RM 算法，T_1、T_2的执行序列如图 10.11 所示。在该实例中，如果任意增加某个任务的执行时间（哪怕增加一点点），都会造成 T_1或者 T_2的不可调度，而此时两个任务的累积利用率为 $U = 2/5 + 3/7 = 0.83 < 100\%$。

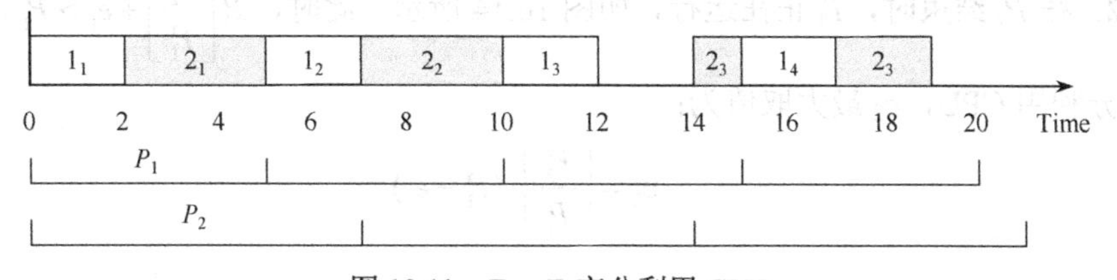

图 10.11 T_1、T_2充分利用 CPU

该现象在实时调度领域被称为充分利用 CPU，即如果某个调度算法（如 RM 算法）使得任务集 T 充分利用 CPU，则意味着：①该调度算法能确保每个任务的可调度性；②如果增加任何一个任务的执行时间（哪怕只增加一点点），都会造成任务集的其他任务不可调度，即其他任务错过截止时间。

根据实例 10-3，可知如果一个任务集 T 充分利用了 CPU，并不一定意味着利用率 $U=100\%$；反之，如果利用率 $U<100\%$，也并不一定意味着任务集 T 一定可调度。

基于充分利用 CPU 原理，对 RM 算法做进一步可调度性分析，可得到判定任务集 T 可调度性的充分条件。

定理 1：对于任何一个由 n 个周期任务组成的任务集 T，如果在 RM 算法下调度执行，并充分利用了 CPU，则该任务集 T 一定存在一个利用率下限 $n(2^{(1/n)}-1)$。

为了证明定理 1，先由易到难，考虑系统中有两个任务的情况，即对于任何一个由 2 个周期任务 T_1 和 T_2 组成的任务集 T，如果在 RM 算法下调度执行，并充分利用了 CPU，则 T_1 和 T_2 一定存在一个利用率下限 $2(2^{(1/2)}-1)$。

证明：

假设 $P_1<P_2$，$I_1=I_2=0$，

根据 RM 算法，Priority（T_1）> Priority（T_2），

则在$[0, P_2]$内，T_1 成功运行了 $\left\lfloor \dfrac{P_2}{P_1} \right\rfloor$ 次，如图 10.12 所示，那 T_2 的执行时间 e_2 最大可取多少才能充分利用 CPU，并且确保 T_1 和 T_2 可调度呢？

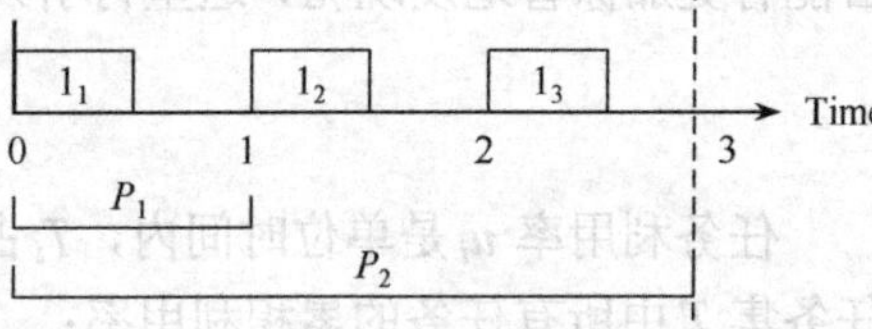

图 10.12　P_2 结束时，T_1 没有运行

情况 1：在 P_2 结束时，T_1 没有运行，如图 10.12 所示，此时，$P_1\left\lfloor \dfrac{P_2}{P_1} \right\rfloor + e_1 \leqslant P_2$，如果要让 T_1 和 T_2 充分利用 CPU，e_2 最大取值为：

$$e_2 = P_2 - \left\lfloor \frac{P_2}{P_1} \right\rfloor \cdot e_1 \tag{10.18}$$

则，
$$U_{充} = \frac{e_1}{P_1} + \frac{e_2}{P_2} = \frac{e_1}{P_1} + 1 - \frac{e_1\lceil P_2/P_1 \rceil}{P_2} = e_1\left(\frac{1}{P_1} - \frac{\lceil P_2/P_1 \rceil}{P_2}\right) + 1 \tag{10.19}$$

根据式（10.19），$U_{充}$是随着 e_1 的增加而减小的函数，如图 10.13 所示的虚线左边。

除了情况 1 外，还存在另一种情况，即：

情况 2：在 P_2 结束时，T_1 正在运行，如图 10.14 所示，此时，$P_1\left\lfloor \dfrac{P_2}{P_1} \right\rfloor + e_1 > P_2$，如果要让 T_1 和 T_2 充分利用 CPU，e_2 最大取值为：

$$e_2 = \left\lfloor \frac{P_2}{P_1} \right\rfloor \cdot (P_1 - e_1) \tag{10.20}$$

则，$U_{充}=\frac{e_1}{P_1}+\frac{e_2}{P_2}=\frac{e_1}{P_1}+\left\lfloor\frac{P_2}{P_1}\right\rfloor\left\{\frac{P_1}{P_2}-\frac{e_1}{P_2}\right\}$

$$=\frac{P_1}{P_2}\left\lfloor\frac{P_2}{P_1}\right\rfloor+e_1\left\{\frac{1}{P_1}-\frac{\lfloor P_2/P_1\rfloor}{P_2}\right\} \tag{10.21}$$

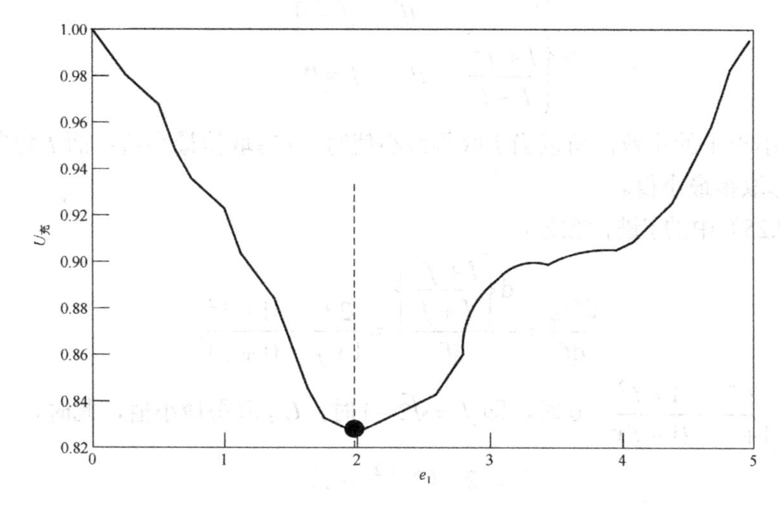

图 10.13　$U_{充}$与 e_1 的关系

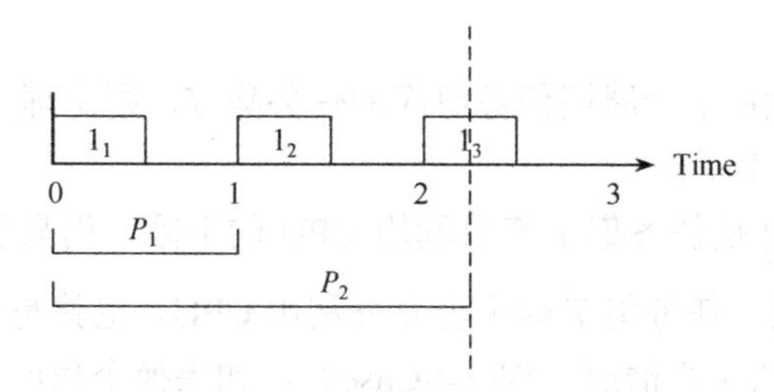

图 10.14　P_2 结束时，T_1 正在运行

根据式（10.21），$U_{充}$是随着 e_1 的增加而增加的函数，如图 10.13 所示的虚线右边。

综合式（10.19）和式（10.21），如果 T_1 和 T_2 充分利用 CPU，$U_{充}$存在一个最小值，该最小值在式（10.22）成立的情况下取得。

$$P_1\left\lfloor\frac{P_2}{P_1}\right\rfloor+e_1=P_2 \tag{10.22}$$

令

$$\frac{P_2}{P_1}=I+f \tag{10.23}$$

$$\left\lceil\frac{P_2}{P_1}\right\rceil=\begin{cases}I & if \quad f=0\\ I+1 & if \quad f\neq 0\end{cases} \tag{10.24}$$

这里的 I 为 P_2/P_1 的整数部分（I 为自然数），f 为 P_2/P_1 的小数部分。

将式（10.19）和式（10.22）合并，并将式（10.19）带入，可得：

$$U_{充}=1+\frac{P_2-P_1\left\lfloor\frac{P_2}{P_1}\right\rfloor}{P_1}-\frac{P_2-P_1\left\lfloor\frac{P_2}{P_1}\right\rfloor}{P_2}\left\lceil\frac{P_2}{P_1}\right\rceil$$

$$=\begin{cases}1 & if \quad f=0\\ \dfrac{I+f^2}{I+f} & if \quad f\neq 0\end{cases} \tag{10.25}$$

因为f为小于1的小数，所以当I取得最小值时，$U_{充}$取得最小值；而I为自然数，所以当I=1时，$U_{充}$取得最小值。

对式（10.25）中的f进行微分，

$$\frac{\mathrm{d}U_{充}}{\mathrm{d}f}=\frac{\mathrm{d}\left\{\dfrac{I+f^2}{I+f}\right\}}{\mathrm{d}f}=\frac{2f}{1+f}-\frac{1+f^2}{(1+f)^2}$$

所以，当$\frac{2f}{1+f}-\frac{1+f^2}{(1+f)^2}$=0时，即$f=\sqrt{2}-1$时，$U_{充}$取得最小值，此时，

$$U_{充}=2\ (2^{(1/2)}-1) \tag{10.26}$$

即说明如果在RM算法下调度执行，T_1和T_2并充分利用了CPU，则一定存在一个利用率下限2（$2^{(1/2)}-1$）。

推而广之，如果考虑由n个周期任务组成的任务集T，则定理1也一定成立，由于篇幅有限，这里就不证明定理1了。

定理1中的$n\left(2^{1/n}-1\right)$是任务集T充分利用CPU的下限，而只要任务集T实际请求的利用率U小于或等于该下限，任务集T就不会充分利用CPU，也就是说，任务集T可调度。因为充分利用CPU是最坏的执行情况（Worst-Case）。如果换个角度理解定理1，可以得到这样的结论：只要式（10.27）成立，则任务集T在RM算法下调度执行一定可调度。

$$U=\sum_{i=1}^{n}\frac{e_i}{P_i}\leqslant n\left(2^{1/n}-1\right) \tag{10.27}$$

这就是判定任务集T可调度性的充分条件。反之，如果任务集T在RM算法下可调度，则式（10.27）不一定成立。

将RM算法可调度性判定的充分必要条件和充分条件做一下对比，发现充分条件在实际操作过程中更加实用，因为只需知道任务数量n、e_i、P_i，便可判断任务集T的可调度性，不再需要根据式（10.12）计算τ_i，也不再需要根据式（10.11）和式（10.13）依次对各任务和任务集T进行判定。

表10.6　不同任务数量下的可调度性判定上限

n	可调度性判定上限：n（$2^{(1/n)}-1$）
1	1
2	0.828
3	0.780
4	0.757
5	0.743
6	0.735
…	…
∞	ln2

判定条件（式（10.27））的右边只与任务的数量有关，表10.6列举了不同任务数量下的可调度性判定上限。极限情况下，如果系统中共有∞个任务，则n（$2^{(1/n)}-1$）将趋向于ln2=0.69。这意

味着，无论系统中有多少个任务，只要任务请求的累积利用率小于或等于 0.69，则每个任务一定可调度。

前面讨论的似乎很理论化，这些枯燥的形式化描述和一个实际的 RTOS 之间有什么联系呢？RTOS 如何利用 RM 算法的可调度性充分判定条件来满足任务的实时性呢？对于 RTOS 而言，调度策略和算法本质上就是确定任务的优先级，调度机制则是负责具体的调度实施，如实现从就绪队列中找到最高优先级的线程来执行，改变任务运行状态等。

当用户向 RTOS 提出请求时，会调用 API 创建相应任务，如 aCoral 通过 acoral_create_thread（route,stack_size,args,name,prio,CPU）创建任务［详见 6.3.1 节（普通线程）］；而 uC/OS II 通过 OSTaskCreate（TaskStart, （void *）0, &TaskStartStk[TASK_STK_SIZE - 1], Priority）创建任务，创建时需指定几个参数，如任务执行函数名、任务参数、任务堆栈和优先级等，其中一个很重要的与调度策略相关的参数就是优先级。如果系统采用 RM 调度算法，这里的优先级就是根据任务的周期确定，即哪个任务的周期更短，则哪个任务的优先级就更高。根据 6.3.1 节，acoral_create_thread()的最后是将新创建的任务挂载到就绪队列尾部，并且进入调度点，调用调度程序（Scheduler）来安排任务的执行，如图 10.15 所示，就绪队列中有 4 个任务，其优先级根据 RM 算法而定，分别为 4、6、3、9。此时，如果这 4 个任务的累积利用率 U 小于或等于 $4(2^{(1/2)}-1)=0.757$，则这 4 个任务在 RM 算法下就是可调度的，这样，内核调度程序只需从就绪队列中找到最高优先级的任务来运行，并在后续的调度点（每个任务周期开始的时刻）也依据上述优先级序列安排任务执行，即可确保每个任务都能在各自的截止时间之前完成。

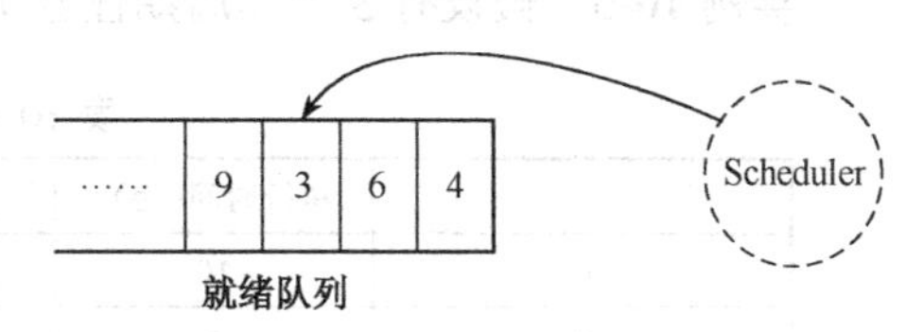

图 10.15　查询最高优先级的线程

根据前面的描述，RM 调度算法是一个固定优先级的调度算法，属于静态优先级策略，一旦任务优先级确定，将不会随着系统运行而发生变化。此外，RM 算法也是静态调度中的最优调度算法，即如果一组任务能被任何静态优先级算法所调度，则这些任务在 RM 调度算法下也是可调度的，由于篇幅有限，本章也不详细证明 RM 调度算法的最优性了。

10.2.5　EDF 调度算法

RM 调度算法无疑是一个成功的实时调度算法，它奠定了实时调度算法研究的基础。但是，当系统中任务数量较多时，其可调度性上限仅为 ln2=0.69，该 CPU 利用率对大多数系统而言是很低的；此外，即使任务请求的 CPU 利用率<1，但如果大于给定的可调度性上限，仍然可能造成任务的截止时间被错过。最后，RM 调度算法还有一个假设条件：A1 所有任务都是周期任务（10.2.4 节），而在现实的实时系统中，并非所有的任务都是周期运行的，如果 A1 假设不成立，那又如何确保任务的实时性呢？

为支持非周期任务的处理，比较简单的办法是以后台方式处理非周期任务，或者把就绪的非周期任务组织成一个队列，然后用周期性地查询该队列是否有非周期任务的方式来处理。后台处理非周期任务的方式效率比较低，非周期任务只有在所有周期任务都没有执行的情况下才会得到调度；周期性查询方式相对来说性能会好一点，但有可能出现查询完成，就有非周期任务就绪的情况，这将导致该任务要等待下一个轮询周期才能得到执行。

此外，还可预留一个虚拟（Fictitious）最高优先级周期任务来处理非周期任务。如图 10.16

所示，调度程序预留了一个虚拟的周期为 5 的任务来处理非周期任务，其他空闲点将安排其他周期任务的执行。

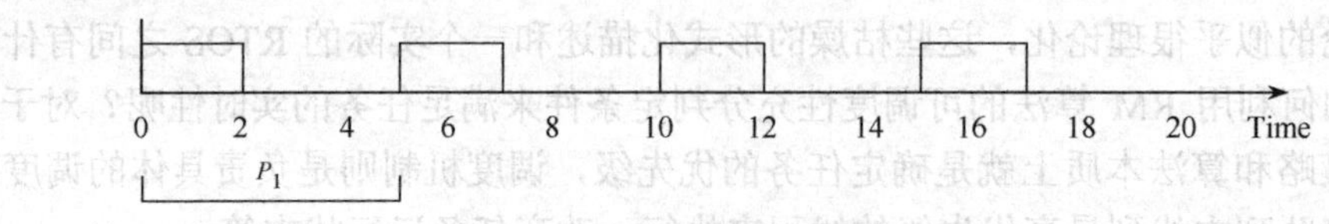

图 10.16　查询最高优先级的线程

解决非周期任务调度的另一经典策略是 EDF 算法[15]。EDF 算法就是最短截止时间优先（Earliest Deadline First）的意思，即依据任务的截止时间来确定任务的优先级序列，然后内核调度程序将根据该优先级序列安排任务的具体执行和任务切换。EDF 算法的调度准则：任务的绝对截止时间越短，则任务优先级越高；任务的绝对截止时间越长，则任务优先级越低。当有新任务到达系统且进入就绪队列时，任务的优先级就有可能需要动态调整。下面给出一个具体例子，看看内核是如何根据 EDF 算法来调度实时任务的。

实例 10-5　假设有 3 个非周期任务 T_1、T_2、T_3，其参数如表 10.7 所示。

表 10.7　任务的时间参数

	执行时间（e）	绝对截止时间（D）	就绪时间（r）
T_1	10	30	0
T_2	3	10	4
T_3	10	25	5

根据 EDF 算法，可知这三个任务的优先级顺序为 Priority（T_2）> Priority（T_3）> Priority（T_1），内核调度程序将根据该顺序按照图 10.17 的序列安排任务运行。

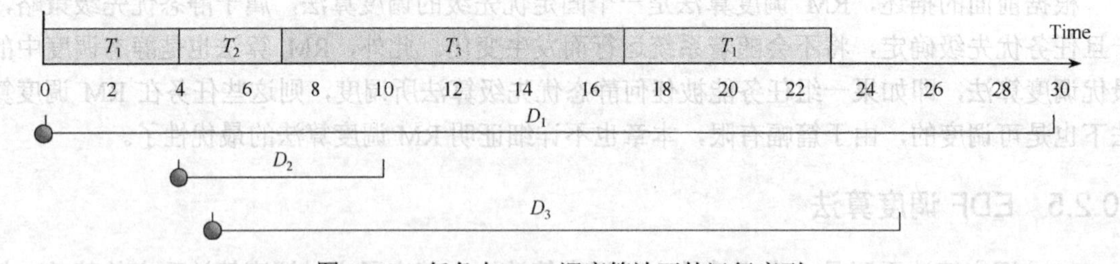

图 10.17　任务在 EDF 调度算法下的运行序列

EDF 调度算法是最优的动态调度算法，即对于给定任务集 T，如果 EDF 调度不能满足其可调度性，则没有其他调度算法能满足该任务集 T 的可调度性。EDF 算法的可调度性判定上限为 100%，即在 EDF 算法下调度任务集 T，任务的可调度充分非必要条件为式（10.28），由于篇幅有限，就不证明 EDF 调度算法的最优性和可调度判定条件了，详细的可调度性分析可参考相关文献[15]。

$$U=\sum_{i=1}^{n}\frac{e_i}{D_i}\leqslant 1 \tag{10.28}$$

与基于固定优先级的静态调度算法 RM 算法相比，采用基于动态优先级调度的 EDF 算法的优点在于：EDF 算法的可调度性上限为 100%，使得 CPU 计算机能力能充分利用起来。但 EDF 调度算法的缺点是：在实时系统中，其可操作性不高，因为内核调度程序需要在系统运行过程中动态地计算任务的优先级，调度实现开销较大。此外，在系统出现临时过载的情况

下，EDF 调度算法不能确定哪个任务的截止时间得不到保障。为此，C. Liu 和 J. Layland 等提出了一种混合调度策略，即大多数任务都采用 RM 算法进行调度，只有少量任务采用 EDF 调度算法。尽管该策略不能让 CPU 利用率达到 100%，但却综合了两种调度算法的优点，使其变得可操作。

10.3　优先级反转及解决办法

10.2.4 节的 RM 算法假设任务是相互对立的，且任务在任何时刻都能被抢占（A4、A5、A6），在实际系统中，任务之间往往存在着一定前驱后继关系，或者任务之间需要互斥访问共享资源。如果任务运行过程中需要访问共享资源，任务运行过程会对 RM 算法造成什么影响呢？RM 算法又如何确保任务的可调度性呢？

如果某一任务高优先级任务需要访问某一共享资源，而该共享资源又正在被另一低优先级任务访问，高优先级任务将会被阻塞。阻塞使得高优先级任务必须等待低优先级的任务，如果阻塞时间过长，即使在 CPU 利用率比较低的情况下，也可能出现任务截止时间不能确保的情况，为了在系统中维持一个比较高的可调度性，需要通过一定的机制来使发生阻塞任务的情况降到比较低的程度。

在操作系统中，通常的实现互斥资源访问的机制是信号量（Semaphore）、互斥量（Mutex）、锁（Lock）等，为保护共享资源的一致性，使用这些方法是必需的，但在 RTOS 中，应确保使用这些方法后系统的实时性仍能得到满足。事实上，直接应用这些同步、互斥机制将导致系统中出现优先级反转和较低可调度性的情况，先看一个具体例子［该实例在 6.6.1 节（互斥量）提到过，为了本章内容的连贯性，这里再次列举该实例］。

实例 10-6　假设有 3 个任务 T_1、T_2、T_3，其优先级序列为 Priority(T_1)>Priority(T_2)>Priority(T_3)，T_1、T_2、T_3 的到达系统的时间分别是 0、t_1、t_3，运行过程中，T_1 和 T_3 会访问共享资源 S（图 10.18 的黑色部分），T_2 不会访问 S。

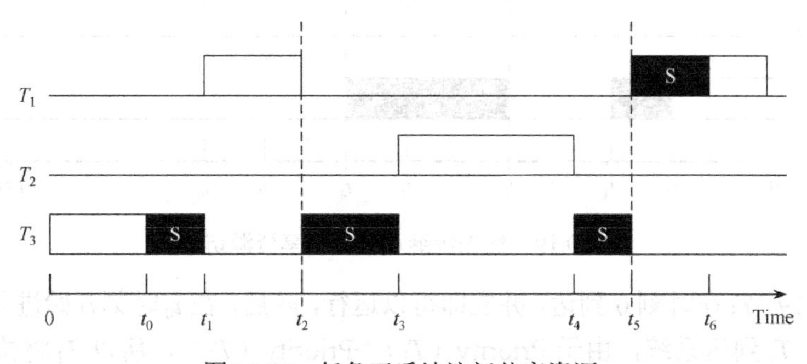

图 10.18　任务互斥地访问共享资源

根据图 10.18，T_3 在时刻 0 到达，并立即得以运行，随后，在 t_0 时刻开始进入临界区访问共享资源 S。

在时刻 t_1，T_1 到达系统，由于 Priority（T_1）>Priority（T_2），所以 T_1 将抢占 T_3 获得运行权，在时刻 t_2，T_1 欲访问共享资源 S，而此时资源 S 仍然被 T_3 使用，这样，T_1 将会被切换到等待队列，CPU 的执行权重新交给 T_3，T_3 继续访问 S。

在时刻 t_3，T_2 到达系统，由于 Priority（T_2）>Priority（T_3），所以 T_2 将抢占 T_3 获得运行权，直到时刻 t_4，T_2 执行结束，离开系统，此时，CPU 的执行权重新交给 T_3，T_3 继续访问 S。

在时刻 t_5，T_3 结束共享资源 S 的访问，释放共享资源 S，这样，T_1 获得 CPU 的执行权和 S 的访问权，开始进入临界区，直到 t_6。

在实例 10-6 中，虽然 Priority（T_2）<Priority（T_1），但 T_2 却延迟了 T_1 的运行，T_2 先于 T_1 执行完，该现象在 RTOS 中被称为优先级反转（Priority Inversion）。理想情况下，当高优先级任务进入就绪状态后，高优先级任务会立即抢占低优先级任务得以运行，但在多个任务需要访问共享资源的情况下可能会出现高优先级任务被低优先级任务阻塞，并等待低优先级任务运行，在此过程中，高优先级任务需要等待低优先级任务释放共享资源，而低优先级任务又在等待不访问共享资源的中等优先级任务的现象，这就是优先级反转。

优先级反转造成了 RM 调度算法的不确定性，那如何解决优先级反转问题呢？RTOS 可采用优先级继承（Priority Inheritance ）协议避免优先级反转。

10.3.1 优先级继承

优先级继承协议是指当一个任务阻塞了一个或多个高优先级任务时，该任务将不使用原来的优先级，而暂时使用被阻塞任务中的最高优先级作为执行临界区的优先级，当该任务退出临界区时，再恢复到其最初优先级。通过一个实例看看优先级继承协议是如何避免优先级反转现象的。

实例 10-7 仍然假设有 3 个任务 T_1、T_2、T_3，其优先级序列为：Priority（T_1）>Priority（T_2）>Priority（T_3），T_1、T_2、T_3 的到达系统的时间分别是 0，t_1，t_3，运行过程中，T_1 和 T_3 会访问共享资源 S（图 10.19 的黑色部分），T_2 不会访问 S，若采用优先级继承协议，三个任务的执行情况如图 10.19 所示。

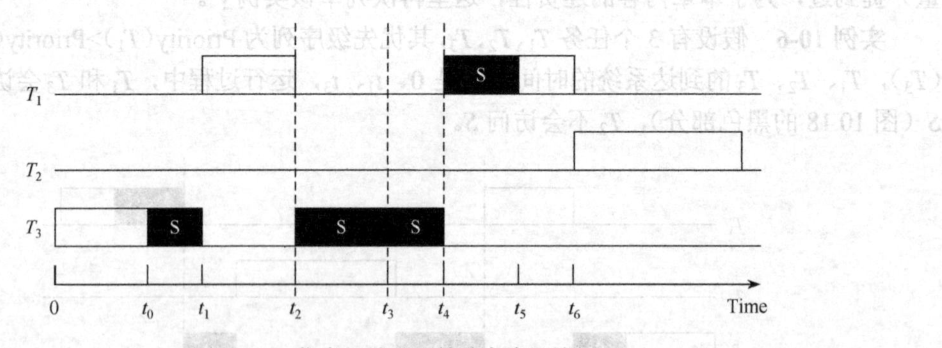

图 10.19 优先级继承下的共享资源访问

根据图 10.19，T_3 在时刻 0 到达，并立即得以运行，随后，在 t_0 时刻开始进入临界区访问 S。

在时刻 t_1，T_1 到达系统，由于 Priority（T_1）>Priority（T_2），所以 T_1 将抢占 T_3 获得运行权，在时刻 t_2，T_1 欲访问 S，而 S 仍然被 T_3 使用。此时，如果采用优先级继承协议，T_3 将会暂时采用（或继承）T_1 的优先级，即采用被阻塞任务中的最高优先级作为执行临界区的优先级，T_1 被切换到等待队列，CPU 的执行权重新交给 T_3，T_3 继续访问 S，但此时 Priority（T_3）=Priority（T_1）。

在时刻 t_3，T_2 到达系统，由于 T_3 已继承了 T_1 的优先级，Priority（T_2）<Priority（T_3），所以 T_2 将不会抢占 T_3，直到时刻 t_4，T_3 结束共享资源 S 的访问，释放共享资源 S，此刻，Priority（T_3）恢复到原来的优先级，即当该任务退出临界区时，恢复到其最初优先级。接下来，T_1 将获得 CPU 的执行权，进入临界区访问 S。

在时刻 t_5，T_1 退出临界区，释放 S。

在时刻 t_6，T_1 结束运行，T_2 才获得 CPU 的执行权，直到运行结束。

由于实例 10-7 采用了优先级继承协议，所以避免了实例 10-6 中的优先级反转现象。优先级继承协议的基本步骤如下。

（1）如果任务 T 为具有最高优先级的就绪任务，则 T 将获得 CPU 运行权，在任务 T 进入临界区前，需要首先通过 RTOS 提供的 API 请求获得该临界区的互斥量 S［如前面提到的 acoral_mutex_pend()（代码 6.111）；在 uC/OS II 下，通过 OSMutexPend()请求获得互斥量］。

如果互斥量 S 已经被上锁，则任务 T 的请求被拒绝。在该情况下，任务 T 被拥有互斥量 S 的任务所阻塞；

如果互斥量 S 未被上锁，则任务获得互斥量 S 而进入临界区。当任务 T 退出临界区时，使用临界区过程中所上锁的信号将被解锁［如调用 aCoral 的 acoral_mutex_post()，uC/OS II 的 OSMutexPost()］，此时，如果有其他任务因为请求临界区而被阻塞，则其中具有最高优先级的任务将被激活，处于就绪状态。

（2）任务 T 将保持被分配的原有优先级不变，除非任务 T 进入了临界区并阻塞了更高优先级的任务。如果由于 T 进入临界区而阻塞了更高优先级的任务，则 T 将继承被任务 T 阻塞的所有任务的最高优先级，直到任务 T 退出临界区。当 T 退出临界区时，将恢复到进入临界区前的原有优先级。

（3）优先级继承具有传递性。例如，假设有 3 个任务 T_1、T_2、T_3，其优先级序列为 Priority（T_1）>Priority（T_2）>Priority（T_3），如果 T_3 阻塞了 T_2，此前 T_2 又阻塞了 T_1，则 T_3 将会通过 T_2 继承 T_1 的优先级。

优先级继承协议在 aCoral 中的实现及其代码分析请参考 6.6.1 节（互斥量）。

当采用优先级继承协议时，高优先级任务被低优先级任务阻塞的最长时间为高优先级任务中可能被所有低优先级任务阻塞的最长临界区执行时间。此外，如果有 x 个互斥量可能阻塞某个任务 T，则该任务最多可被阻塞 m 次，因此，对于某个任务 T，系统运行前就能够确定任务的最大阻塞时间。由于篇幅有限，关于这两个性质的详细证明略过。

在优先级继承协议中，高优先级任务在两种情况下可能被低优先级任务所阻塞：①直接阻塞，如果高优先级任务欲获得一个已被上锁的互斥量，则该任务将被阻塞；②间接阻塞，由于低优先级任务继承了高优先级任务的优先级，使得中等优先级任务被原来分配的低优先级任务阻塞。这种阻塞是必需的，可用来避免高优先级任务被中等优先级任务间接抢占。

根据前面的描述，似乎优先级继承协议已经可以很好地解决优先级反转的问题，那在具体应用中，该协议是否会引起别的什么问题吗？再来看一个例子。

实例 10-8　假设有 2 个任务 T_1、T_2，其优先级序列为 Priority（T_1）>Priority（T_2），运行过程中，T_2 先到达系统，并且先后访问临界资源 S_2 和 S_1，在此过程中，T_2 到达系统，并且先后访问临界资源 S_1 和 S_2，如果采用优先级继承协议，会出现什么情况呢？请看图 10.20。

图 10.20（a）的时刻 t_0，T_2 到达系统，接下来的时刻 t_1，T_2 进入临界区访问共享资源 S_2。

在 T_2 访问临界资源 S_2 的过程中，时刻 t_2，T_1 到达系统，由于 Priority（T_1）>Priority（T_2），所以 T_1 将抢占 T_2 的执行，如图 10.20（b）所示。

在时刻 t_3，T_1 进入临界区访问临界资源 S_1，在 T_1 访问 S_1 的过程中，T_1 又在时刻 t_4 申请进入临界区访问另一共享资源 S_2，而此时，S_2 仍然被 T_2 所使用，根据优先级继承协议，T_1 将会被切换到阻塞状态，等待 S_2，而 T_2 将暂时继承 T_1 的优先级，即 Priority（T_1）=Priority（T_2），如图 10.20（c）所示。

接下来的时刻 t_5，T_2 将获得执行权，T_2 又申请进入临界区访问临界资源 S_1，而此时，S_1 是正在被 T_1 所使用的，于是 T_2 也会进入阻塞状态等待 S_1，如图 10.20（d）所示。这种情况下，死锁就出现了。

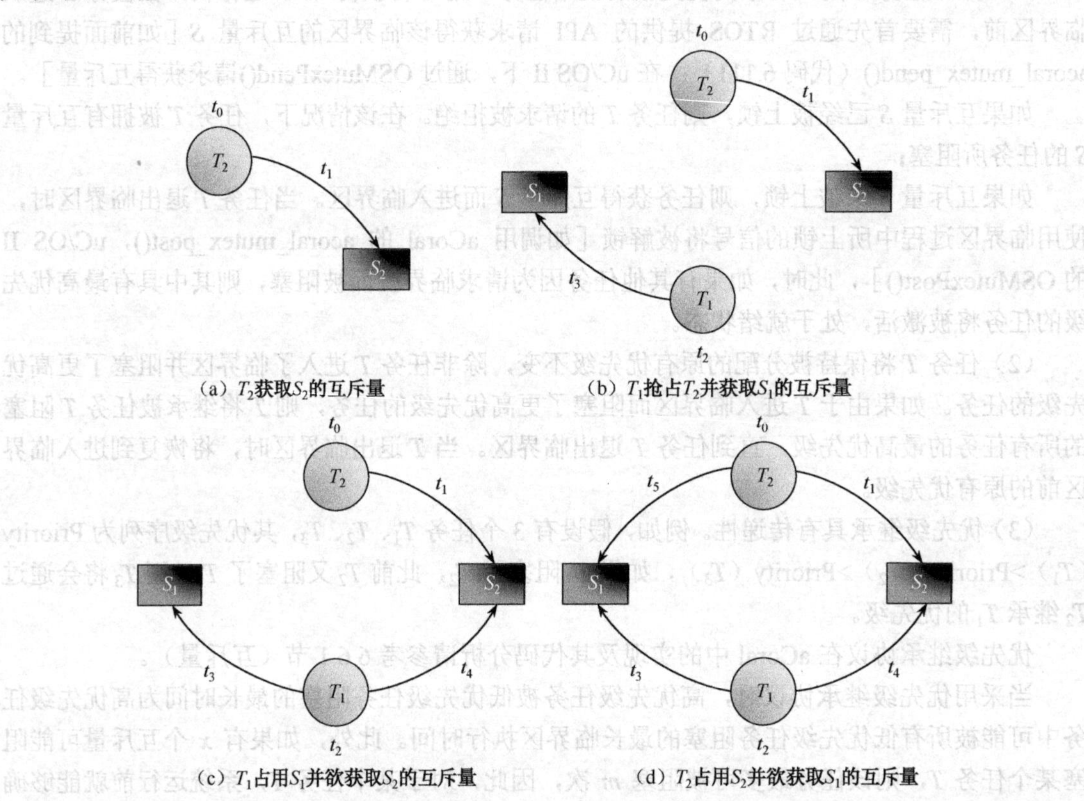

图 10.20　优先级继承协议造成的死锁

死锁是任何一个操作系统都要竭力避免的问题，对于 RTOS 而言，更需要严格避免死锁，因为它会引起系统运行的不确定性，甚至造成系统崩溃。此外，虽然前面提到任务的阻塞时间是有界的，但由于可能出现阻塞链，使得任务阻塞时间可能会比较长，这对于强实时任务来说，也是难以接受的。那有没有一种方式，既能解决优先级反转问题，又能避免死锁和阻塞链呢？这就是优先级天花板协议。

10.3.2　优先级天花板

优先级天花板协议是针对控制访问临界资源而设计的一种避免优先级反转的办法。天花板本质上是针对某一个互斥量的一个数值，这样，互斥量的优先级天花板为所有使用该互斥量的任务的最高优先级，如实例 10-9。

实例 10-9　假设有 3 个任务 T_1、T_2、T_3，其优先级序列为 Priority(T_1)>Priority(T_2) >Priority（T_3），任务运行过程中，可能会访问 4 个临界资源 S_1、S_2、S_3、S_4，任务需要访问的临界资源如表 10.8 所示。

表 10.8　互斥量的优先级天花板

临界资源	访问临界资源的任务	互斥量的优先级天花板
S_1	T_1, T_2	Priority（T_1）
S_2	T_1, T_2, T_3	Priority（T_1）
S_3	T_3	Priority（T_3）
S_4	T_2, T_3	Priority（T_2）

根据优先级天花板的定义，临界资源 S_1 的互斥量的天花板是 Priority（T_1）（即所有使用该互斥量 S_1 的任务的最高优先级），临界资源 S_2 的互斥量的天花板也是 Priority（T_1），临界资源 S_3 的互斥量的天花板为 Priority（T_3），临界资源 S_4 的互斥量的天花板为 Priority（T_2）。

在使用优先级天花板协议时，如果任务获得互斥量，则在任务进入临界区之前，任务的优先级被提升到它所获得的互斥量的优先级天花板。该协议的具体要求如下：

（1）创建互斥量时，设置互斥量的优先级天花板为可能申请该互斥量的所有任务中具有最高优先级的任务的优先级。

（2）如果某任务 T 成功获取互斥量，该任务 T 的优先级将被临时提升到互斥量的优先级天花板，直到 T 退出临界区，释放互斥量，T 的优先级恢复到最初优先级。

（3）如果任务 T 没有成功获取互斥量，则它将被切换到阻塞状态。

有了优先级天花板协议，将其应用到实例 10-8，看看执行情况会是什么样呢？

根据优先级天花板的定义，在实例 10-8 中，由于 T_1、T_2 都可能会访问临界资源 S_1，S_2，因此，S_1 的互斥量优先级天花板为 Priority（T_1），S_2 的互斥量优先级天花板也是 Priority（T_1），如表 10.9 所示。采用优先级天花板协议后，任务的执行情况如图 10.21 所示。

表 10.9　实例 10-9 中的互斥量优先级天花板

临界资源	访问临界资源的任务	互斥量的优先级天花板
S_1	T_1, T_2	Priority（T_1）
S_2	T_1, T_2	Priority（T_2）

图 10.21（a）的时刻 t_0，T_2 到达系统，接下来的时刻 t_1，T_2 进入临界区访问临界资源 S_2。根据优先级继承协议，如果任务获得互斥量，则在任务执行临界区的过程中，任务的优先级被提升到获得互斥量的优先级天花板，而 S_2 的互斥量优先级天花板为 Priority（T_1），因此，此时，Priority（T_2）=Priority（T_1）。

在 T_2 访问临界资源 S_2 的过程中，时刻 t_2，T_1 到达系统，由于 T_2 的优先级已经被提升到 S_2 的互斥量优先级天花板 Priority（T_1），而 T_2 尚未释放 S_2，所以 T_1 不能抢占 T_2 的执行，而会被切换到阻塞状态。原本在时刻 t_3，T_1 应该进入临界区访问临界资源 S_1，由于使用了优先级天花板协议，所以，T_1 也不能在时刻 t_3 获取 S_1 的互斥量，如图 10.21（a）所示。

图 10.21（b）的时刻 t_4，T_2 在访问临界资源 S_2 的过程中，继续成功获取临界资源 S_1 的互斥量。

接下来，T_2 相继在时刻 t_5 和 t_6 结束临界资源 S_2 和 S_1 的访问，释放其互斥量，T_2 的优先级也恢复到最初的优先级，如图 10.21（c）所示。

最后，T_1 相继在时刻 t_7 和 t_8 获取成功临界资源 S_1 和 S_2 的互斥量，依次访问临界资源 S_1 和 S_2，如图 10.21（d）所示。

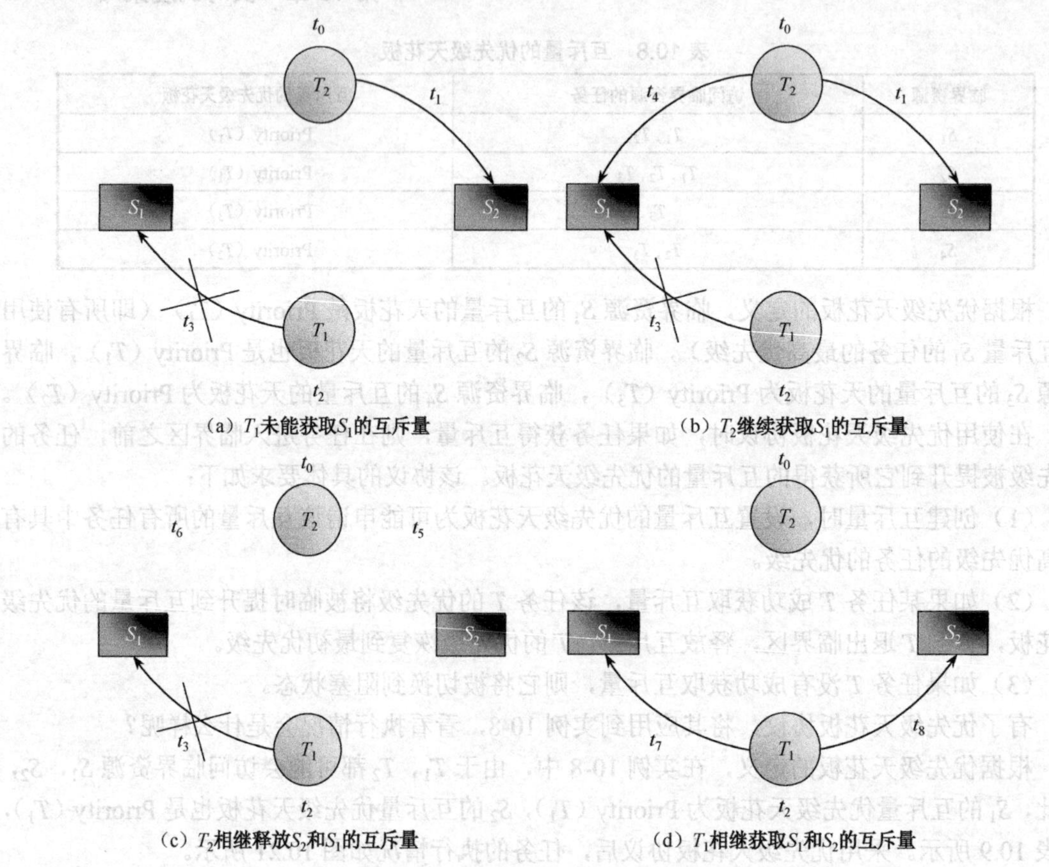

图 10.21　优先级天花板协议避免死锁

可见，上述运行过程在应用优先级天花板协议后，避免了死锁的发生。接下来的问题是，当 RM 调度算法采用优先级天花板协议后，对任务的可调度性有什么影响呢？当使用 RM 调度算法，并应用优先级天花板协议调度任务集 T 时，其可调度性判定充分条件将依据定理 2。

定理 2：对于任何一个由 n 个周期任务组成的任务集 T，如果在 RM 算法和优先级天花板协议下调度执行，并充分利用了 CPU，则对于任务$\{T_1, T_2, \cdots, T_i\}$，一定存在一个利用率下限：$i\ (2^{(1/i)}-1)$，$i \in \{1,2,\cdots,n\}$。

同理，如果换个角度理解定理 2，可以得到这样的结论：只要式（10.29）成立，则任务$\{T_1, T_2, \cdots, T_i\}$在 RM 算法和优先级天花板协议下调度执行一定可调度，$i \in \{1,2,\cdots,n\}$。

$$U=\sum_{j=1}^{i}\frac{e_i}{P_i}+\frac{e_i}{b_i}\leqslant i\cdot\left(2^{1/i}-1\right) \tag{10.29}$$

这里的 b_i 为可能引起任务 T_i 阻塞的所有其他任务的临界区执行时间的最大值。由于篇幅有限，有关定理 2 的证明及 b_i 的定义就不详述了，大家可参考相关文献[15]。

与优先级继承协议相比，优先级天花板协议在实施过程中，只需改变一次占用某个临界资源的任务的优先级，而优先级继承协议却可能多次改变占有某个临界资源的任务的优先级。从这个角度而言，优先级天花板协议效率更高，因为多次改变任务优先级会引入更多的额外开销，导致任务执行临界区的时间增加。

此外，当使用优先级天花板协议时，一旦任务 T 获取某一临界资源，其优先级就会被提升到可能的最高优先级程度，而不管此后该任务 T 在使用该资源的过程中是否真的有其他高优先级任务申请临界资源，这样有可能影响某些中间优先级任务的响应时间，因此，优先级天花板协议考虑的是最坏情况。而在使用优先级继承协议时，只有当高优先级任务申请已被低优先级任务占有的临界资源时，才会提升低优先级任务的优先级，因此，相比而言，优先级继承协议对任务执行流程的影响较小。

10.4　提高系统实时性的其他措施

本章前几节介绍了 RTOS 的调度策略及算法，其核心问题是确保实时任务的时间约束（如截止时间），RM 和 EDF 算法是保障实时任务性能的经典调度算法。对于一个 RTOS 而言，仅仅有实时调度策略和算法就足以确保系统实时性吗？显然不够，它仍需在其他方面提供特殊措施来确保系统的总体性能。这里先来看看评价一个 RTOS 的性能指标。

10.4.1　评价 RTOS 的性能指标

RTOS 内核在实时系统性能确保过程中起着至关重要的作用，各种量化的性能对评价一个 RTOS 内核好坏提供了客观依据，也为用户选择 RTOS 提供了参考。这些指标中，主要分为时间性能指标和存储开销指标。

1. 时间性能指标

RTOS 的内核时间性能指标主要包括以下几个：

（1）中断延迟时间：是指从中断发生到系统获取和识别中断，并且开始执行中断服务程序所需的最大滞后时间。

（2）中断响应时间：是指从中断发生到开始执行用户中断服务程序第一条指令之间的时间。中断响应时间和中断延迟时间的区别在于后者是到中断服务程序的第一条指令的时间；而前者是指到用户中断服务程序第一条指令之间的时间。对于可抢占调度的 RTOS，中断响应时间=中断延迟时间+保存 CPU 内部寄存器的时间+内核中断服务程序入口函数的执行时间。

（3）中断恢复时间：是指用户中断服务程序结束后返回到被中断程序之间的时间。对于可抢占调度的 RTOS，中断恢复时间=内核中断服务程序出口函数的执行时间+恢复即将运行任务的 CPU 现场的时间+中断返回指令的时间。

（4）内核最大关中断时间：是指内核禁止中断响应的最大时间。如何使该指标尽可能小是 RTOS 内核设计需要仔细考虑的问题。如果在程序一开始进入内核系统调用时就禁止中断，以达到对内核服务中的临界区代码保护的目的，将会造成比较长的关中断时间，影响实时任务的响应性。其实，内核临界区代码中存在一些非临界区代码，可以在这些地方暂时打开中断，插入抢占点，可以大大缩短内核最大关中断时间，提高对实时任务的响应性。

（5）任务上下文切换时间：任务上下文切换是指 CPU 的执行权由当前任务 T_{cur} 切换到下一个就绪任务 T_{next} 的过程。这样，任务上下文切换时间=保持当前任务 T_{cur} 的 CPU 寄存器值的时间+从就绪队列中选择下一个就绪任务 T_{next} 的调度时间+ 恢复将要运行任务 T_{next} 的 CPU 寄存器值的时间。任务上下文切换是 RTOS 中频繁发生的动作，其时间的快慢直接影响到系统性能。

（6）任务响应时间：是指任务 T 对应的中断被触发到 T 真正开始运行这一过程所花费的时间，任务响应时间又称为调度延迟。在 RTOS 中，任务 T 可能等待某些外部事件来激活，而外部事件会触发中断，当中断发生时，如果该中断对应着一个比当前运行任务 T_{cur} 优先级更高的任务 T_{high}，即该中断的服务程序使这个高优先级任务 T_{high} 进入就绪状态，则当前运行任务 T_{cur} 必须立即暂停，使这个高优先级任务进入运行状态，任务响应时间就是指这一过程所花费的时间。因此，任务响应时间=中断延迟+中断服务程序执行时间+中断嵌套时间+前者被禁止的时间+调度时间+上下文切换时间。可见，内核调度算法是决定调度延迟的主要因素，在基于优先级抢占调度的 RTOS 中，调度延迟是比较小的，因为这种内核是即时抢占的，一旦系统或任务状态发生了变化，有任务抢占要求时，内核调度程序 scheduler 就会被调用，在这里将执行相应的调度算法，如 RM 或 EDF 等。而有的操作系统内核并非随时都能被抢占，需要在一定的调度时刻才能调用调度程序，这种操作系统的任务响应时间就会长一些。

（7）系统调用的执行时间：是调用 RTOS 内核服务所花的时间，如 aCoral 的挂起任务 acoral_suspend_thread()；uC/OS II 的挂起任务 OSTaskSuspend ()、创建信号量 OSSemCreate () 等。由于调用系统调用情况和参数有差别，每一个系统调用的每次执行都可能会经历不同的路径，其执行时间都不是一个定值，因此，大家往往关心其最大执行时间。

上述指标中，内核最大关中断时间、任务上下文切换时间和任务响应时间是评价 RTOS 内核实时性的三项重要指标。这些指标中，有些指标可以直接测试得到，如中断恢复时间，而有些需要通过对测试数据进行分析后才能得到，如任务上下文切换时间。一般来说，要测量某个物理量，所用工具或方法的精度要比被测对象的精度高出一个数量级，对于 RTOS 内核，任务响应时间往往都在 us 级，那么测试方法的精度至少应该在 0.1us 级。

如果要对不同 RTOS 内核时间性能进行比较，须考虑测试得到的数据是否具有可比性，一般而言，应考虑如下因素：①在比较系统调用执行时间时，应确定其功能是否完全相同；②测试的硬件环境，如 CPU 工作频率、主存访问速度、RAM 及 Cache 的大小，各项指标是否在同一测试设备上测得等。

2. 存储开销指标

对于在嵌入式实时系统而言，系统存储空间的大小也是很重要的问题，即使现在主存价格不断下降，但是对于成本敏感的嵌入式实时系统，如低端消费电子产品和一些实时控制系统，其存储往往都会尽可能小。在这有限的空间里，不仅要装载 RTOS，还要装载用户程序。因此，在 RTOS 内核定制和应用程序开发时，除了考虑各项时间性能指标外，还应关注内核的存储开销。

10.4.2 提高实时任务响应性的措施

除了提供确保系统实时性的调度算法外，RTOS 还提供了其他措施以提高实时任务的响应性，提升各项性能指标。

1. 内核可抢占

10.2.3 节提到 RTOS 运行过程中，如有更高优先级的任务进入就绪队列，则当前任务将会从就绪队列被切换到等待队列，把 CPU 的控制权交给更高优先级的任务，这就是基于优先级的可抢占调度，可抢占调度可使实时任务的响应时间减小。除此以外，RTOS 往往采取可

抢占内核方式进一步提高任务响应性。

当系统运行时调用了内核服务函数，内核通常是不可抢占的，即不可抢占内核。此时，分为两种情况：①内核服务函数不能被中断；②内核服务函数能被中断但不能调用调度函数 Scheduler 进行任务重调度。前者是系统在执行内核服务函数时处于关中断状态，不能响应外部可屏蔽中断，这会在一定程度上增加中断响应时间。后者是系统在执行内核服务函数时可以响应中断，不会增加中断响应时间，但在中断退出时不能进行任务重调度，即使在中断服务函数执行过程中有更高优先级任务就绪，也必须回到被中断的任务，将未完成的内核函数执行完成后，才能让高优先级任务获得 CPU 执行权，如图 10.22 所示。其具体处理流程如下。

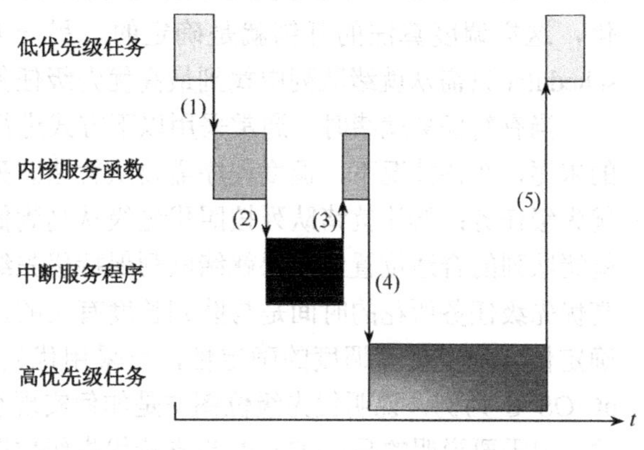

图 10.22　不可抢占内核

（1）低优先级任务调用内核服务函数。

（2）内核服务函数执行过程中，系统发生中断，在允许中断情况下，开始执行中断服务程序。

（3）中断服务程序处理结束，返回到内核服务函数被中断的位置。

（4）内核服务函数执行完成，内核调度函数 scheduler 进行任务调度，切换到刚就绪的高优先级任务。

（5）高优先级任务运行结束或因为其他原因阻塞，scheduler 调度低优先级任务继续执行。

若内核是可抢占的，意味着即使系统运行时调用了内核服务函数，也能响应中断，并且中断服务程序退出时能进行任务重调度。如果有高优先级任务就绪，就立即让高优先级任务运行，不要求回到被中断的任务，将未完成的系统调用执行完，如图 10.23 所示。其具体处理流程如下。

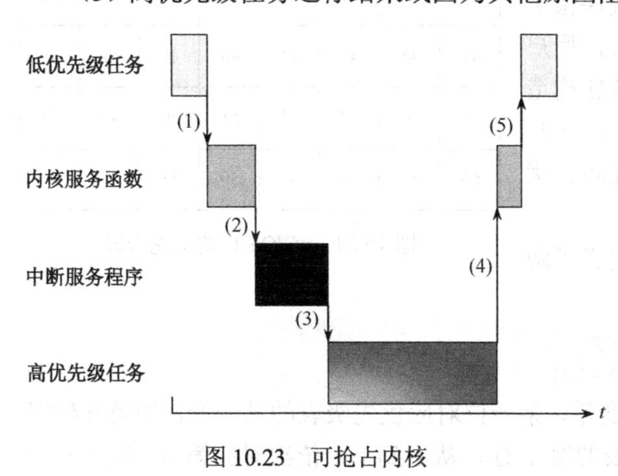

图 10.23　可抢占内核

（1）优先级任务调用内核服务函数。

（2）内核服务函数执行过程中，系统发生中断，在允许中断情况下，开始执行中断服务程序。

（3）中断服务程序处理结束，内核调度函数 scheduler 进行任务调度，切换到刚就绪的高优先级任务。

（4）高优先级任务运行结束或因为其他原因阻塞，系统回到内核服务函数被中断的位置。

（5）内核服务函数执行完成，返回到优先级任务继续执行。

通过图 10.22 和图 10.23，采用抢占式调度策略的内核不一定是可抢占内核，将内核设计成可抢占内核，能进一步提高实时任务的响应性。

2. 调度时间的确定性

根据 10.2.4 节，调度算法的本质是确定任务的优先级序列，若调度算法为静态调度算法，如 RM 算法，则任务优先级是调度前就根据任务周期而定的，不会随着系统的运行而变化，这样调度算法的开销就是确定的。另一方面，一旦调度算法确定后，内核调度程序 scheduler 只需从就绪队列中找到最高优先级任务运行即可。

当有新任务就绪时，通常采用以下方式进行处理：①把就绪任务的 TCB 挂载到就绪队列的末尾，在该情况下，调度程序需要从就绪队列的头部到尾部进行一次遍历，才能找到最高优先级任务；②让就绪队列按照优先级从高到低顺序排列，当有新任务就绪时，需要插入到就绪队列的合适位置，确保就绪队列保持优先级从高到低的顺序。但无论哪种方式，找到最高优先级任务所花的时间是与队列长度有关的，即与任务数量有关，这造成了调度时间的不确定性。为了提高调度的确定性，可采用优先级位图法。为了本章内容的简洁性，下面以 uC/OS II 为例，说明优先级位图法是如何实现查找最高优先级任务花费时间与队列长度无关的。但需要说明的是：aCoral 也支持优先级位图法，但在“从就绪队列中查找最高优先级任务”这个问题上，是对传统优先级位图法做了改进的，因为 aCoral 的某个优先级可以有多个任务与之对应，而传统优先级位图法要求一个优先级只能有一个任务与之对应。

6.1.2 节（线程优先级）提到，uC/OS II 支持 64 个优先级，分别对应优先级 0～63，其中 0 为最高优先级，63 为最低级，一个优先级只对应一个任务，并且一个任务只能有一个优先级。系统保留了 4 个最高优先级任务和 4 个最低优先级任务，用户可以使用的优先级数有 56 个。首先，uC/OS II 构造了一个逻辑上的优先级表[5]，该表是个方阵，一共有 8 行，每行 8 个元素，分别表示 8 个优先级，优先级从右到左依次升高，如图 10.24 所示。

7	6	5	4	3	2	1	0
15	14	13	12	11	10	9	8
23	22	21	20	19	18	17	16
31	30	29	28	27	26	25	24
39	38	37	36	35	34	33	32
47	46	45	44	43	42	41	40
55	54	53	52	51	50	49	48
63	62	61	60	59	58	57	56

图 10.24 uC/OS II 的优先级表

为了存储该优先级表，uC/OS II 首先定义了两个变量。

```
OS_EXT INT8U  PriorityReadyGroup
OS_EXT INT8U  PriorityReadyTable[8]
```

PriorityReadyGroup 是一个 8 位二进制变量，某一位对应优先级表的某一行，如第 0 位对应优先级表的第 0 行，第 1 位对应优先级表的第 1 行，从上到下，依次对应第 0、1、…、7 行，如图 10.25 所示。PriorityReadyGroup 每一位的值要么为“1”，要么为“0”，如果某一位为“1”，意味着该位对应行表示的优先级有就绪任务，如果某一位为“0”，意味着该位对应行表示的优先级没有就绪任务，如第 1 位为“1”，意味着第 1 行表示的优先级（8～15）有就绪任务，第 4 位为“0”，意味着第 4 行表示的优先级（32～39）没有就绪任务。

PriorityReadyTable[8]是一个 8 位二进制数组，数组的下标值与 PriorityReadyGroup 的位数是一一对应，如 PriorityReadyTable [0]对应着 PriorityReadyGroup 的第 0 位，即第 1 行，或优先级（0～7），PriorityReadyTable[2]对应着 PriorityReadyGroup 的第 2 位，即第 2 行，即优

先级（16～23），如图 10.25 所示。另外，PriorityReadyTable[y]每个元素也是一个 8 位二进制变量，每一位对应着该元素下标对应行中的某一列的优先级，其值要么为“1”，要么为“0”，如果某一位为“1”，意味着该元素下标对应行的相应列的优先级有就绪任务，如果某一位为“0”，意味着该元素下标对应行的相应列的优先级没有就绪任务，如PriorityReadyTable[0]=00000001，表示第 0 行、第 0 列对应的优先级（0 号优先级）有就绪任务，PriorityReadyTable[3]=00001010，表示第 3 行、第 1 列和第 3 行、第 3 列对应的优先级（分别为 25、27 号优先级）有就绪任务，如图 10.25 所示。

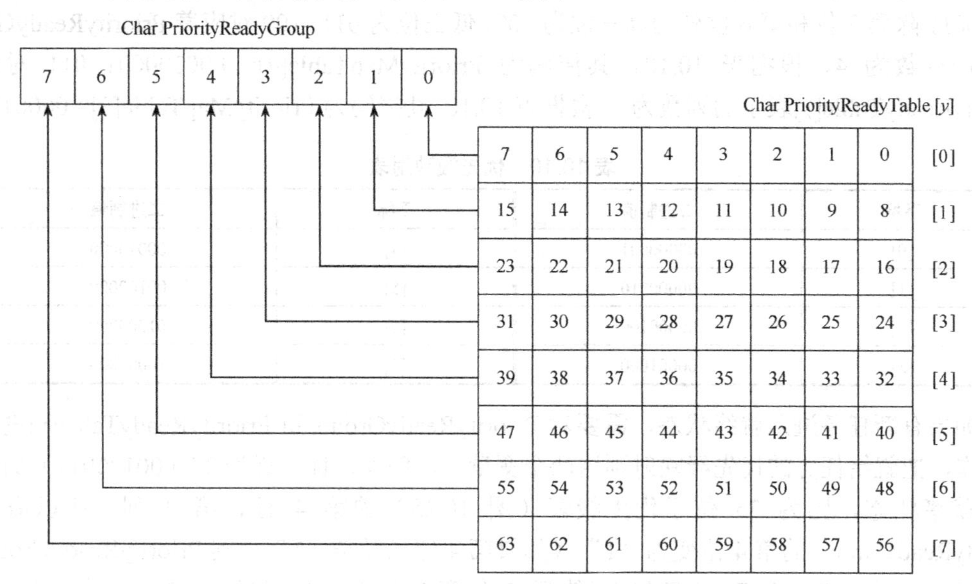

图 10.25　PriorityReadyGroup 和 PriorityReadyTable[y]的关系

用 PriorityReadyGroup 和 PriorityReadyTable[y]来存储如图 10.24 的优先级表以后，任务的优先级便可通过该两个变量来确定。uC/OS II 也通过一个 8 位二进制变量来描述任务优先级，某一位要么为“1”，要么为“0”，其中，第 7 位和第 6 位均为“0”，在剩下的位中，高三位为某一优先级在 PriorityReadyGroup 中指示的优先级表的行数，低三位为某一优先级在PriorityReadyTable[y]中指示的优先级表的列数，如图 10.26 所示。由这高三位和低三位构成的 8 位二进制便可表示某一任务的优先级，如优先级 35，PriorityReadyGroup 的第 4 位（第 4 行，二进制表示为 100）为“1”；100 将占用高三位，PriorityReadyTable[4]的第 3 位（第 3 列，二进制表示为 011）为“1”，011 将占用低三位，这样，00100011 就构成了任务优先级，即 35 号优先级。

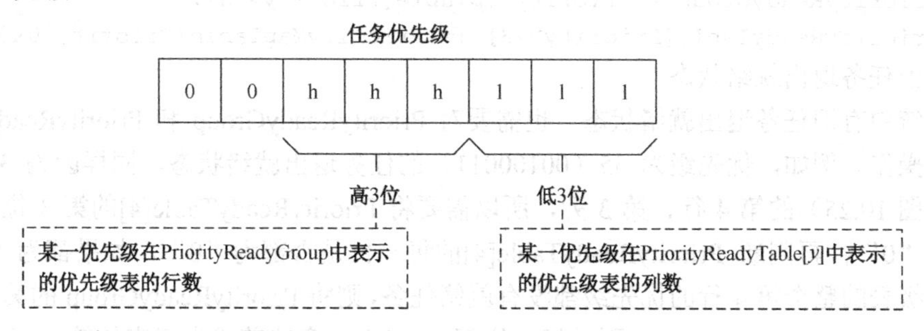

图 10.26　用 PriorityReadyGroup 和 PriorityReadyTable[y]表示任务优先级

（1）新任务进入就绪状态

当系统中有新任务到达并进入就绪状态时，uC/OS II 将对 PriorityReadyGroup 和 PriorityReadyTable[*y*]进行什么操作呢？在回答该问题前，先介绍一下 uC/OS II 的优先级映射表（PriorityMapTable[8]），优先级映射表本质上是一个掩码表，是一个 8 位二进制数组，数组的下标与图 10.26 的任务优先级的高三位或者低三位对应，表示 PriorityReadyGroup 的行数或者 PriorityReadyTable[*y*]的列数，数组的值如表 10.10 所示，“1”表示 PriorityReadyGroup 或者 PriorityReadyTable[*y*]的对应位也为“1”。仍然以优先级 35（二进制为 00100011）为例，00100011 除第 7 位和第 6 位外的高三位为 100，低三位为 011，100 对应着 PriorityReadyGroup 表示的行数为 4，根据表 10.10，其掩码为 PriorityMapTable[4]= 00010000；011 对应着 PriorityReadyTable[*y*]表示的列数为 3，根据表 10.10，其掩码为 PriorityMapTable[3]= 00001000。

表 10.10　优先级映射表

下标	二进制值	下标	二进制值
[0]	00000001	[4]	00010000
[1]	00000010	[5]	00100000
[2]	00000100	[6]	01000000
[3]	00001000	[7]	10000000

如果有新任务进入就绪状态，需要对 PriorityReadyGroup 和 PriorityReadyTable[*y*]进行相应操作，把就绪任务的优先级映射到这两个变量上。例如，优先级为 35（00100011）的任务进入就绪状态，因为 35 位于优先级表（图 10.25）的第 4 行、第 3 列，所以需要将 PriorityReadyGroup 的第 4 位变为“1”（如果第 4 位已经是“1”，则 PriorityReadyGroup 保持不变），再将 PriorityReadyTable[4]的第 3 位变为“1”（如果第 3 位已经是“1”，则 PriorityReadyTable[4]保持不变）。上述操作具体可描述为：

① 先将优先级 35（00100011）右移三位，得到高三位 100（十进制为 4），根据优先级映射表，PriorityMapTable[4]= 00010000，再将该值与 PriorityReadyGroup 做二进制“或”运算，即可让 PriorityReadyGroup 的第 4 位变为“1”。

② 将优先级 35（00100011）与 0x07 做二进制“与”运算，得到低 3 位 011（十进制为 3），根据优先级映射表，PriorityMapTable[3]= 00001000，再将该值与 PriorityReadyTable[4]做二进制“或”运算，即可让 PriorityReadyTable[4]的第 3 位变为“1”，该位正好对应优先级 35。

具体操作可用 C 语言描述为：

```
PriorityReadyGroup|= PriorityMapTable[Priority>>3];
PriorityReadyTable[Priority>>3] |= PriorityMapTable[Priority&0x07];
```

（2）旧任务退出就绪状态

当系统中有旧任务退出就绪状态，也需要对 PriorityReadyGroup 和 PriorityReadyTable[*y*]进行相关操作。例如，优先级为 35（00100011）的任务退出就绪状态，同样因为 35 位于优先级表（图 10.25）的第 4 行、第 3 列，所以需要将 PriorityReadyTable[4]的第 3 位由以前的“1”变为“0”；再判断 PriorityReadyTable[4]的每一位是否都为“0”，如果都为“0”，意味着优先级表的整个第 4 行的优先级都没有就绪任务，则将 PriorityReadyGroup 的第 4 位变为“0”，如果 PriorityReadyTable[4]不是每一位都为“0”，意味着优先级表的第 4 行的优先级还有就绪任务，则 PriorityReadyGroup 保持不变。上述操作具体可描述为：

① 首先根据要退出任务优先级 35（00100011），将其右移三位，得到高三位 100（十进制为 4），再获取优先级的低 3 位 011（十进制为 3），再从优先级映射表中获取二进制掩码，并按位取反后与 PriorityReadyTable[4] 的对应优先级进行按位“与”运算，把 PriorityReadyTable[4]的第 3 位清“0”，如图 10.27 所示。

② 如果按位“与”运算的结果为“0”，表示优先级表整个第 4 行的优先级都没有就绪任务，则将 PriorityReadyGroup 的第 4 位变为“0”。

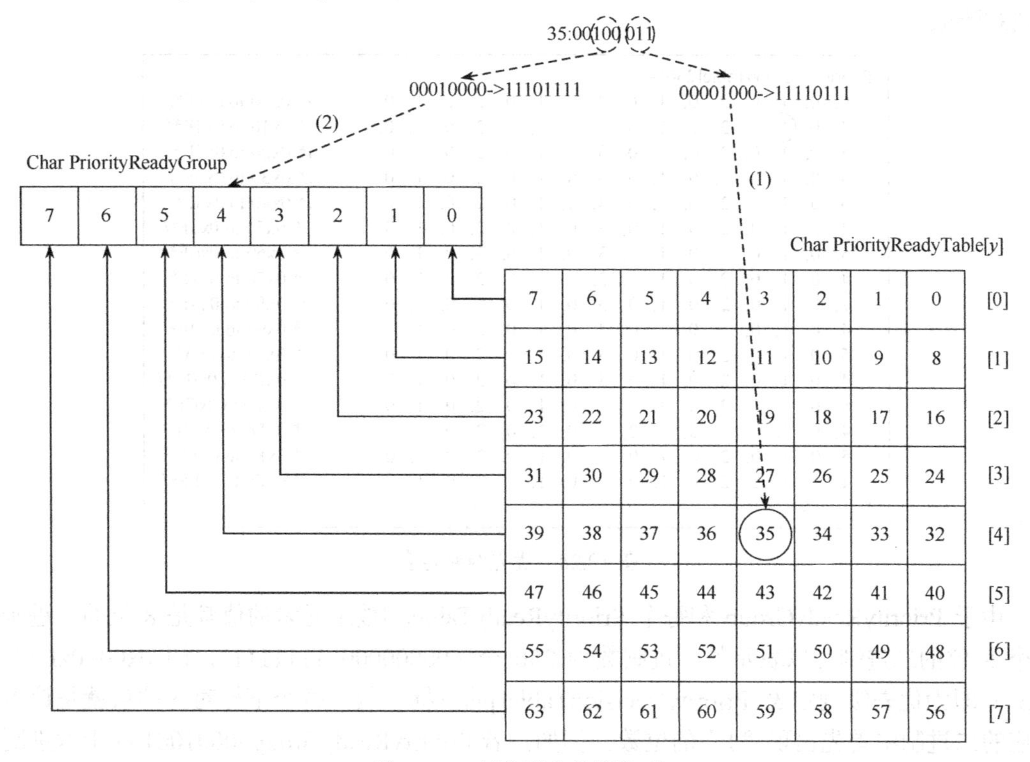

图 10.27　任务退出就绪队列

具体操作用 C 语言描述为：

```
    If ((PriorityReadyTable[Priority>>3]&~ PriorityMapTable[Priority&0x07])
==0)
    PriorityReadyGroup&= ~PriorityMapTable[Priority>>3];
```

（3）查找就绪队列中最高优先级

调度的关键步骤就是从就绪队列中找到优先级最高的任务，让其运行。如果某个任务的优先级（Priority（*T*））是就绪任务中的最高优先级，则根据优先级表（图 10.24），Priority（*T*）所在行上方和 Priority（*T*）所在行右边的优先级均没有就绪任务，则这意味着 Priority（*T*）对应的 PriorityReadyGroup 所在位的右边全是“0”，并且 Priority（*T*）对应的 PriorityReadyTable[*y*]所在位的右边也全是“0”，如优先级 10 为最高优先级，则 PriorityReadyGroup=xxxxxx10（x 表示“0”和“1”中任意可能值，具体值根据就绪任务的情况而定），PriorityReadyTable[1]= xxxxx100。又如，PriorityReadyGroup=00010010，表示优先级表中从第 1 行起有某一优先级的就绪任务；PriorityReadyTable[1]=00010100，表示优先级表中从第1行、第2列起有优先级的就绪任务，由PriorityReadyGroup和PriorityReadyTable[1]确定的最高优先级就是10号优先级。

若要通过PriorityReadyGroup和PriorityReadyTable[*y*]找到最高优先级，只需先确定PriorityReadyGroup中（从右到左）哪一位首先出现“1”，再确定对应行的PriorityReadyTable[*y*]中（从右到左）哪一位首先出现“1”，便可确定就绪队列中哪个任务是最高优先级任务。而确定哪一位首先出现“1”是和“1”所在位置相关的，如何做到该步骤的时间无关性呢？uC/OS II 定义了一个优先级判定表 PriorityDecisionTable[256]，如图10.28所示。

```
PriorityDecisionTable[256]={
    0, 0, 1, 0, 2, 0, 1, 0, 3, 0, 1, 0, 2, 0, 1, 0,      /* 0x00 to 0x0F*/
    4, 0, 1, 0, 2, 0, 1, 0, 3, 0, 1, 0, 2, 0, 1, 0,      /* 0x10 to 0x1F*/
    5, 0, 1, 0, 2, 0, 1, 0, 3, 0, 1, 0, 2, 0, 1, 0,      /* 0x20 to 0x2F*/
    4, 0, 1, 0, 2, 0, 1, 0, 3, 0, 1, 0, 2, 0, 1, 0,      /* 0x30 to 0x3F*/
    6, 0, 1, 0, 2, 0, 1, 0, 3, 0, 1, 0, 2, 0, 1, 0,      /* 0x40 to 0x4F*/
    4, 0, 1, 0, 2, 0, 1, 0, 3, 0, 1, 0, 2, 0, 1, 0,      /* 0x50 to 0x5F*/
    5, 0, 1, 0, 2, 0, 1, 0, 3, 0, 1, 0, 2, 0, 1, 0,      /* 0x60 to 0x6F*/
    4, 0, 1, 0, 2, 0, 1, 0, 3, 0, 1, 0, 2, 0, 1, 0,      /* 0x70 to 0x7F*/
    7, 0, 1, 0, 2, 0, 1, 0, 3, 0, 1, 0, 2, 0, 1, 0,      /* 0x80 to 0x8F*/
    4, 0, 1, 0, 2, 0, 1, 0, 3, 0, 1, 0, 2, 0, 1, 0,      /* 0x90 to 0x9F*/
    5, 0, 1, 0, 2, 0, 1, 0, 3, 0, 1, 0, 2, 0, 1, 0,      /* 0xA0 to 0xAF*/
    4, 0, 1, 0, 2, 0, 1, 0, 3, 0, 1, 0, 2, 0, 1, 0,      /* 0xB0 to 0xBF*/
    6, 0, 1, 0, 2, 0, 1, 0, 3, 0, 1, 0, 2, 0, 1, 0,      /* 0xC0 to 0xCF*/
    4, 0, 1, 0, 2, 0, 1, 0, 3, 0, 1, 0, 2, 0, 1, 0,      /* 0xD0 to 0xDF*/
    5, 0, 1, 0, 2, 0, 1, 0, 3, 0, 1, 0, 2, 0, 1, 0,      /* 0xE0 to 0xEF*/
    4, 0, 1, 0, 2, 0, 1, 0, 3, 0, 1, 0, 2, 0, 1, 0,      /* 0xF0 to 0xFF*/
}
```

图10.28 优先级判定表

由于PriorityReadyGroup和每个PriorityReadyTable[*y*]数组元素的值都是8位的二进制，每个8位的二进制可以表示的十进制数为256个（00000000~11111111，即0x00~0xFF），0~256即为优先级判定表PriorityDecisionTable[]的下标总数，每个下标对应的值就是该下标对应的二进制中首先出现“1”的位数。例如，若PriorityReadyGroup=00010010（十六进制为0x12），根据PriorityDecisionTable[0x12]=1，如图10.28用圈标记的值。这样，只要知道PriorityReadyGroup和PriorityReadyTable[*y*]的值，就能通过优先级判定表立刻知道这两个变量哪一位首先出现“1”，并且该步骤与“1”所在位置无关。只有得到了PriorityReadyGroup和PriorityReadyTable[*y*]中首先出现“1”的位置，便可通过图10.26确定具体的优先级。

实例 10-10 假设当前就绪队列的PriorityReadyGroup=01010000（十六进制为0x50，即从第4行起的优先级有任务就绪），PriorityReadyTable[4]=10001000（十六进制为0x88），如图10.29所示，那如何通过优先级判定表确定就绪的最高优先级呢？

① 根据优先级判定表，PriorityDecisionTable[0x50]=4，即PriorityReadyGroup从第4位（二进制为100）开始出现“1”。

② PriorityDecisionTable[0x88]=3，即PriorityReadyTable[4]从第3位（二进制为011）开始出现“1”。

③ 根据图10.26，100构成优先级的高三位，011构成优先级的低三位，即优先级为00100011，对应的十进制即是优先级35号。

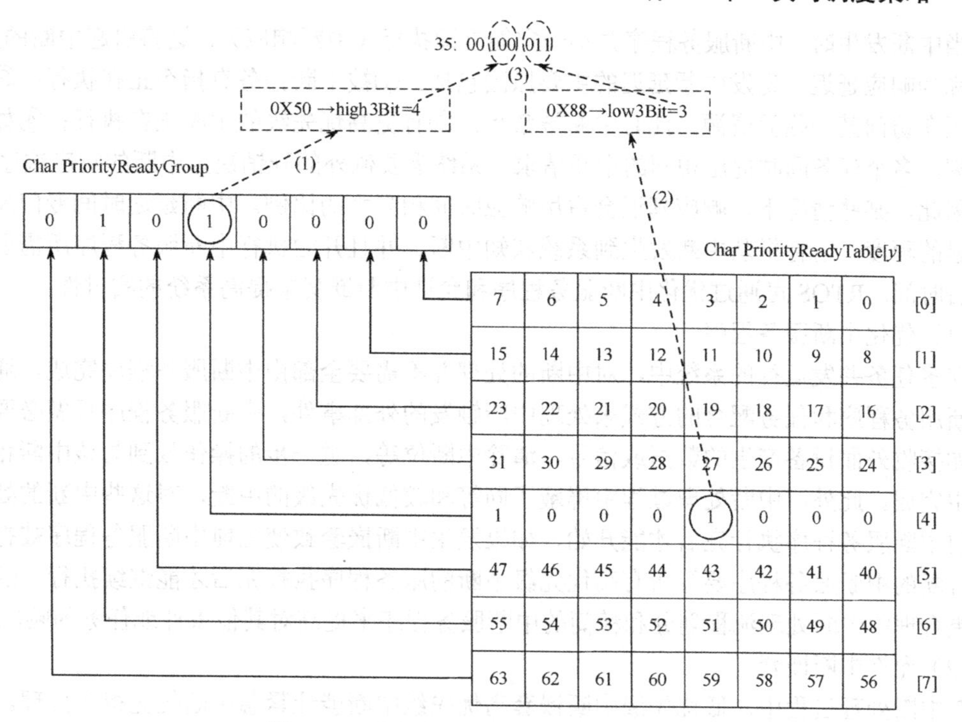

图 10.29　查找就绪队列中最高优先级任务

查找就绪队列中最高优先级的具体操作用 C 语言描述为：

```
high3Bit=priorityDecisionTable[priorityReadyGroup];
low3Bit=priorityDecisionTable[priorityReadyTable[high3Bit]];
Priority=（high3Bit<<3）+low3Bit
```

由于优先级位图法在确定 PriorityReadyGroup 和 PriorityReadyTable[y]中哪一位首先出现“1”时做到了和“1”出现的位置无关，进而做到了从就绪队列中查找最高优先级任务的时间与队列长度无关，提高了任务响应时间和调度时间的确定性。

3. 中断处理优化

中断执行所花时间主要由中断延迟时间（Interrupt Latency Time）、响应时间（Response Time）和恢复时间（Recovery Time）来描述，如图 10.30 所示。其中，响应时间是指从中断发生到中断处理完成所需时间；恢复时间则指从中断处理完成到后台重新开始执行所需时间；而延迟时间则是指中断请求到正式开始处理的等待时间。

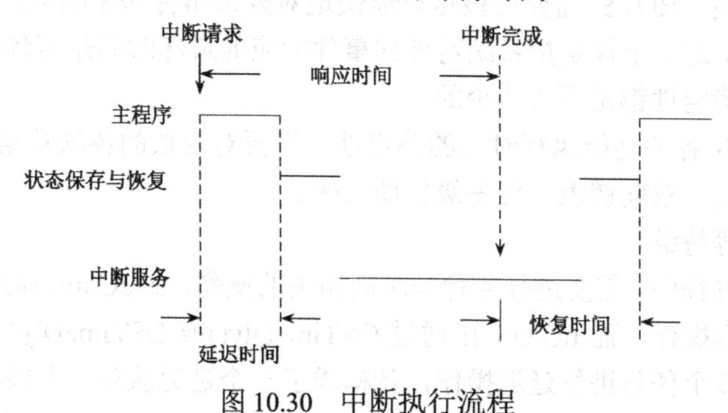

图 10.30　中断执行流程

当中断发生时，中断服务程序并不一定能立即执行（中断响应），这将引起中断的延迟，也可称为响应延迟。诱发中断延迟的主要原因包括：①被中断任务有指令正在执行；②后台任务正在访问某一临界资源，此时中断被禁止；③有更高优先级的中断正在执行；④如果某一时刻，多个任务同时提出相同的中断请求，系统需要额外的开销决定中断的响应次序。

因此，某些情况下，响应延迟会占用响应时间相当大的比例。中断延迟时间专门反映响应延迟的程度。它特指从中断发生到系统获知中断、并且开始执行中断服务程序所需要的最大滞后时间。RTOS 可通过优化中断服务程序和允许中断嵌套来提高系统的实时性。

（1）优化中断服务程序

在多任务并发运行的系统中，对中断的处理并不需要全部由中断服务程序完成，通常采用中断服务程序和任务配合的方式来处理中断触发的外部事件，中断服务程序只做必要的处理，如接收外面设备产生的数据或信号、清除中断位等，进一步的操作放到与该中断相关的任务中完成。此外，中断处理过程中屏蔽了同等和较低优先级的中断，对这些中断的处理要等当前中断服务程序执行完后才能开始，如果发生中断嵌套致使当前中断服务程序被打断，则被打断的中断服务程序要等所有高优先级中断的服务程序执行完后才能继续执行。这样可通过更合理的中断处理流程划分和精简的中断服务程序来提高对其他事件或任务的响应性。

（2）允许中断嵌套

在中断处理过程中，低优先级中断嵌套高优先级中断能让紧急中断优先得到处理。在实时系统设计时，可以指定外部中断的优先级，确保高优先级中断能实时处理。利用外部中断控制器来设置中断优先级，在中断初始化时设置中断控制器的中断屏蔽寄存器的相应位，使得较低优先级中断不能被响应，在退出中断服务程序时，再恢复屏蔽位。

（3）减小内核最大关中断时间

根据 10.4.1 节，内核最大关中断时间是影响 RTOS 内核实时性的重要因素之一，内核关中断时间由内核服务函数对临界资源的操作而引入，为了保护临界资源不被破坏，在临界资源访问中需要暂时屏蔽中断。在具体实现时，内核服务函数对临界区的操作可能不连续，也就是临界区中包含了某些非临界区的操作，因此，可以合理设置一些可抢占区域或可抢占点以达到减小最大关中断时间的目的。由于不同 RTOS 内核在中断响应时间上的差异主要来自于内核最大关中断时间，因此，通过合理设置可抢占点让内核具有更快的中断响应和实时任务响应能力。

4. 数据结构优化

根据前面的描述，ROTS 需要内核尽可能快地对外部事件作出响应，而实时性通常与确定性密切相关，这里的确定性是指系统对外部事件响应的最坏时间是可预知的。对于 RTOS，好的实时性和好的确定性都是不可缺少的。

为了确保 RTOS 各项功能执行时间的确定性，需要对内核的各项数据结构进行优化，如采用差分时间等待链、双向链表、优先级位图法等。

（1）差分时间等待链

实时系统运行过程中，需要进行各种与时间相关的操作，如 aCoral 通过 time_delay_deal() 来实现对任务的延迟操作，而 uC/OS II 通过 OSTimeDly()或 OSTimeDlyHMSM()实现对任务的延迟操作。若对多个任务进行延迟操作，就构成了一个延迟队列，内核将延迟任务的 TCB 依次挂载到延迟队列中，如用 OSTimeDly()将任务 A、任务 B、任务 C、任务 D 分别延迟 3、

5、10 和 14 个 ticks，如图 10.31 所示。

为了减小计算开销，aCoral 和 uC/OS II 都采用差分时间等待链来描述延迟队列。有关差分时间等待链的原理及在 aCoral 中的实现细节请参考 6.4.2 节（时钟管理）。

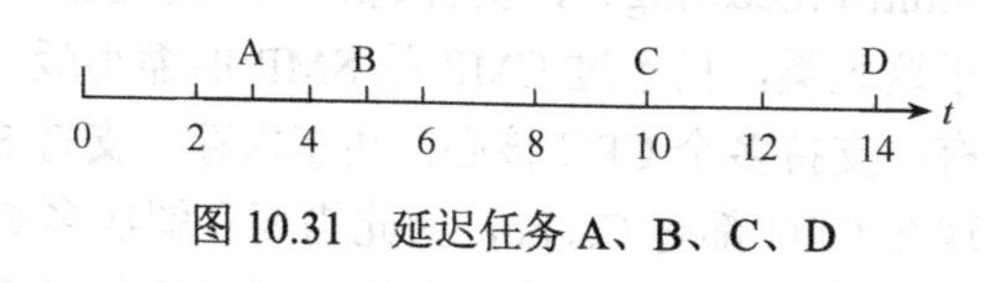

图 10.31 延迟任务 A、B、C、D

（2）双向链表

内核的实现需要对众多链表的操作，如在差分时间等待链中插入新的结点或删除某头结点；又如内核使用各种控制块（任务控制块、消息队列控制块、信号量控制块等）来管理各种内核资源，这些管理都涉及链表操作。如果用单链表，从头到尾每个结点只有后续指针，没有前驱指针，插入或删除结点的时间取决于链表长度和结点所在的位置。当某结点的位置随着对链表不断操作而不断变化时，插入和删除等操作的时间无法预知。在内核实现中，可采用双向链表结构解决该问题，因为双向链表记录了结点的前驱和后继，从而可达到提高链表操作的时间确定性。

5. 内存管理的确定性

通用操作系统通常都提供了虚拟内存管理机制，虚拟内存管理是内存管理的一部分工作，它把一个程序所需要的存储空间分成若干段或页，程序运行所需的段\页就存放在内存中，暂时不需要的就放在外存中（如硬盘）；当程序要用到外存中的段\页时，就将其交换到内存，反之就把暂时用不上的段\页交换到外存中。

虚拟内存管理时的缺页调度时间取决于需要调入的段\页在外围存储介质中的物理位置（如硬盘的某一柱面、扇区），这将造成程序访问内存时间的不确定性。对于 RTOS 而言，一个实时性、确定性的内存管理是必需的，而虚拟内存管理往往不能满足这些要求。此外，虚拟内存管理会造成系统移植上的困难，因为虚拟内存管理的实现需要目标机上 MMU（Memory Management Unit）的支持，但不是所有的目标机都具有 MMU 单元。因此，RTOS 内核通常不采用虚拟内存管理。例如，32 位的线性内存模式下，通过堆和分区两种内存分配技术分别提供固定大小和可变大小的分配方式，并且在堆分配时采用适当的算法避免片内存碎片的产生。

10.5 多核/处理器调度

10.5.1 多核/处理器技术

随着嵌入式系统复杂度的提高，传统单处理器及 RTOS 不能满足应用的需求。多处理器（Multi-Processor）技术被应用到嵌入式系统，基于多处理器的 RTOS 及实时调度策略得到了快速发展。与此同时，随着近年在 MIT 举行的 High Performance Embedded Computing Workshop（HPEC）以及各处理器设计/制造商纷纷推出的多核处理器，标志了多核时代的到来。多核处理器有机结合了大规模集成电路工艺技术和传统多处理器体系结构，以满足计算密集型嵌入式实时系统的需要。可以预料，在未来较长的一段时期内，多核计算将是计算机技术、嵌入式实时技术的一个重要发展方向。如何从传统的单核计算向多核计算过渡，成为了目前计算机及相关领域研究的热点[46]。

说到多核就必须先弄清楚什么是多核，其实这里的多核就是 SMP（Symmetrical

Multi-Processing），也就是对称多处理器，其实现在的 CMP（Chip Multi-Processors）也可归于这大类，只不过 CMP 是 SMP 的缩小版。SMP 系统与单 CPU 系统的硬件上的不同处主要有：支持多个 CPU 核心；共享内存，支持 SMP 的总线；支持 SMP 的中断控制器；同时由于现在 CPU 都有 Cache，因此需要有解决多 CPU 的 Cache 一致性问题的机制。

虽然传统的计算机系统已通过增加处理器数量来提高处理能力的先例，如常用的 SMP 计算机，但多核处理器和 SMP 还是有一些不同之处。例如，由于多个核位于同一个芯片内，所以其内部通信更加快速，外设集成度更高，存储也更高效，这将有利于充分发挥多核的并行处理能力；此外，多核处理器相对于 SMP 更具成本优势。

多核提出的出发点是：在现有条件下能提高性能，但是如果只是简单叠加也会导致问题，那就是功耗问题，这种功耗问题就导致后面要说的多核的产生，通过 SOC（System On Chip）技术将多个核心集成在一个芯片里，即在一块芯片里集成多个核心，这只是多核发展的一个原因，其实，多核出现具有必然性，这个必然性可归结于“摩尔定律”：

（1）集成电路芯片上所集成的电路的数目，每隔 18 个月就翻一番。

（2）微处理器的性能每隔 18 个月提高一倍，而价格下降 1/2.

第一种是专业说法，第二种是通俗一点的说法。从上面的描述可以看出，“摩尔定律”有两个关键点：性能、价格。性能提升，价格下降。

对于价格下降，可以通过减少芯片元件面积来实现，这就需要工艺方面的进步了。以前大家经常听到 “摩尔定律”，但在后来遇到一个问题：目前的半导体工艺基本上采用光刻技术，但是光的波长是一定的，当波的波长接近芯片上线条的宽度时，各种光的波动特性就显现了，就可能致使现行工艺光刻失效，也许可以选择波长更短的光，但是总有一些限制，因此可能要使用另外一种材料才能满足摩尔定律。现在看来，硅技术还在用，工艺尺寸还在减少，但是大家的担心尚存。对于性能提升，先来看一个公式：

$$处理器性能 = 主频 \times IPC \tag{10.30}$$

从式（10.30）可以看出，影响处理器性能的两个指标是：每个时钟周期内可以执行的指令数（IPC: Instruction Per Clock）和处理器的主频。因此，提高处理器性能就有两个途径：提高主频和提高每个时钟周期内执行的指令数（IPC）。

对于 IPC，处理器微架构的变化可以改变 IPC，效率更高的微架构可以提高 IPC 从而提高处理器的性能。但是，对于同一代的架构，改良架构来提高 IPC 的幅度是非常有限的，所以在单核处理器时代通过提高处理器的主频来提高性能就成了唯一的手段。

另一方面，给处理器提高主频是要付出代价的[24]，再看看下面的硅晶片功耗计算公式：

$$功耗=C（寄生电容）\times F（频率）\times V^2（工作电压） \tag{10.31}$$

可以看出功耗正比于频率，同时，在半导体工艺不变的情况下，频率的提升往往通过提高电压来实现，所以主频也正比于电压的平方，故处理器功耗正比于主频的三次方。因此，如果通过提高主频来提高处理器的性能，就会使处理器的功耗以指数（三次方）而非线性（一次方）的速度急剧上升，很快就会触及所谓的“频率的墙”（Frequency Wall）。过快的能耗上升，使得业界的多数厂商寻找另外一个提高处理器性能的因子，提高 IPC。

提高 IPC 可以通过提高指令执行的并行度来实现，而提高并行度有两种途径：一是提高处理器微架构的并行度，如单指令多数据流（SIMD）、超线程技术；二是采用多核架构。

于是，多核架构作为一种当前性能提升的捷径在快速发展，多核可分为两类：①异构多核[15][25-28][40][41]，如 PC 处理器的（GPU+CPU）结构、嵌入式处理器的（DSP+ARM）结构；②同构多核[6-7][15][29-30][39]，如 Intel 酷睿四核处理器、ARM11 MPCore 等。

10.5.2　多核/处理器调度策略

在单核/处理器系统中，多个任务虽然在宏观上实现了并发执行，但是在微观上仍然是串行执行的。如果微观上多个任务也是同时执行，则为真正的并行处理。为支持多任务在多核/处理器环境下的并行执行，需要提供相应的多核/处理器实时调度策略[25-29][46]。

在单处理器实时调度研究领域，经典的算法有基于静态优先级的 RM 算法和基于动态优先级的 EDF 算法，这两个算法是后来绝大部分其他静态/动态实时调度算法的基础。RM 算法根据任务周期确定任务优先级，其中任务周期越短其优先级越高，运行时不改变任务优先级，该算法调度开销小且实现简单，已被广泛用于实时系统中；EDF 算法可使 CPU 利用率达到 100%，然而，该算法需要在运行时动态检查任务绝对截止时间，并赋予当前截止时间的任务较高的优先级，调度开销大。在强实时环境下，静态化、简单化、可预测性、可靠性是系统设计的重要原则，因此 RM 算法更适合于强实时系统。

由单处理器实时调度思想发展而来的多核任务调度可分为两大策略：全局（Global）调度和分组（Partitioned）调度。全局调度是指操作系统只负责为系统维护一个唯一的全局任务队列，由操作系统所采用的具体调度算法（如 RM、EDF 等）决定选择某任务分配到当前空闲的核上执行，如图 10.32 所示。

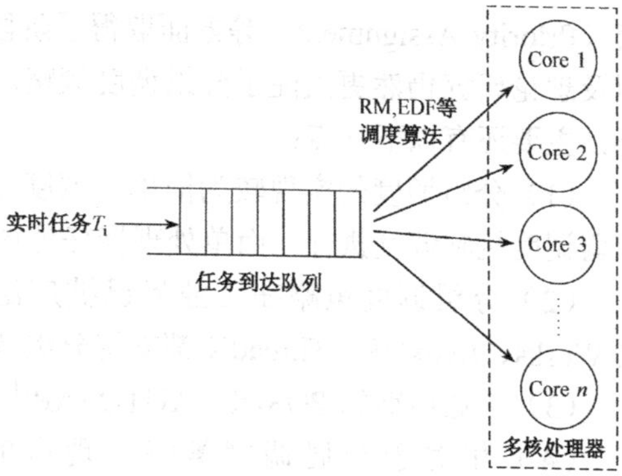

图 10.32　全局调度

分组调度是指操作系统先将任务分配到某一固定的处理器核上，被分配到同一核上的任务按单处理器调度算法（如 RM、EDF 等）调度执行，如图 10.33 所示。

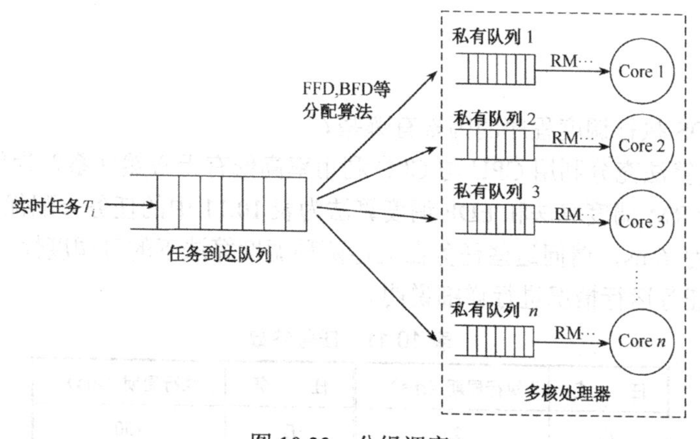

图 10.33　分组调度

在全局调度策略下，高优先级任务抢占的低优先级任务可能处于任何处理器核上，同时，如果处理器核空闲且全局任务队列非空，操作系统将调度队列中最高优先级任务在空闲处理器核上执行，因此任务可以在任意处理器核上执行。全局调度算法如 Pfair 算法和 LLRE 算法通过假设操作系统触发任务调度的时间间隔极小，所有任务均能按需得到“公平”的调度，在理论上可以使系统利用率达到 100%。然而，全局调度势必产生频繁的任务切换以及相应的任务核间迁移，可能导致较大的任务切换开销和严重的 Cache 抖动等不确定性问题，从而限制了此类经典算法的实际应用。

在分组调度策略中，首先通过任务分配算法将任务分配到某个固定的处理器核上，任务执行过程中，不允许任务在处理器核之间迁移。任务分配算法通常被看做装箱问题（Bin-Packing），已被证明为强 NP 难（Strong NP-hard）问题。在基于 RM 算法的分组调度策略中，经典算法有 FFD（First-Fit Decreasing）算法、BFD（Best-Fit Decreasing）算法等，这些算法在最坏情况下可达到的系统 CPU 利用率为$(n+1)(2^{1/2}-1)$，其中 n 为处理器核的数目。

全局调度策略在实际的应用中存在许多难以预测的负面因素（如调度开销过大，Cache 抖动严重等），因此全局调度策略更多是理论研究。近年来，尽管实时系统的全局调度理论在任务响应时间研究（Response time analysis）、可调度性判定（Schedulability）、优先级赋值（Priority Assignment）等方面取得了阶段性的理论成果，然而，在实时系统领域，工程应用及理论研究仍然更关注于分组调度策略。其原因除全局调度策略在实际应用中略显无力之外，主要还有以下几点：

（1）分组调度的实现较为简单，调度开销较小，任务被分配到处理器核上之后按照单处理器调度机制调度执行，而单处理器任务调度从理论到应用都已经比较成熟。

（2）分组调度策略在工业界已被广泛采用，绝大多数现有的商用实时操作系统，如 VxWorks、LynxOS、ThreadX 都支持分组调度。

（3）工业标准如 POSIX、AUTOSAR[13]对分组调度策略已有明确的支持。

（4）相对于全局调度策略，现有的主流多核/处理器任务同步协议，如 MPCP（Multiprocessor Priority Ceiling Protocol）、MSRP（Multiprocessor Stack Resource Protocol）、FMLP（Flexible Multiprocessor locking protocol）更容易支持分组调度策略。

多核实时调度策略及算法的研究是当今学术界和工程界研究的热点，还有许多问题值得探索。相关理论和研究成果不是本书的重点，大家可参考相关文献[31-36]。

习题

1．触发 RTOS 执行调度程序的因素有哪些？

2．一个调度算法充分利用 CPU 与 CPU 利用率高低有无必然联系？为什么？

3．分别基于 RM 调度算法和 EDF 调度算法为表 10.11 中的任务分配优先级，如果所有任务的运行时间均为 6ms，请问这些任务在上述两种调度算法下的可调度性？请用图示和文字描述方式分别对任务运行情况进行详细说明。

表 10.11　任务参数

任　务	执行周期（ms）	任　务	执行周期（ms）
T_1	25	T_4	150
T_2	60	T_5	75
T_3	50	T_6	50

4．对比 RM 调度策略与 EDF 调度策略，各有什么优缺点？

5．什么是优先级反转？有什么方法可以避免优先级反转问题？各有什么优缺点？

6．结合 6.6.1 节的内容及代码 6.111，详细说明 aCoral 的互斥量是如何避免优先级反转的？

7．RTOS 采取哪些策略与机制来确保任务的实时性？

8．解释优先级映射表在将任务转变成就绪态过程中起到的作用。

9．用 C 语言实现差分时间链，并实现图 10.31 中 4 个事件的延迟操作。

10．uC/OS II 是如何做到从就绪队列中找到最高优先级任务所花的时间和队列长度无关的？uC/OS II 查找最高优先级任务的实现方式与 aCoral 有什么不同？

第 11 章 支持多核

第 10 章提到多核时代已经到来，在未来较长的一段时期内，多核计算将是计算机及相关技术的一个重要发展方向，多核计算当前正在从高端的超级计算平台向桌面平台和嵌入式平台渗透和扩张。为了顺应多核发展趋势，aCoral 也提供了对多核的支持[39-41]，包括同构多核（如 ARM11 MPCore、ADI Blackfin51 等）与异构多核（如 TI 达芬奇 ARM+DSP 等），本章以 ARM 公司 ARM11 MPCore 的四核心 CMP 芯片为例，介绍 aCoral 是如何实现对多核的支持。

11.1 ARM11 MPCore

ARM11 MPCore 基于 ARMv6 指令集结构设计的 ARM11 多核处理器，由四颗缓存运行一致的处理器组成，由 NEC 采用通用 130nm 制造工艺加工而成，能够配置成包含 1～4 个处理器核心，具有高达 2600 Dhrystone MIPS 的性能。ARM11 MPCore 处理器得到瑞典 KTH 皇家技术学院 OpenMP 编译器技术的支持，其功耗仅为 600mw。ARM11 MPCore 处理器使用内置 SCU 实现高效一致性，并受到具有 ARM SMP 功能的众多操作系统的支持。ARM11 MPCore 的内部结构如图 11.1 所示。

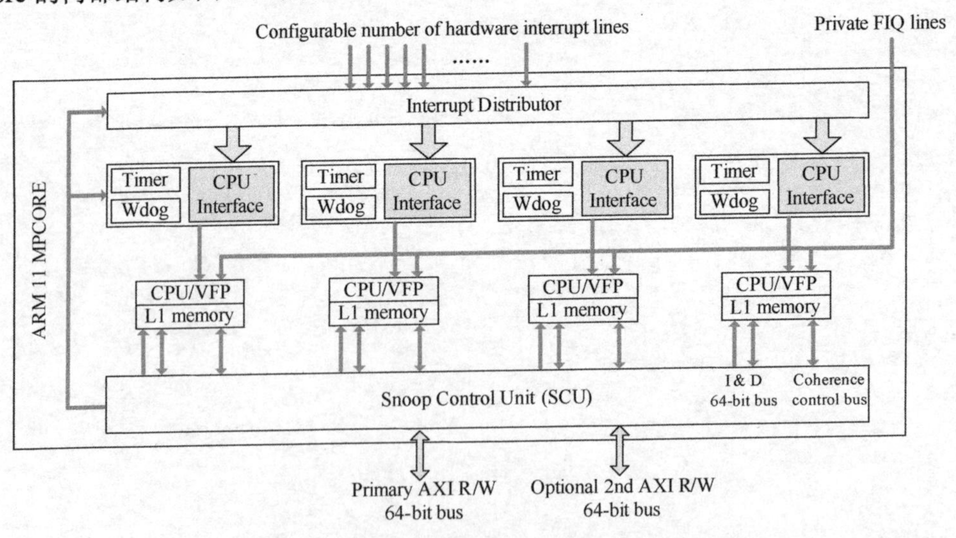

图 11.1 ARM11 MPCore 的 CMP 芯片架构

根据图 11.1，ARM11 MPCore 有 4 个 CPU 核心。它是如何支持 CMP 总线的呢？ARM11 MPCore 实现了独占总线的机制，以便实现核间互斥。它是如何支持 CMP 的中断控制呢？ARM11 MPCore 设计了一个中断分发系统[1-3]，能够实现将某一个中断分发给某一个 CPU 核心，让指定 CPU 处理这个中断。此外，它是如何维护多 CPU 的 Cache 一致性呢？片内的多个 CPU 核心共享内存，又有私有 Cache，这样就会有私有 Cache 不一致的问题，就需要有相

关硬件机制来解决一致性问题。

一个系统要说是CMP系统，硬件上必须要满足一定的条件，同时CMP中的各个CPU核心都是必须是执行同一个代码区域，且对操作系统的地址空间都是可见的（包括数据等资源）。那支持CMP系统的RTOS又须解决哪些问题呢？

（1）多核启动：在CMP系统中，虽说系统启动后各个核没有主次之分，是平等的，各自独立运行，但是在开始启动时，还是有主从之分的：只有一个主 CPU，其他 CPU 都是从CPU，要靠主CPU激活从CPU。主CPU往往会初始化全局资源(各种寄存器等)，其他CPU要初始化各自的私有资源。

（2）核间互斥：一般是指对一个内存单元的互斥访问，这需要有硬件的支持，如总线锁等。

（3）核间通信：目前各种多核系统，核间通信基本上都是通过中断实现的。

（4）多核调度：是指怎么在多核环境下分配任务、调度任务，实现多核环境下切换任务，目前多核调度主要有全局调度队列和私有调度队列两种策略，详细请参考第10章。

（5）负载均衡：在多核环境下，负载包括任务、中断、资源等。以任务为例，如何分配任务才能使系统利用率最大？如何确保任务在多核环境下的实时性？如何分配中断才能使系统中断最好等。对于中断，目前的多核系统一般都有中断亲和性寄存器，用来配置中断可以在某些CPU上处理，利用该特性就可以做到中断负载均衡。

11.2　多核运行机制

多核环境下，各个核心启动时必须要有一定次序，不然肯定会产生冲突，因此，往往有一个核（主核）先启动，做些初始化动作，然后激活其他核心，让它们启动，然后大家再“独立”运行。按运行方式，多核可分为两种。

（1）各个核心执行共同的操作系统代码映像，这种被称为 SMP（Symmetrical Multi-Processing）运行模式。

（2）各个核心执行各自的操作系统代码映像，如一个核执行Linux，一个核执行aCoral，这种模式和单核没什么本质区别，但该模式涉及不同核心上操作系统的互联、互通和互操作等问题。

aCoral目前两种方式都支持。一个操作系统要支持SMP运行模式，必须实现如下机制。

① 多核调度。多核调度就是确定各个核心应该运行哪些线程？什么时候触发调度等。大家知道，调度的本职就是从线程就绪队列中选择优先级最高的线程执行，根据就绪队列的性质可分为全局就绪队列、私有就绪队列。

全局就绪队列是指整个系统只有一个就绪队列，所有就绪线程都挂在该队列上，各个核调度时都要从该队列选择最高优先级的线程运行。这种调度方式不存在负载平衡问题，但是各个核都要竞争就绪队列，会带来性能瓶颈。

私有就绪队列就是每个核心都有一个自己的就绪队列，每个队列挂载的是该核心上的就绪线程，调度时只需从该核心的就绪队列选择最高优先级的线程运行，这种方式的优点是就绪队列没有冲突，但是随着系统的不断运行，会存在负载均衡问题。

因此，针对全局就绪队列的调度就是全局调度（Global Scheduling），针对私有就绪队列的调度就是分组调度（Partitioned Scheduling）。

② 核间中断。核间中断就是一个核给另外一个核发中断。多核芯片必须支持核间软中

断，即通过代码触发一个中断，实现上一般是往某个寄存器写入一些值。

③ 核间通信。核间通信就是一个核通知另外一个核要完成什么工作。例如，在单核环境下若要执行某个函数，直接调用即可，但是在多核下，当前核心是无法控制其他核心调用某个指定函数的，所以必须要借用核间中断，通过打扰的方式让其他核在中断后执行指定函数。

④ 核间互斥与同步。由于 SMP 模式下，各个核是执行同一个内核映像，变量是共享的，资源也是共享的，并有可能同时执行同一段代码，因此互斥机制是必需的，这就需要自旋锁等机制。

前面章节曾多次提及过自旋锁相关的代码，当时为了保证内容的连贯性，忽略了对它的介绍，此处将对自旋锁进行进一步描述。自旋锁是为实现共享资源保护而提出一种锁机制，其基本原理为：当一个执行单元（进程、线程、任务等）欲访问被自旋锁保护的共享资源时，必须先得到锁，在访问完共享资源后，必须释放锁。如果某执行单元在申请获取自旋锁时，没有任何其他执行单元占用该锁，那么将立即得到锁（获得锁也就是获得了对其保护的共享资源的访问权）；如果在申请获取自旋锁时，该锁已有其他占用者，则获取锁的操作将自旋在那里，直到该自旋锁的占用者释放该锁。

自旋锁与互斥量（或者互斥锁）类似，都是为解决对某个资源的互斥访问而提出的。两者的相同点是：无论是互斥量，还是自旋锁，在任何时刻，最多只能有一个获得者，即是在任何时刻最多只能有一个执行单元获得锁。两者的不同点是在调度机制上稍有不同：对于互斥量，如果某个共享资源已被占用，资源申请者只能进入挂起状态；而对于自旋锁，它不会引起资源申请者挂起，如果自旋锁已经被某个执行单元获得，其他也想获得该锁的执行单元就一直在此循环，看是否该自旋锁的获得者已经释放了锁。

根据以上描述，自旋锁是一种较低级的保护临界区代码的方式，在实际应用过程中，虽然能达到共享资源互斥访问的目的，但是该机制可能导致死锁：执行单元试图递归地获得自旋锁必然会造成死锁，即递归程序的持有执行单元在第二次循环时，以试图获得相同自旋锁时，不会释放此自旋锁。因此，递归程序中使用自旋锁时应遵循：不能在持有自旋锁时调用它自己，也决不能在递归调用时试图获得相同的自旋锁。此外，如果一个执行单元将某个共享资源锁定而又未释放，那么即使其他申请该共享资源的执行单元不停地自旋（尝试获得该锁），也无法获得资源，从而进入死循环，过多占用 CPU 资源。因此，一般自旋锁实现会有一个参数限定最多持续尝试次数，超出指定次数后，申请者就会放弃调度程序分配给它的时片，等待下一次机会。因此，自旋锁比较适用于锁使用者占用锁时间比较短的情况；另一方面，也正是由于自旋锁使用者一般占用锁时间非常短，因此选择自旋而不选择挂起是很必要的，因为自旋锁的效率远高于互斥量（挂起和唤醒执行单元会涉及的较大的切换开销）。

相比而言，互斥量适合于共享资源占用时间较长的情况，它会让申请者在申请不到互斥量时挂起，因此，只能在 RTOS 基本调度单位（即进程、线程、任务）的上下文使用，而自旋锁可以在任何上下文（包括中断服务程序 ISR）使用。如果被保护的共享资源只在 RTOS 基本调度单位的上下文访问，使用互斥量保护该共享资源非常合适，如果对共享资源的访问时间非常短，自旋锁也可以。但是如果被保护的共享资源需要在中断上下文访问，就必须使用自旋锁。自旋锁被占用期间是抢占失效的，而互斥量被占用期间，抢占仍是可以发生的。自旋锁只有在内核可抢占或 SMP 多处理器情况下才真正需要，在单 CPU 且不可抢占内核的情况下，自旋锁的所有操作都是空操作。

接下来以 SMP 为例来说明为什么要使用自旋锁。在单 CPU 环境下，操作系统[14][16][18]的书籍里提到可使用 SWAP 指令或 TEST_AND_SET 指令实现进程互斥，这些指令涉及对同一存储单元的两次或两次以上操作，这些操作将在几个指令周期内完成，但由于中断只能发生在两条机器指令之间，而同一指令内的多个指令周期不可中断，从而保证 SWAP 指令或 TEST_AND_SET 指令的执行不会交叉进行。

但在多核/处理机环境下，情况会不一样，例如，当两个 CPU 上的执行单元并行执行 TEST_AND_SET 指令时，可能发生指令周期上的交叉，假如互斥量的初始值为 0，CPU1 的执行单元和 CPU2 的执行单元可能分别执行完前一个指令周期并通过检测互斥量的值（此时均为 0），然后分别执行后一个指令周期将互斥量的值设置为 1，结果都取回 0 作为判断共享资源空闲的依据，从而不能实现互斥。

若要在多核/处理器环境中利用 TEST_AND_SET 指令实现进程互斥，还需要硬件提供进一步支持，以保证 TEST_AND_SET 指令执行的原子性，这种支持目前多是通过“锁总线”（BUS LOCKING）实现，由于 TEST_AND_SET 指令对内存的两次操作都需要经过总线，在执行 TEST_AND_SET 指令之前锁住总线，在执行 TEST_AND_SET 指令后开放总线，即可保证该指令执行的原子性。

11.3 aCoral 对多核机制的支持

前面简单介绍了一个 SMP 操作系统要支持多核需提供哪些基本机制，本节将讨论 aCoral 是如何支持多核的。

11.3.1 多核启动

怎样才能在系统启动时让主核先激活，其他核不激活呢？其实这个激活可以看成是向前运动，即向前执行代码，如果能够让核心执行“空等”操作，也可看成是非激活状态。

对于 SMP 结构的双核 ADI Blackfin51 处理器，主核先激活是由硬件实现的，即开启电源那一刻，只有主核开始执行代码，其他核都没有执行代码。而对于 ARM11 MPCore，则是在开启电源时，所有核都开始执行代码，只不过在启动代码中有个小小的分支，主核继续向前运行，而次核执行特殊指令来切换到 WFI 状态（Wait for interrupt （WFI/WFE）mode），等待中断的发生，此时，次核关闭了大部分时钟，直到核间中断到达才能唤醒[39]。下面就来看看 ARM11 MPCore 的多个核心是如何启动的？aCoral 是如何支持多个核心的？请先参考代码 11.1。

代码 11.1（..\1 aCoral\hal\arm\pb11mpcore\src\start.s）

```
#include "hal_brd_cfg.h"
.global  _ENTRY
.global  ResetHandler
_ENTRY:
ResetHandler:
        MRS     r0, CPSR
        ORR     r0, r0, #(PSR_I_BIT|PSR_F_BIT)   @ Disable IRQ & FIQ
        MSR     CPSR_c, r0
```

```
        @
        @ Ensure that the MMU and Caches are off
        @
        MOV     r0, #0
        MCR     p15, 0, r0, c7, c5, 0          @ Invalidate I Cache
        MCR     p15, 0, r0, c7, c6, 0          @ Invalidate D Cache

        MRC     p15, 0, r0, c1, c0, 0          @ Get control register
        BIC     r0, r0, #(CTRL_M_BIT|CTRL_C_BIT) @ Disable MMU and D Cache
        BIC     r0, r0, #CTRL_I_BIT            @ Disable I Cache
        MCR     p15, 0, r0, c1, c0, 0          @ Write control register

        @
        @ Handle secondary mpcores
        @
        MRC     p15, 0, r0, c0, c0, 5                                          (1)
        ANDS    r0, r0, #0x0f
        BEQ     clear_leds        @ Go if core 0 on primary core tile          (2)
        BL      _secondary_mpcore     @ Will not return                        (3)
        @
        @ Clear the LED s
        @
clear_leds:
        MOV     r0, #BRD_BASE
        MOV     r1, #0
        STR     r1, [r0, #BRD_LED]

        ......    ......

_secondary_mpcore:

        @ Enable software interrupt
3:                                                                             (4)
        LDR     r5, =MPCORE_CPU_INTERFACE
        MOV     r6, #0x1
        STR     r6, [r5, #CONTROL_REGISTER]
        MOV     r6, #0xF0
        STR     r6, [r5, #PRIORITY_MASK_REGISTER]

        @ Read core number into r0, required by application program
        @ on exit from wait for interrupt loop
        MRC     p15, 0, r0, c0, c0, 5
        AND     r0, r0, #0x0f

4:
        @Set WFI
        MCR     p15, 0, r2, c7, c0, 4                                          (5)
```

```
        @ Read flag register to see if address to jump too
        LDR     r5, =BRD_BASE                                       (6)
        LDR     r6, [r5, #BRD_FLAGS]
        CMP     r6, #0
        BXNE    r6                                                  (7)
        B       4b
```

根据第7章关于“aCoral环境下启动ARM Mini 2440”的知识，“__ENTRY”是aCoral的程序的入口，进行复位处理ResetHandler：分别进行了关中断（禁止IRQ、FIQ），禁止I Cache、D Cache和MMU（BOOT的初始阶段，Cache和MMU尚不能使用，因为还未对内存空间初始化）。接下来开始对多核启动的设置，代码11.1 L（1）是读取CPU核编号。代码11.1 L（2）进行判断，如果是0，则为主核，并对LED进行清除，表示0核启动。代码11.1 L（3）判断如果为非0，则为次核，并跳入“__secondary_mpcore”。

代码11.1 L（4）开启软中断，为进入WFI模式做准备，如果不开启，次核进入WFI后将永远没法唤醒。代码11.1 L（5）执行进入WFI模式指令。代码11.1 L（6）判断如果次核接收到中断后会执行到此（该中断是由其他核触发的，如当0核启动完成后，0核会触发软中断，则1核会执行此处代码），查看FLAG寄存器，该寄存器存放了次核接下来要执行的函数，而该函数由0核在HAL_PREPARE_CPUS()填入（代码11.2 L（2））；如果为空，则说明该中断不是0核发送的，继续进入WFI模式。代码11.1 L（7）进入主核为次核准备的函数，在aCoral中，这个函数是HAL_FOLLOW_CPU_START（详细请见代码11.3）。

代码11.2（..\1 aCoral\hal\arm\pb11mpcore\src\ hal_cmp_c.c）

```
    #define HAL_PREPARE_CPUS() hal_prepare_cpus()
    void hal_prepare_cpus(){
        acoral_u32 i;
        InvalidateIDCache();
        HAL_REG(BRD_BASE,SYS_FLAGSSET)=HAL_FOLLOW_CPU_START;      (1)
        HAL_MB();                                                 (2)
        for(i=1;i<HAL_MAX_CPU;i++)                                (3)
            irq_stack[i-1]=&stacks[i-1].abt[0];
            acoral_spin_init_lock(&cmp_lock);
    }
```

代码11.2 L（1）使数据Cache无效。代码11.2 L（2）将HAL_FOLLOW_CPU_START函数地址放到FLAG寄存器中。代码11.2 L（3）为各个核准备IRQ堆栈。

代码11.3（..\1 aCoral\hal\arm\pb11mpcore\src\start.s）

```
    HAL_FOLLOW_CPU_START:
        mrs     r0,cpsr
        bic     r0,r0,#MODE_MASK
        orr     r1,r0,#MODE_SYSTEM|NOINT                              (1)
        msr     cpsr_cxsf,r1      @ SYS_Mode
        ldr     r0,=tmp_stack                                         (2)
        ldr r0,   [r0]
        mov     sp,r0
    b       acoral_start                                              (3)
```

代码 11.3 L（1）让次核切换到系统模式。因为即将要进入 C 语言环境，代码 11.3 L（2）必须要准备好堆栈，使用临时堆栈。代码 11.3 L（3）进入 C 语言入口函数，acoral_start。

到此，次核启动就完成了，主核的启动就简单了，大体流程和 7.3 节（aCoral 环境下启动 2440）类似，只是具体的处理要根据 ARM11 处理器来决定，如内存的初始化（ARM11 的地址空间比 ARM 9 2440 更大、包括了 NORFlash、NANDFlash、DRAM、SSRAM、SDRAM 等、启动时要分别进行相关初始化）、时钟设置、MMU 设置等。主核与次核的启动流程如图 11.2 所示。

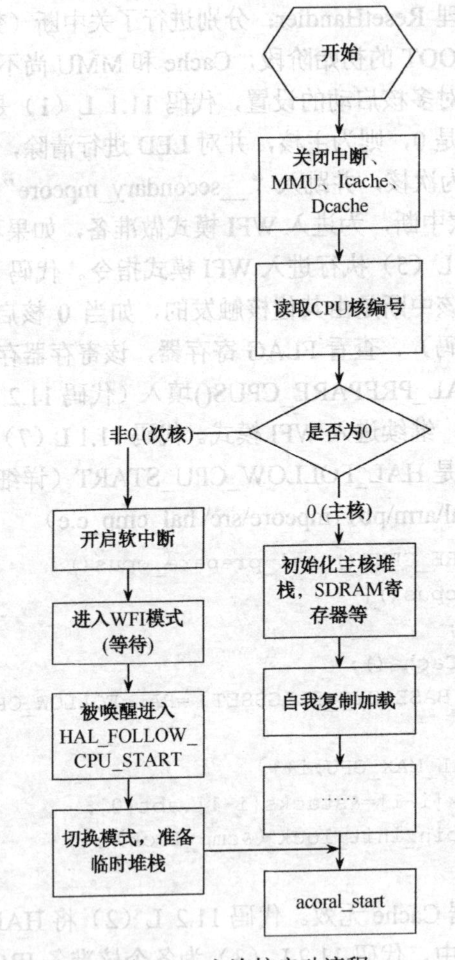

图 11.2　主次核启动流程

根据图 11.2，主核和次核都会进入 acoral_start，接下来各个核又将何去何从呢？这里再回顾并分析一下 acoral_start。

代码 11.4（..\1 aCoral\kernel\src\core.c）

```
void acoral_start(){
#ifdef CFG_CMP
    static int core_cpu=1;
    if(!core_cpu){                                          (1)
        acoral_set_orig_thread(&orig_thread);
        /*其他次cpu core的开始函数,不会返回的*/
```

```
        acoral_follow_cpu_start();                                    (2)
    }
    core_cpu=0;
    HAL_CORE_CPU_INIT();                                              (3)
#endif
    orig_thread.console_id=ACORAL_DEV_ERR_ID;
    acoral_set_orig_thread (&orig_thread) ;
    /*板子初始化*/
    HAL_BOARD_INIT();

    /*内核模块初始化*/
    acoral_module_init();

    /*串口终端应该初始化好了，将根线程的终端id设置为串口终端*/
    orig_thread.console_id=acoral_dev_open ("console") ;;
#ifdef CFG_CMP
        /*cmp初始化*/
        acoral_cmp_init();                                            (4)
#endif

    /*主cpu开始函数*/
    acoral_core_cpu_start();                                          (5)
}
```

从代码 11.4 可以看出，如果 aCoral 配置了多核支持（“# ifdef CFG_CMP”），启动开始时就令 core_cpu=1，表示在次核 1 上启动，如果从次核 1 启动 aCoral，则执行 acoral_follow_cpu_start()（代码 11.4L（2））。而默认是从主核（0 核）启动，因此主核是最先进入 acoral_start 的，这里会执行代码 11.4L（3）。当执行到 acoral_cmp_init()（代码 11.4L（4））时才会激活其他核心，只有激活了其他核心（代码 11.5），其他核心才会进入 acoral_start。

代码 11.5（..\1 aCoral\kernel\src\cmp.c）

```
void acoral_cmp_init(){
            //核间通信初始化
    acoral_ipi_init();                                                (1)
            //为其他核心启动作准备，比如其他核心的启动代码
    acoral_prepare_cpus();                                            (2)
            //启动其他核心，Pb11Mpcore为发送中断
    acoral_start_cpus();                                              (3)
}
```

首先，通过代码 11.5 L（1）做核间通信初始化，具体实现在稍后做进一步解释。接下来代码 11.5 L（2）为其他核心启动作准备，如设定其他核心启动代码的起始地址（HAL_FOLLOW_CPU_START）、一些堆栈设置（其实现如代码 11.2）。代码 11.5 L（3）激活其他核心，本质上就是发送软中断给被激活的次核，如代码 11.6。

代码 11.6（..\1 aCoral\kernel\src\cmp.c）

```
void acoral_start_cpus(){
```

```
    int i;
    for (i=0;i<HAL_MAX_CPU;i++)
        if (!HAL_CPU_IS_ACTIVE (i) )
            HAL_START_CPU (i);
}
```

而HAL_START_CPU()的实现如代码11.7。代码11.7 L（1）是发送核间中断给次核1、2、3，中断发生函数有两个参数：CPU核编号、该中断对应的aCoral内核层中断向量号（这里是1号中断），当次核收到中断后，会通过硬件方式改变自己WFI的状态，此时，次核被激活，它将查看FLAG寄存器，读取HAL_FOLLOW_CPU_START的地址，开始次核的启动（详细请见代码11.2和代码11.3）。代码11.7 L（2）等待次核1、2、3的响应。

代码11.7 （..\1 aCoral\hal\arm\pb11mpcore\src\hal_cmp_c.c）

```
#define HAL_START_CPU (cpu)  hal_start_cpu (cpu)
void hal_start_cpu (acoral_u32 cpu) {
    HAL_IPI_SEND(cpu,1);                                                    (1)
    HAL_WAIT_ACK();                                                         (2)
}
```

HAL_IPI_SEND()向次核发送软中断是通过代码11.8实现的。

代码11.8 （..\1 aCoral\hal\arm\pb11mpcore\src\hal_ipi.c）

```
#include "acoral.h"
void hal_ipi_send (acoral_u32 cpu,acoral_vector vector) {
    * (volatile acoral_u32 *) 0x1f001f00=1<< (cpu+16) |vector;
}
```

可见发送软中断就是向地址为0x1f001f0寄存器写入相应值，具体信息如图11.3所示，其中第0~9位为核间中断号（如000000001表示和1号中断）；第16~19位为向哪个或者哪些CPU核发送中断；第24~25位表示哪个或者哪些CPU核响应中断。

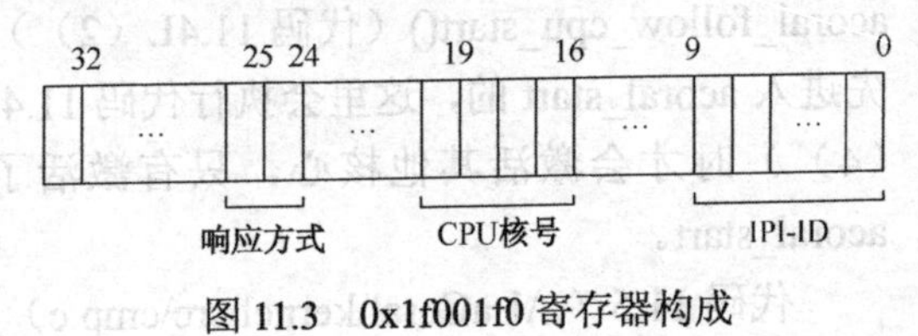

图11.3 0x1f001f0寄存器构成

这里有一个问题？次核是在哪里响应主核的呢？请看acoral_follow_cpu_start()（代码11.3 L（2）），acoral_follow_cpu_start()的实现如代码11.9。

代码11.9（..\1 aCoral\hal\arm\pb11mpcore\src\hal_cmp_c.c）

```
void acoral_follow_cpu_start(){
#ifdef CFG_DEBUG
    acoral_print ("In follow\n") ;
#endif
    HAL_FOLLOW_CPU_INIT();                                                  (1)
    create_thread (idle_follow,128,NULL,"idle",ACORAL_IDLE_PRIO,acoral_
    current_cpu);                                                           (2)
    acoral_select_thread();
    acoral_sched_init();
    HAL_SET_RUNNING_THREAD (acoral_ready_thread) ;
    acoral_switch_to(&acoral_running_thread->stack);                        (3)
}
```

代码 11.9 L（1）对次核初始化，主要是设置各模式下的堆栈和初始化 CPU 接口。代码 11.9 L（2）创建空闲线程 idle_follow，可以看出 CPU 参数为当前 CPU。代码 11.9 L（3）切入到空闲线程，此时，次核已率先开始运行 IDLE 线程，那 idle_follow 的使命是什么呢？请看代码 11.10。

代码 11.10（..\1 aCoral\kernel\src\cmp.c）

```
void idle_follow(void *args){
    HAL_CMP_ACK();                                                    (1)
    while(1){
#ifdef CFG_DEBUG
        acoral_print("In cpu:%d idle\n",acoral_current_cpu);
#endif
#ifdef CFG_STAT
        idle_count[acoral_current_cpu]++;
#endif
    }
}
```

代码 11.10 L（1）响应主核，可以看出，次核比主核更早进入调度，进入空闲线程。主核必须等到所有次核进入 idle 线程，并由次核调用 HAL_CMP_ACK()才会从 acoral_cmp_init 返回（代码 11.4 L（4）），然后才进入主核启动 acoral_core_cpu_start（代码 11.4 L（5））。具体实现如代码 11.11。

代码 11.11（..\1 aCoral\kernel\src\core.c）

```
void acoral_core_cpu_start(){
    acoral_print("Welcome to aCoral OS\n");
    acoral_print("\n");
    acoral_print("\n");
    //创建空闲线程
    idle_id=create_thread(idle,128,NULL,"idle",ACORAL_IDLE_PRIO,acoral
                       _current_cpu);                                 (1)
    if(idle_id==-1)
        while(1);
    //创建初始化线程,这个调用层次比较多，需要多谢堆栈
    init_id=create_thread(init,ACORAL_TEST_STACK_SIZE,"in
init","init",ACORAL_MAX_PRIO,acoral_current_cpu);                     (2)
    if(init_id==-1)
        while(1);
    acoral_select_thread();
    acoral_sched_init();
    HAL_SET_RUNNING_THREAD(acoral_ready_thread);
    HAL_START_OS(&acoral_running_thread->stack);                      (3)
}
```

和次核的初始化差不多，只不过在代码 11.11 L（2）多出一个 init 线程（init 线程的工作已在代码 7.4 有详细介绍），该线程的优先级为 0，是最高优先级，所以代码 11.11 L（3）执行后会进入 init 线程。

综上所述，aCoral 在 ARM11 MPCore 环境下的启动流程如图 11.4 所示。

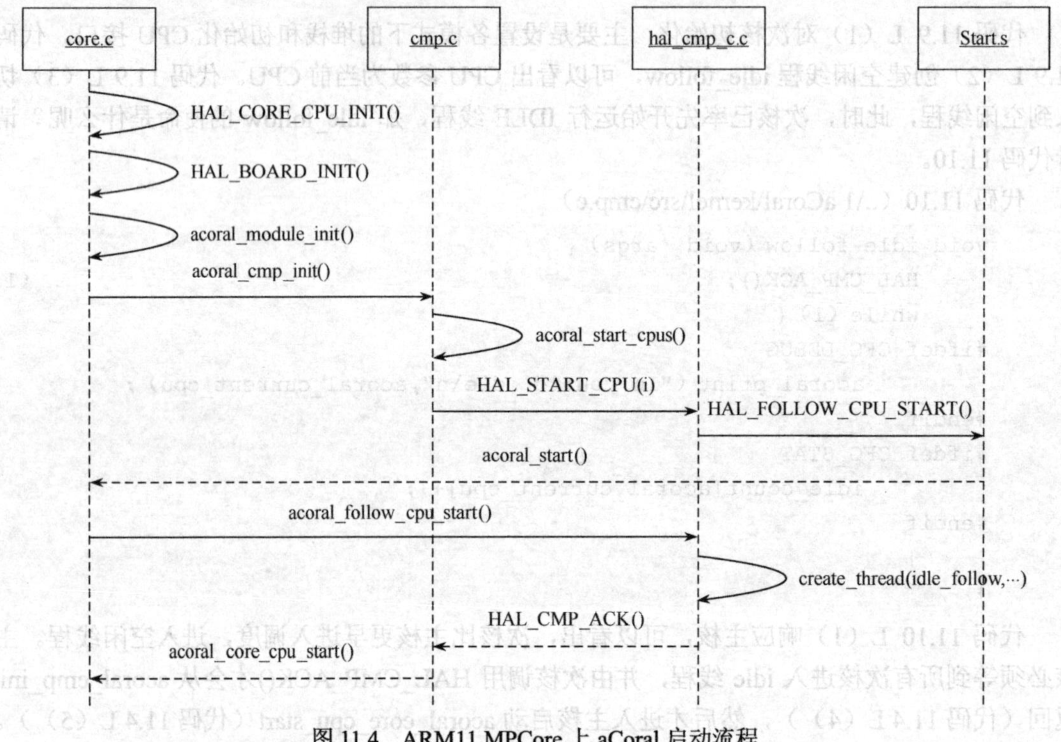

图 11.4　ARM11 MPCore 上 aCoral 启动流程

（1）HAL_CORE_CPU_INIT()对主核初始化。

（2）HAL_BOARD_INIT()对开发板初始化。

（3）acoral_module_init()对内核模块初始化。

（4）接下来 acoral_cmp_init()对次核初始化()：首先为其他核心启动作准备，如设定其他核心启动代码的起始地址（HAL_FOLLOW_CPU_START）、完成一些堆栈设置等。

（5）再通过 HAL_START_CPU()向次核 1、2、3 发送核间中断。

（6）次核收到核间中断后被激活，将执行 HAL_FOLLOW_CPU_START。

（7）开始 aCoral 在次核上的启动 acoral_start()，此时，将执行 acoral_follow_cpu_start()。

（8）通过 create_thread（idle_follow,…）创建次核 IDLE 线程，次核率先开始运行 IDLE 线程。

（9）接下来 IDLE 线程通过 HAL_CMP_ACK()返回中断，标志次核初始化完成。

（10）最后，主核通过 acoral_core_cpu_start()进一步初始化。

11.3.2　多核调度

10.5.2 节介绍了多核/处理器调度策略，调度策略是根据特定的调度算法确定线程的 CPU、优先级 prio 等参数，这样，底层调度机制才能根据这些值实现具体调度操作，即根据给定调度策略来安排线程的具体执行，如创建线程、从就绪队列上选择线程执行、线程切换等。aCoral 提供了哪些支持多核的调度策略和调度机制呢？

1. 调度策略

aCoral 支持分组调度策略，采用私有调度队列，每个核心有一个就绪队列（参见图

10.33），每个线程都需要有一个 CPU 标志［参考 6.2 节（调度策略）］，用来标志线程在哪个 CPU 上执行。线程创建时可以指定 CPU，用来标志线程在哪个核心上执行。

2. 调度机制

（1）核间中断。对于多核系统来说，核间中断允许一个 CPU 向另一个 CPU 发送中断消息，使其执行特定的操作，核间中断并不是通过 IRQ 线进行传输的，而是通过消息发送的，核间中断的触发是通过软件触发的，而非硬件。

11.3.2 节介绍多核启动时，主核唤醒次核就用到了核间中断。ARM11 MPCore 的 0～15 中断向量号为核间中断。因此，只要往寄存器写入相应的值，就可激发其他核的中断，主要是硬件实现，软件实现代码量不大。核间中断的发送、响应及处理流程如图 11.5 所示。

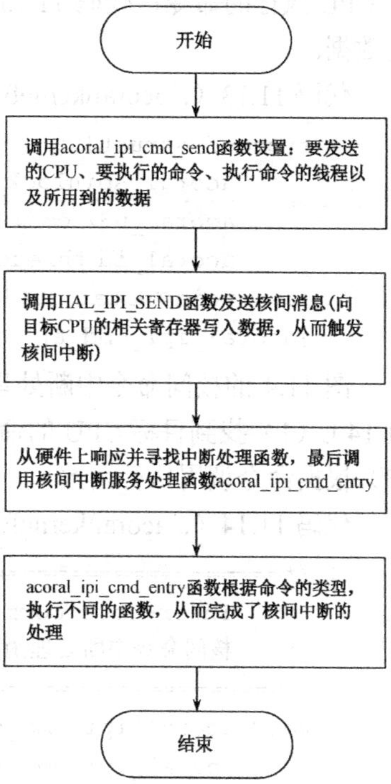

开始

调用acoral_ipi_cmd_send函数设置：要发送的CPU、要执行的命令、执行命令的线程以及所用到的数据

调用HAL_IPI_SEND函数发送核间消息(向目标CPU的相关寄存器写入数据，从而触发核间中断)

从硬件上响应并寻找中断处理函数，最后调用核间中断服务处理函数acoral_ipi_cmd_entry

acoral_ipi_cmd_entry函数根据命令的类型，执行不同的函数，从而完成了核间中断的处理

结束

图 11.5　核间中断处理流程

图 11.5 中 acoral_ipi_cmd_send()的实现如代码 11.12，其中代码 11.12L（1）是找到特定 CPU 的命令数据结构 cmd_data；代码 11.12L（2）给 cmd_data 做赋值操作，填写发送的消息；代码 11.12L（3）发送核间中断，HAL_IPI_SEND()为底层函数（如代码 11.8）。

代码 11.12　（..\acoral\kernel\src \ipi.c）

```
    /*=========================
     *   send command to the given cpu core
     *   给特定的cpu发送命令
     *=========================*/
    void acoral_ipi_cmd_send (acoral_u32 cpu,acoral_u32 cmd,acoral_id
thread_id,void *data) {
        acoral_ipi_cmd_t *cmd_data;
                //设置命令数据
        if (cpu>=HAL_MAX_CPU)
            cpu=HAL_MAX_CPU-1;
        cmd_data=ipi_cmd+cpu;                                          (1)
                //占用cmd数据结构锁
        acoral_spin_lock (&cmd_data->lock) ;

        cmd_data->cmd=cmd;
        cmd_data->thread_id=thread_id;
        cmd_data->data=data;                                           (2)
                //发送核间中断
        HAL_IPI_SEND(cpu,HAL_CMD_IPI);                                 (3)
    }
```

在用 acoral_ipi_cmd_send()时，需要用到一个数据结构 acoral_ipi_cmd_t，其定义如代码 11.13。代码 11.13 L（1）为自旋锁，防止并发访问；代码 11.13 L（2）为具体命令，要求对方 CPU 执行的命令；代码 11.13 L（3）执行命令的线程 ID；代码 11.13 L（4）执行命令用到的数据。

代码 11.13（..\acoral\kernel\include\ipi.h）

```
typedef struct{
    acoral_spinlock_t lock;                                              (1)
    acoral_u32 cmd;                                                      (2)
    acoral_id thread_id;                                                 (3)
    void *data;                                                          (4)
}acoral_ipi_cmd_t;
```

图 11.4 的核间命令中断处理函数 acoral_ipi_cmd_entry ()的实现如代码 11.14。其中代码 11.14 L（1）找到目标 CPU 的命令数据结构；代码 11.14 L（2）进行取值操作；代码 11.14 L（3）根据命令调用执行函数。

代码 11.14（..\acoral\kernel\ src \ipi.c）

```
/*============================
 *   inter-core command interrupt handle func
 *   核间命令中断处理函数
 *============================*/
void acoral_ipi_cmd_entry (acoral_vector vector) {
    acoral_ipi_cmd_t *cmd_data;
    acoral_u32 cmd;
    acoral_id thread_id;
    void *data;
    cmd_data=ipi_cmd+acoral_current_cpu;                                 (1)
    cmd=cmd_data->cmd;
    thread_id=cmd_data->thread_id;
    data=cmd_data->data;                                                 (2)
    acoral_spin_unlock (&cmd_data->lock) ;
    //释放cmd数据结构锁
    switch(cmd){                                                         (3)
        case ACORAL_IPI_THREAD_KILL:
            acoral_kill_thread_by_id (thread_id) ;
            break;
        case ACORAL_IPI_THREAD_RESUME:
            acoral_resume_thread_by_id (thread_id) ;
            break;
        case ACORAL_IPI_THREAD_SUSPEND:
            acoral_suspend_thread_by_id (thread_id) ;
            break;
        case ACORAL_IPI_THREAD_CHG_PRIO:
            acoral_thread_change_prio_by_id (thread_id,data) ;
            break;
        case ACORAL_IPI_THREAD_MOVETO:
            acoral_moveto_thread_by_id (thread_id,data) ;
            break;
        case ACORAL_IPI_THREAD_MOVEIN:
```

```
                acoral_movein_thread_by_id(thread_id,data);
                break;
            default:
                break;
        }
    }
```

当然，在核间中断能正确使用以前，必须要进行初始化，其初始化过程如代码 11.15，其中，代码 11.15 L（1）将核间中断与处理函数进行绑定；代码 11.15 L（2）屏蔽该中断；代码 11.15 L（3）中断命令初始化函数；代码 11.15 L（4）其实就是初始化了自旋锁。

代码 11.15　（..\acoral\kernel\src\ipi.c）

```
    /*===========================
     *    inter-processor interrupt initialize
     *    核间中断初始化
     *===========================*/
    void acoral_ipi_init(){
        acoral_intr_attach(HAL_CMD_IPI,acoral_ipi_cmd_entry);         (1)
        acoral_intr_unmask(HAL_CMD_IPI);                              (2)
        acoral_ipi_cmd_init();                                        (3)
    }

    /*===========================
     *    inter-core command initialize
     *    核间命令初始化
     *===========================*/
    void acoral_ipi_cmd_init(){
        acoral_u32 i;
        for (i=0;i<HAL_MAX_CPU;i++)
            acoral_spin_init(&ipi_cmd[i].lock);                       (4)
    }
```

以上是关于 ARM11 MPCore 中断对多核的支持，由于篇幅有限，这里不做进一步介绍，大家可以阅读 aCoral 相关源代码、ARM11 MPCore 的芯片手册以及相关文献[3]。

（2）基本核间通信。当需要唤醒一个线程时，首先要将该线程放到就绪队列，然后调用调度函数 acoral_sched()，如果该线程优先级比当前线程高，则当前线程被抢占。单核情况很简单就可以实现，但在多核情况下，就更复杂了。

首先，将被唤醒的线程的 CPU 称为目标 CPU。如果将要被唤醒的线程和当前线程在同一个核上，这种情况和单核上是一样的；但如果不在同一核上，如何将线程添加到就绪队列中呢？也许大家会说，就绪队列是全局变量，直接操作就可以了。那上述操作和全局就绪队列操作有什么区别呢？aCoral 选择私有就绪队列是为了避免全局队列情况下多个 CPU 同时操作就绪队列带来的性能损耗（全局队列会引起频繁的线程迁移和切换）[32-34]。因此，aCoral 选择由目标 CPU 来执行自己的私有就绪队列的方式，即涉及就绪队列的操作都由该就绪队列对应的 CPU 来完成。接下来如何执行调度函数呢？当前核心肯定不能替代目标 CPU 来执行，因此，当前 CPU 必须要通知目标 CPU 去执行调度函数。上面两个操作可以归纳为唤醒操作，然后通知其他 CPU 执行唤醒操作，同时传递要唤醒的线程指针。该通知就是核间通信，一般利用核间中断。从上面的描述可以看出，只要对多核环境下线程的操作都需要通信，因此aCoral定义了代码11.16的通信接口。

代码11.16（..\acoral\kernel\include\ ipi.h）

```
# define ACORAL_IPI_THREAD_KILL (1<<ACORAL_IPI_THREAD_BIT)
# define ACORAL_IPI_THREAD_RESUME (2<<ACORAL_IPI_THREAD_BIT)
# define ACORAL_IPI_THREAD_SUSPEND (3<<ACORAL_IPI_THREAD_BIT)
# define ACORAL_IPI_THREAD_CHG_PRIO (4<<ACORAL_IPI_THREAD_BIT)
```

这里：

ACORAL_IPI_THREAD_KILL：杀死某一线程。

ACORAL_IPI_THREAD_RESUME：恢复某一线程。

ACORAL_IPI_THREAD_SUSPEND：挂起某一线程。

ACORAL_IPI_THREAD_CHG_PRIO：改变某一线程的优先级。

首先这些通信接口需要传递两个参数：什么操作？操作哪个线程？具体实现上有两种思路：

① 所有核间通信使用一个核间中断，什么操作？操作哪个线程？都作为参数。

② 一个通信接口对应一个核间中断，操作哪个线程作为参数。

第一种占用核间中断资源少，只需一个中断，大部分多核系统都能支持，且方便扩展，如果接口增多，也不需要增加中断数量，缺点是各种接口没有优先级，不方便性能优化，同时通信不能并发执行，如一个核心正在执行 ACORAL_IPI_THREAD_RESUME()，这时其他核不能再向该核心发送核间通信中断。

第二种占用核间资源多，有些 CPU 芯片可能没有这么多核间中断资源，扩展兼容性不好，因为如果以后通信接口增多，则对应的核间中断数也要增多，而一款多核芯片的核间中断是确定的。当然这种模式下，核间通信可以并发处理，因为各种核间通信接口有其独立的中断。

权衡两者的优点和缺点，且加了一些特殊处理后，aCoral 选择第一种方式。此外，核间通信还要解决一个问题，那就是如何传递参数，对同一CPU的多个核间通信，如何处理？有两种方式：

① 变量方式。每个CPU有一个变量，用来暂存其他核给它发送的命令参数。这种方式，不允许同时发送多个命令，因为如果第一个命令还没处理，又来了一个命令，后面的一个命令的参数会覆盖前面那个，这是不允许的，该情况下，后面一个发送命令的CPU必须等待目标 CPU 处理第一个命令后才能发送。

② 链表形式。每个 CPU 有一个链表，所有发送给它的命令都挂载在该链表上，这样所有命令都不会丢失，故允许同时发送命令，但是每次发送命令都要新建一个命令结构体，消耗资源。

上面两种方式是性能和资源消耗的矛盾体，如何抉择？aCoral 选择了第一种方式，因为这些通信接口不是很常用，且使用一些特殊处理后，可以大大减少发送核间命令的等待时间。

对同一 CPU 的多个核间通信，如何处理？如 CPU0 给 CPU1 发送了一个 ACORAL_IPI_THREAD_RESUME 通信命令；如果该命令还在处理的过程中，CPU2 又要给 CPU1 发送命令，由于采取第一种方式，必须要等待第一个命令处理完毕才能处理第二个命令，那什么时候才知道第一个命令处理完毕了呢，这就是多核的同步问题。

解决该问题可采用如下方式：为每个 CPU 核间命令变量安装一个锁，向目标 CPU 发送命令前，必须获得目标 CPU 的核间命令锁，目标 CPU 执行完一个命令后释放该锁，这时才能对该 CPU 执行下一次核间命令通信。具体实现如代码 11.17。

代码 11.17（..\acoral\kernel\src\thread.c）

```
    void acoral_resume_thread (acoral_thread_t *thread) {
          acoral_sr cpu_sr;
    #ifdef CFG_CMP
          acoral_u32 cpu;
          cpu=thread->cpu;
              //如果线程所在的核不在当前核心上，则通知线程所在的核进行resumed操作
          if (cpu!=acoral_current_cpu) {
              acoral_ipi_cmd_send (cpu,ACORAL_IPI_THREAD_RESUME,thread) ;
(1)
              return;
          }
    #endif
   HAL_ENTER_CRITICAL();
          if (thread->state==ACORAL_THREAD_STATE_EXIT) {
              thread->state=ACORAL_THREAD_STATE_RELEASE;
              HAL_EXIT_CRITICAL();
              return;
          }
          //将线程挂到就绪队列中
          if (thread->state==ACORAL_THREAD_STATE_SUSPEND&&acoral_list_empty
(&thread->waiting) )
              acoral_rdyqueue_add (thread) ;
          HAL_EXIT_CRITICAL();
          //重新调度
          acoral_sched();
    }
```

代码 11.14 L （1）意味着如果目标线程的 CPU 不是当前线程的 CPU，则发送核间命令；否则直接操作就绪队列，然后执行调度函数。

习题

1．如果要让 RTOS 支持多核，必须解决哪些问题？

2．RTOS 在多核上运行的方式有哪些？请分别对其进行简要说明。

3．什么是自旋锁？它在多核 RTOS 运行过程中起什么作用？在多核环境下，如果 RTOS 不支持自旋锁，将会给系统带来什么影响？

4．在 ARM11 MPCore 启动过程中，如何激活次核？次核在激活前后分别处于什么状态？

5．请叙述 aCoral 在 ARM11 MPCore 平台上主核与次核的启动流程，在启动过程中，核间中断起了什么作用？

参考文献

[1] aCoral 项目组．aCoral 技术文档[R]．电子科技大学，2011.

[2] SAMSUNG ELECTRONICS, S3C2440A 32-BIT RISC MICROPROCESSOR USER'S MANUAL PRELIMINARY[Z]，SAMSUNG ELECTRONICS，Revision 0.14.

[3] 孔帅帅．基于嵌入式多核处理器的通信及中断问题的研究[D]．电子科技大学，2011

[4] 申建晶．嵌入式多核实时操作系统研究及实现[D]．电子科技大学，2011.

[5] Jean J. Labrosse．μC/OS-II：源码公开的实时嵌入式操作系统[M]．邵贝贝（译）．北京: 中国电力出版社, 2001.

[6] SAMSUNG ELECTRONICS, ARM11 MPCore Processor Technical Reference Manual [Z], SAMSUNG ELECTRONICS, 2009.

[7] ARM DUI 0351E, ARM11 MPCore Processor Technical Reference Manual [Z], ARM Limited. 2007-2011.

[8] Qing Li，Caroline Yao 著．嵌入式系统的实时概念[M]．王安生译．北京: 北京航空航天大学出版社, 2004.

[9] Liu C, Layland L, Scheduling Algorithms for Multiprogramming in a Hard-Real-Time Environment[J], Journal of the ACM，1973，20（1）: 40-61.

[10] 罗蕾等．嵌入式实时操作系统及应用开发（第 2 版） [M]．北京: 北京航空航天大学出版社，2009.

[11] 桑楠等．嵌入式系统原理及应用开发技术（第 2 版） [M]．北京: 高等教育出版社，2008.

[12] Sha L, Lehoczky J P，Lehoczky J P，Priority inheritance protocols: an approach to real-time synchronization[J]，IEEE Transactions on Computers，1990 , 39（9）:96-121.

[13] Joseph Lemieux．OSEK/VDX 汽车电子嵌入式软件编程技术[M]．罗克露等（译）．北京：北京航空航天大学出版社，2004.

[14] 汤子瀛, 哲凤屏, 汤小丹．计算机操作系统原理[M]．西安电子科技大学出版社，2000.

[15] C. M. Krishna, Kang G．Shin，Real-time systems[M], Mc Graw Hill，2001.

[16] Maurice J. Bach．UNIX 操作系统设计[M]．北京: 北京大学出版社，2000.

[17] Arnold Berger．嵌入式系统设计[M]．吕骏（译）．北京: 电子工业出版社，2002.

[18] William Stallings, Operating Systems Internals and Design Principles. 3rd Edition[M]. 北京：清华大学出版，2002.

[19] Herrmann D S. A methodology for evaluating, comparing and selecting software safety and reliability standards[J], Aerospace and Electronic Systems Magazine, IEEE, Jan. 1996, 11（1）: 3~12

[20] Simpson A C. Safety through security[D], Ph.D. thesis, Programming Research Group,

Oxford University Computing Laboratory, 1996

[21] Christine Hofmeister, Robert Nord, Dilip Soni．实用软件体系结构（英文版）[M]．电子工业出版社，2003．

[22] Gomaa Hassan．并发与实时系统软件设计[M]．姜昊等（译）．北京：清华大学出版社，2003．

[23] 陈火旺，王戟，董威．高可信软件工程技术[J], 电子学报，2003, 31（12）: 1933-1938.

[24] Sethia A, Dasika G, Mudge T, et al. A costomized processor for energy efficient scientific computing[J], IEEE Transactions on Computers, 2012, 61（12）: 1711-1723.

[25] Chen DH, Chen WG, Zheng WM. CUDA-zero: a framework for porting shared memory GPU applications to multi-GPUs[J], Science China-Information Sciences, 2012, 55（3）: 663-676.

[26] Busa J.J, Hayryan S, Wu MC. ARVO-CL: The OpenCL version of the ARVO package - An efficient tool for computing the accessible surface area and the excluded volume of proteins via analytical equations[J], Computer Physics Communications, 2012, 183（11）: 2494-2497.

[27] Strzodka R. Data layout optimization for multi-valued containers in OpenCL[J], Journal of Parallel and Distributed Computing, 2012, 72（9）: 1073-1082.

[28] Neelima B, Raghavendra PS. Recent trends in software and hardware for GPGPU computing: a comprehensive survey[C], Proceedings in 5th International Conference on Industrial and Information Systems, 2010: 319-324.

[29] Aggarwal V, Stitt G, George A, et al. SCF: a framework for task-level coordination in reconfigurable, heterogeneous systems[J], ACM Transactions on Reconfigurable Technology and Systems, 2012, 5（2）: 1-23.

[30] Sun N.H, Xing J, Huo Z.G. Dawning nebulae: a petaflops supercomputer with a heterogeneous structure[J], Journal of Computer Science and Technology, 2011, 26（3）: 352-362.

[31] Yang Maolin, Lei Hang, Liao Yong, Synchronizaion analysis for hard real-time multi-core systems[C], 2012 International Conference on ICMIA，378~382，GUANG ZHOU, 2012.

[32] 杨茂林，雷航，廖勇．共享资源敏感的多核实时任务分配算法[J], 计算机学报，录用代发．

[33] Maolin Yang, Hang Lei, Yong Liao, Linhui Hu. Synchronization analysis for hard real-time multicore systems. Applied Mechanics and Materials [J], 2013, 307（2）: 2246-2252.

[34] Maolin Yang, Hang Lei, Yong Liao, Furkan Rabee, PK-OMLP: An OMLP based k-Exclusion Real-Time Locking Protocol for Multi-GPU Sharing Under Partitioned Scheduling[C], The 11th IEEE International Conference on Embedded Computing（EmbeddedCom）, CHENGDU, 2013.12.

[35] Furkan Hassan Saleh Rabee, Yong Liao, Maolin Yang, Minimizing Multiple-Priority Inversion Protocol in Hard Real Time System[C], The 11th IEEE International Conference on Embedded Computing （EmbeddedCom）, CHENGDU, 2013.12.

[36] 刘加海，杨茂林，雷航，等．共享资源约束下多核实时任务分配算法研究[J]．浙江大学学报（工学版），录用代发．

[37] 广州友善之臂．Mini2440 用户手册[Z]．广州友善之臂计算机科技有限公司,2010.02.

[38] SAMSUNG ELECTRONICS, S3C2410A 32-BIT RISC MICROPROCESSOR USER'S MANUAL PRELIMINARY[Z]，SAMSUNG ELECTRONICS，Revision 0.14.

[39] 李刚．多核协同计算平台的研究与实现[D]．电子科技大学，2014.

[40] 许斌．基于 DM3730 异构多核处理器的嵌入式操作系统设计与实现[D]．电子科技大学 2013.

[41] 兰王靖辉．一种针对异构多核平台的系统架构的研究与实现[D]．电子科技大学，2014.

[42] 魏守峰．基于 aCoral 操作系统设备驱动模型及 USB 设备驱动的设计与实现[D]．电子科技大学，2013.

[43] 闫志强．aCoral 可执行文件加载与线程交互机制的研究与设计[D]．电子科技大学，2013.

[44] 王小溪．aCoral 操作系统图像处理函数库开发及并行优化[D]．电子科技大学，2013.

[45] 任艳伟．基于 aCoral 操作系统的调试器的研究与设计[D]．电子科技大学，2013.

[46] Maolin Y, Hang L, Yong L, Furkan R. Scheduling hard real-time self-suspending tasks in multiprocessor systems. In: Proceedings of the WiP of the 20th IEEE International Conference on Real-Time and Embedded Technology and Applications Symposium（RTAS）, 2014, 15-16.